城市地下空间开发与利用关键技术丛书
中国铁建股份有限公司 雷升祥 总主编

国家重点研发计划项目 编号: 2018YFC0808700 2018YFC0808702

THE CONCEPT OF URBAN UNDERGROUND SPACE DEVELOPMENT IN THE FUTURE

——GREEN, PEOPLE-ORIENTED, INTELLIGENT, RESILIENT AND NETWORKED

未来城市地下空间发展理念

——绿色、人本、智慧、韧性、网络化

王 飞 李文胜 刘 勇 刘志春 申艳军 编著

人民交通出版社股份有限公司

北 京

内 容 提 要

本书为"城市地下空间开发与利用关键技术丛书"之一。21 世纪是地下空间开发利用的世纪,本书通过分析我国城市地下空间开发利用现状和存在的问题,提出了地下空间"绿色、人本、智慧、韧性和网络化"的全新建造理念,阐述了在新的时代背景要求下绿色、人本、智慧、韧性和网络化地下城市的含义,以及规划、设计、建造和运营的实现途径,并通过国内外典型案例辅助说明,以期为推进城市地下空间合理开发与利用,提高未来城市规划与建造水平提供借鉴与参考。

本书可为从事城市地下空间规划、设计、施工和管理的人员提供借鉴,也可供高等院校相关专业师生学习参考。

图书在版编目(CIP)数据

未来城市地下空间发展理念 : 绿色、人本、智慧、韧性、网络化 / 王飞等编著. — 北京 : 人民交通出版社股份有限公司, 2021.6

ISBN 978-7-114-17319-6

Ⅰ.①未… Ⅱ.①王… Ⅲ.①地下建筑物—城市规划—研究 Ⅳ.①TU984.11

中国版本图书馆 CIP 数据核字(2021)第 090427 号

Weilai Chengshi Dixia Kongjian Fazhan Linian——Lüse、Renben、Zhihui、Renxing、Wangluohua

书　　名: 未来城市地下空间发展理念——绿色、人本、智慧、韧性、网络化
著 作 者: 王　飞　李文胜　刘　勇　刘志春　申艳军
责任编辑: 张　晓
责任校对: 赵媛媛
责任印制: 张　凯
出版发行: 人民交通出版社股份有限公司
地　　址: (100011)北京市朝阳区安定门外外馆斜街 3 号
网　　址: http://www.ccpcl.com.cn
销售电话: (010)59757973
总 经 销: 人民交通出版社股份有限公司发行部
经　　销: 各地新华书店
印　　刷: 北京交通印务有限公司
开　　本: 787×1092　1/16
印　　张: 19.5
字　　数: 462 千
版　　次: 2021 年 6 月　第 1 版
印　　次: 2021 年 6 月　第 1 次印刷
书　　号: ISBN 978-7-114-17319-6
定　　价: 175.00 元

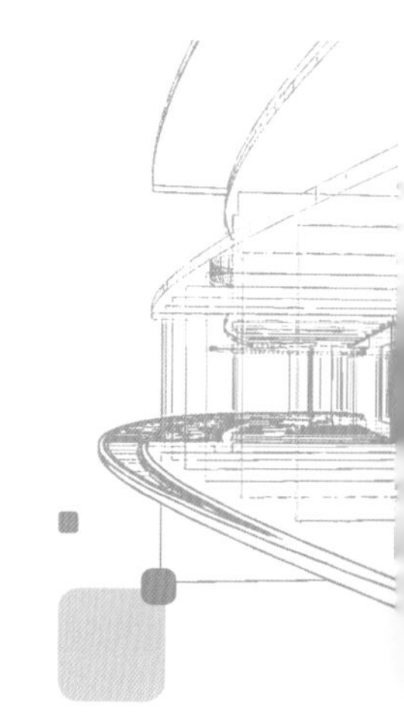

序　一

INTRODUCTION

地下空间开发与利用是生态文明建设的重要组成部分，是人类社会和城市发展的必然趋势。城市地下空间开发与利用是解决交通拥堵、土地资源紧张、拓展城市空间和缓解环境恶化的最有效途径，也是人类社会和经济实现可持续发展、建设资源节约型和环境友好型社会的重要举措。

我国地下交通、地下商业、综合管廊及市政设施在内的城市地下空间开发，近年来取得了快速发展。建设规模日趋庞大，重大工程不断增多，技术水平不断提升，前瞻性构想也在不断提出。同时，在城市地下空间开发与利用及技术支撑方面，也不断出现新的问题，面临着新的挑战，需通过创新性方式来破解。针对地下工程中的科学问题和关键技术问题系统开展研究和突破，对于推动城市地下空间建造技术不断创新发展至关重要。

在此背景下，中国铁建股份有限公司雷升祥总工程师牵头，依托"四个面向"的"城市地下大空间安全施工关键技术研究""城市地下基础设施运行综合监测关键技术研究与示范"和"城市地下空间精细探测技术与开发利用研究示范"三个国家重点研发计划项目，梳理并提出重大科学问题和关键技术问题，系统性地开展了科学研究，形成了城市地下大空间与深部空间开发的全要素探测、规划设计、安全建造、智能监测、智慧运维等关键技术。

基于研究成果和工程实践，雷升祥总工程师组织编写了"城市地下空间开发与利用关键技术丛书"。这套丛书既反映发展理念，又有关键技术及装备应用的阐述，展示了中国铁建在城市地下空间开发与利用领域的诸多突破性成果、先进做法与典型工程案例，相信对我国城市地下空间领域的安全、有序、高效发展，将起到重要的积极推动作用。

深圳大学土木与交通工程学院院长

中国工程院院士

2021 年 6 月

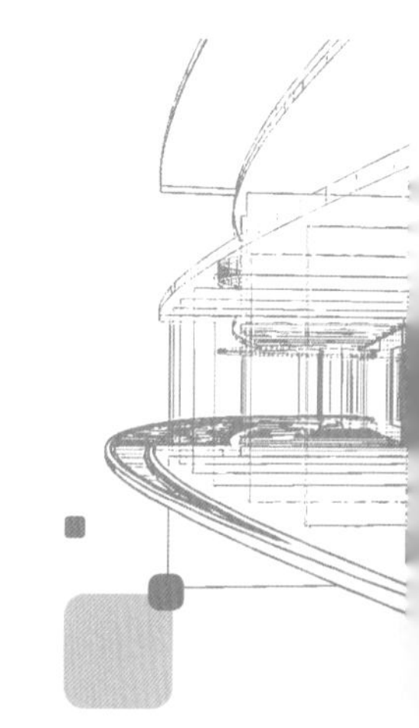

序　二

INTRODUCTION

2017 年 3 月 5 日，习近平总书记在参加十二届全国人大五次会议上海代表团审议时指出，城市管理应该像绣花一样精细。中国铁建股份有限公司深入贯彻落实总书记的重要指示精神，全力打造城市地下空间第一品牌。2018 年以来，中国铁建先后牵头承担了"城市地下大空间安全施工关键技术研究""城市地下基础设施运行综合监测关键技术研究与示范""城市地下空间精细探测技术与开发利用研究示范"三项国家重点研发计划项目，均为"十三五"期间城市地下空间领域的典型科研项目。为此，中国铁建组建了城市地下空间研究团队，开展产、学、研、用广泛合作，提出了"人本地下、绿色地下、韧性地下、智慧地下、透明地下、法制地下"的建设新理念，努力推动我国城市地下空间集约高效开发与利用，建设美好城市，创造美好生活。

在城市地下空间开发领域，我们坚持问题导向、需求导向、目标导向，通过理论创新、技术研究、专利布局、示范应用，建立了包括城市地下大空间、城市地下空间网络化拓建、深部空间开发在内的全要素探测、规划设计、安全建造、智能监测、智慧运维等成套技术体系，授权了一大批发明专利，形成了系列技术标准和工法，对解决传统城市地下空间开发与利用中的痛点问题，人民群众对美好生活向往的热点问题，系统提升我国城市地下空间建造品质与安全建造、运维水平，促进行业技术进步具有重要的意义。

基于研究成果，我们组织编写了这套"城市地下空间开发与利用关键技术丛书"，旨在从开发理念、规划设计、风险管控、工艺工法、关键技术以及典型工程案例等不同侧面，对城市地下空间开发与利用的相关科学和技术问题进行全面介绍。本丛书共有8 册：

1.《城市地下空间开发与利用》

2.《城市地下空间更新改造网络化拓建关键技术》

3.《城市地下空间网络化拓建工程案例解析》

4.《城市地下大空间施工安全风险评估》

5.《管幕预筑一体化结构安全建造技术》

6.《日本地下空间考察与分析》

7.《城市地下空间民防工程规划设计研究》

8.《未来城市地下空间发展理念——绿色、人本、智慧、韧性、网络化》

这套丛书既是国家重大科研项目的成果总结,也是中国铁建大量城市地下空间工程实践的总结。我们力求理论联系实际,在实践中总结提炼升华。衷心希望这套丛书可为从事城市地下空间开发与利用的研究者、建设者和决策者提供参考,供高等院校相关专业的师生学习借鉴。丛书观点只是一家之言,限于水平,可能挂一漏万,甚至有误,对不足之处,敬请同行批评指正。

雷升祥

2021 年 6 月

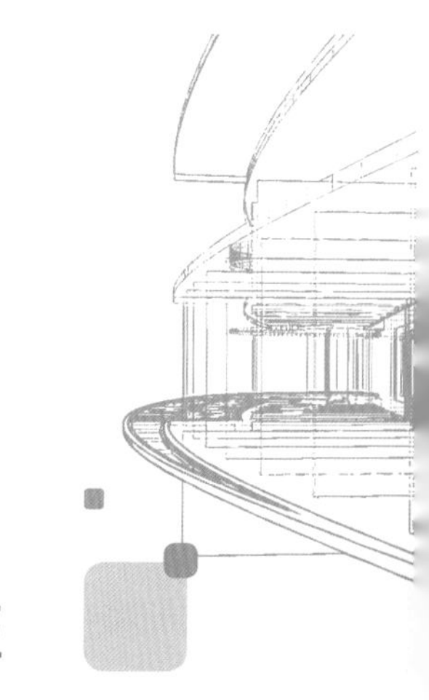

前 言

PREFACE

纵观世界城市的发展进程,向地下要空间、要资源已成为21世纪城市发展的必然趋势。2016—2019年,我国城市地下空间开发以每年超过1.5万亿元的投资规模快速增长,“十三五”期间,全国地下空间开发直接投资总规模约8万亿元。在党的十九届五中全会通过的《中共中央关于制定国民经济和社会发展第十四个五年规划和二〇三五年远景目标的建议》中明确提出:实施城市更新行动,是对进一步提升城市发展质量做出的重大决策部署。在十三届全国人大四次会议上,“城市更新”首次写入了《政府工作报告》,提出了“宜居城市、绿色城市、韧性城市、智慧城市、人文城市”的总体目标。作为城市更新的重要组成部分,城市地下空间向“绿色、人本、智慧、韧性和网络化”的全新建造理念转变,建设多维度、网络化、高品质和绿色化城市地下空间,是提高城市土地利用效率、扩充基础设施容量、改善城市生态环境、提高城市防灾能力以及实现人民对美好生活向往的有效途径。

中国铁建股份有限公司长期专注于城市地下空间领域,坚持走创新驱动发展之路,承担了一大批国家级建设和科研项目。“十三五”期间,先后承担了“城市地下大空间安全施工关键技术研究”“城市地下基础设施运行综合监测关键技术研究与示范”“城市地下空间精细探测技术与开发利用研究示范”“面向TBM施工的机器人智能作业系统”“地下工程装备数字样机及数字孪生技术与系统研发”五个项目,包括了与城市地下空间相关的全部国家重点研发计划代表性项目。

依托中国铁建承担的多个国家重点研发计划项目成果,提出了地下空间“绿色、人本、智慧、韧性和网络化”的全新建造理念,分别阐述了绿色地下城市、人本地下城市、智慧地下城市、韧性地下城市和网络化地下城市的含义，以及规划、设计、建造和运营的实现途径。

“城市地下空间开发与利用关键技术丛书”由中国铁建总工程师雷升祥担任总主编，本书为丛书之一，本书由中铁第一勘察设计院集团有限公司王飞，中铁第四勘察设计院集团有限公司李文胜，石家庄铁道大学刘勇、刘志春，西安科技大学申艳军撰写。其中第1章主要由王飞撰写，第2、3、5章主要由李文胜撰写，第4章主要由刘勇撰写，第6章主要由刘志春撰写，第7章主要由李文胜、申艳军撰写，中铁第一勘察设计院集团有限公司赵晓勇、王利宝，石家庄铁道大学陈照参与了编撰和整理工作，在此向所有编审人员的辛勤付出和支持单位表示衷心感谢！

因作者水平和认知有限，书中不妥与疏漏之处在所难免，恳请各位专家和读者不吝批评指正。

作　者

2021年6月

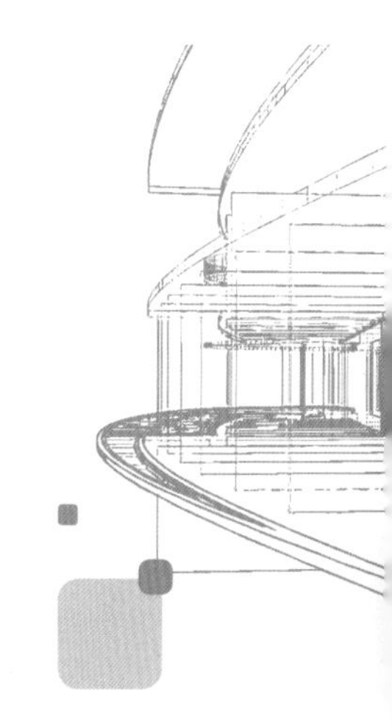

目　录

CONTENTS

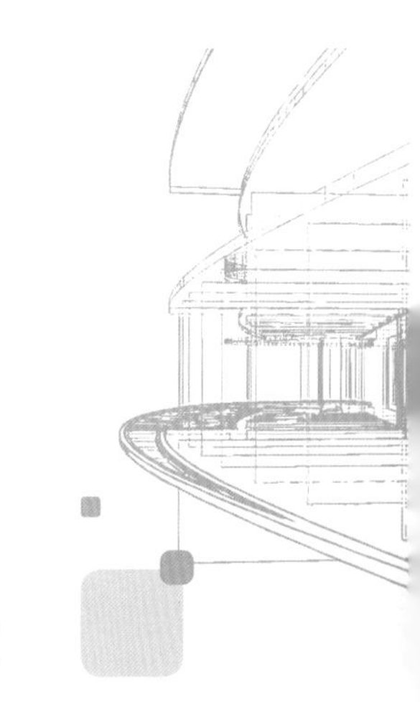

第1章 绪 论

新中国成立初期，我国的城镇化水平仅为10.6%，到2020年末，我国的城镇化水平已然超过60%。中国城镇化的进程大致可划分为四个阶段：改革开放之前（1949—1978年），改革开放之初（1979—1995年），社会主义市场经济初期（1996—2012年），新型城镇化（2013年至今）。预计在今后十年，中国城镇化的大体趋势是"大集中，小分散"。所谓大集中，就是在中国目前的城镇化和工业化阶段，资金流、人流、物流、信息流、科技流主要还是继续向粤港澳大湾区、长三角、环渤海湾（包括京津冀、山东半岛、辽东南）和成渝经济圈四个经济热点地区集聚。伴随着这种集聚效应，随之而来的是大量人口集中涌入区域热点城市，使我国的城镇化更加快速的发展。与此同时，城市土地资源有限、地上空间日趋饱和带来了一系列城市难题，如人居环境与公共服务恶化、交通堵塞及潮汐交通、"热岛效应"凸显、城市内涝严重等，使得城市向地下空间谋求发展成为迫在眉睫的新课题。

1.1 我国城市可持续发展面临的主要挑战

我国国土总面积960万km^2，截至2020年底，我国总人口约14.1178亿，其中城镇人口占比63.89%，约9.0199亿人口居住在城市。但城镇人口布局极为不合理，截至2020年底，超过8300万人居住在北京、上海、广州、深圳等一线大城市。大量人口的聚集对大城市的空间承受能力提出了全新的考验，人口分布的极度不平衡造成了诸多"大城市病"的快速涌现，许多大城市难堪重负，引发诸多附带社会问题，对我国大城市的健康和可持续发展提出了严峻考验。

1.1.1 土地资源紧张

我国城市化进程不断加快，城市占用的土地面积迅速增长并向周边郊区扩张。自20世纪

90年代起，我国大中城市建设用地保持年增长率近4%的扩张速度，城市扩展占用耕地比例大，平均约为70%，在西部地区甚至高达80%，严重挤压优质耕地资源。耕地保护已成为影响社会和经济可持续发展的重要因素。如北京城区面积2000年至2009年增加了4倍；深圳城区面积自2000年起在10年之内增幅达到5倍之多。

城市土地资源的紧张导致土地供需矛盾频现，最为显著的表现为城市房价持续飙升。如北京市主城区平均房价自2005年1月至2017年3月，新房价格指数上涨了729.04%；上海市平均房价从2005年均价0.8万元/m^2涨至2016年3.5万元/m^2，涨幅达到337.5%。房价高会严重影响城市居民的生活质量及幸福指数，成为很多在北京、上海、广州、深圳等大城市生活的居民沉重的压力和负担。

土地资源紧张严重挤压城市发展空间，城市生活环境品质下降，一定程度上也影响了城市对优秀人才的吸引力，进而使城市创新活力僵化，并使大城市的创造力和竞争力趋于降低。

1.1.2 人口稠密

随着大量人口涌入大城市，造成大城市人口聚集程度急速增加。以北京、上海、深圳为例，截至2020年底，北京城镇常住人口达到1916.6万人，而东、西城区常住人口数量达到181.5万人，其中北京西城区人口密度达到21818人/km^2；上海2020年底城镇人口为2220.94万人，但人口主要集中在黄浦、虹口、静安、闸北等中心区域，中心城区人口密度为23092人/km^2，浦东新区和郊区的人口密度为3006人/km^2；深圳2020年底全市常住人口为1756.0万人，平均人口密度为5963人/km^2。

人口过度聚集造成对公共资源需求量的极度渴求：一方面明显限制了城市内在功能的调节，严重制约城市资源配置优势的发挥；另一方面，人口的大量积聚反向引起包括土地资源紧缺、人居环境恶化、公共服务紧张等问题的加剧，造成“大城市病”集中爆发。

1.1.3 交通堵塞及潮汐交通

随着大城市机动车保有量的大幅增加，大城市城区车流量急剧增高，引起严重的交通堵塞状况。同时，因城市整体空间布局的不合理性，引起大部分城市居民工作地与居住地的长距离分隔，出现典型的潮汐早晚高峰状况，进一步加剧了城市交通承载困难。截至2020年底，我国北京市机动车保有量达到657万辆，成都、重庆、上海、苏州、郑州、天津、西安、深圳等12个城市的汽车保有量也超过300万辆。在城市有限的道路交通路网前提下，极易出现交通堵塞状况。大多数特大型、大型城市高峰拥堵延时指数均在2以上，大城市的交通拥堵极为显著。

我国大城市存在资源规划不合理的客观现实使得“潮汐交通”问题日益突出。据新华网发布，北京东、西城区集中了全市71%的就业岗位，而二、三环路之间岗位密度达到23000个/km^2，客观造成早、晚高峰的拥堵状况，如图1-1所示。同样的问题在国内其他特大、大型城市也极为普遍，此外，对应交通堵塞现象随之会带来诸如停车难等新的交通问题。

1.1.4 人居环境与公共服务恶化

为了容纳大量涌入城市的人口，缓解由此带来的城市交通压力，大部分城市空间被建筑物和城市道路所占用,造成城市空间拥挤不堪,绿地、公园等开敞性空间日益减少,城市处于绿化“饥荒”状态。

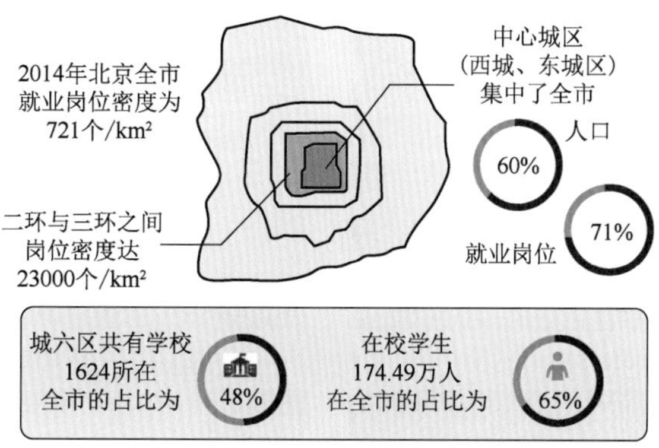

图1-1 北京市资源过渡集中引起潮汐交通问题

此外,公共服务状况未得到根本改善也成为制约大城市健康发展的严重问题。如因教育、医疗和交通资源的短缺,产生了诸如“学区房”“养老房”“地铁房”等中国特色新名词,根本上反映出城市居民公共服务状况存在的较大问题。因此,提升城市居民“幸福感”指数,在城市经济发展的同时改善社会保障和生活环境,已成为城市发展的重中之重。

1.1.5 “热岛效应”显著

城市热岛效应是指由于城市化进程而引起的城市地表及大气温度高于周边非城市环境的一种现象,进而使城市热岛形成和加强的效应。

据张艳等统计发现,上海出现热岛的天数频率为86%,年平均热岛强度为1.17℃,处于中强度热岛效应;沈焕锋等基于武汉卫星城市地表温度图像,分析了自1988年至2013年武汉市城市热岛现象的发展历程,发现城市热岛面积整体上趋于扩大,均布性更强。

城市热岛效应的产生是快速发展的城市化进程所引起的,例如:随着城市化进程的发展,城市下垫面逐渐由混凝土和沥青路面占据,绿地、水体和湿地面积日益减少,引起其吸收太阳辐射热量的能力更强,人为热排放也急速增加。此外,随着居民生活质量的提升,包括大功率用电设备、汽车尾气及各种热源等的共同作用,使得城市成为巨大的发热体,导致城市“热岛效应”更加明显。

1.1.6 城市内涝严重

内陆城市“看海”近几年逐渐成为热门的社会话题,也成为城市建设中亟待解决的技术难题。如2012年北京“7·21”暴雨引发城市严重内涝,造成190万人受灾,多处交通完全瘫痪,高达近百亿经济损失[图1-2a)];2016年武汉“7·6”强暴雨出现的城市内涝,武汉火车站和多处城市地铁被淹,全城交通完全瘫痪[图1-2b)];2017年7月,南京、长沙等城市也出现严重内涝情况,城市多处建筑受到严重的安全威胁[图1-2c)、d)]。

近几年,针对城市内涝问题,通过发展诸如海绵城市、地下综合管廊和地下综合排水设施等新型城市基础设施,有望得到逐步改善。

a) 北京（2012年）

b) 武汉（2016年）

c) 南京（2017年）

d) 长沙（2017年）

图 1-2　城市内涝灾害严重

1.2 发展地下空间的必要性

针对“大城市病”引发的上述主要“症状”，开展“对症下药”的治疗是其唯一的出路。从“大城市病”产生原因来说，其核心在于大城市功能聚集过度，“病根”是聚集与扩散关系失衡。因此，如何有效实现人口、产业和资源疏解成为城市发展的核心工作。

从疏解角度出发，寻求更多的城市空间并进行必要的资源优化配置是其核心要务，但仅仅采用“摊大饼”模式的外延式扩张，实际上属于被动式空间延展，其反向导致中心城区资源的进一步集中，并在一定程度上将加剧“大城市病”的发生。

近年来，我国各大城市也在探索新的城市发展模式，如将通州作为北京副中心城市，将有效缓解北京市的行政中心压力，国内其他地方发展的新区和卫星城也起到类似作用。2017 年 4 月，中央提出建立河北雄安新区，其核心目的就在于疏解北京的非首都功能，也是我国大城市发展的全新尝试。

除此之外，“向地层深部进军”也是有效缓解“大城市病”的重要手段。地下空间的有效开发利用将承担地表空间的诸多功能，极大地释放地表空间，是攻克中心城区“大城市病”的重要手段，将成为人口稠密型国家未来城市发展的必然选择。事实上，我国的大型、特大型城市也正在积极探索并开展地下空间的综合利用。

1.2.1 人类发展历程的需要

国际地质学界认为,19 世纪是桥梁的世纪,20 世纪是高层建筑的世纪,21 世纪是地下空间的世纪,如图 1-3 所示。城市地下空间开发利用的最终目的是为人类活动创造更加美好、更有意义的生存环境,通过改善城市空间环境的质量来提高生活质量。

a)城市桥梁(19世纪)

c)地下空间(21世纪)

b)高层建筑(20世纪)

图 1-3 人类文明及建筑形式进程

利用城市地下空间,解决城市部分公用设施用地问题,是现代城市发展的需要,也是今后城市建设发展的方向。同时,地下空间具有区别于地上空间的独特优势,例如具有恒温性、高强度防护性、良好的低能耗性等,可以作为地下公共交通、仓储物流、市政服务设施、垃圾处理、地下实验室等使用,如图 1-4 所示。相比普通城市地上空间,地下空间的相对位置更低,有地层介质隔绝,具有抗震、抗风、抗爆、防化等防护功能,灾害种类相对少,具有先天的抗灾防灾优势。

图 1-4 地下空间特性

1.2.2 城市本质特性的需要

城市的本质是集聚。城市的一切功能和设施都是为了加强城市集约化和提高效率,另一方面,城市集约化又受到经济规律的支配,当集约化达到一定高度时,相对静止的城市功能和基础设施服务满足不了这种需求,势必要进行更新和改造,以适应更高的集约化要求。因此,城市集约化程度越高,城市功能和基础设施的自我更新能力就要求越强。

城市地下空间是国土资源的有机组成部分,是战略性空间资源。工业化、城镇化和信息化进程,既催生了城市对土地的需求,也对城市功能的优化完善提出了新的内在要求。城市的特点是人口集中,在地表可用土地面积有限并受限的情况下,城市只能向高空或地下发展。向高空发展受到两方面的制约:一方面城市许多地方限制建筑物的高度;另一方面是向高空发展到一定程度,城市高层建筑也会受到经济和技术等条件的客观限制。相比较而言,开发地下空间既是城市建设中的短板,也具有非常大的潜力和空间。可以说,开发利用城市地下空间,是提高城市土地利用效率、扩充基础设施容量、解决"大城市病"、改善城市生态、提高城市总体防灾抗毁能力的一种有效对策。

地下空间作为城市建设的新型国土资源,是社会经济发展的重要资源与保障,是解决"大城市病"的重要载体。要把地下空间上升到"第四国土(领土、领空、领海、深地)"的高度来认识,从提高城市承载力和向地下空间要潜力的角度来看待。

1.2.3 城市可持续发展的需要

1987 年世界环境和发展委员会在《我们共同的未来》报告中,第一次明确提出了可持续发展的概念:"既满足当代人的需要,又不损害后代人满足其需要的能力的发展"。生态城市是以可持续发展思想为指导,同时兼顾不同时间和空间,合理配置资源。既满足当代人的需要,又不对后代人满足其需要的能力构成危害,保证其健康、持续、协调的发展。

可持续发展的城市建设主要是指在限制城市无限制蔓延的前提下,以科学的城市规划为基础,使城市的土地利用结构与城市空间资源的利用结构更加合理化和有序化。而在城市内涵式的发展过程中,地下空间的开发利用是扩充城市空间容量、调节城市土地利用强度分布、使城市空间资源利用有序化的重要手段,也是建立现代化城市综合交通体系以及城市防灾、救灾综合空间体系的重要途径,同时也是城市基础设施现代化建设的最主要方法。

日本在地下空间开发方面走在世界前列。尾岛俊雄提出在城市次深层建立封闭再循环系统,把开放性的自然循环转化为封闭性的再循环,用工程办法把多种循环组织在一定深度的地下空间内,如图 1-5、图 1-6 所示。

根据研究成果显示,北京市旧城区 62.5km^2 范围内浅层地下空间资源,可供合理开发的有 41.2km^2;当开发深度为 10m,合理开发系数为 0.4 时,地下空间资源量为 1.65 亿 m^3,以地下建筑为二层计,可提供建筑面积 0.55 亿 m^2,比旧城区现有建筑面积 0.42 亿 m^2 还多 0.13 亿 m^2。由此可见,城市地下空间资源具有巨大潜力,如果得到合理开发,必将产生难以估量的经济和社会效益。

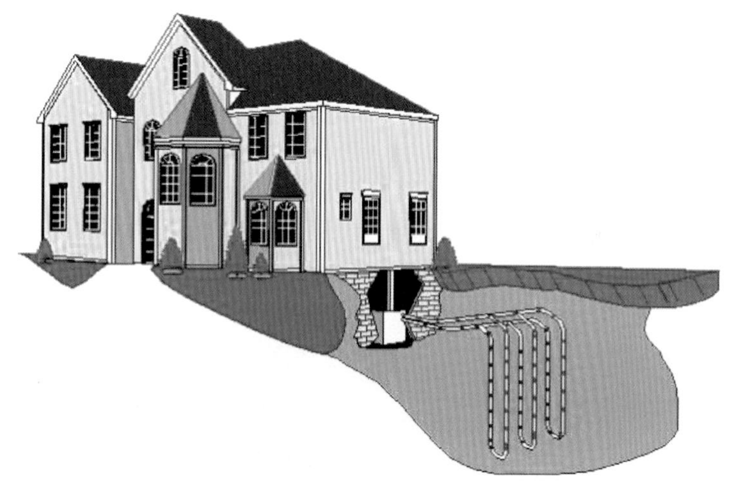

图1-5 地下再循环系统

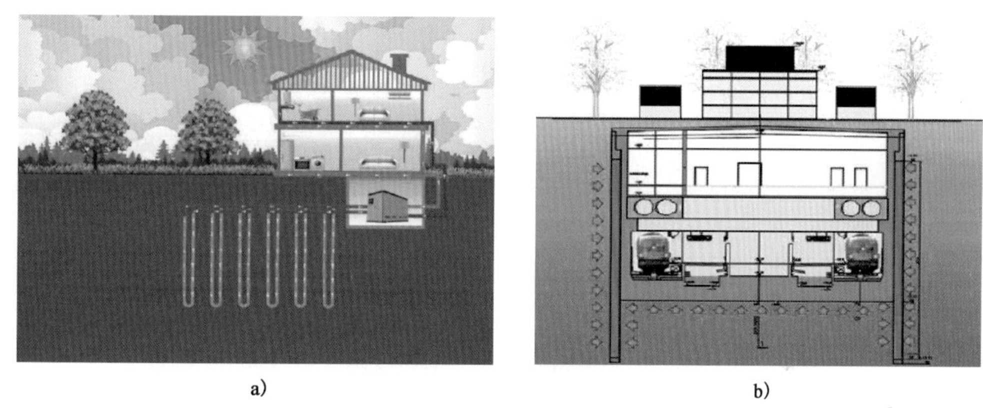

a) b)

图1-6 地下空间利用地热能

1.2.4 提高城市用地效率的需要

地下空间开发有利于提高城市用地效率。我国的耕地资源在世界上处于劣势,全国约1/3的县人均耕地面积低于联合国规定的人均0.8亩(1亩=666.6m^2)的警戒线,有463个县人均低于0.5亩,即便在这种情况下,我国耕地近10年来减少也将近亿亩。另一方面,我国的城市化还处于较低水平,甚至低于发展中国家的平均水平。根据城市与经济发展的一般规律,要使我国国民经济在未来几十年内达到中等发达国家水平,城市化率至少要超过60%。

在人口稠密的城市,地上空间往往被叠加起来使用,如多层立交桥。很多城市设施的建设都在争夺土地资源,越是人口密度大的地方,这种矛盾越显突出,地价也越来越贵,尤其是在旧城区,解决这种矛盾的有效办法就是发展地下空间。城市中土地越昂贵的地段,土地开发价值就越高,投资开发后就可获得比其他地区更高的经济效益,这种使城市空间实现三维式的拓展,是世界上许多发达国家大城市的普遍做法,在我国人多地少的情况下就显得更为必要。

1.2.5 缓解地面交通压力的需要

面对日益严峻的地面交通形势,我国逐步调整城市交通发展战略,开始建设以地铁等大容量、快速轨道交通系统为主体的现代化综合交通系统。地铁(图 1-7、图 1-8)作为人类利用地下空间的一种有效形式,对提高土地利用效率、缓解地面交通、改善人类居住环境、实现人车立体分流、减少环境污染、保持城市历史文化景观等都具有十分显著的作用。地铁最大的好处就是不占用地面土地,不破坏地面景观,不产生地面噪声,路线大体上可直行,能快速大量的输送旅客,准时准点到站,不堵车,是现代化城市疏导交通的重要发展方向。快捷方便的地铁把地面人流吸引至地下,既完成了其运量要求,又减轻了地面交通的负担,如图 1-9 所示。

图 1-7 北京地铁站

图 1-8 地铁站客流

图 1-9 城市轨道交通构建综合立体交通

欧洲和北美一些发达国家的地下车库及立体交通建设也相当普遍。我国已有不少城市利用建筑物的地下空间建设停车库或大型商业区等,但采用地下通道方式解决立体交通问题的做法还不太普遍,很多城市还是采用地面立交桥方式。立交桥虽然可以解决人们横穿过马路的问题,但它影响视线通透和城市景观,限制了空间高度,削减了附近建筑物的身价,因此立体式交通应该向地下发展为宜。美国波士顿 1994 年开始拆除高架道路,10 年时间建成 8 ~ 10 车道的地下快速路,在不影响城市交通的同时使地面景观更加舒适宜人,创造了城市新的地标和特色景观,如图 1-10 所示。

a)改建前(地面高架路)

b)改建后(地下快速路)

图 1-10 美国波士顿改建前后的交通对比

1.2.6 挖掘商业价值的需要

城市商业环境影响着地铁系统的形成,在一定程度上决定了地铁系统的布局、走向、施工组织和车站分布等,也决定了地铁物业地块的位置分布和商业性质。另一方面,当代地铁车站的建设已摆脱了传统单一交通的观念,向车站功能的综合化和多样化发展,如图 1-11、图 1-12 所示。国外实践表明,地铁可带动沿线土地开发,促进城市综合开发和地区发展。在某种程度上,建设地铁就是建设城市,加拿大蒙特利尔地下商业街如图 1-13 所示,俄罗斯马涅仕地下商业街如图 1-14 所示。

图 1-11 城市地面和地下综合体

图 1-12 城市地下综合体

a)

b)

图 1-13 加拿大蒙特利尔地下商业街

图 1-14 俄罗斯马涅仕地下商城

1.2.7 城市防护的需要

作为大型及特大型城市,必须具有较高的总体防护能力,包括防御战争和抗震、救灾等各方面的能力,民防工程如图 1-15、图 1-16 所示。例如震惊世界的 1976 年唐山大地震,造成人员死亡高达 24 万人,地面建筑毁坏达 1 亿 m^2,而唐山的地下工程在地震中绝大部分都完好无损,在民防工程中的人员无一伤亡,大大减轻了震害影响。

1.2.8 满足城市特殊需求的需要

地下空间具备的某些特性和优越性是地上空间所不能比拟的,如良好的抗震性、稳定性、隐蔽性、防护性、隔音性等,恰好适合满足城市某些特殊功能的需求,如城市中的一些保护建筑,需要扩建时应借助地下空间的开发利用,这在国内外已有成功先例,如法国巴黎的卢浮宫扩建和地下美术馆就是利用了地下空间,如图 1-17 所示;伊朗法尔斯通讯社公布了波斯湾地区的一个伊朗防空部队地下指挥所内部图片，该指挥所建于地下150m深处，如图1-18所示。

图1-15 城市民防工程

图1-16 民防工程平时利用

a)卢浮宫

b)地下美术馆

图1-17 法国巴黎卢浮宫及地下美术馆

图1-18 伊朗法尔斯通讯社公布的地下指挥所照片

1.2.9 提升城市品质的需要

独特新颖的城市各类地下空间，某种程度上也是提升城市整体品质的需要，无形中也提升了城市的品牌和影响力。图1-19所示为上海深坑地下酒店，图1-20所示为江苏南通智能地下立体车库,图 1-21 所示为东京深层地下排水工程。上述工程案例在实现利用地下空间的同时均不同程度提升了所在城市的品质。

图 1-19　上海深坑地下酒店

图 1-20　江苏南通智能地下立体车库

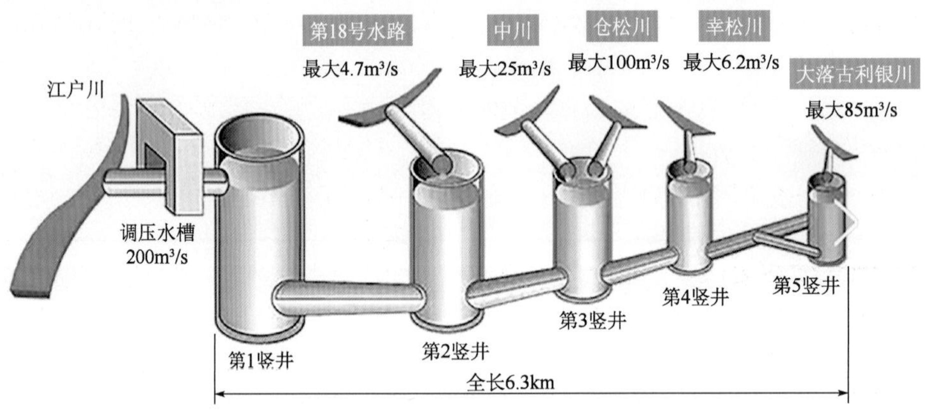

图 1-21　东京深层地下排水工程

1.3　城市地下空间开发利用现状

目前,世界有 50% 以上的人口生活在城市。据预测,至 2050 年,世界上将有 66% 的人口生活在城市,其中未来的大型城市将主要集中在东亚、东南亚、美洲和非洲地区。随着地表空间日趋紧张,开发地下空间已成为世界大型、特大型及以上城市发展的必然选择,国际上各大城市正积极探索地下空间开发的综合利用,并得到了一系列卓有成效的发展思路。

1.3.1　国际城市地下空间开发利用现状

英国作为工业革命的起源地,是世界上较早利用地下空间的国家。1861 年,伦敦修建了世界上第一条地下综合管沟,将煤气、上水、下水管及居民管线引入地下;1863 年修建了世界上第一条地铁;1927 年建成了世界上第一条地下邮政物资运输系统。日本受国土面积狭小、人口稠密等限制,东京于 1934 年建成了世界上第一条地下商业街,开启了全面探索地下空间综合开发利用的序幕。随着城市地下空间开发的全面推进，地下空间作为城市地面空间的有效补充得到了全面发展，包括地下交通、地下公共服务设施、地下市政工程和地下民防工程等。

1）地下交通

城市地下交通系统包括动态交通（如地铁、地下快速道路、地下步行系统等）及静态交通（如地下停车场等）。地铁作为有效缓解城市地表交通拥堵的重要举措，已成为世界上大城市向地下索要空间的必然选择。截至2020年底，世界上地铁运营总里程达到17673km，其中运营里程超过300km的城市已达到12个，地铁输送量已占据城市各种交通工具运输总量的40%～60%。

地下步行系统配合地铁换乘点、地下商业中心进行布局，较好地解决了地下交通、商业与地表空间的连接问题，在全世界范围内得到了广泛应用。最具代表性的有：加拿大蒙特利尔地下步行系统和日本东京地下步行系统。通过地下步行系统将地铁站点、地下停车库、地下商场和地下物流仓储有效串联，实现城市中心资源的高度整合，正成为大型城市地下交通发展的重要组成部分。

城市汽车保有量的快速增加，对停车空间的需要日趋旺盛，城市停车难已成为世界各大城市发展的共同问题，大规模的地下停车场对于缓解该问题可以起到很好的作用。例如：法国于1954年规划完成41座地下停车场，拥有超过5万个停车位；日本于20世纪70年代在大型城市着手系统规划地下公共停车场，全面缓解了城市停车压力。

地下停车的不便捷性与较高成本成为制约其发展的重要瓶颈，世界各国在解决上述问题方面都做了诸多探索，如英国伦敦中心区建设地下高速公路并将地下停车场全部建于公路两侧，通过机械输送方式实现快速泊车，提高停车效率。此外，随着智能化水平的提升，智能化停车交通系统（ITS）、电子停车收费系统（ETC）和地下停车区位引导系统（DGS）等也在国内外停车领域得到了较为广泛的应用，为地下停车系统的高效发展提供了新的思路。

2）地下公共服务设施

随着城市规模的扩大和集约化程度的不断提升，诸多城市公共服务设施转入地下，包括地下商业、地下文体娱乐设施、地下科教设施和地下仓储物流等都得到了长足发展。

地下商业起步于日本，并在世界各地得到广泛采用。目前，日本东京建设有地下商业街14处，总面积达22.3万m^2；名古屋建有20多处，总面积达16.9万m^2；而日本各地面积大于1万m^2的地下街达到26处。此外，以地下商业为引导，世界各地出现了大量涵盖交通、商业、文娱和体育的多功能地下综合体，如加拿大蒙特利尔Eaton中心地下综合体包括地铁车站、地下通道、地下公共广场、地下商业体和地下文娱等设施，并实现与地上50栋大厦的相互连通；法国巴黎列阿莱地下综合体布局4层，总建筑面积达20多万m^2，通过与公共交通的有效衔接，实现了地下商业与交通的有机融合。

此外，为充分发挥地下空间恒温、恒湿、隔音、无大气污染等优势，越来越多的公共服务设施选择转入地下，如地下公共图书馆、地下博物馆、地下医院、地下科研实验室、地下健身中心、地下仓库及地下变电站等。如挪威充分发挥岩洞优势，建成了世界上首座约维克奥林匹克地下运动馆；新加坡2014年建成裕廊岛地下储油库，该储油库耗资9.5亿新元，位于海床以下距离表层150m深处，是新加坡迄今最深的地下公共设施工程，如图1-22所示。地下物流系统也在近些年得到了广泛的探索，如德国自1998年起从鲁尔工业区修建一条地下物流配送系统，该系统长约80km，采用CargoCap自动装卸运输集装箱，可实现物流的高效配送，如图1-23所示。总体而言，受传统观念认知和影响，地下公共服务设施的建设和规模在全球范围内仍有待提升。

图1-22　新加坡地下储油库

图1-23　德国地下物流系统

3)地下市政公用工程

地下市政公用工程服务于城市清洁和高效运转，属于城市的“里子”工程，包括地下市政管线和共同沟(综合管廊)等。在国际大都市的建设过程中，一直都非常重视地下市政公用工程的建设，并取得了诸多经典杰作。如法国巴黎老城区的地下排水系统，总长达到2347km，规模远超巴黎地铁，历经上百年仍可高效发挥功能，堪称城市“良心工程”的典范，为巴黎国际化大都市进程提供了重要的基础保障。

20世纪以来，随着城市集中化程度的提升，对于地下市政公用工程的要求越来越高，出现将市政管网系统(如供排水、污水、电力、通信、供暖和燃气等)集中放置于同一沟道，以达到提升公用设施管理的高效性与便利性，称为“共同沟”。

20世纪20年代，东京就在市中心的九段地区干线道路地下修建了第一条地下共同沟，将电力、电话线路和供水、煤气管道等市政公用设施集中在一条管沟之内。日本政府于1963年颁布《关于建设共同沟的特别措施法》，要求在交通流量大、车辆拥堵的主要干线道路地下，建设容纳多种市政公用设施的共同沟，并从法律层面给予保障。目前，日本已在东京、大阪、名古屋、横滨和福冈等近80个城市修建了总长度达2057km的地下共同沟，为日本城市现代化和科学化建设发展发挥了重要作用。此外，日本近年还将垃圾分类收集系统与共同沟建设有机结合，提升了共同沟的有效服役水平和服务寿命。

另外，英国、法国、德国、西班牙、美国、新加坡和俄罗斯等发达国家在大型城市建设过程中也尤为重视地下综合管廊工程的建设，并完成了诸多卓有成效的工作。近些年，随着互联网和信息技术的提升，现代信息化技术[如人工智能、遥感、建筑信息模型(Building Information Modeling，BIM)、地理信息系统(Geographic Information System，GIS)、增强现实/虚拟现实技术(Augmented Reality，AR/Virtual Reality，VR)等]正逐渐被用于对管廊运营的全过程监控、预警和调控等领域，更全面地保障了管廊的安全高效运转。

4）地下民防工程

地下民防工程作为战时抵抗一定武器效应的杀伤破坏、保护人民生命财产安全的重要防护工程，贯穿于人类现代城市建设的整个过程。第一次世界大战之后，西方一些国家就非常重视民防工程与城市地下空间的结合利用，如：瑞典的斯德哥尔摩自1938年开始全面构建城市防空掩体，以确保城市居民能够快速进入防护工事；建成的"三防"斯德哥尔摩地下医院，总面积达4000m^2，能容纳3000人或150张床位，可同时发挥民防与紧急救援的双重功效；其建成的连接市中心与机场的高速列车隧道长达40km，可实现战时城市人口的快速疏散，属于典型的平战结合民防工程。

目前，美国、俄罗斯、英国、法国和德国等国家的城市民防工程建设已具相当规模。其中，俄罗斯在各大中心城市及重要工业区均构筑多个抗冲击地下民防工程；挪威利用其天然岩洞特色，在包括奥斯陆在内的大型城市建有多个岩洞型掩遮体，可有效保障居民战时安全。

新型战争武器（如钻地导弹、精准制导武器等）的进步对传统民防工程提出了全新考验，随着现代科技水平的不断提升，处于地下浅表层的民防工程已经无法满足现代化战争的现实需要，因此向"深地空间、特种民防建设"发展也成为城市民防工程的世界性课题。

1.3.2 我国城市地下空间开发利用现状

新中国成立初期，关于城市地下空间的利用起于人民防空工程的建设，根据毛泽东主席20世纪70年代初所提出"深挖洞、广积粮、不称霸，备战备荒为人民"的指导思想，全国大小城市开始了较为广泛的人民防空洞建设。而后根据实际形势的演变，经济建设成为社会主旋律，1978年中央提出"全面规划、突出重点、平战结合、质量第一"的民防建设方针，但该阶段的城市地下空间利用仅局限于民防建设。在1986年的全国民防建设与城市建设结合座谈会上，提出了民防工程"平战结合"的思路，民防工程应与城市建设相结合，这为城市地下空间利用的发展指明了方向。

随着我国城市建设的高速发展，为缓解日趋严重的交通拥堵问题，各大城市开展了如火如荼的地铁建设，为城市地下空间的开发利用奠定了坚实的技术基础。进入21世纪以来，面对"大城市病"等日趋明显的问题，对于城市地下空间的综合开发利用需求达到了前所未有的高度，包括地下综合体、地下综合枢纽和地下街区等新型地下空间利用设施不断涌现，为我国城市地下空间的综合利用掀开了新的篇章。

1）地下交通

我国首条地铁是建于1965年的北京地铁1号线，1993年开通的上海地铁是世界上现今线路最长的城市轨道交通系统。截至2020年12月，中国已开通地铁的城市达45个，北京、上海、广州、深圳等一线城市已建成完善的轨道交通网络，南京、重庆、武汉、成都等城市的轨道交通基本网络已全面完成，而诸如南通、石家庄、合肥、兰州等城市的轨道交通骨干线基本建成，使我国城市轨道交通的总体水平提升到一个全新的高度。

我国轨道交通的快速发展也带动了大型地下交通枢纽的发展。北京西客站地下交通集散枢纽中心集铁路车站、地铁、公交、停车场和商业为一体，有效缓解了首都西客站过去拥堵不堪的局面。

2015 年底完工的深圳福田综合地下交通枢纽是国内首座位于城市中心区的全地下火车站，是集高速铁路、城际铁路、地铁交通、公交和出租等多种交通设施于一体的立体式换乘综合交通枢纽，如图 1-24 所示。其通过立体化分层布置，实现高铁和地铁的快速换乘，总建筑面积达 14.7 万 m^2，是目前亚洲最大的地下交通集散枢纽工程。

图 1-24　深圳福田综合交通枢纽

部分大城市为更好地保持城市格局中湖泊、江河和山丘的原始风貌，道路交通往往选择采用地下城市隧道的形式穿越完成，也为城市地下交通的开发利用提供了新思路。如武汉东湖隧道全长约 10.6km，下穿东湖风景名胜区，也是目前国内最长的城中湖隧道。类似工程还包括杭州西湖隧道、南京玄武湖隧道、扬州瘦西湖隧道等。再如，山城重庆通过华岩隧道、两江隧道、菜园坝隧道等通道将城市主城区组团进行有效连接，实现了城市功能的互联互通。杭州紫之隧道全长 13.9km，是迄今为止全国最长的城市隧道。

停车困难也正成为我国大城市发展的通病，地下停车库的建设在各大城市也在如火如荼的发展之中，如长沙都正街地下智能停车库可提供 427 个停车位，采用“智能泊车、App 预约付费”等模式，实现了方便和快捷停车，该地下停车库深达 40m，是世界上较深的地下智能车库；河南省濮阳市中医医院公共停车场采用井筒式地下立体机械停车方式，地下建筑面积达 472.7m^2，属于积极探索地下静态交通空间的开发利用。此外，国内近年来兴起的“共享经济”模式也在城市驻车领域得到了初步发展，通过“互联网 + 驻车”模式实现地下停车位的高效利用，正成为改善城市停车困难的另一项重要举措。

2）地下公共服务设施

伴随我国地下交通工程的快速发展，地下公共服务设施在 21 世纪也得到了迅速提升。目前，我国建成的超过 1 万 m^2 的地下综合体超过 200 个，其中上海虹桥地下商业服务区地下空间开发面积达到 260 万 m^2，是目前国内最大的地下商业综合体，街区通过 20 条地下通道以及枢纽连接国家会展中心（上海）地下通道，将地下空间全部连通，可媲美加拿大蒙特利尔地下城。北京王府井通过地下街的形式将地铁车站和地下商场有效组合，配套步道系统、下沉式花园等空间转化形式，构建王府井立体化地下商业系统。

我国城市地下公共服务设施(如地下博物馆、地下医院、地下实验室、地下文娱中心和地下仓库等)也在积极探索之中,如陕西汉阳陵地下博物馆就地开发保护,充分融合现代化技术,直观呈现出波澜壮阔的地下王国。地下恒温恒湿的特点也为医疗卫生设施提供了先天条件,依据《杭州市地下空间开发利用专项规划(2012—2020年)》,杭州将在未来修建一定规模的地下医疗空间。此外,基于早期民居地下室和民防工程发展起来的地下科研实验室、地下文娱健身中心及地下仓储中心也有一些工程实例。总体而言,我国综合利用地下空间发展公共服务设施尚存较大的发展空间。

3)地下市政公用工程

每到夏秋多雨季节,我国多个城市时常出现"城市内涝",且存在蔓延之势;此外,因管网管理归口及反复开挖维修保养问题的影响,"马路拉链"始终是我国城市建设的顽疾。以上两大问题时刻拨动着城市建设者的敏感神经,据此,我国也加速了城市地下管网工程的建设和改进步伐。

我国于2015年出台《国务院办公厅关于推进城市地下综合管廊建设的指导意见》(国办发〔2015〕61号),指出:到2020年建成一批具有国际先进水平的地下综合管廊并投入运营,反复开挖地面的"马路拉链"问题明显改善,管线安全水平和防灾抗灾能力明显提升,逐步消除主要街道蜘蛛网式架空线,城市地面景观明显好转。此外,2015年住房和城乡建设部发布了《城市综合管廊工程技术规范》(GB 50838—2015),详细规定了给水、排水、雨水、污水、再生水、电力、通信、燃气、热力等城市工程管线敷设、安装技术要求与标准,为我国综合管廊工程建设提供了技术支持。此后,全国36个大中城市陆续启动地下综合管廊试点工程,为后续城市地下综合管廊建设提供了重要参照。

自2016年,我国城市地下综合管廊的建设进入高速发展时期。如北京在建的通州曹园南大街、颐瑞东路地下综合管廊总长3.8km,是目前北京在建综合性最强的地下综合管廊;西安在建总长73.13km的干支线管廊,是我国规模较大的地下综合管廊项目。此外,在我国地下综合管廊突飞猛进的建设过程中,存在的一些问题也逐步凸显,例如:①管廊相关标准及规范(如管网系统规划、廊内布置形式、管材管径等)有待进一步细化;②管廊规划与市政管线规划深入衔接的问题;③多种管道入廊的相容性问题;④特殊管道高程与管廊高程协调的问题等。随着我国地下综合管廊建设技术的不断发展,上述问题有望逐步得以解决。

4)地下民防工程

新中国早期的民防工程建设缺乏整体规划与设计,采取的是"边创造、边设计、边建设"的群众路线,整体布局与城市发展脱节,并造成了诸多地下空间浪费等问题。此后,开始全面贯彻"平战结合"方针,通过城市建设发展与民防工程协调发展的思路,但对当时城市地下空间开发利用尚缺乏系统认识,对于"平战结合"的地下协调规划与设计仍存在严重问题。进入21世纪以来,随着城市地下空间开发需求的日益增加,对于地下空间统筹规划和协调发展的思路逐渐深入人心,并逐渐将城市交通枢纽、重要基础设施与地下停车场和地下商场等立体化统筹设计,开展专项的抗武器毁伤和战争避难生存概率评估分析,从真正意义上开始体现出民防工程的二元化作用。如2002年面积达2.2万m^2的上海火车站南广场地下民防工程启用,平时可停车561辆,有效缓解了火车站片区停车难问题。

近年来人防工程有向民防工程建设发展的趋势,即由单纯防止“战争灾害”转向防止“人为灾害(包含战争灾害)”和“自然灾害”的两防机制,其防灾广度及深度进一步加强,进一步扩大了民防工程的应急避难和机动疏散等核心功能。同时,随着我国城市地下空间综合利用力度的不断增加,探讨以大型地下综合体为主导的多元化融合规划成为新的命题,即将民防功能融入多元化地下综合体当中,实现城市地下空间开发具有较强的民防功能,确保战时的避难、救援和机动疏散等多元功能发挥。

总而言之,我国民防工程平时利用在起步上比较晚,利用形态比较单一,地下设施类型相对较少。与发达国家相比,无论是在技术规模,还是在经济、社会和环境效益上尚存有一定的差距。

1.3.3 我国地下空间开发利用存在的问题

城市地下空间开发利用已取得长足的发展进步,但对我国而言,目前仍处于发展的前期阶段,尚存在诸多亟待解决的科学问题。对照发达国家的发展状况,存在的问题可概述为以下几个方面。

(1)全国各地区、各城市间地下空间开发利用发展不平衡,对地下空间利用的认知不足。

①东西部地区城市地下空间开发差距较大。据陈志龙等统计,2015 年我国东部诸省份地下空间开发总投资额是西部的 1.43 倍,且东部地下空间开发已转向地下市政工程等公共服务设施建设,而西部仍以地下轨道交通发展为主。

②二、三线城市地下空间的统筹规划、开发规模、建设运营水平及公众认知度仍较低,目前对地下空间利用仍局限在围绕地下交通和民防设施等进行单线或单项规划,地下空间属于典型的不可再生资源,一旦开发将不易重复循环更改,后期采取资源恢复及补救保护将花费数倍高额代价。

因此,树立前瞻性和系统性思维,统筹规划设计建造是未来城市地下空间利用的重要环节。

(2)地下空间利用形式较为单一,开发布局较分散。

目前,城市地下空间开发利用涉及民防、建设、市政、环保、电力、交通、通信等诸多部门,由于各部门之间对地下空间利用尚无统一规划,因此各部门在开发和管理中多呈现各自为政的“九龙治水”模式,往往根据其所管辖范围进行针对性开发。如地铁建设过程往往未兼顾市政管线和通信电缆等功能,导致城市地下空间开发利用多成为缺乏长远规划的自由或短期行为。因此,开展城市地下空间资源开发利用活动的有序管控,进行合理布局和统筹安排各项地下空间功能设施建设,是未来城市地下空间开发利用的基本前提。

(3)地下空间开发缺乏分层化,缺少地上地下协调化。

目前,城市地下空间开发仍多集中于浅表层开发(埋深 <50m),缺少对不同地下构筑物分层化规划思维,造成地下交通、市政管线、通信电缆混杂在同一深度,由此引发的工程事故时有发生。因此,根据不同地下构筑物核心开发功能、实际布置深度以及地质条件等要求,开展不同竖向分层规划研究,考虑不同层级容纳对象及具体开发要求,恰当考虑深层地下空间的分阶段开发,将是后期地下空间开发必须关注的问题之一。此外,城市空间作为地表、地下联动的完整有机体,进行地上地下协调化开发利用非常有必要。目前受城市前期规划设计所限,地下空间开发多为被动适应地表建筑物的实际需求,由此引发诸多现实困难,而在规划新区(如雄

安新区、深汕合作区)、新城开发区等,需树立联动规划设计理念。

(4)城市地下空间开发利用政策与立法存在严重滞后。

受历史因素影响,目前我国尚无针对城市地下空间开发利用管理的专项法律法规,而目前通用的大多均为部门性行政规章,法律效力尚且不足,且该规章制定时间较早,部分内容需与时俱进,如规划编制审批、规划许可管理、地下空间权属出让等,且因条款量化规定不详细,导致对实践的指导性不强。因此,出台国家级地下空间综合管理法律法规,实现城市地下空间统一开发的管理体制,是我国地下空间开发利用亟待解决的重要问题之一。

1.4 地下空间建设理念及发展趋势

1.4.1 城市地下空间开发原则

1)开展城市地下空间规划应着力做好的工作

(1)要立法保障,从法律层面确保规划的强制性。

(2)要辩证思维,具体问题具体分析。城市发展总体规划是总纲,空间布局规划是重点,各项专业规划是支撑,既要纲举目张,一切服从总体规划的要求,又要充分结合各专业的特殊性。

(3)要有超前意识。因时空和认知局限等制约了规划的与时俱进,因此要及时依法修编规划,以保持其前瞻性,同时要充分考虑规划留白。

2)城市地下空间开发要坚持的原则

(1)开发与保护相结合原则。在充分进行地下空间开发的同时,要做好对原有地下构筑物的改造利用,做好地下文物的就地保护等工作。

(2)地上与地下协同发展原则。要坚持地上、地下协同规划,确保地上地下促进发展。

(3)远期与近期相一致原则。重视规划的前瞻性与超前思维,以千年大计开展规划,做到“一张蓝图绘到底”。

(4)平时与战时相结合原则。要重视民防工程与城市应急避难中心、城市地下交通枢纽、城市公共绿地等多功能融合,兼顾考虑地下构筑物战时民防功能发挥。

(5)结构与功能相协同原则。重视结构物美学与力学性能的充分统一,确保效能充分发挥。

(6)单项同层标准化规划原则。坚持标准化规划,明晰地下空间分层思路,明确不同地下构筑物所属层级,实现单项同层构筑物标准化规划、设计和建造。

1.4.2 城市地下空间建设理念

相较于欧、美、日等发达国家,我国城市发展相对落后,相应的理论研究水平相对较弱,近年来,随着我国从国家层面对地下空间的重视程度愈发提高,城市地下空间的开发迎来了前所未有的繁荣时期,城市地下空间开发理论研究也有所加强,开始出现了一些具有我国特色的研究理论,如有些学者提出了城市生态补偿、竞标地租、城市集约化发展等地下空间开发利用理论。谢和平院士等提出了未来地下生态城市的构想,提出未来地下城市的核心在于构建一个能实现能量自平衡的相对独立的生态系统。采用分层而建的形式,将未来地下城市分为5个层级:①地下轨道交通与(民防)避难设施(埋深<50m);②地下宜居城市(埋深50~100m),形成相对独立的深地自循环生态系统;③地下生态圈及战略资源储备(埋深100~500m);④地下能源循环系统(埋深500~2000m);⑤深地科学实验室及深地能源开采(埋深>2000m)。未来地下城市分层构想如图1-25所示。未来地下城市可实现深地大气循环、能源供应、生态重构等功能,确保其安全和可持续运行,地下城市构思为未来地下城市的规划布局提出了全新的思路。

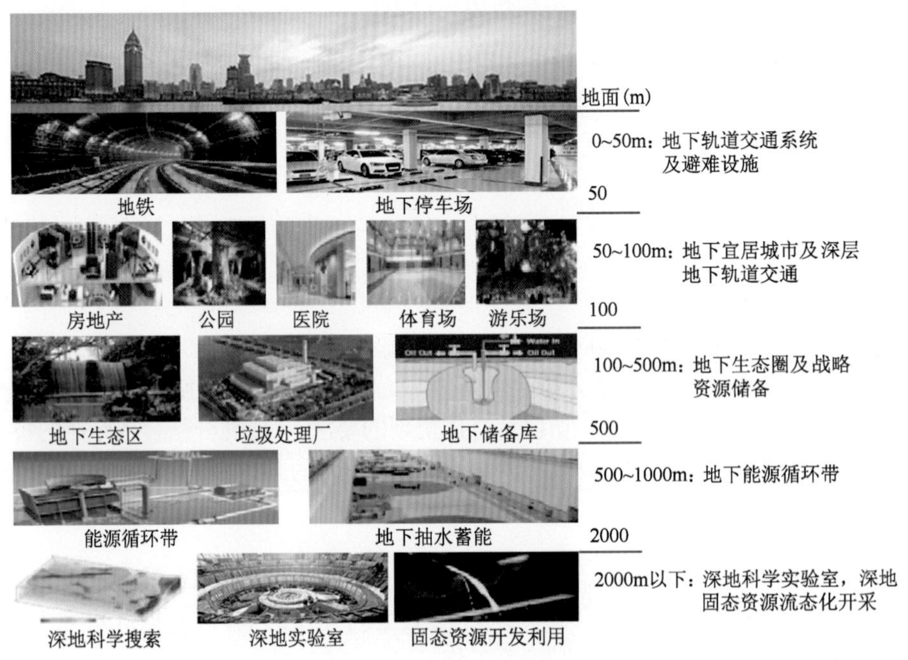

图1-25 未来地下生态城市分层构想

雷升祥等人结合谢和平院士提出的未来地下生态城市分层构想,提出要打造绿色人本智慧韧性网络化地下城市,从前瞻性角度提出了未来地下城市开发过程中需要逐步融入的新思维与新理念,以及要达到的新要求。地下生态城市构想如图1-26所示。

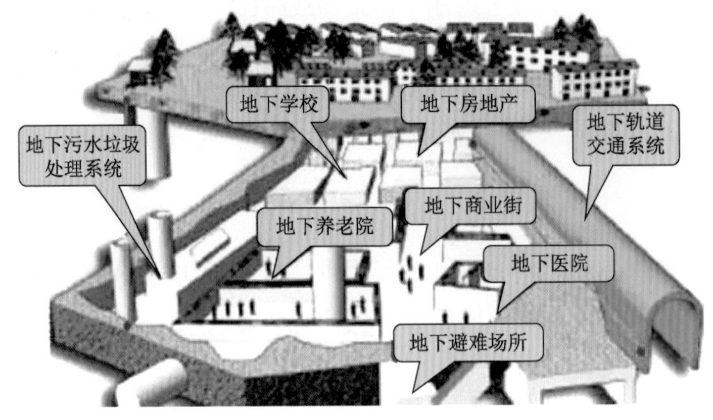

图1-26 地下生态城市构想

1)“第四国土”理念

地下空间作为城市建设的新型国土资源,是造福子孙后代的重要空间,也是为城市地表腾挪更为舒适宜人空间环境的重要补充,是解决“大城市病”的重要载体。从国土资源属性来看,地下空间是并行于地表空间、海洋空间、宇宙空间的客观空间存在,具有自然资源的客观属性特征,其本质作用是发挥空间拓展功能,可为人类活动及自然活动提供空间承载条件。对城市发展建设而言,地下空间资源属于宝贵的国土资源,可开发利用并创造社会财富和经济效益。因此,可将对地下空间的认识上升到并行于领土、领空、领海的“第四国土”资源这种全新的高度,从提高城市综合承载力角度,要全面梳理地下空间资源的发展潜力,明确不同地质条件下地下空间资源的承载能力,实现系统、联动的前瞻性规划。

2)“地下红线”理念

对于城市地下空间法规不健全、权属不明确的问题,可基于现有《中华人民共和国物权法》基本要求,开展对地下空间权属问题的进一步研究,同时广泛参考地面建筑红线、国外地下建筑界线等规划思路,进一步规范建设现代化地下城市,明确“地下红线”的发展理念。因此,需要从法律层面、地层承载能力、地上地下联动发展等多角度进一步明确“地下红线”的概念界定。基于以上考虑,在广泛统计、分析现有研究的基础上,建议“地下红线”范围应包括:通用建筑物地上红线 + 地下埋深 30m + 持力层 10m 截面空间范围。具体“地下红线”的准确范围有待学术界及立法界进一步讨论确立。

3)“融合设计”理念

城市空间属于地上、地下空间共同组成并协调运转的完整空间有机体,具有典型的三维立体化空间体系,唯有实现城市地上、地下有机融合,形成地上带动地下、地下促进地上的可持续发展局面,方可促进城市的繁荣发展。

从融合角度而言,一方面将有效提升高密度城市的承载能力;另一方面可有效提升土地利用效率,提升地下空间开发效益,实现工作、居住、生活、娱乐和休闲等功能的竖向叠加,进一步提高市民的便利度。

基于以上思路,建议从以下三个方面实现“融合设计”理念。

(1)构建地上、地下融合体系,通过空间叠加,实现多层空间互联互通。

(2)尝试破解传统地下空间孤岛问题,考虑基于地上、地下空间步道的连接体系,构建多功能地下街区。

(3)彻底改变现有认知民防体系,建立民防与城市应急避难、疏散、救援多业态融合发展模式。进而实现“统筹规划,合理融合,打破条块,高度协同”。

具体而言,初步考虑以下思路进行未来地下城市“融合设计”。

(1)实现地面交通 + 地下骨干公路网(URT) + 地铁交通 + 地下步行通道多种交通方式的融合,规划人车交通流。

(2)实现民用建筑 + 中央商务区(CBD)地面建筑 + 地下商业 + 地下交通枢纽节点的融合,规划商业面体流。

(3)实现海绵城市 + 排水体系 + 地下储水库 + 地下水处理工厂的融合,规划排水管道流。

(4)实现地下物流+地下工厂+地下仓储的物流融合,规划生产线状流。

(5)实现地下管廊+城市各类供给管线融合,规划城市供应流。

对于大型及以上城市而言,需要通过系统、集中和连片开发,逐步形成地下城市,提高利用率和吸引力,不再集中于若干个点,以避免形成孤岛效应,而是逐步展开形成网络,通过网络的集聚效益来增强地下空间的利用效率。按照不同功能形态,现有的地下空间网络有地铁网络、地下步道网络、综合管廊网络、地下停车网络、地下骨干公路网(URT)等,不同网络之间互相衔接,最终形成一个庞大的地下城市功能性网络系统。

4)"节点TOD空间布局"理念

公共交通导向开发(Transit Orient Development,TOD)模式倡导以交通节点为发展轴心,周边建立高密度、混合功能的适用步行街区,形成紧凑型网络化的城市空间形态。

从未来城市地下空间节点选择和规划布局上来看,要尤为重视"节点TOD空间布局"理念发挥,通过对地上、地下节点布局的网格化,并通过两网互补,实现城市空间体系的高度集聚效应,重视城市工作圈、步行空间圈、居民生活圈的近距离有机联系,彻底改变原有的分区化规划布局模式,有效降低居民生活能耗,缓解交通压力。

未来地下空间规划,在节点网格化布局过程中,考虑地上、地下公共交通节点的上下联动,确保网格节点间距为300~500m,满足步行10min可抵达不同类型公共交通工具(如公交、地铁、轻轨等)的需求。对城市居民而言,其实现从"最后1km"变成"最后500m",通过步行完成交通换乘,最大限度地发挥城市集聚效应优势,也是未来城市地下空间节点布局可借鉴的重要模式。

5)"规划留白"理念

对于地下空间资源而言,其具有典型的开发利用不可逆性,一旦开发利用将难以恢复,为之带来的重复修建成本巨大,类似教训也非常深刻。因此,对于地下空间资源的开发利用要特别重视长期发展规划预测,建立分阶段、分区划、分层次开发的长远思路,有步骤、高效益地进行系统开发。在现阶段,规划不可能面面俱到,加之未来的规划理论和设计施工技术日渐进步和成熟,在针对地下空间的规划过程中,要保持充分的敬畏态度,对于部分层位开发功能定位尚不清晰的前提下,充分考虑地下空间"规划留白"的新思维,借鉴我们老祖先"以退为进"的哲学思路,正所谓"千年难看透不如多留白",为子孙后代预留未来可能发展的充足空间。

据此,建议在完全能满足现今城市地下承载能力空间层(地下交通、公共服务、市政公用、民防空间)和战略空间层的现实需求下,依据城市发展定位,在不同区域、不同层位专门预留一定的地下空间留白层,用于子孙后代未来地下空间开发,留白层的埋深和层位选择需要依据城市地下空间规划及地质状况等因素综合确定。

6)"以人为本"理念

"以人为本"是科学发展观的第一要义,对地下空间规划而言,同样要尤为重视"以人为本"的规划理念,要充分考虑地下空间存在的诸如空间幽闭、采光性差、潮湿易腐、空气异味等天然缺陷,从人类发展的人居环境、视觉环境、心理环境等方面全盘开展地下空间规划,努力营造适宜人类生活、工作和娱乐休闲的生态化地下空间。将"以人为本"的理念融入地下空间规

划设计之中,为此提出以下三个方面的初步思路:

(1)考虑如何充分消除地下空间幽闭恐惧感,努力营造充满空间活力的正面效应。

(2)系统考虑采光、防水、通风、湿热、气味等因素,提供舒适宜居、富有生机、充满情趣和温度的人性化环境。

(3)基于人性化原则,提供鲜明的地下色系引导和识别体系,该体系应标准化、普适化,既方便人员引导和识别,又利于人流快速疏散。

1.4.3 城市地下空间发展趋势

1)绿色化

地下空间是一种基本不可逆的自然资源,一旦开发便基本不可复原,因此开发利用一定要慎之又慎。进行绿色开发、建立绿色地下空间是必然趋势。

绿色地下空间的开发要遵循远期与近期相呼应、相结合的可持续发展原则,既要有近期价值,更要有远期考虑。地下城市规划建设中绿色发展主线要贯彻全链条(规划、设计、施工、验收、运维)、全领域(覆盖社区、城区、城市以及整个地上和地下空间)、全寿命周期(绿色产品、可循环利用),最终实现可持续发展。

2)人本化

重视“以人为本”理念,树立地下空间规划“浑然天成,道法自然”的哲学文化思维,善于利用地形地势条件和城市特色进行地下空间开发,如平原、山城、水城、丘陵等城市应结合自然特色进行差异化空间开发,古都与现代化都市地下空间开发也应有所不同。另外,为满足人的生理需要、心理需要及精神需要,增加地下空间的可达性和趣味性,布置功能多样化的地下空间,对内部环境和出入口进行艺术和造型等景观处理,通过人工方法补充自然环境元素等。

3)智慧化

智慧化是对信息化、数字化的继承和进一步发展。当前,AI、大数据、物联网等新一代计算机和通信技术迅速崛起,建筑信息模型(Building Information Modeling,BIM)、3S技术[遥感技术(Remote Sensing,RS)、地理信息系统(Geography Information Systems,GIS)和全球定位系统(Global Positioning Systems,GPS)的统称]等技术稳步发展,二者的融合应用为城市地下空间发展提供了全新的机遇。目前,贯穿城市地下空间开发全寿命周期的智慧勘察、智慧设计、智慧建造、智慧运维等开发理念相继产生,已经在地铁、综合管廊、地下停车场等项目中得到初步应用。利用智慧技术可以实现对数据的高效管理,实现对项目全寿命周期实时状态的可视化呈现甚至辅助决策,是城市建设者和管理者的有力帮手,因而地下空间的开发效率和开发质量均会得到显著提高。

可以预见,未来“智慧城市”将继续向地下空间延伸,不但勘察、设计、施工、运维的智慧化水平将不断提高,以AI、大数据、BIM技术为支撑的智慧规划技术一旦获得重大突破,也将会在城市地下空间开发中落地实施,城市地下空间的智慧化将更加完整和全面,为未来地下城市的发展插上新的助力翅膀。

4)韧性化

韧性城市,强调应对外来冲击的缓冲能力和适应能力,具有反思力、随机应变力、稳健性、冗余性、灵活性和包容性等特点。韧性的核心是强调吸收外界冲击和扰动的能力、通过学习和再组织恢复原状态或者达到新平衡状态的能力。实际操作中通过强化现有基础设施建设,增强风险管理及促进政府各部门的协调与合作,加强城市抵御自然或人为危机的承受力,从而使城市或城市系统能够消化、吸收外界干扰,保持原有主要特征、结构和关键功能,且不会危及城市中长期可持续发展。

韧性城市规划更加强调城市安全的系统性和长效性,规划的内涵也更为丰富,涉及自然、经济和社会等各个领域。通过多部门联动,多学科交叉,多级联动综合管理,弥补单一系统各自为营的短板和不足。

5)网络化

通过网络化拓建等手段,构建相互连通、相互勾连、四通八达的地下空间乃至地下城市。例如:可将城市地铁交通和地下商业圈有机连接,把人行通道和各种商业、文化娱乐等设施都设置在地下并相互连通,成为完整的城市地下商城。为了最大化利用土地和空间资源,城市中央商务区进入地下,通过城市地下空间网络化拓建,整合城市地面和地下空间融为一体,形成集约而紧凑的城市地下商业城或地下商圈。

网络化地下城市将彻底改变原有的分区化规划布局模式,有效降低居民生活能耗,也可大大缓解城市交通压力。

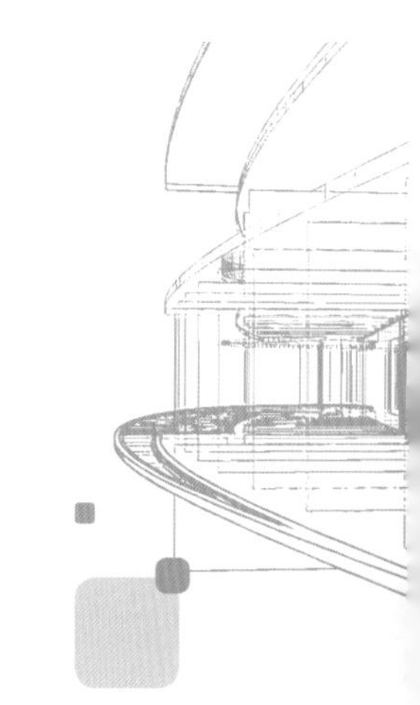

第2章 绿色地下城市

“绿色”代表了一种回归自然、节能环保和可持续发展的理念,“绿色”理念需要贯穿城市建设这一系统工程的各个层次和各个阶段。

绿色地下城市是践行城市建设可持续发展理念、城市地下空间开发利用领域的全新探索,是对绿色城市理论研究的再深入,兼具繁荣绿色经济和拓展绿色人居空间两大特征。在城市地下空间载体中,通过集约高效的发展模式,拓展生活生产空间,实现经济、政治、文化、社会、生态文明和谐共存和可持续发展的城市发展形态与建设模式。绿色地下城市是继田园城市、生态城市和低碳城市之后,在城市可持续发展范畴内空间纬度上的又一次升华。

2.1 绿色地下城市含义及理念

2.1.1 绿色建筑含义

自20世纪60年代起,世界各主要工业国家因城市建设而引起的环境污染事件时有发生,能耗超标、开发过度等引起城市环境的负担不断加重,资源利用与建筑节能已成为衡量城市管理水平的重要标志。提倡结构物全生命周期内人与自然和谐共生的绿色建筑理念开始受到大众越来越多的关注。

绿色建筑的发展经历了一个漫长的过程,早期的绿色建筑是以生态建筑等形式存在。20世纪60年代,美国景观建筑师麦克哈格在《设计结合自然》中提出人、建筑、环境应协调发展,并探索生态建筑的建造与设计方法,标志着生态建筑学的正式诞生。20世纪70年代,由于能源危机的出现,可再生能源利用技术得到了发展,运用这些技术的节能建筑成为当时的主导。20世纪80年代,联合国世界环境与发展委员会公布了题为《我们共同的未来》的报告,报告中提出“在满足当代人需要的同时,应以不损害人类后代利益为条件”,标志着城市可持续发展战略的诞生。20世纪90年代,世界首个绿色建筑标准在英国发布,标志着绿色建筑科学量化评估体系的产生,绿色建筑从此告别了理论时代,开始正式登上历史舞台,并迎来了全面发展的时代。迄今为止,大力发展绿色建筑,已经成为全世界人民的共识。我国对绿色建筑的研究始于20世纪90年代末期,并于2001年参考能源与环境设计先锋(Leadership in Energy and Environmental Design,LEED)推出了《中国生态住宅技术评估手册》,2019年发布了《绿色建筑评价标准》(GB/T 50378—2019)。在《绿色建筑评价标准》(GB/T 50378—2019)中明确给出了绿色建筑的定义:在全寿命期内,节约资源、保护环境、减少污染,为人们提供健康、适用、高效的使用空间,最大限度地实现人与自然和谐共生的高质量建筑。

2.1.2 绿色地下城市含义

绿色城市是绿色建筑的集合体,绿色城市 = 绿色建筑 + 绿色城市基础设施 + 绿色城市环境 + 绿色社会环境,绿色建筑体现的绿色发展是当今世界城市发展潮流。

我国“十三五”规划提出了“创新、协调、绿色、开放、共享”五大发展理念,对于社会、经济、环境和人文等多个方面的绿色发展理念进行了详尽阐述。虽然目前国际上对绿色地下城市的概念尚未形成共识,但基于众多学者的相关研究可归纳出这一概念的五大基本目标:是充满绿色空间、生机勃勃的开放城市;是管理高效、协调运转、适宜创业的健康城市;是以人为本、舒适恬静、适宜居住和生活的家园城市;是各具特色和风貌的文化城市;是环境、经济和社会可持续发展的动态城市。对比绿色建筑的概念,绿色地下城市还增添了社会学范畴的内涵,涉及犯罪率、邻里交往、社会和谐发展等西方城市规划学者普遍关注的命题。两者的联系为:绿色地下城市 = 绿色地下建筑 + 绿色城市地下基础设施 + 绿色城市地下环境 + 绿色社会环境。

《国家新型城镇化规划(2014—2020年)》明确提出:绿色城市是新时代城镇发展的主流方向。规划指出要坚持“生态文明、绿色低碳”的基本原则,要求把以人为本、尊重自然、传承历史和绿色低碳理念融入城市规划的全过程。伴随我国新型城镇化加速发展和生态环保理念的深入人心,绿色城市建造日益重视以节约、智能、人本、低碳为导向。因此,绿色建筑理念对于统筹绿色城市建设、实现“建筑—人—城市—环境”的永续发展具有重要意义。

2.1.3 绿色地下城市核心理念及对应措施

伴随着城市化进程加速,我国大城市人地矛盾空前尖锐,加上城市空间承载力相对不足,导致大城市病愈发严重。“病症”之一为城市地上建筑高度、密度不断增长,造成地表景观和人居品质不断恶化。为解决此类问题,城市管理者必须拓展新空间和新思维。地下空间因其契合土地集约利用和城市“精明增长”理念,具有节约土地、节约能源(如利用地热能)等特点,恰好符合绿色构造内涵,为城市“自上而下”空间开发与可持续发展提供了新的样本。地下空间助力发展绿色城市主要途径包括节约土地、节水、利用太阳能和地热能及发展绿色城市基础设施四个方面。

绿色地下城市的核心理念,是指在将城市部分功能向地下化转移的过程中,有效缓解城市土地紧缺,保持能源消耗和二氧化碳排放处于较低水平,在地下城市内部建立资源节约型、环境友好型、良性可持续的能源生态体系,实现人工—自然生态复合系统良性运转以及地上地下可持续和谐发展的地下城市体系。与其核心理念相对应的措施可分为空间拓展、旧地利用、渣土利用、废水利用和能源利用五个方面。

(1)空间拓展

空间拓展是指将部分城市功能性系统地下化,从而有效缓解城市地表土地紧张、交通拥挤及环境污染等问题。如将轨道交通、道路交通、停车系统、管线设施、公共设施、娱乐设施、科教文卫设施及民防仓储设施等地下化,可将所节省的大量地表空间用来扩建绿色环境,提高城市绿化覆盖率,改善人居生活环境。

我国已有许多城市对地下空间进行了开发利用。以北京为例,北京市地下空间建成面积已达到3000万m^2,并以平均每年300万m^2的建筑面积增加;天津于家堡金融区、广州国际金融城、上海世博园地下空间开发规模均超过60万m^2;深圳福田地下交通枢纽是国内最大的“立体式”交通综合换乘站,汇集了地铁2、3、11号线以及广深港客运专线福田站,是集城市公共交通、地下轨道交通、长途客运、出租小汽车及社会车辆于一体并与地铁竹子林站无缝接驳的立体式交通枢纽换乘中心,地下枢纽空间总建筑面积13.73万m^2,相当于192个足球场面积;杭州钱江新城核心区地下城以波浪文化城(建筑面积12.3万m^2)和地铁1、2号线换乘站为骨干,地下空间总量达到200万m^2。据初步统计数据(截至2019年),北京、上海、深圳地下空间开发规模分别达到9600万m^2、9400万m^2和5200万m^2,近5年平均增长分别为410万m^2、650万m^2和680万m^2。我国部分重点城市片区地下空间开发规模见表2-1。

中国部分重点城市片区地下空间开发规模(截至2019年) 表2-1

序号	名 称	规模(万m^2)	主要功能	层数
1	天津于家堡金融区	400.0	交通、商业	三层
2	广州国际金融城	213.6	商业、金融等	五层
3	上海世博园	65.0	交通、商业、市政	三层
4	上海虹桥交通枢纽	>55.0	复合交通	四层
5	北京CBD中心区	52.0	交通、商业、市政、应急防灾	五层
6	武汉光谷中心城	51.6	交通、商业、综合服务	三层
7	广州花城广场	43.0	交通、商业、市政	三层
8	南京新街口	40.0	交通、商业	三层
9	苏州太湖新城核心区	30.6	商务、办公、金融	三层
10	杭州奥体中心	29.7	商业、停车、民防	两层
11	广州南站	20.4	交通、商业、公共服务、民防	三层
12	上海徐家汇地区	17.0	交通、商业	三层
13	北京中关村西区	15.0	交通、商业	二层
14	珠海拱北口岸广场	15.0	交通、商业	三层
15	武汉光谷广场	14.9	交通、市政	三层
16	深圳福田站交通枢纽	14.7	交通、换乘	三层
17	珠海口岸广场	14.0	地铁、商业	三层
18	杭州波浪文化城	12.3	交通、商业、文娱	三层
19	大连胜利广场	12.0	商业、娱乐、停车	四层

(2)旧地利用

旧地利用是指通过改善废弃地下空间原有设施的内部环境,突出人居体验,构造可再利用的环境友好型地下空间,如德国鲁尔煤矿工业区埃森煤炭博物馆、罗马尼亚萨利娜图达盐矿博物馆等。

(3)渣土利用

渣土利用是一种地下空间双向开发利用行为,即在地下空间开发过程中,将开挖渣土中产生的石材或沙石料再用于建筑材料当中,减少建筑垃圾排放,降低建设成本,这是一种新颖的规划设计理念。常见的“渣土利用”方式包括:渣土空心砖、路基填料、注浆材料、夯扩桩和再生集料等。目前国内外均对渣土利用这一领域投入关注,日本1991年通过《资源重新利用促进法》、韩国2003年制定《建设废弃物再生促进法》都明确了政府和建设者的义务和权利。随着我国建设环保型社会和垃圾分类需求的不断提升,结合“绿色地下城市”理念的发展,部分城市在进行地下空间建设时均将最大限度地利用渣土加入了地方要求,如南京、合肥就要求在地铁建设中尽量减少渣土排放和渣土污染,试行了渣土制砖,有效减少了环境污染和土地浪费,而且还额外创造了收益。

(4)废水利用

废水利用是指通过将雨水、污水等废水引入地下水处理设施进行收集与过滤,达到缓解水资源短缺、提高水资源利用率的目的,常见的利用形式有:①雨水,世博轴就是一个典型案例,其自来水日用量约为2000m^3,当利用雨水时,自来水替代率可达到45%~50%,经处理后的雨水主要用途为卫生器具冲洗和绿化浇灌等(图2-1);②再生水,主要指城市污水或生活污水经过处理后达到一定的水质标准,可在一定范围内重复使用的非饮用水,也称中水。

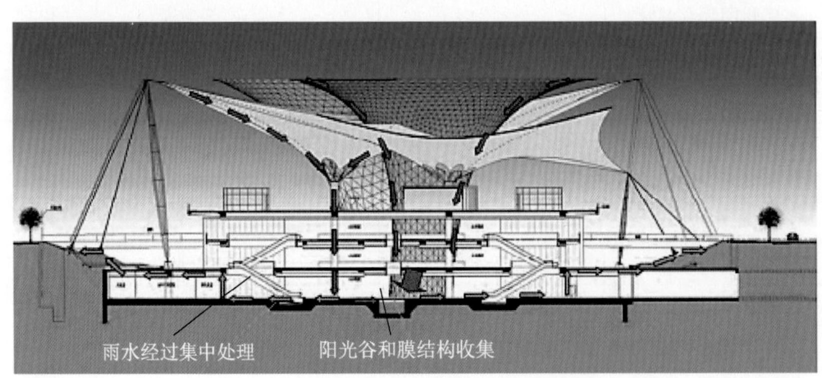

图2-1 世博轴雨水收集处理综合利用技术

(5)能源利用

能源利用即在地下空间前期调查时,通过合理的规划设计提前考虑有效利用地表以下地层所蕴含的能源,以便在地下空间后期建设和使用时降低能耗,达到节约资源的一种规划设计理念。这种能源类型主要包括水能、化石能源与地热能。其中地热能是一种分布最广、使用最为便捷的地下可循环利用的生态型能源。在绿色地下城市建设中,如能进行双回报式规划设计,通过有效手段对地热能进行统筹利用,可减少大量碳排放,有效降低地下城市的运营成本。如通过开发利用地层中的高温地热进行发电和供暖,或通过地(水)源热泵技术提取地层中的高/低温地热，夏天用作供冷，冬天用作供热，可大幅减少地下空间对外部能源输入的依赖(图 2-2)。

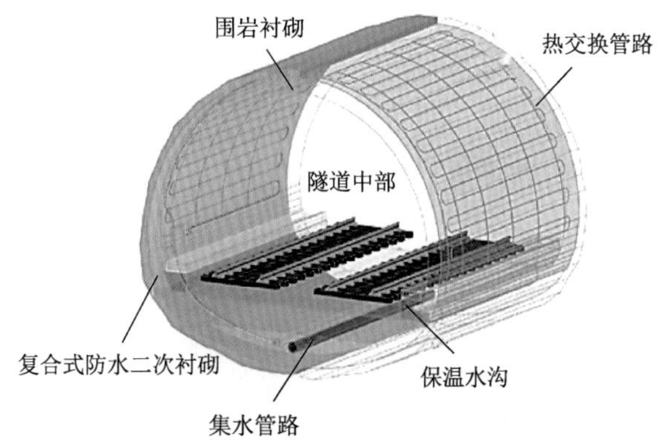

图 2-2　能源隧道简图

我国浅中层地热能利用以河北雄县最为典型，它是国内首个通过地热供暖实现"无烟城"的县城，拥有享誉全国的"雄县模式"。雄县地热资源分布面积广，出水量大，水温高。截至 2020 年，地热集中供暖面积占雄县城区集中供暖面积的 90% 以上。

在地热能储藏丰富的地域，绿色地下城市开发应推广和提升"雄县模式"，在集中成片供暖的基础上，在新兴城镇中打造以地热为主的"绿色热网"，解决北方中、小新兴城市和农村冬季供暖的问题，减少煤炭燃烧对空气造成的污染。

我国干热岩资源位居世界前列，陆域干热岩资源量为 856 万亿 t 标准煤，其中在青海共和盆地 3705m 深钻获得 236 ℃的高温干热岩体。我国已成功在陕西省进行了干热岩用于供热的商业应用——长安信息大厦 2013 年共计 3.8 万 m^2应用干热岩进行供热，效果良好。按照 2% 的可开采资源量计算，我国可开采干热岩量相当于 17 万亿 t 标准煤，为 2020 年全国能源消耗量(49.8 亿 t)的近 3400 倍。截至"十三五"末，我国地热能年利用量相当于替代化石能源 7000 万 t 标准煤，减排 CO_2共计可达 1.7 万亿 t。

2.2 绿色地下城市实现途径

2.2.1　绿色地下城市规划

绿色地下城市建设是一项复杂的系统工程，其绿色理念覆盖规划、设计、施工、养护及检测评估等全过程，如将绿色城市空间层次设计逐层分解，可分为绿色建筑、生态社区、生态城区、绿色城乡空间四层，其中生态社区、生态城区和绿色城乡空间属于绿色地下城市规划范畴，合理的绿色地下城市建设要从绿色地下城市的规划开始。

绿色地下城市规划，既有绿色城市规划概念在地下空间开发利用方面的沿袭，又有对城市地下空间资源开发利用活动的有序管控，是合理布局和统筹安排各项地下空间功能设施建设的综合部署，是一定时期内城市地下空间绿色发展的目标预期，也是地下空间绿色开发利用建设与管理的依据和基础前提。一般而言，绿色可持续发展理念体现在地下城市规划编制过程中的各个阶段,如地下空间可持续发展总体规划、地下空间控制性详细规划、地下空间修建性详细规划和地下空间工程规划等规划层级均须考虑人—城市—环境的和谐相融。

2.2.1.1 绿色地下城市规划目标

绿色地下城市的核心内涵是在城市各层规划编制时引入绿色文化、绿色布局、绿色能源、绿色开发、绿色交通和绿色环境等理念,符合城市近、中、长期发展的需求。

1)绿色文化:坚持以人为本原则,优化地下空间形态布局

以保护自然环境为前提,创造开发能够满足人们生产生活需求的空间环境是绿色生态建筑的核心理念。绿色生态建筑在建设过程中的基本原则是以人为本,即能够充分满足人们对建筑空间的各类需求。

①在对城市地下空间进行开发的过程中,应该将空间物理和视觉心理环境等因素充分考虑其中,然后让地下建筑的各个规划能够得到有序的排列布置。

②在对建筑空间进行总体设计时,要注意建筑布局有序排布,让地下空间中的建筑能够满足使用和视觉心理两方面需求;要注意地上空间和地下空间的设计相结合,保证地下空间拥有较为整齐的层次感。可以根据室内环境的设计对空间进行分割或是添加较为独特的色彩和造型。

③在建设过程中,要注意照明设施可以利用自然光源结合人工光源的形式。为给人们在地下空间行走时提供一个较为舒适的体验,在设计过程中需要考虑空间结构增加一定的绿化设计。还要注意让设计能够满足人们的生理需求以尽可能给人们提供一个较为舒适的体验感,避免地下空间设计太过局促,进而对人们的生理健康造成威胁。例如,地下空间的空气质量需要重点考虑可以借助空调,或者是其他循环设备来对地下空间的温度进行控制并且对有害气体的排出加强管理,如此才能保证地下空间的空气质量。为保证地下空间的采光度,在设计时要注意地上空间和地下空间的过渡,可以采用下沉式广场、地下庭院等建筑形式并且采用光导管系统,让地下空间的采光需求得到充分满足。除此之外,还要注意为人们营造一个舒适的地下入耳环境,可以借助对噪声控制的设备使入耳环境达到较为舒适的程度。

2)绿色布局:分区、分层、分期规划布局,解决城市突出问题

城市中心区地下空间建设中,要结合城市功能定位,充分考虑不同功能的空间布局要求,按不同的水平维度、垂直维度,分区分层规划合理的空间布局;同时要考虑项目开发对城市环境的影响,制定合理的开发计划,按不同的时间维度,制定短期目标、中期目标和长期目标,优先解决城市当下的突出问题。

3)绿色能源:树立节能环保理念,合理规划开发技术手段

在明确地下空间规划设计手段时需要以绿色建筑节能环保为核心展开工作,让自然资源和新型能源能够有效发挥作用,从而建设环保地下空间。因此,在建设地下空间时须将地下建筑所处位置的周边环境作为重点考虑对象。在确定地下建筑方案时,要以建筑所在的地势地形为依据保证设计的可行性。在提倡绿色理念的环境下,环保建筑材料和新型环保无污染的建筑手段是现代建筑中主要采用的材料和技术,例如在对建筑保温进行设计时可以选取聚苯乙烯泡沫板或者岩棉板等保温材料。

此外,由于城市控制性规划若干系统指标已经涵盖了部分绿色建筑中所涉及的指标,例如

水资源保护与利用、规划中的节水率指标、非传统水源利用率指标、能源规划中可再生能源占总能源供应比例，可以保证建筑在节水和节能方面的良好表现，但并不能达到绿色建筑所希望的“四节、一环保”（节能、节材、节水、节地和环境保护）的目标。因此结合城市控制性规划要求，应当鼓励结合地下建筑功能、类型和开发强度，制定遵循绿色建筑标准和相应绿色建筑等级，并通过“四节、一环保”低碳节能技术合理控制地下建筑碳排放总量，改善城市生态环境，实现绿色星级指标要求。

4）绿色开发：废旧利用、开发与保护相统一

深地城市的综合开发以充分利用废弃矿井、废旧人防设施和天然岩洞为主。对于废弃矿区中的巷道、竖井及其他构筑物，在进行规划设计时，应首先考虑其潜在的使用价值，不能盲目拆除和重建。要充分利用地下水资源和地下清洁能源，构建深地多元能源生成及循环体系；构建深地废料（气）无害化处理与存储系统，实现地下城市的水、电、气、暖自供自足，最终实现地下城市的自生成、自调节、自循环、自平衡。地下建筑开发要利用岩（土）体的特性，充分发挥其结构主体、功能主体和装饰主体的作用，如开发窑洞式地下房地产等。

5）绿色交通：发展绿色物流运输系统

在城市中心区以及具有突出景观价值的区域，应该发展地下货物运输系统。在城市中心区，应发展管道中的集装箱运输（UTP）和废物地下物流系统（ULS）。在景观价值突出的区域，应发展管道中的集装箱运输（PWT）。地下货物运输系统通过管道和集合点组成地下无人系统，其交通工具采用电力驱动并在地下运行，可实现污染物零排放，且没有噪声污染，还可将原来用于交通运输的部分地表转变为城市绿化带，大大释放地表空间，减少地面污染，改善城市环境。

6）绿色环境：地上与地下协调，系统化立体开发

绿色地下城市规划布局，应重视地下空间与城市绿地空间复合开发，以增加人均绿化面积和绿地覆盖率，提升城市自然生态调节能力。应当充分结合地面绿地的建设，以营造城市绿化空间为首要任务，合理开发利用地下空间资源，拓展城市空间。从现行的城市建设来看，可通过地面透水铺装、下凹式绿地比例、屋顶绿化覆盖率、污水处理达标率等指标保障人工环境的生态化。自然环境主要通过原有植被、物种群落、水系统甚至湿地资源的保护，以及生态环境的修复与治理恢复和强化其原有的生态功能，最大限度地实现自然环境生态化，使人工环境与自然环境和谐共生。

地下城市的地上出入口、地上换气口、地上交通枢纽、市政基础设施、物流系统等地下出口，应实现地上、地下配合并协调一致。地下空间纵向布局和横向设计要统一规划，立体布局。尤其是地下交通体系、地下供水系统、地下能源供应体系、地下排水及污水处理系统、地下生活垃圾的清除、处理和回收利用系统以及地下综合管线廊道的建设一定要综合化、系统化、空间化考虑，要有前瞻性。地下公共空间、地下交通空间、地下市政基础设施空间的规划建设要充分考虑区域地质、水文条件及原有巷道和构筑物自身条件等，确定布局、走向或者循环系统。

从功能上来看，绿色地下空间的开发与利用，应当以建设公共空间为主，以满足人们公共活动的基本需求为建设目的。地上绿地建设应当以休闲活动功能为主，为人们营建公共交流的场所；地下空间的开发应当以公共娱乐和服务功能为主，为人们提供公共服务空间如商业、

餐饮、体育运动场馆等。

2.2.1.2 绿色地下城市规划要点

1)城市轨道交通站点区域整体化发展导向的地下空间系统化利用

带形城市理论最初提出了交通干线是城市主要骨架,地下空间最初出现在巴黎交通枢纽改造方案中,站点分五层布置。"明日城市""垂直田园城市"中构想了多层交通体系,雅典宪章(1933 年)倡导通过利用地上和地下空间结构改善城市环境,"巨构城市"(Megastructure)理论认为交通网络化、流动化是促进城市发展的关键要素,联合国自然资源委员会于 1982 年提出地下空间是人类潜在和丰富的自然资源。阿斯普伦德总结性地提出双层城市、城市立体化、城市平面交通模式可使城市中心、建筑、交通三者的关系得到协调发展。日本户所隆、渡部与四郎亦提出都市空间立体化,格兰尼、尾岛俊雄倡导地下空间、紧凑城市和工程选址整合为一体,巴塞罗那国际建协在 1996 年提出开发地下空间,波特兰于 20 世纪 50 年代提出将城市公共空间引入地下,荷兰 KVRDW 公司在 2010 年创新性地提出密度城市、无零水平面、城市基面上下化(立体化)发展。城市从原有二维平面发展转向三维立体发展,从土地利用转向空间利用。随着进入后工业化时代,以往城市扩张式发展带来了能源高损耗、耕地不足等问题,城市开始从扩张向紧凑式发展转变。城市中心集聚发展过程中,地下空间的综合立体式开发显示出越来越强烈的优势,成为城市内部更新发展的重要途径。

2)以城市立体化发展为目标的地下空间立体化设计

中国土地公有制促进了地下空间系统性的利用及研究。东南大学韩冬青教授 1999 年比较系统地提出城市空间形态与结构的系统化、立体化、宜人化趋势,立体化就是对用地进行地上、地面、地下三维综合开发,以构成一个连续的、流动的空间体系;董贺轩通过研究城市立体化基面及立体化结构,指出地下空间与地面城市空间构成系统性、立体式、集聚发展的趋势;"巨构城市"模型指出城市中心区的再开发应该实现立体维度上的流动性与多功能性的整合,使城市中心区进行网络化重构。轨道交通站点立体化研究是地下空间立体化设计的重点。卢济威教授提出轨道交通站点区域协同发展有效地促进车站地区多层面空间规划,此外还包括轨道站点立体式开发研究、交通枢纽与城市发展的一体化趋势、建筑综合体与城市交通系统立体化衔接,轨道站点与区域协同式开发、城市公共空间与交通空间的复合开发模式、城市中心区立体步行交通系统等方面。以上研究均对地下空间立体化发展进行了定性研究,还缺乏定量分析,虽然地下空间利用被认为是城市可持续发展的重要途径,但目前仍尚且缺乏地下街、地下通道、地下车库等绿色建筑设计标准体系。

3)节能舒适导向的地下空间微观绿色环境设计

日本是地下空间微环境研究最多的国家,主要集中研究单个轨道站点地区地下街、地下步行空间机能更新及内部空间优化,地下街、地下步行空间网络规划,以及绿色地下空间开发几个方面。日本地下空间研究关注地下空间环境、人们需求心理及地下街尺度等,从微观角度提高地下空间的舒适性及安全性,在绿色建筑设计研究方面取得了巨大成就。我国在这方面的研究目前还非常匮乏,还没有相应的设计标准。

4)城市高效发展导向的地下空间功能复合化和集约化设计

功能复合化主要体现在对地下空间与地面建筑的功能空间之间以及地下空间内部各种不同功能空间之间的融合,为城市的日常生产、生活提供更加丰富的内容,满足人们对于城市公共生活的多样化要求,使其更加充满活力。

功能集约化依托地下空间建设商业、办公、居住、旅店、展览、餐饮、会议、文娱、交通等各种公共场所以及车库、民防工程和仓库等附属设施,将地下空间建设成为集多种城市功能于一体的高效综合体,从而将城市地面空间更多的留给绿化、采光、公园,以美化城市环境,营造宜居空间。

地下空间各组成部分之间在面积上应保持合理的比例,反映出地下空间各功能的主次关系。地下各功能空间可以归纳为三大类:营业部分、交通部分和辅助部分。其中以交通功能为基础,以商业功能为依托,以休闲娱乐为拓展,以生态景观为焦点,以文化意向为灵魂。这三大类之间应保持一个合理的比例关系,系统有机地保障其疏散安全,同时促进地下空间使用的经济效益。

2.2.2　绿色地下城市设计

在绿色城市空间层次设计中,绿色地下城市设计主要属于绿色地下建筑设计,其核心主要涉及节能设计和节材设计两部分。

2.2.2.1　绿色地下城市设计目标

(1)节约资源、城市高效导向下的地上地下系统化、立体化、功能复合化设计,发展集约高效的城市空间。充分依托综合交通枢纽和城市轨道交通场站建设城市交通综合体,利用地上和地下空间,促进交通与商业、商务、会展、休闲等功能融合。

(2)节约能源导向下的主动式及被动式节能设计。如利用地热能、天窗采光;利用地下空间内恒温天然特性等,减少机械采光、通风、调温等建筑能耗。

(3)环境舒适导向下的多样化室内空间设计。地下空间之间相互联系渗透,宽敞的、富于层次和变化的空间可以削减地下空间封闭、低矮、单调、内向的特性。空间序列起伏抑扬、节奏鲜明,能避免单调沉闷的空间效果,也能对地下空间起到导向作用。

(4)城市交通高效导向下的空间导向性设计。科学的导向标识设计,可以避免人流交叉和往复运动,防止地下空间迷路并保障安全疏散。

(5)绿色环境导向下的设计融合自然环境。地下空间属于人造空间,在其中引入自然要素可以改善地下空间内部环境,如引入自然阳光、绿植、水等可以为人们提供一个开敞、明亮和亲近自然的舒适环境。

(6)安全防火设计。我国已成为世界上城市地下空间开发利用的大国,地下城市、地下街、大型地下综合设施越来越多,安全防火设计是绿色建筑设计的基础及重点。

2.2.2.2　绿色地下城市设计要点

1)绿色地下城市节能设计要点

相较于地上空间环境,城市地下空间的物理性质稳定,表现出恒温、恒湿、隔热、遮光、气密等显著特点，不受风、霜、雨、雪和太阳辐射等诸多外界环境因素的直接影响，地下空间系统安全隐蔽，具备良好的针对内部环境的自我控制和调节能力。同时地下空间的温度波动范围小，冷热负荷相比地面建筑少。作为构成地下城市的细胞，地下建筑独特的环境特点和热工性能决定了地下建筑的耗能特点，其主要能耗在于空调系统、照明系统、机械通风以及电梯能耗等方面。绿色地下城市节能设计要点主要包括地源热泵、光导照明、自然通风及 LED 节能照明等。

（1）地源热泵系统

地源热泵系统采用的是可再生的地热能，因此被称为以节能和环保为特征的 21 世纪新技术。地源热泵系统是一种利用地下浅层地热资源（包括地能，包括地下水、土壤或地表水等）以实现既能供热又能制冷的高效节能空调系统，它利用地下土壤、地表水及地下水温度相对稳定的特性，通过消耗一定的电能，在冬天把低位热源中的热量转移到需要供热或加温的地方，在夏天将室内的余热转移到低位热源中，达到降温或制冷的目的。

地源热泵系统高效节能，环境和经济效益显著。地源热泵要比电锅炉加热节省 2/3 以上的电能，比燃料锅炉节省约 1/2 的能量，通常用户可以得到的热量或冷量是地源热泵消耗能量的 4 倍。地源热泵机组运行时，不消耗水也不污染水，不需要锅炉冷却塔，也不需要堆放燃料废物的场地，环保效益显著。此外，地源热泵的热源温度通常在一年内都比较稳定，一般维持在 10 ~25 ℃，制冷、制热系数可达 3.5 ~4.4，与传统空气源热泵相比要高出 40% 左右，其运行费用是普通中央空调的 50% ~60%，经济效益显著。其运行原理如图 2-3 所示。

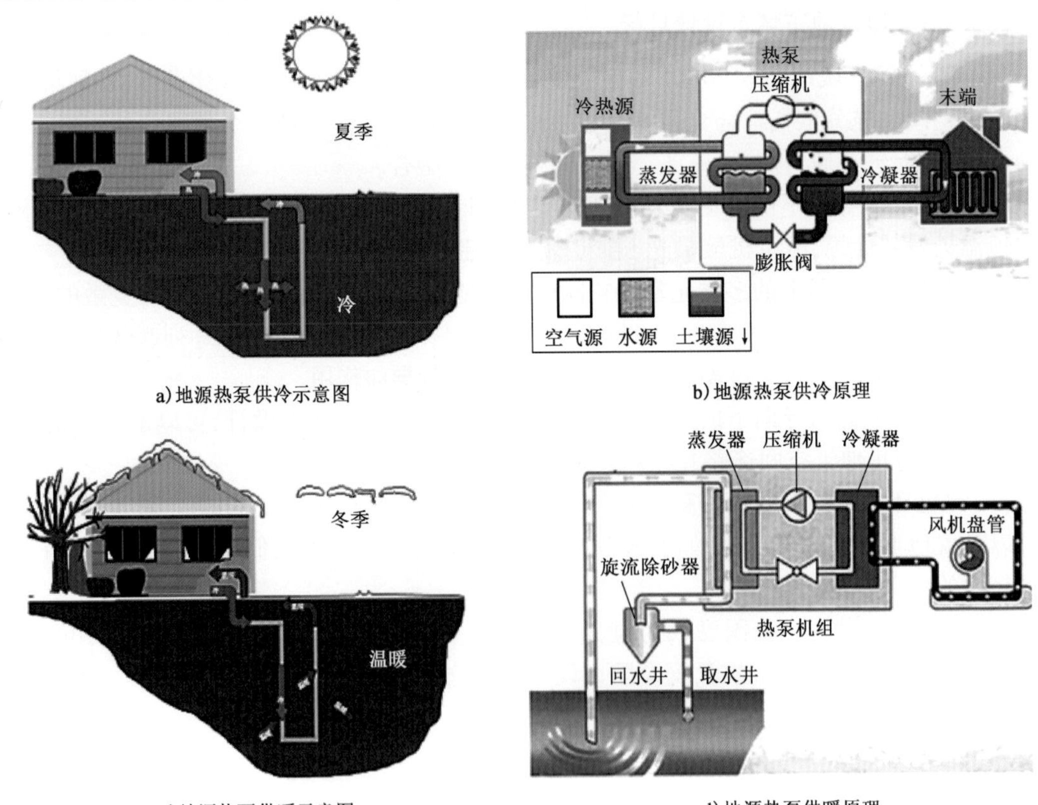

a）地源热泵供冷示意图

b）地源热泵供冷原理

c）地源热泵供暖示意图

d）地源热泵供暖原理

图 2-3　地源热泵供冷、供暖示意图及原理

美国早在 1946 年就对地源热泵系统进行了 12 个主要项目的研究,如地下盘管结构形式、结构参数、管材等对热泵性能的影响,并在俄勒冈州的波特兰市中心区安装了第一台地源热泵系统。目前,许多科学家致力于地源热泵系统的研究,努力提高其热吸收与热传导效率。例如:斯德哥尔摩地下区域供冷工程因具有高能源利用率、更环保及更经济的运行方式,被公认为是世界上大型供冷方案中近乎完美的工程;美国犹他州米尔福德市地壳特别薄,因此开展了大型增强型地热系统(EGS)Collab 项目的合作研究,探索水力压裂如何助力提取地热能。

我国具有较好的热泵科研与应用基础,在 20 世纪 50 年代,天津大学热能研究所吕灿仁教授开展了热泵的最早研究,并于 1965 年研制成功国内第一台水冷式热泵空调机。我国地源热泵事业近几年也已开始起步,天津大学、清华大学分别与有关企业结成产学研联合体,并开发出中国品牌的地源热泵系统,且已经建成数个示范工程。近年来,中国科学院广州能源研究所等数家单位多次召开全国性的、有关热泵技术的发展与应用专题研讨会,重庆大学、天津商学院等院校对地源热泵的地下埋盘管也进行了多年的研究并取得了一系列成果。下面列举城市地下空间布设地源热泵系统的一些典型案例。

①案例一:瑞士 PAGO 公司办公楼

瑞士 PAGO 公司办公楼采用 570 根桩基埋设热交换管,平均桩长 12m,以 4 个能源桩为一组,呈方形顶角安装,四边间距为 1.4m。每延米桩基冬天可获得 35kW · h 的能量,夏天获得 40kW · h 的能量,如图 2-4 所示。

图 2-4　瑞士 PAGO 公司办公楼地源热泵系统

②案例二:奥地利某地铁车站示范工程

奥地利某地铁车站利用桩基解决冷和热的问题,不仅节约大量热能和电能,而且过程环保,节省天然气 34000m^3,节省电能 214MW,年节省电费约 1 万美元,如图 2-5 所示。

③案例三:我国上海自然博物馆

我国上海自然博物馆总建筑面积为 45086 m^2,其中地上建筑面积为 12128 m^2,地下建筑面积为 32958 m^2,采用地源热泵系统承担夏季冷负荷以及冬季热负荷,夏季土壤换热器最大负荷为 1639kW,冬季土壤换热器最大负荷为 1178kW,如图 2-6 所示。

(2)采光节能设计

①自然采光

地下空间自然采光设计和建筑物的埋深、大小以及和地面的联系都有着密切关系。一般而言,地下空间自然采光方式可分为被动式自然采光和主动式自然采光。

a. 被动式自然采光

即通过对地下空间顶部的处理引入室外自然光线,常利用地下中庭空间,通过增设顶部天窗进行自然采光,采光天窗形式多样,并且可以形成地面广场的景观小品。除了天窗的利用,还可以设计半开敞式的下沉广场及地下步行街道,通过侧面开窗进行自然采光,此类设计经济成本较低,引入自然光的同时还能保证自然通风,但是会对地面的平面布局产生一定影响。被动式自然采光适合较为浅层的地下空间设计,如图 2-7 所示。

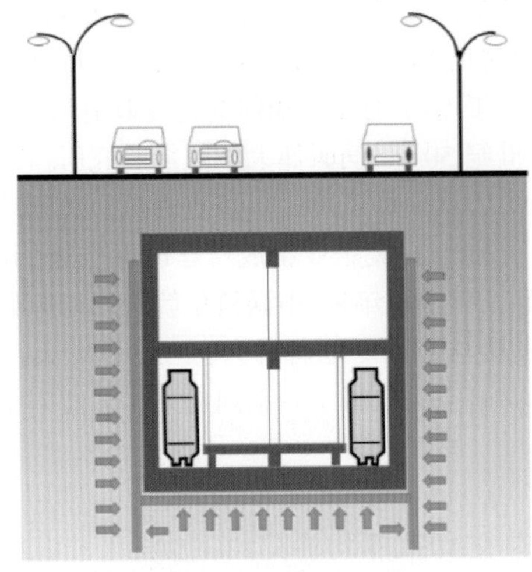

a)地铁车站低温能提取示意图

b)内埋管换热器工作示意图

图 2-5　奥地利某地铁车站地源热泵系统示范工程

a)地源热泵系统

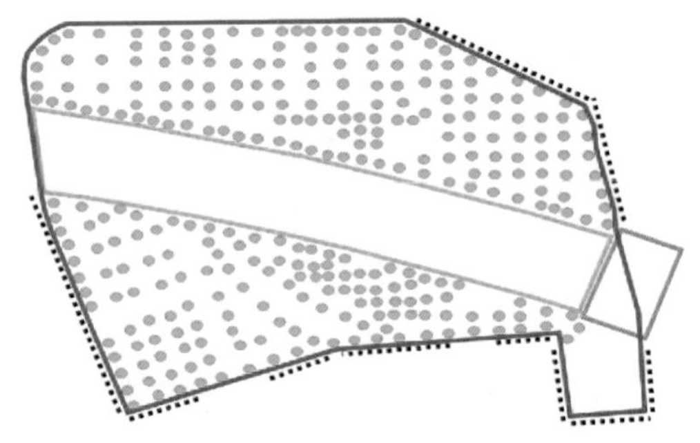

b)灌注桩和地下连续墙内埋管布设图

图 2-6　中国上海自然博物馆

a)英国伦敦金丝雀码头地铁站

b)法国巴黎卢浮宫地下空间入口

图 2-7　地下空间被动式自然采光

b. 主动式自然采光

假设地下建筑是全封闭形式或者向下建设的空间比较大,那么接收自然光线是比较困难的,这时最好的方法就是采用一定的技术间接接收光线。主动式自然采光即通过人工的机械设备,将自然光线传入地下空间,如图 2-8 所示。例如利用光导照明系统进行自然采光,该系统的基本工作原理是:利用室外采光装置收集自然光线并将其导入系统内部,经由特殊制作的导光管传输后,由安装于另一端的漫射装备把自然光线均匀发散到室内需要照明的地方。主动式自然采光的建设成本较高,但是可以有效减少能源消耗,同时照射面积大、出射光线均匀、无眩光、不会产生局部聚光现象。光导照明系统既能充分利用太阳能、有效减少白天的照明用电能耗,又能够提供良好的采光效果,因此该系统在地下空间的广泛应用可以节约大量电能。同时,光导照明系统还可以结合自然通风系统进行设计,保持室内良好的自然通风。高出地面的采光系统经常与地面景观元素相融合,减少对地面景观环境的影响。

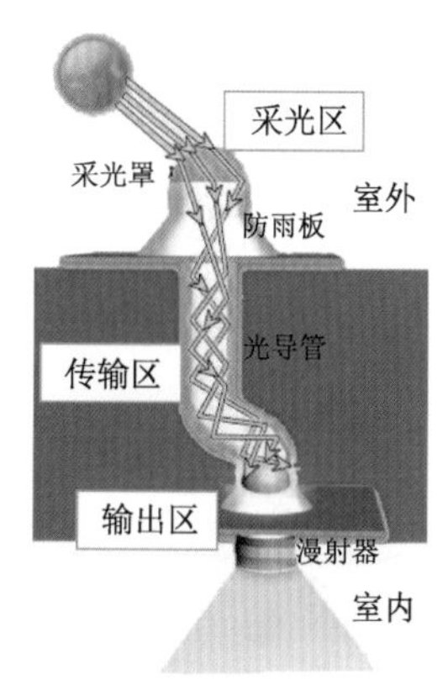

a) 光导照明系统

b) 天津泰达MSD低碳示范楼

图 2-8　地下空间主动式自然采光

②人工照明

绿色照明是人工照明的主题,重点在于光源的选择。发光二极管(LED)具有环保、节能、耐用等特点,因此用途较为广泛。相比传统的节能灯,LED 优势更为明显:从能耗角度看,它不依靠灯丝发热来发光,而且能量转化效率非常高,只有白炽灯能耗的 10%、荧光灯能耗的 50%;从安全性能来看,它采用固体封装,结构牢固,使用寿命长达 10 万 h 甚至更长,是荧光灯的 10 倍,且内部不含汞,不会造成二次污染。虽然暂时对少数地下空间来说其价格相对偏高,但是光环境的舒适度有大幅提升,可在空间品质要求较高的地方大量使用。

目前存在的商业照明大多结合了点状形态、线状形态和面状形态三种方式。地下通道空间的间接人工照明方式有天花板反射和墙面反射(图 2-9),经过墙面形成的漫反射光线能够加强地下空间的商业气氛,拓宽室内的宽敞感;通过吊顶形成的漫反射光线,让空间照明更加柔和,可避免直接照明产生的眩光。

③设计案例

以地下车库为例,说明地下空间室内如何进行采光节能设计。

地下车库引入天然光线优点显著,能大幅节约能源。据研究,如果地下车库白天全部采用自然光照明,在室外光照条件较好的情况下,最长可节省长达 10h 的人工照明用电量;能改善地下车库的室内光环境,使车库白天看起来通透、明亮、充满阳光和温度(图 2-10),增加视觉舒适度;还能使地上与地下空间形成一种流动的、相互渗透的空间环境,消除地下空间的幽闭性,对于提高人们的生理和心理健康均具有积极的意义。地下车库天然光的利用,主要有以下几种方式:

a. 结合地下车库的具体地形、气候分区和建筑形式进行天然采光。具体形式有天窗采光、采光井(窗井)采光、底层架空采光、下沉庭院采光、侧窗采光等。

b. 采用导光管、光导纤维等导光装置,将光线引入车库内进行一定程度的照明。2008 年北京奥运中心区地下车库将人工照明与导光管相结合的设计,不仅改善了室内光环境,还取得了很好的节能效果。

c. 采用地下车库光伏 LED 照明系统。利用太阳能光伏发电技术,将太阳能转为电能,为地下车库的 LED 灯进行供电。2009 年万科总部大楼采用地下车库光伏 LED 照明系统(功率 5.76 kW),一方面使用了绿色环保的光伏发电;另一方面使用高效节能的 LED 照明灯具,为光伏发电和 LED 照明系统提供了宝贵的经验和数据。

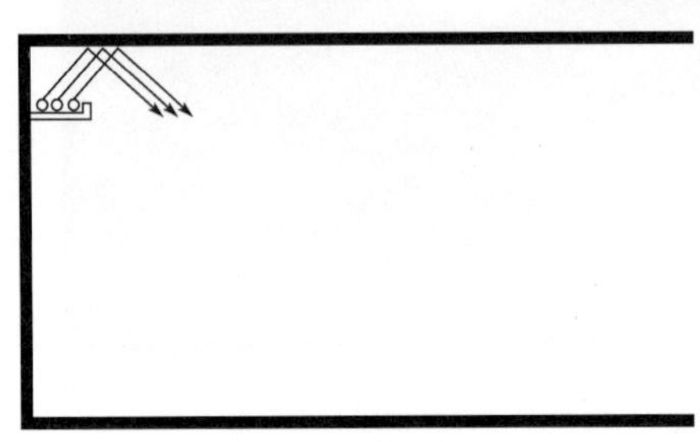

a) 天花板反射

b) 墙面反射

图 2-9　地下间接人工照明形式

图 2-10　地下车库内白天采光效果

(3) 通风节能设计

自然通风是利用室外风力所造成的风压或室内外空气温差所产生的热压作用实现室内外空气自动交换的通风方法。自然通风不需要额外消耗能量,也不需要复杂的系统管理,具有节能环保优点,因此在建筑通风中被广泛使用。利用自然通风可以改善室内空气品质并解决夏季或过渡季的热舒适性问题,能够取代空调部分功能而达到节能目的。国内外学者目前对地面建筑的自然通风在理论和实践应用上取得了许多研究成果,这对地下空间的通风设计具有重要的指导意义。地下建筑与地面建筑的结构形式不同,因此其自然通风的设计和应用也有区别,目前对地下空间研究多是有关安全方面,对地下空间自然通风的理论研究较少,解放军理工大学赵阜东等对地下建筑自然通风的可行性方面进行了研究,并借鉴地面建筑生态化方面研究的成果,研究形成一套地下建筑生态化自然通风的基本模式,并得出通过对自然通风系统科学的设计,依靠自然通风实现地下建筑的节能与舒适度改善是完全可行的。郭春信等通过对岳阳某地下商场的测试分析后认为:要取得较好的自然通风效果,设置通风口时必须将周边建筑和室外风向的影响考虑在内,合理利用地形,自然通风的孔口面积应大些,通道应宽敞些,使通风阻力尽量小,口部能充分利用风压;他还得出了增强自然通风的风帽设计方法。自然通风原理如图 2-11 所示。

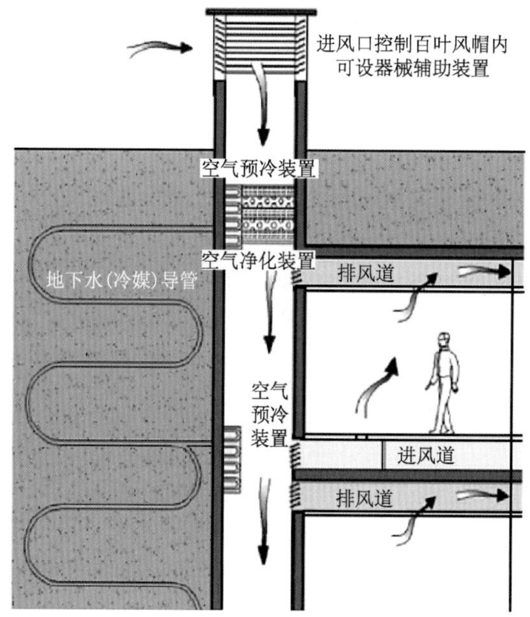

图 2-11　地下建筑自然通风原理

(4)围挡结构节能设计

①Low-E 中空玻璃

Low-E 玻璃又称低辐射玻璃,地下空间采光中庭可采用高断热的 Low-E 中空玻璃(图 2-12)以及高热阻的框材。下沉式广场围护结构具有保温隔热性能,围护结构整体热工性能指标较常规做法将提高 15% 以上。

②光伏屋顶

目前我国建筑物空气温度调节耗能巨大,占建筑物总能耗约 70%。太阳能建筑能有效减少建筑物对外界能源的依赖,依靠自身产生清洁高效的能量。在 20 世纪 90 年代,光伏与建筑一体化的建筑形式兴起。光伏屋顶指的是光伏与建筑屋顶实现一体化设计,光伏材料可以替代屋顶保温隔热层遮挡屋面,降低屋面成本,形成屋顶的复合功能。与此同时,光伏材料的引用使建筑屋顶不再局限于平、坡面屋顶,屋顶形式可以为弧形或圆形等,以吸收更多的太阳能。在地下空间恰当位置布设光伏屋顶,能使其具有良好的透光率,减少昼夜投射于屋顶的冷热负荷,同时可将光伏组件吸收的太阳能转换为电能,用于地下建筑的照明系统,减少额外的供能需求。光伏屋顶物理简化模型如图2-13所示。

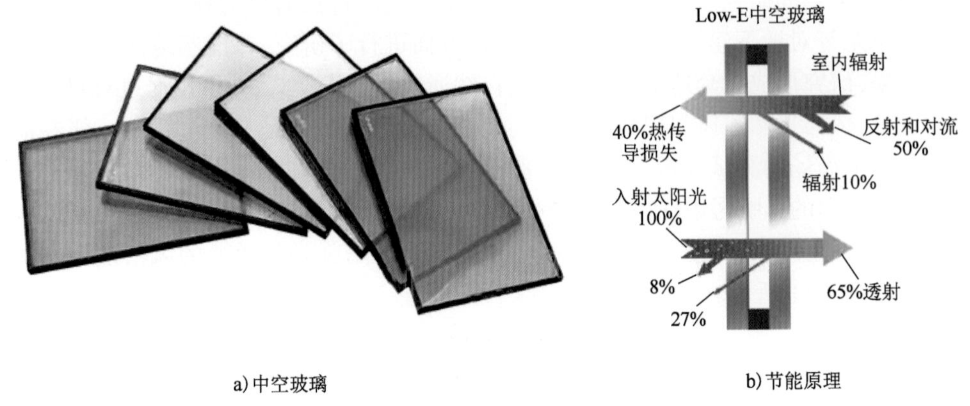

a)中空玻璃　　b)节能原理

图2-12　Low-E中空玻璃及节能原理

③空调冷热源节能系统

空调冷热源节能系统运行原理如图2-14所示,其设计具体从以下三个方面着手。

a.选择高清洁度的能源

目前城市公共建筑空调冷热源中使用的能源都是不可再生能源,要进行绿色节能设计首先应该在能源方面选择清洁度比较高的可再生能源。目前比较常见的高清洁度能源主要有太阳能、风能以及地热能,并且对环境都不会造成污染。因此在进行公共建筑空调冷热源节能设计的时候,可以优先考虑对这些能源进行利用。

将太阳能作为空调的热力来源,能够降低能源使用成本。但是在设计时要考虑到公共建筑所在地区的太阳能照射情况,对太阳能的利用方式进行合理规划,以免发生接收不到太阳能的照射而出现能量不足的情况。如果公共建筑所在地区一天内太阳照射时间比较少的话,就不能使用太阳能作为空调的能量来源。除了太阳能之外,还可以将地下浅层的地热能作为冷热源,从而形成地源热泵,换热方式有埋管式换热、地表水换热以及地下水换热等。我国地热能资源比较多,同时地热能的使用技术也比较成熟,因此可以很好地将其使用在公共建筑的空调冷热源系统中。

b.输配系统设计

为了保证降低冷热能源输配过程中的能源消耗,进行绿色节能设计时可以通过几个方面进行节能优化。首先是对输配系统中的冷水管、热水管以及风管等进行保温设计,然后合理设计水系统温差。同时在输配系统建筑材料的选择上,可以使用一些节能型的水管以及风管等。还要对输配系统的阻力值合理地进行计算和设置,保证其能够最大限度地降低在输配冷热能源过程中的能源消耗。

c.蓄冷蓄热系统设计

进行蓄冷蓄热系统设计时,需要遵循相应的设计要点。首先应保证蓄冷设备提供的蓄冷量能够达到设计要求的1/3,然后将其全部应用在电量使用比较低的时间段内。同时根据国家对绿色节能设计的要求,蓄能设备应能保证在夜间等时段不使用电。使用水蓄能方式时,

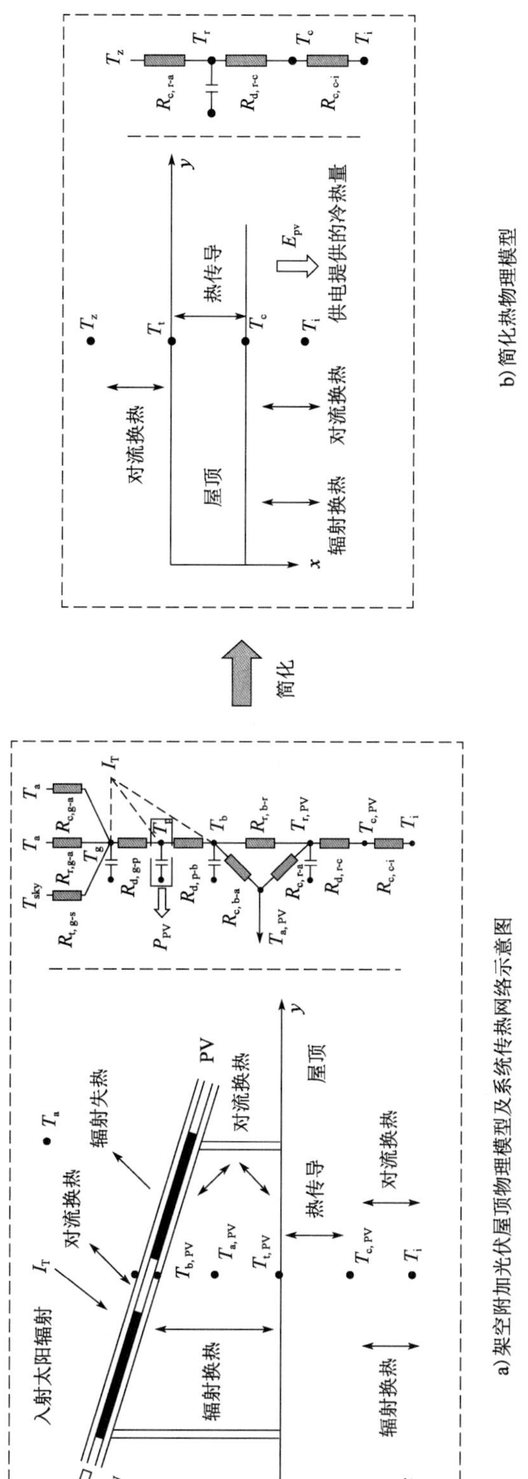

a) 架空附加光伏屋顶物理模型及系统传热网络示意图

b) 简化热物理模型

图2-13　光伏屋顶物理简化模型

蓄冷水和蓄热水的温差应该大于一定温度。水蓄能和冰蓄能根据不同的使用方式有着不同的要求，因此需要根据现场实际情况选择合适的设置方法。

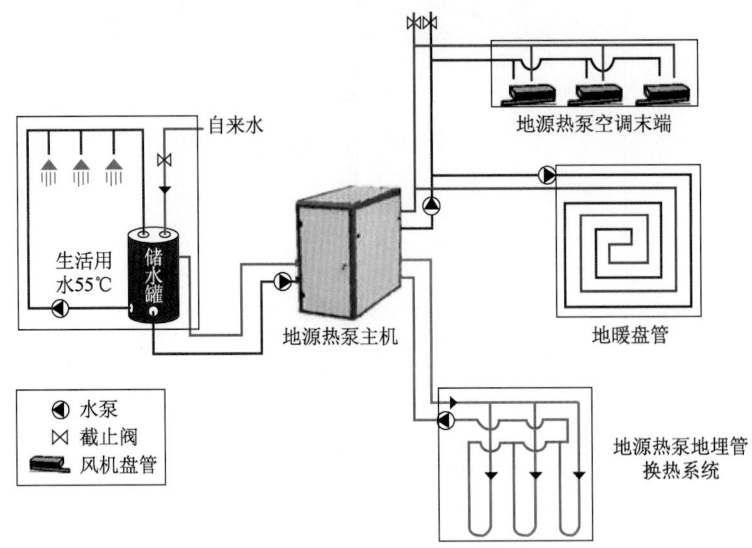

图2-14　空调冷热源节能系统原理图

④新风、热回收系统

新风系统给地下空间提供新鲜空气，它能将室外新鲜空气经过过滤、净化、增氧、调温等处理后通过管道输送到室内各个房间，同时把室内的污浊空气排出到室外，实现空气置换。热回收系统能对新风预热（预冷），提高（降低）送风温度，避免室内人员有冷（热）吹风感，进而减少了新风冷热负荷。当热回收装置显热效率达到70%时，建筑供暖能耗将会减少近一半。因此新风、热回收是保证室内空气质量和减少建筑能耗之间矛盾的有效途径。

新风、热回收装置可根据不同的方式进行分类：根据能量回收形式，可分为全热回收装置和显热回收装置两种；根据其结构特点和工作原理，可分为轮转式热回收装置、板式热回收装置、热泵式热回收装置和热管式热回收装置等。大量研究表明，轮转式热回收设备在酒店、办公楼、大型商场等空调系统中使用情况比较良好，热回收效果和回收期也比较适合；板式热回收设备适用于展厅之中；热管式热回收设备在清洁度要求较高的室内空间中热回收效果比较好。

2）绿色地下城市新型节材设计要点

（1）选用安全、环保的建筑材料

由于地下空间建设的不可逆性，一旦建成将长久保存，相对地面建筑而言难以拆除和重建。另外其结构方式和建造方式亦有别于地上建筑，所以在节材与材料资源利用的技术选择上要更加注重安全性，需要注意建筑材料是否具备防火、防水性能，以此提高地下空间建设的安全性。为避免建造过程中给地下空间带来较多的有害气体，宜选用低污染的环保材料。如采用石膏板隔断，以及钢材、铝合金等型材。

（2）再次利用现有建筑结构与材料

在《绿色建筑评价标准》（GB/T 50378—2019）中规定：土木建筑和装修工程需要确保设计

施工一体化,确保最大限度不破坏或是不拆除既有的建筑构件,尽可能减少多次重复装修,且设计时应该对建筑构件自身的主要功能,连同容易产生的废弃物料进行充分考虑,避免对构件进行不必要的拆除与破坏,降低建筑材料的实际需求量,进而减少因生产材料而消耗的资源、能源、运输以及建筑垃圾。

(3)提高可再生材料的使用率

可再生材料主要包括三类:采用可再生资源生产的建材,建材自身由可再生材料构成以及材料中含有一定的可再生成分。可再生资源主要指的是在一定时间与空间条件下,借助天然作用或者人工活动可以进行再生更新或扩大其储备量,从而能够反复使用的资源,例如水资源、木材等。较不可再生资源而言,其所具备的优势:不会对环境造成巨大污染,比如水资源与地热能均不会对环境造成危害;能够在短时间内自我恢复,将对生态环境造成的影响降至最低。

地下城市规划设计理论目前正处于"大数据+物联网+BIM+3S+三维可视化+智慧化"的全寿命地下空间信息平台建设阶段。随着地下空间开发利用规模和深度的加大,立体、和谐与可持续发展理念在实践中得到强化,系统论、博弈论与低碳经济等经济学原理的引入,数字化、信息化及节能环保新技术和新方法的不断提出,给地下城市规划设计理论增添了新的活力。地下城市规划与地下城市设计学科之间的差异已逐渐淡化,学科融合趋势更加明显。融合化、多样化、系统化、分层化、深层化、智能化和低碳化已成为现阶段绿色地下城市规划设计乃至整个城市规划设计的新趋势。

2.2.3 绿色地下城市建造

绿色地下城市的实现离不开施工的支持,除了通过施工工艺实现绿色规划与设计的目标外,也可将绿色低碳可持续发展的工艺融入施工过程中,以实现节材、节能、节地及废物再利用,减轻施工活动对环境的干扰和影响,达到实现绿色文化、绿色布局、绿色能源、绿色开发、绿色交通和绿色环境的目的。

2.2.3.1 绿色地下城市建造目标

1)绿色建造概念解析

国内对绿色建造的定义基本相同,按照北京市地方标准《绿色施工管理规程》(DB 11/513—2008)及天津市地方标准《天津市绿色建筑施工管理技术规程》(DB29-200—2010)文件的定义,绿色施工是建设工程施工阶段严格按照建设工程规划和设计要求,通过建立管理体系和管理制度,采取有效的技术措施,全面贯彻落实国家关于资源节约和环境保护政策,最大限度节约资源,减少能源消耗,降低施工活动对环境造成的不利影响,提高施工人员的职业健康安全水平,保护施工人员的安全与健康。

2011年10月实施的国家标准《建筑工程绿色施工评价标准》(GB/T 50640—2010)中,对绿色施工建造定义为:在保证质量、安全等基本要求的前提下,通过科学管理和技术进步,最大限度节约资源,减少对环境的负面影响,实现"四节、一环保"的建筑工程施工活动。

我国学者对绿色建造的概念进行了总结概括,分析认为绿色建造必须在施工过程中做到三不,即不扰、不吵、不污染。要对施工过程严格管理,积极推行标准化施工和低能耗施工,提高施工区域的环境美化水平,保持施工场所内的环境卫生和物品摆放整齐等。

在绿色奥运建设过程中,有学者就绿色建筑的施工评价做出了具体的要求和说明,指出绿色建造首先要建立和完善绿色建造评价制度和评价体系,综合运用各种现代施工技术和节能环保技术,降低施工过程对周边生态环境的影响,提高施工过程中的能源和材料利用率。

2)绿色地下城市建造目标

通过上述定义分析,发现地下城市绿色建造分为狭义和广义两个层面。从狭义视角来看,绿色建造是以可持续发展理念为指导、进行地下城市工程建设全寿命周期过程中的一个重要组成部分,可以看作是细化的施工阶段的绿色控制;从广义视角来看,绿色建造即在地下城市项目的选址、设计、施工、运营维护及拆除阶段,运用绿色建造工艺和技术建造绿色建筑,是一个全过程绿色控制的概念。同时,可以分析出绿色地下城市建造的目标如下所述。

(1)绿色建造的基础目标是保证质量和安全

绿色建造的目标是综合性的,它应符合建设工程的目标:即时间、质量、安全和费用方面,符合规划和设计要求也是符合质量的要求。在这个意义上与传统施工别无二致,绿色建造是在保证质量安全后的再一次升华。

(2)绿色建造的最终目标是节约资源、降低消耗和减少环境污染

作为一种新型建造模式,绿色建造强调"绿色"概念,是人类对资源和环境问题的统一认识,体现的是"生态平衡""环境保护"等绿色发展理念。绿色建造是以人本理念为核心的环境—经济—社会全面协调、统筹兼顾的施工体系,是满足我国可持续发展思想要求的施工管理技术。绿色建造在传统施工目标(质量、进度、成本)的基础上,把控制目标拓展到了生态、和谐、节能和可持续发展等领域,使控制目标更加系统、科学和全面。绿色建造与传统施工比较如图 2-15 所示。

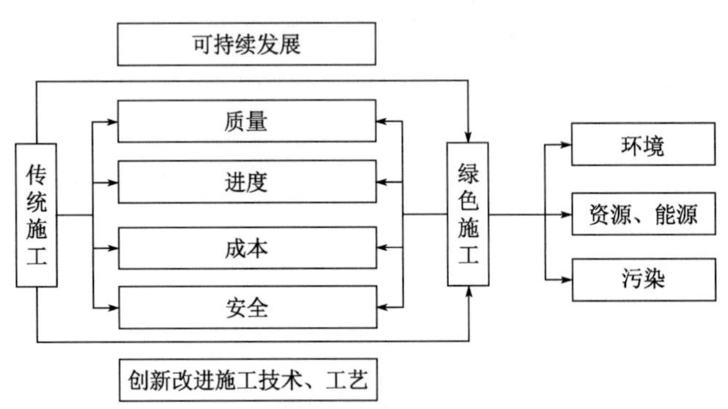

图 2-15　绿色建造与传统施工比较

(3)绿色建造的技术目标是科学管理与技术进步

科学管理和技术进步二者相辅相成,单纯依靠其中之一都会影响绿色建造的最终实现。科学管理包括使用管理思维和信息科技技术,对工、料、机、法、环等要素进行全面和动态的管理,从事前、事中、事后对时间、质量、安全、环境、费用等目标进行全面控制。技术进步是采用新技术、新材料、新工艺和新设备等进行创新,改善劳动环境,降低劳动强度,减少和避免质量、安全及环境事故,提高施工综合效率。

在地下城市绿色建造管理体系中,应当建立以项目经理为第一责任人的绿色建造管理机构(图2-16),负责"四节、一环保"的实施,将各项方案和措施切实得到落实。

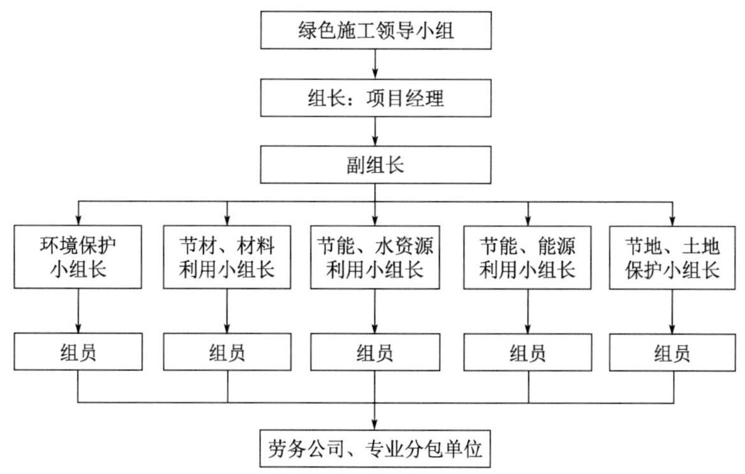

图2-16 地下城市绿色建造组织管理机构图

(4)绿色建造的动态目标是保证相对性、动态性和持续改进性

绿色建造受到施工管理能力和技术水平的制约,会有很大的差异性,其目标和指标也是不断变化的,需要通过加强管理和技术创新使绿色建造水平不断提升。

2.2.3.2 绿色地下城市建造要点

绿色化的城市地下空间也体现在地下空间的建造过程中,采用经济环保的绿色建筑材料和绿色施工技术。绿色建筑材料包括透水混凝土、再生混凝土、高性能混凝土、高强度钢筋和多功能一体化墙体材料等。绿色施工技术包括:封闭降水及水收集综合利用、新型支护桩、柔性复合基坑支护、可回收式锚杆、临时结构优化替代、综合管廊智能化移动模架和预制装配式等技术。其中地下结构预制装配式技术尤其符合工业化建造的发展趋势,包括:明挖结构中的节段预制装配、分块预制装配和叠合预制装配等技术,暗挖结构中初期支护、二次衬砌、仰拱结构和临时支护的预制装配技术,内部二次结构中轨顶风道、站台板、中隔墙和楼扶梯的预制装配技术等。

1)绿色地下城市建造原则

(1)尽可能降低对施工区域周边环境的破坏

传统的施工建设往往会对项目附近环境造成一定程度的影响和破坏,对周边居民的生活和工作学习造成一定的干扰,特别是在城市中心区域的施工项目更是如此。对那些尚未开发的原始生态环境,施工过程中的土石方开挖、植被变更及对水源的干扰都可能对原有生态环境系统造成不可逆的破坏。如果遇到生态保护区或人文景观资源等,施工还会造成一定的社会影响。因此,现代化、文明化、生态化的施工建设要减少对既有环境的影响和干扰,降低对施工场地周边环境的不良影响。在施工之前,要做好施工规划、技术方案和施工管理等工作计划的编制,尽可能将施工项目与沿线的人文景观、风景名胜等建筑相互统一起来,既实现了预定的工程项目建设目标,又兼顾了社会文化效益。因此,绿色建造首要遵循的原则就是尽量减少对施工周边环境的影响、干扰和破坏。

(2)将施工区域的气候变化纳入到施工计划编制

施工单位在进行施工技术计划编制时，要根据施工区域的气候特点进行施工技术选择，包括施工方法、施工顺序及施工现场的场地布置等。气候变化对户外施工的影响比较大，严重时甚至会影响到项目实施的进度和施工质量。因此，要合理安排施工计划，与当地气候变化和特点相结合，从而利用气候环境特点提高绿色建造质量。

(3)绿色建造要重视节水、节电和节材

工程项目的施工建设需要消耗大量的资源，包括水资源、电力和建材等，生态化可持续发展要求在施工过程中要着力降低施工建设消耗，节约资源，提高资源和能源的利用效率。具体来讲，节约型绿色建造主要包括四个方面：第一是节水，一方面要减少施工过程中的水资源浪费，另一方面要提高施工现场的水资源利用效率，包括二次利用、循环使用、雨水收集等；第二是节约电力，施工过程中许多大型机械的驱动主要依赖电力，合理使用工程机械，使用节能型电气设备能够显著提高电力能源的综合利用效率；第三是节约建筑材料，特别是混凝土和砂浆料的节约；第四是重视施工资源的回收再利用，或者提高可再生资源的使用量等。

(4)降低施工过程引起的环境污染，提升施工区域的环境质量

施工过程中不可避免地会产生粉尘、扬灰、噪声以及其他一些难闻的气体气味等，这些环境污染物对施工人员以及周边居民的生活健康都会产生一定的影响。同时，施工所需物料的运输还会对沿线交通造成一定的影响和干扰，比如洒落、扬尘、噪声等。施工过程产生的污水和废水也会对施工环境造成污染。因此，绿色建造必须对这些可能的施工污染进行规范和整改。对于现场各种扬尘和灰质污染，要积极进行覆盖或者洒水保湿，减少粉尘的产生和向周边的扩散蔓延。对于机械设备和施工过程中产生的噪声，要选用低噪声、低振动的施工方式，在噪声源附近设置隔音保护罩等，有效降低噪声分贝数。往来运输车辆要做好运输过程中的遮盖防护，减少运输途中滴落撒漏等。施工现场要设置雨水收集装置，收集来的雨水用于施工冲洗等用途，要重视水资源的循环使用，提高利用率。

(5)科学管理，保证绿色建造质量

绿色建造提倡“四节、一环保”，倡导节能、节材型施工，但是资源节省必须以保证施工质量为首要前提。这就需要对施工过程进行科学的环保化管理，主动制定和实施各种标准化、节能化施工工艺技术和制度，降低施工消耗，提高施工质量，促进绿色建造健康可持续发展。

2)绿色地下城市建造的框架及控制要点

地下城市绿色建造的总体技术方案主要包括现场管理、建材管理、水资源管理、节能降耗管理和土地使用管理等，同时它们也是绿色建造的基本评价指标。地下城市绿色建造总体框架及控制要点如图 2-17 所示。

根据绿色建造的指导总则和其他一系列绿色建造管理办法，绿色建造的管理要点主要包括施工管理、环境保护、节材与材料资源利用、节水与水资源利用、节能与能源利用及节地与施工用地保护。

(1)施工管理控制要点

绿色建造管理工作内容主要包括施工组织、施工规划、施工实施过程、施工效果评价及施

工人员管理五个方面,并包括绿色建造的管理体系编制和规划、绿色建造管理目标的制定、绿色建造技术方案的实施以及节水、节材、节能、节地等相关管理工作。绿色建造管理实行动态化管理方式,根据实施过程中存在的问题及时进行调整。要根据绿色建造评价指标对实施效果进行评估,保证参与施工的所有人员身心职业健康。

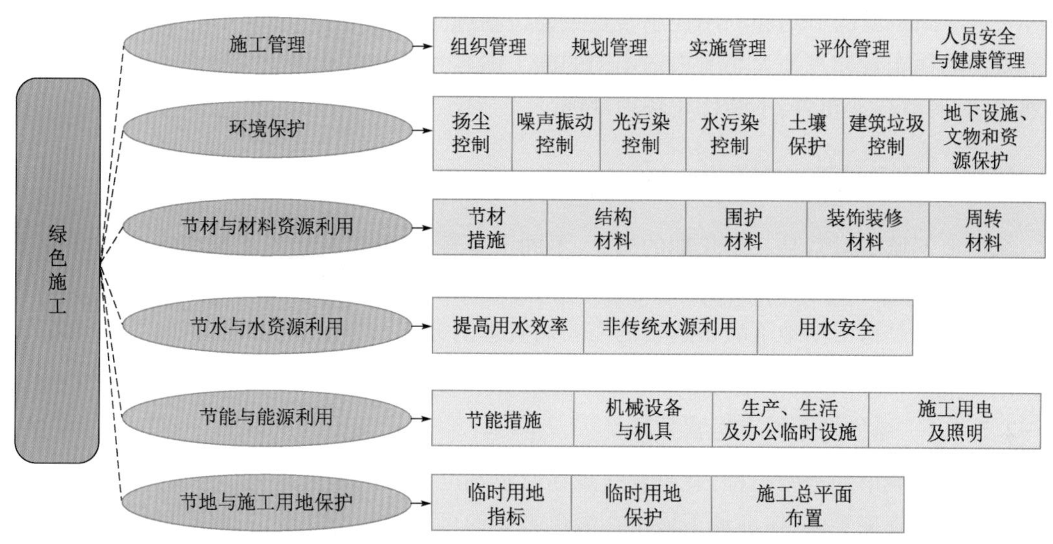

图 2-17　地下城市绿色建造总体框架及控制要点

(2)环境保护控制要点

绿色建造的环境保护要点指的主要是对施工现场的扬尘、噪声、振动、水源、土地和空间等进行控制和保护。绿色建造理念中的环境保护包括土石方运输、存储和使用,施工机械产生的噪声和振动控制;施工用水包括工程用水和生活用水的节约和再利用、施工现场的水土保持和空间土地资源利用和保护等。要严格执行防尘除尘技术标准,噪声应当控制在国家标准《建筑施工场界环境噪声排放标准》(GB 12523—2011)要求的范围之内,施工废水的处理和排放要执行国家有关污水排放的各项标准,对于建筑施工垃圾的处置和回收利用等也要制订详细的技术措施。

(3)节材与材料资源利用控制要点

建筑施工需要的材料控制包括以下要点,分别为主体材料、辅助材料、临时性周转材料以及围挡防护材料等。具体包括在施工过程中涉及材料管理的各种文件填写和记录,物资存放和合理使用,钢材混凝土的计算和使用以及其他供应物资的供应数量和供应频率等都要符合节能节材的技术要求。对于墙体、支护、临时材料等的使用和拆除要采用绿色环保技术,重复利用率等指标必须满足绿色建造要求。建筑渣土资源化利用的具体途径有场地回填整平、城市或社区堆山造景、公路、铁路、市政道路等路基填筑和基底处理以及建筑复合地基填料等。

(4)节水与水资源利用控制要点

水资源节约利用和重复再利用是绿色建造水资源控制的要点,其次是用水安全。施工现场的用水要提前准备、合理利用,针对不同用水之处的特点,合理安排用水顺序,雨水可以用于设备冲洗,冲洗用水可以用于绿化和防尘保湿等。此外,要实施计量定额用水,超过限额的用水由各部门自行承担负责。

(5)节能与能源利用控制要点

绿色建造节能降耗控制的要点在于对工程机械的合理配置和正确使用,还包括施工之外的办公和生活用电等,特别是场地照明用电。

(6)节地与施工用地保护控制要点

土地空间资源的节约和利用控制要点主要包括施工用地节省、临时用地节省和项目总占地节省。场地布置和占地大小要根据不同的施工内容和不同时期的施工特点进行综合设计与规划,及时调整场地布置,不断优化场地规模。

2.2.4 绿色地下城市运营

绿色地下城市运营是一个长期的概念,不同于全寿命理念,绿色地下城市应该是长期永久可持续的,只有坚持不懈的采用绿色运营理念,才能最终达到人与自然环境和谐共生的效果。

运营策略是指根据地下城市运转的需要而管理的方式和方法,包括运营初期策划、运营场景模拟、运营过程管理以及运营反馈调整等。

2.2.4.1 绿色地下城市运营目标

绿色地下城市的运营目标,就是要从现在以及到可预测的未来某一个阶段之间,运用科学合理的技术和管理手段,保证地下城市在绿色方面的可持续性。达到的目标具体包括,地上自然环境和地下城市环境和谐共生,地下城市内部能源消耗持续平衡。

1)地上自然环境和地下城市环境和谐共生

地下城市与地上城市应该是互补的关系,两者合二为一,才能为城市功能提供完善的保障。在长期的城市运转过程中,人员活动从地上到地下,从地下再到地上,是一个不断循环往复的过程,地上与地下和谐共生才能最大限度地达到绿色共赢效果。

2)地下城市内部能源消耗持续平衡

绿色节能的终极目标就是达到能源消耗与能源回收的平衡,对于地下城市而言,就是在城市运转期间,所消耗的能量应尽可能地减少和回收再利用。

2.2.4.2 绿色地下城市运营策略

1)根据社会自然环境的变化及时调整运营策略

相对地面以上城市环境受自然环境影响较大,地下城市的外围自然环境变化幅度较小,由于地上和地下在功能上是互补关系,所以在城市运转期间,地下城市的运营策略应根据地上城市功能的不断变化而进行调整,及时有效地保证地下城市的便利联系和功能完善。

2)根据地下城市功能规模和人类行为的变化及时调整运营策略

地下城市的功能规模随着时间的推移而不断变化,且在可预测的将来,是一种不断扩充的趋势,人类行为也会随着社会文化的发展而不断改变,这些变化都由少到多影响着地下城市能源消耗的种类和数量,因此要保持对能源消耗的长期监测,根据地下城市的变化定期对运营策略进行调整,以达到消耗的持续平衡。

3)根据绿色建设技术的不断完善和改进及时更新建设和运营策略

绿色建造在初期是短期行为,而不断更新的新技术和新材料是推动地下城市更加绿色的助推剂。绿色运营是一个长期运转的行为,应根据地下城市辅助配套设施设备的不同使用年限,定时和不定时地引入新技术和新材料,对地下城市进行完善和更新,并由此完善和更新运营策略,保证绿色技术的可持续性。

2.2.5 绿色地下城市评价体系

绿色地下城市评价体系是用来判定城市地下空间建设是否达到绿色低碳可持续发展需求的重要评判依据,它是绿色城市评价体系在地下空间的再应用,因此现有的绿色建筑评价方法在绿色地下空间评价中均可参考使用。

2.2.5.1 国内外绿色建筑评价方法及对比

1)国内外绿色建筑评价体系概述

(1)英国的BREEAM体系

英国在发展初期,以牺牲环境为代价片面追求经济发展,于欧美国家中最早爆发了环境问题,即1952年英国伦敦的“烟雾事件”。此后,英国政府逐渐意识到环境保护的重要性,在1990年英国政府一改之前的控制污染策略,转变为实行以预防与治理污染为主、以激励机制作为补充的环保政策。在此背景下,由英国建筑研究机构(BRE)发起并运作,建立了世界上首个绿色建筑评价体系(Building Research Establishment Environmental Assessment Method, BREEAM)体系。BREEAM体系也是世界上应用最为普遍的评价体系。该体系具体从能源、管理、健康和舒适、交通、水源、材料、垃圾、土地利用与生态、污染九个方面进行综合评价,强调建筑应该为人类提供健康、舒适、高效的工作、居住及活动空间,同时能够节约能源和资源,减少对自然和生态环境的影响。截至2018年,世界上有77个国家共计数万栋建筑被评估为BREEAM建筑。BREEAM体系的建立为美国、日本、新西兰和新加坡等诸多国家和地区的绿色建筑标准建立和研究提供了积极的借鉴和指导作用。

(2)美国的LEED体系

美国绿色建筑的兴起受到了1973年能源危机的影响。20世纪80年代初,建筑行业向建筑节能转型,20世纪90年代由民间组织兴起,1995年美国绿色建筑协会(US Green Building Council, USGBC)为满足美国建筑市场对绿色建筑评定的要求,提高建筑环境和经济特征,制定了一套评定标准。1996年,USGBC起草了能源与环境设计领导力体系(Leadership in Energy and Environmental Design, LEED)。LEED体系于1998年8月首次在USGBC会员峰会上启动,2003年开始推行,在美国部分州和一些国家已被列为法定强制标准。到目前为止,LEED体系是使用最为广泛的且已被认可的绿色建筑评估标准。LEED体系自第一版颁布后,平均每三年更新一次。LEED体系通过可持续性选址、节水、能源与大气、材料和资源、室内环境质量和创新设计几个方面来进行认证和评价,其宗旨是在设计中有效减少环境和住户的负面影响,目的是规范一个完整、准确的绿色建筑概念,防止建筑滥绿色化。目前在世界各国的各类建筑环保评估、绿色建筑评估以及建筑可持续性评估标准中,LEED体系被认为是最完善、最具影响力的评估标准。

(3)我国的 ESGB 绿色建筑评价标准

我国的绿色建筑发展起步相对较晚。20 世纪 90 年代,我国北方地区出现了各种环境问题,为此我国与建筑相关的科研院所及高校开始着手研究绿色建筑。结合联合国环境与发展大会于 1992 年在巴西里约热内卢提出的相关问题及会议纪要,我国发布了《中国 21 世纪议程——人口、环境与发展白皮书》。2006 年,我国建设部与国家质量监督检验检疫总局颁布了《绿色建筑评价标准》(GB/T 50378—2006)(Evaluation Standard for Green Building,ESGB),这是我国第一部综合性的绿色建筑国家标准。

随着绿色建筑思想及其理论的不断实践,我国于 2014 年重新公布了《绿色建筑评价标准》(GB/T 50378—2014),原标准同时废止。《绿色建筑评价标准》(GB/T 50378—2014)共分为 11 章,主要从节地与室外环境、节能与能源利用、节水与水资源利用、节材与材料资源利用、室内环境、施工和运营管理等方面进行具体阐述,相比 2006 年版(GB/T 50378—2006)更为详细。从此,我国绿色建筑评价工作迈入了一个全新的阶段。

2)绿色评价体系对比与发展

在体系组织和制定过程中,BREEAM 和 LEED 都体现了民主的权利,公众参与了体系制订环节,并且有决议权利。我国 ESGB 采取政府机构编写和组织、其余各科研机构及高等院校自愿参与的形式,见表 2-2。经对比发现,BREEAM 的市场运作性较强,LEED 领先于市场发展,ESGB 的政策干预有助于快速推行。

BREEAM、LEED、ESGB 组织类型对比 表 2-2

类型	BREEAM	LEED	ESGB
组织单位	英国建筑研究院(BRE)	美国绿色建筑委员会	住房和城乡建设部
组织性质	之前为官方,现在为民间组织	之前为民间组织,现在为官方组织	政府机构
认证单位	英国建筑研究院(BRE)	美国绿色建筑委员会	城市科学研究会、住建科技中心
推行方式	自下而上	部分自上而下,公众参与 LEED 制订	自上而下
开放性	开放	开放	半开放
灵活性	较好	较差	一般

从评价内容上看,三个评价体系有共同关注的对象,如都关注可再生能源的利用、室内环境的舒适性问题、场地的选择等,见表 2-3。但是,这三个评价体系也有一些区别。从时间上来看,BREEAM 体系最早,LEED 体系次之,中国的绿色建筑评价体系出现的则相对较晚;从覆盖对象上来看,BREEAM 体系覆盖最为广泛,包括工业、医疗、教育、办公、社区、住宅等多种类型的建筑,LEED 体系相对于 BREEAM 体系覆盖范围略少,中国的绿色建筑评价体系最为单一,主要针对住宅和公共建筑,见表 2-4;从认证等级上来看,三个评价体系也有所不同,BREEAM体系分为五个级别,分别是通过、良好、优秀、优异和杰出;LEED 体系分为四个级别,分别是认证、银、金和白金级;中国的绿色建筑评价体系分为三级,分别为一星级、二星级和三星级。由此可见,BREEAM 体系无论是产生时间、覆盖范围还是认证等级都要相对高于另外两个评价体系。上述三个评价体系比较如图 2-18 所示。

BREEAM、LEED、ESGB 评价对象对比 表 2-3

建筑类型	BREEAM(2016)	LEED(V4)	ESGB(2014)
居住建筑	√	√	√
办公建筑	√	√	√
工业建筑	√	—	—
商业建筑	√	√	√
住区	√	√	—
公共建筑	√	√	√
学校建筑	√	√	√
医疗建筑	√	√	√

注:表中"√"表示包括,"—"表示不包括。

BREEAM、LEED、ESGB 评价范围对比 表 2-4

BREEAM	LEED	ESGB
非居住新建建筑	建筑物设计建造	设计评价(居住建筑+公共建筑)
建筑翻新改造	内部空间设计建造	
建筑运行	已有建筑运行维护	运行评价(居住建筑+公共建筑)
可持续住宅	住宅	
可持续社区	社区开发	

三个评价体系对各项指标的重要性设置方式也有所不同。BREEAM 体系主要通过各大类的权重系统来评判各项指标的重要程度,LEED 体系和我国的绿色建筑评价体系均无权重系统,LEED 体系通过各项条款的不同分值来实现,我国的绿色建筑评价体系通过措施得分的方法来评判。

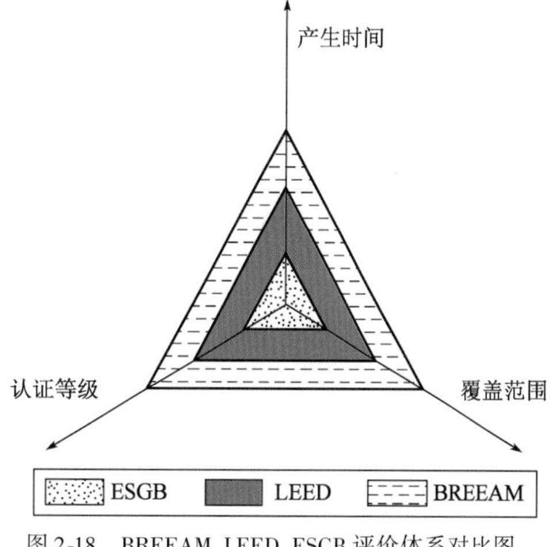

图 2-18 BREEAM、LEED、ESGB 评价体系对比图

3)绿色评价体系优劣对比分析

(1)英国 BREEAM 的优劣势

①英国 BREEAM 的优势

a. BREEAM 采用三方认证,重视证据。部分条款可以因地制宜,灵活变通,适应全球范围,可操作性强。

b. 评价体系采用定性与定量相结合,主观与客观相结合,将专家的主观评估量化为具体的客观评价标准,并且定期进行更新,科学性强。

c. BREEAM 发展体系清晰,框架完整,覆盖建筑全生命周期。

d. 各类指标之间相互协调互补,体现"建筑性能化评价"概念。

②英国 BREEAM 的劣势

a. BREEAM 虽然可以应用于英国以外的国家或地区,但定制时间较长。

b. 进行评估时必须有 BREEAM 认证的评估员全程跟进,评价过程相对烦琐,不便于实施。

(2)美国 LEED 的优劣势

①美国 LEED 的优势

a. LEED 体系覆盖范围广,适应市场需求,其版本突出了多个特定建筑类型,USGBC 为其所建立的市场推动机制使其拥有巨大的市场影响力。

b. LEED 结合商业运作与技术应用,重视与建筑行业相关人员的交流合作和产品推广活动,是绿色建筑评价体系市场运作的最成功者。

c. LEED 提供了多种技术路线可供选择。

②美国 LEED 的劣势

a. LEED 体系指标没有短板限制,盲目追求高舒适性,只通过总分来判断,只要总分能达到标准线,就能获得绿色标识,而部分得分未达到标准甚至是零分,都不对结果造成影响,体系存在一定的漏洞。

b. LEED 适用于新建和扩建建筑,其应用到的建筑类型差距较大,关键性问题各不相同,在评判过程中容易产生误导。

c. LEED 在考察建筑全生命周期内的建筑环境性能表现方面存在一定的不足。

(3)我国 ESGB 的优劣势

①我国 ESGB 的优势

a. ESGB 在每一部分都设置了底线,不允许某一方面不满足底线要求,若不满足就不能获得相应级别的标识,避免了如 LEED 存在的短板,真正符合均衡各项、绿色环保的理念。

b. ESGB 所使用的建筑范围不同时,会采用不同的指标和条款进行评价,这样对不同性质的建筑更加合理。

c. ESGB 评价规定了评价分为两个阶段,设计标识只有 1 年有效期,最终标识的获得仍需用建筑竣工后一年的对应运行数据测评来评定,这样才能保证建筑达到绿色环保。

②我国 ESGB 的劣势

a. 我国评价标准体系设置的指标相对繁杂,对建筑测评需要收集长周期内的数据,耗时较长。

b. 在引进该体系时,没有对经济性进行分析。

c. 我国缺少对实施评价的专业人员的培养,评价结果的专业性有待进一步考量和提升。

4)结论

在这些评价体系研究的基础上,一些学者进行了更为深入的研究。李涛在绿色建筑评价体系理论模型的指导下,从性能表现出发,探讨和优化了各项评价指标,建立了针对天津地区办公建筑设计阶段的评价体系,并开发了相应的评价软件,最后对该评价体系进行了试评估。韩国学者 KIM M J 等人根据本国的 KGBCC 绿色建筑评价体系,开发出一种利用用户体验来评估绿色建筑性能的方法。该评价方法的关键是用户的需求和满意度,通过用户特征、用户体验和绿色建筑要素三者的关系来反映绿色建筑评价结果,并将结果显示在二维图形上。这一方法的提出克服了传统统计分析和可视化的局限性,具有较大的启发意义。中国台湾学者 TSAI W H 等人对影响绿色建筑评价的因素进行了研究,通过关注二氧化碳排放成本,提出了一种基于建筑全寿命周期的评估方法。澳大利亚 YANG R J 等学者对绿色建筑项目风险进行了研究，认为以往的研究将风险彼此分隔，实际上大多数风险是相互关联的，因此基于利益相关性风险分析方法研发出一种社会网络分析方法（SIA），用来评估和分析在复杂绿色建筑项目中风险的相互作用。

然而，绿色建筑评价体系主要是针对地上建筑及其附属部分，由于地下空间的特殊性和复杂性，这些评价指标往往不能直接用于地下空间的绿色设计和评价中，如地下空间相较于地上建筑本身就满足了节地这一项指标，又如地上建筑在节能中对围护结构除了考虑材质以外还要考虑窗墙面积比、建筑朝向等因素，而地下空间由于深埋地下，且开窗受到限制，考虑这个控制因素就要和地上建筑有所不同，更多的是要考虑围护结构材质等因素，建筑朝向对地下建筑的影响也基本可以忽略不计。因此有必要在考虑地下空间特殊性和复杂性的前提下研究绿色地下城市评价体系。

2.2.5.2　绿色地下城市评价体系初步构思

1）评价原则

绿色地下公共建筑评价标准作为我国绿色建筑评价体系“一干多支”中的一支，应起到“承上启下”的关键性作用，做好地上与地下建筑、主干与分支之间的衔接。根据适用性分析，总结出绿色地下公共建筑评价标准的相关建议。

（1）我国应编制绿色地下公共建筑专用评价标准，以统一建设理念和建设目标。

（2）评价条款采用控制项、评分项和创新项相结合的方式，其中控制项为必须满足项，评分项为绿色地下公共建筑根据项目自身特点选择满足的项目，创新项旨在鼓励新兴技术的使用。为促进绿色建筑技术落地，用设计预认证替代设计评价，项目竣工验收后方可申请标识。绿色建筑等级设置为 4 级，由低到高分别为认证级、一星级、二星级、三星级，其中认证级和我国绿色建筑施工图审查要求对接，弥补现行绿色建筑施工图审查没有标准对照的问题。

（3）指标体系应保持我国绿色建筑“四节、一环保”的核心理念，扩充防护安全、生活便捷、健康舒适和全过程管理等与质量提升相关的一级指标。

2）评价指标

根据前述分析，设定绿色地下公共建筑的指标体系由安全防灾、健康舒适、生活便捷、资源节约、全过程管理、提高与创新共六类指标组成。评价指标体系架构设置见表 2-5，分值设定情况见表 2-6。

绿色地下公共建筑评价指标　　表 2-5

指标	安全防灾			健康舒适					生活便捷					资源节约				全过程管理				提高与创新
二级指标	安全	耐久	防护	空气质量	水质	声光环境	室内热湿环境	垃圾与禁烟	出行便利	公共设施	导航指引	智慧运行	物业管理	节约与土地利用	节能与能源利用	节水与水源利用	节材与绿色建材	设计过程管理	施工过程管理	竣工验收管理	运行维护管理	加分项

绿色地下公共建筑评价分值 表 2-6

类　别	安全防灾	健康舒适	生活便捷	资源节约	全过程管理	提高与创新
控制项分值	—	—	400	—	—	—
评分项分值	100	100	100	200	100	100

绿色建筑的控制项为项目基础要求,必须全部满足;评分项和提高创新项得分根据项目实际情况选取;项目总得分为上述各项得分相加后除以 10 得出。当总得分达到 40 分、60 分、70 分、85 分时,分别对应绿色建筑的认证级、一星级、二星级、三星级。

绿色地下城市围绕着绿色文化、绿色布局、绿色能源、绿色开发、绿色交通和绿色环境等理念进行建设,强调以人为本、人与自然和谐共生,通过在规划、设计、施工等各个环节进行处理,达到节材、节水、节地、节能和减排为主要目的,为城市长期可持续发展奠定基础。

2.3 绿色地下城市典型案例

2.3.1 上海世博轴地下空间绿化技术相关应用

2.3.1.1 上海世博轴概况

上海世博轴是我国为 2010 年世博会建成并投入使用的,是世博会的主要轴线。

世博轴由两层地下空间、地面层、10m 高架平台、屋顶索膜结构及阳光谷结构等共同组成,是一个半敞开式建筑。世博轴的地下空间建筑面积约 18 万 m^2,无论是规模还是用地都为历届世博园区之最。此外世博轴地下空间还与周围主要交通紧密相连,对外与上海地铁 7 号线、8 号线连通,对内通过地下通道与四大场馆相连,是整个园区的地下交通枢纽(图 2-19、图 2-20)。

图 2-19　上海世博轴阳光谷

图 2-20　上海世博轴位置

2.3.1.2　上海世博轴地下空间绿色技术应用

世博轴设计充分贯彻了绿色、节能及生态环保的理念，大量采用了一些节能新技术和新材料，将绿色理念体现在设计的各个环节当中。主要采用的技术有：对自然采光和通风的设计、节能照明技术的应用、江水源和地源热泵技术的应用及对雨水的搜集和利用等。

(1)阳光谷的设计将自然光线引入地下，实现了节能和营造舒适光环境的目的。

阳光谷的设计是世博轴设计的一大亮点，6 个阳光谷错落有致分布在世博轴线上，不仅带来了视觉上的冲击，对地下空间的绿色节能也有着重要意义。阳光谷通过其独特的喇叭状造型设计，将自然光线和空气引入地下空间，实现了地下空间的自然采光和通风，不仅为人们提供了一个舒适的地下环境，也有利于减少地下空间照明能耗。另外，通过阳光谷还可以对雨水进行汇集和再利用。

(2)江水源和地源热泵技术的应用在保护环境的同时节约了能源。

世博轴的空调系统和我们在地下空间中常用的中央空调系统不同，世博轴临近黄浦江，具有天然地理优势，在设计时充分利用了江水和地热产生的能量作为冷热源，大大提高了空调系统效率，不仅实现了节约能源的目的，还减少了因为使用冷却塔等造成的环境污染和景观破坏。

(3)智能照明系统和喷淋系统的运用减少了照明和空调系统能耗。

世博轴地下空间的照明设备均使用 LED 节能照明灯，另外还运用了智能灯光控制系统，根据不同区域照明需求、外部光线情况以及不同时间段进行调节控制，实现节能目的。世博轴外部还设有自动喷淋系统，在温度过高时会进行喷雾降温，提高室内外环境的舒适性。

2.3.2　重庆南坪交通枢纽地下空间绿化技术相关应用

2.3.2.1　项目概况

为解决重庆南坪地区交通拥堵问题，重庆市政府决定对南坪进行交通改造。南坪交通枢纽地下空间北起帝景摩尔，南接万达广场，全长 1.1km，总面积近 4 万 m^2，随地形呈北低南高状。地下空间共分四层，从北到南将商圈中大多数商场和公交站点连接在一起，交通十分便利(图 2-21)。改造后的南坪交通枢纽不仅改善了交通拥挤问题，方便了人们的出行，还对城市面貌改善有着重要作用。

a)

b)

图 2-21　重庆南坪地下空间利用情况

2.3.2.2 绿色技术应用

(1)对地形的利用不仅提高了土地利用率,还使地下空间更具特色。

重庆位于我国西南地区,是有名的“山城”,城市以丘陵类地形为主,结合地形建造的地下与半地下空间是重庆的建筑特色。这一举措大大提高了土地利用率,缓解了城市用地紧张的困扰,实现了节约土地的目的。整个改造项目地下空间随地形呈现北低南高状,其设计风格也汲取了重庆地区山、水、雾为创作灵感,将空间分为“大厅、绿洲、街景”三个主题,具有浓郁的巴渝特色。

(2)天窗设计和景观营造将自然元素引入地下,在节能的同时为人们提供了一个舒适且亲近自然的地下空间。在南坪原转盘处,地下空间结合消防排烟设计了约 1000m^2 的天窗,保证了地下空间的自然采光与空气流通,不仅改善了地下空间内部光环境和空气环境,还节约了照明能耗。在购物中心地段,有两个圆形镂空的中庭,是商场的休闲文化广场,广场内建有喷水池,直望天空。开放空间的设置改善了人们由于长时间处于地下空间中所产生的压抑感,自然元素的增加使人们仿若置身室外自然环境当中。

2.3.3 美国纽约地下公园绿化技术相关应用

2.3.3.1 项目概况

该项目位于纽约最缺少绿色的地区——曼哈顿下东区迪兰西街往东的巷道、埃塞克斯街车站附近,是世界上第一个建于地下的公园(图 2-22)。它的前身是前威廉斯堡大桥电车终点站,后来随着电车退出了历史舞台,该车站便停止了使用,渐渐荒废。

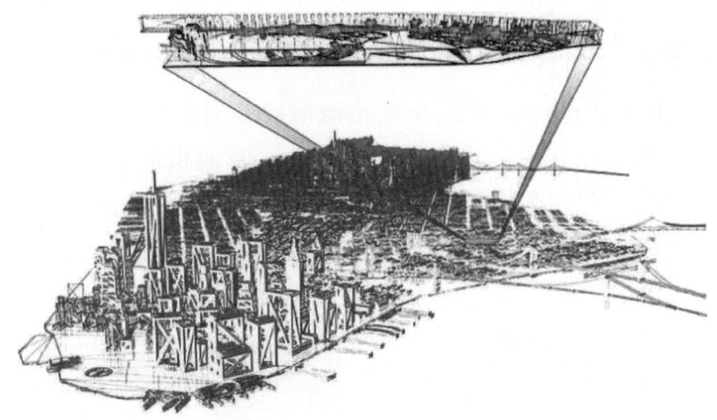

图 2-22 纽约地下公园位置

图片来源:low-line lab(地下公园网站)。

尽管被人遗忘了 60 多年,这个空间依然保留了一些难以磨灭的特质,如参差的卵石、纵横交错的铁轨和拱形天花板等。另外,项目临近运营中的埃塞克斯街地铁站,交通十分便利。

设计师 JAMES RAMSEY 及其团队受高线公园(High Line Park)思想的启发,决定在纽约废弃的地下换乘车站创建地下公园(Low Line)。设计师力图通过阳光收集技术和设计,将自然光线引入到幽暗的地下,为人们提供一个休闲娱乐的场所和一个良好的地下空间环境,同时为城市废弃空间再利用和保留城市历史文化特色提供了一个新的思路(图 2-23)。

a）改造前

b）改造后

图 2-23　纽约地下公园改造前、改造后效果图

图片来源：low-line lab。

2.3.3.2　项目中绿色技术的应用

（1）将太阳光引入地下，减少人工照明的同时为人和植物等生命提供生存保障。

设计师 JAMES RAMSEY 及其团队通过在地面安装光学收集器，该设备可以追踪太阳在天空中的位置，确保能够捕捉和获得足够的自然光量，然后阳光通过一系列保护管进入仓库，将全光谱光引导到一个中央分布点，然后再输送到地下（图 2-24、图 2-25）。在阳光照射期间，地下空间可不需要人工照明。另外，由工程师 ED JACOBS 设计和建造的一个太阳冠层，可以将太阳光分散到空间，控制和调节阳光，为维持地下植物生命提供了关键的光线。

图 2-24　纽约地下公园自然采光

图片来源：low-line lab。

（2）在地下种植绿色植物，为人们营造一个亲近自然的地下环境。

研究设计团队在地下种植了许多不同种类的绿色植物（图 2-26），试图确定哪些类型的植物能够更好地在地下生长，将太阳光引入地下这一技术也为绿色植物在地下空间的生长提供了可能和保障。除此之外，绿色植物若想在地下空间很好地生长，还需要考虑灌溉和病虫害防治等因素，团队试图建立一个属于地下公园的专属生态系统来解决这些难题。

图 2-25　地面上的太阳能收集设备
图片来源：low-line lab。

图 2-26　地下公园中的绿色植物
图片来源：low-line lab。

2.3.4　日本大阪长堀地下街绿化技术相关应用

1）案例概况

长堀地下街位于日本大阪市中心，全长 860m，其中地下商业部分全长 730m，是日本著名的地下商业街之一。它于 1997 年开始运营，面积约 8 万 m^2。地下共四层，其中地下一层为商业街，其余三层为停车场。地下街有 4 条地铁线穿过，与 3 个车站便捷相连，交通十分便利（图 2-27）。大量的公共空间与广场为人们提供了多样、便利、美观的地下空间环境，天窗采光设计也使地下空间更为明亮舒适。

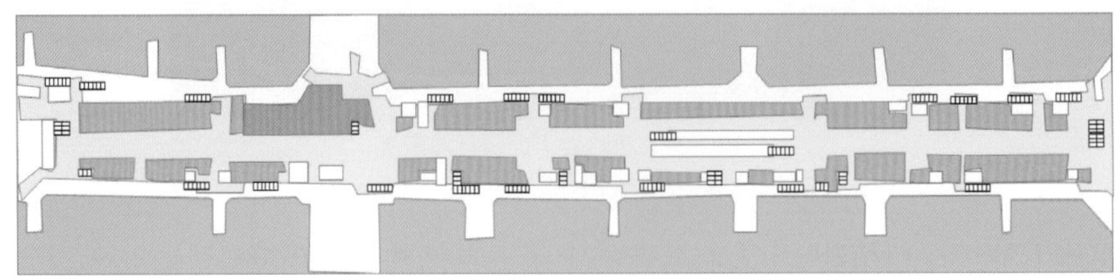

图 2-27　日本大阪长堀地下街平面

2）项目中的绿色设计

（1）广场设计为人们提供了一个开放的空间，缓解地下空间产生的压抑感。

设计者在长堀地下街这条并不是很长的地下空间中设有大小主题各不相同的8个广场，如水钟广场、观月广场、瀑布广场等，力图为人们提供一个富有张力的地下空间。结合广场上的玻璃顶，将自然景观引入到地下，不仅为顾客提供了多处休憩和观赏空间，还能使人们走在地下的同时可以看到不同的外界景观，避免产生视觉疲劳和迷失方向。

(2)天窗采光设计将自然光引入地下，节能的同时为人们提供了舒适的环境。长堀地下街有大约三分之一的空间都采用了天窗设计，在宽11m的公共地下步道上方，设置了8个天窗，呈波浪形连接在一起，长达260m，将太阳光线引入地下空间，不仅为人们提供了一个开敞明亮的室内环境，节约了照明能源，对应在地面上也形成了一处独特的景观(图2-28)。

a)

b)　　c)

图2-28　日本大阪长堀地下街自然采光设计

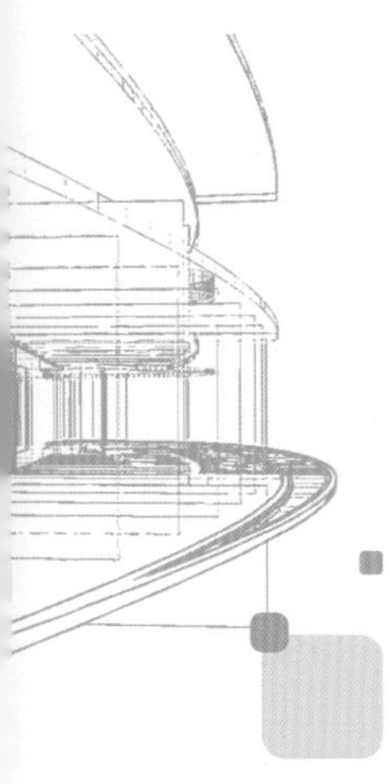

第3章 人本地下城市

3.1 人本地下城市含义及理念

3.1.1 以人为本含义

“以人为本”是指以人的生活条件来分析和解决与人相关的一切问题，其核心内容就是尊重人，尊重人的特性和人的本质，统筹考虑在一定领域内相互关联的人群形成的共同体及其活动区域。坚持以人为本，从根本上说就是要寻求人与自然、人与社会及人与人之间关系的总体性和谐发展。

3.1.2 人本地下城市含义

“以人为本”的地下城市是从复合化网络的角度去构建地下城市，是空间、生态、产业、人文等全方位融合的地下城市。

在其基础上，公共空间和功能混合模式确保了以人为本的城市环境；智能基础设施与公共服务设施以网络的形式辅助城市的健康生活循环；面向未来的绿色场景激发了城市的健康演进，推动城市的多元化发展。

3.1.3 人本地下城市核心理念

“以人为本”的地下空间规划应突出注重体验、避免消极空间、适当超前并兼顾现实，以及注重衔接、突出重点等特点。

1）注重体验

地下空间规划在实现整个城市可持续性发展的基础之上，强调以人为本，将满足人的基本需求作为评估甚至取舍规划方案的重要标尺。整个地下空间规划力图创造舒适宜人的步行环境，空间设计为步行转换创造了良好的基础，交通流线保证人行、车行明确有序。考虑到人的行为习惯和生理需求，地下空间规划综合运用多种方法，通过灵活多样的连通形式，将处于不同基面、不同区域的功能空间进行有机串联，合理组织城市地上、地下各层面交通流线，打造舒适快捷和人性化的城市地下空间。灵活的空间处理、自由的流线组织、明确清晰的标识引导及丰富的视线界面，使地下空间的行人能最大限度地克服消极和倦怠心理。

2）避免消极空间

地下空间因为缺少自然阳光等地上生态元素，使用者往往难以体验到足够的自由度和亲切感。封闭和隔离的地下环境让人时常感觉到压抑和不安定，进而产生逃离地下、回归地上的心理。同时，如果地下空间结构组织不好，会使人的方向感严重缺失。诸如这些弊端，使得不恰当、不合理的地下空间相对于地面空间而言，被城市规划者及管理者称为消极空间。地下空间规划需要在充分利用土地资源和节地节能的基础上，注重减少这种负面消极空间的产生。地下空间应科学规划、合理利用，在地下空间的生长体系中，用发展的眼光处理消极空间，运用环境心理学和相关美学标准对相对消极的地下空间进行改善设计，为使用者创造出能够陶冶情操、轻松愉悦的积极心理感受。

3）适当超前、兼顾现实

地下空间的开发不能脱离城市经济和社会发展水平，必须结合城市总体发展战略与发展目标，立足实际，在综合衡量城市建设能力和实际需求的前提下，考虑规划的前瞻性和预见性，在需求预测和开发规模控制上适度超前，杜绝因为无序开发造成的浪费。坚持因地制宜、远近兼顾、全面规划、分步实施，使地下空间的开发利用同城市经济技术发展水平相适应。

4）注重衔接、突出重点

应该注重城市地面和地下各层次规划内容和指标的衔接。地下空间规划既要遵循地下空间资源开发的一般规律，同时也要考虑现有城市格局，将城市地上和地下空间作为一个有机整体，综合考虑地上和地下空间多种功能的整体规划，突出规划城市发展的重点区域，充分体现城市的土地价值与效能，引导城市空间整体协调发展。

人本地下城市一体化连接应明确划分公共与私密空间，增强对空间的控制感及空间场所的可识别性；提高通道的视线畅通感，增加步行空间的导向性和可达性，健全无障碍设施，构建高效通达的网络化人本地下城市。人本地下城市应增强“灰空间”及绿色设计，借助下沉式广场、中庭露台、“错位”形成的平台、阳台和屋顶空间，让使用者在人本地下城市中感受到绿色和生态，从而提高交通建筑的人性化，提高使用者的舒适度，也可降低整体能耗。

5）全寿命统筹、安全前置

传统意义上影响地下空间安全的主要因素集中在设计、施工及运维阶段，特别是施工及运维阶段集中承载了前期规划和设计遗留的大量风险因子。因此，应在全面梳理地下空间全寿命阶段风险源及分析演化规律的基础上，分析各类风险因子对于“安全、高效、舒适、环保”四大要素的影响，特别是对地下空间安全的影响，提出全周期城市网络化人本地下城市规划设计评价指标，借助智能化手段，实现主要规划要素的全寿命期预演及跟踪化管理，有效化解地下空间风险。

3.2 人本地下城市实现途径

3.2.1 人本地下城市规划

3.2.1.1 人本地下城市规划目标

“以人为本”思想的核心是“人”。如何理解“人”，决定了“以人为本”的内涵。

“人”是具体的，包含了作为“群体存在的人”和“个体存在的人”。一方面，人以社会存在的方式出现在现实生活中，受一定的社会关系和规律制约，以群体的方式存在；另一方面，人又是以个体方式存在着，有着各种本性，任何个体都异于他人，有自身成长的独特需求，具有不可复制性。在人本地下城市规划设计上，注重地下空间的塑造与功能衔接组合，满足人们多样化社会活动的需求。

1）交通基础设施建设与地下街区空间融合

在高机动性的城市社会中，交通作为城市组织运行的一项关键性内容应当融入地方发展的总体战略，城市基础交通的规划以建设更好的地下城市街区和服务人们的真实需求为目标，并将交通建设和场所塑造整合形成整体。

2）网络化地下空间的融合互通与可持续性发展

人本地下城市应高度重视网络化发展，促进多空间的有机融合和互联互通，提高地下空间的使用效率和安全性，控制连接通道的建设与相关预留，构建网络化人本地下城市，促进地下空间系统化可持续发展。

3）基于人性化维度的高品质生活和空间营造

在大众需求多元化与城市追求精细化的背景下，规划应更好地贴近使用者的需求，塑造地下城市活动的多样性，使得空间利用更具效率、环境品质与城市魅力得以提升、市民更具归属感与幸福感。从地下空间形态、功能设置、景观要求、使用者心理感受等方面，增强地下空间安全、舒适、高效、绿色的品质建设，提升地下空间的吸引力和使用者的认同感。

3.2.1.2 人本地下城市规划要点

1）人本地下城市空间形态关系

在地下空间设计理论基础构建中研究地下空间形态特征，可以使城市地下空间组织达到科学性、经济性和艺术性的完美结合，与地面空间巧妙耦合形成有特色、有个性的城市整体空间系统。城市合理利用地下空间，不仅要求对空间的巧妙组织，更需要研究空间的维度、形态的序列以及整体和局部之间的协调，从而在功能和审美上达到高度协调和统一。中国人民解放军理工大学陈志龙教授认为："城市地下空间形态是城市地下空间功能的体现，与城市地面空间形态不同的是，城市地下空间是一种非连续的人工空间结构，需要经过系统的规划和长期的发展才能逐步形成连续的空间形态。"因而，地下空间的形态关系将是一种建立在地下空间要素之上的复杂模式，相互连续完整，却又复杂易变。

对于空间形态与功能关系的认知需要建立在一个基础上，城市的地面空间是可以不以人的活动创造而自然存在的，人类的城市社会活动只是对既有空间的再改造，是通过围合手法对空间进行限定。然而，城市地下空间的形成必须以人类建设活动为基础，没有人类的功能性活动，自然没有地下空间的存在。因此，地下空间必然具有强烈的功能指向性质。地下空间形成之始，就以人的行为或功能特征为其形态依据。从这一点上说，这也是其与城市地面空间完全不同的地方。

对于地下空间的形态与其功能的关系，陈志龙教授也有过这样的阐述："功能是城市地下空间发展的动力因素，是地下空间存在的本质特征。而形态是表象的，是功能与结构的高度概括，它映射地下城市发展的持续和继承，体现鲜明的城市个性和环境特色"。因而，对于地下空间形态的深入研究将有力地改变现有不合理的整体空间结构，将影响城市整体空间的发展。地下空间就空间形态而言与地面空间是类似的，其空间表现形式千变万化，归纳而言可分为两大类：地下空间单一形态和地下空间复合形态。

(1)地下空间单一形态

简单来说，地下空间的单一形态即由单个形体构成的空间形态，是构成地下空间形态的最小单位。单一空间形态的地下空间功能也相对较为单一，相互之间的连通性较弱，适合于地下民防、静态交通、地下市政及地下工业仓储等设施。所以，单一形态的地下空间普遍具有统一的特性：形体单一、功能简单、空间均质、主体突出、信息明晰。单一形态的地下空间在表现形式上又可分为几何原形和原形变异两大类。

几何原形一般可以简单地归纳为基本元素点、线、面的组合，原形是最基本的平面或空间形态。方形、圆形、三角形，是地下空间大量运用的几何形态，也被看成是基础性形态的元素，可以变幻出所有可能的类型。这些规则的基本几何体是以一种"有序"的方法来组织各个局部，以及局部与整体之间的关系，在视觉的感受上多以对称式构图。不规则的几何体则以"无常"的方法来组织各个方面的关系，在视觉感受上多呈现出动态。

原形变异是地下空间在基本几何原形基础之上，通过某种规律性的动作，如拉伸、旋转扭曲等，对其空间本体产生形变作用，从而形成具有明显空间特征、但空间仍然保持均质和单一的地下形态。如果从几何学角度上解释，比如椭圆就是由圆形的某一方向相对挤压而形成的，以其离心率的大小来控制椭圆的圆扁度，圆形的变异也明显表现出空间形态的一种轴向性。

(2)地下空间复合形态

地下空间复合形态是由两个或两个以上的单一地下空间单元通过一定的结构方式和联系关系组合而成的复合体。地下空间复合形态研究讨论的关键是针对两个以上空间单元在几何压缩、拉伸外的变异以及组合的作用下从而形成的复杂的、不规则的空间系统。当然，这里的不规则空间形态并非就是所谓的堆砌和凌乱放置，给人造成不舒服、不畅快、混乱无章感，相反它应该以一种潜在的逻辑和内在的规律,以多变的形态给人活泼多样及轻快而富有变化的感觉,展示出更多的形态美和多样性。

从系统论的角度理解结构的内涵是指系统内部各个组成要素之间相对稳定的联系方式、组织秩序及其时空关系的内在表现形式。系统中各要素所具有的一种必然性的关系及其表现形式的综合导致了系统的一种繁体规定性。地下空间复合结构是在一定的发展时期和条件下,区域内各种行为活动依据功能发展进行空间分布与组合的结果。随着时间的推移,其形态特征也在不断地发生进化和演变。城市地下空间摆脱单一空间形态,多种要素互相联系而形成系统性的空间组合是城市地下空间形态趋于成熟的重要标志之一,是城市整体空间发展到一定阶段的必然结果。多个较大规模的地下空间相互连通形成空间结构性和系统化的发展形态,较多地发生在城市中心区等地面开发强度相对较大的区域。其在功能上也展现出复杂性和综合性,一般由交通空间、商业空间、休闲空间以及储藏空间等共同组成。因此,科学合理的复杂地下空间结构形态需要在深入研究的基础上结合城市实际建设条件逐步发展形成。

城市地下空间的复杂结构特征从概念上表述,是根据各不相同的空间功能,在竖向和平面进行多样的组合和联系,并通过不同的方式为空间使用者提供良好的空间感受,构建地下通透、流动、自然的城市地下空间体系。当然,地下空间因其复杂性,组合和联系不单是一个技术问题,也表现出空间艺术处理问题。恰当的形态结构必然是以少胜多、虚实得宜、构成有序、自成体系,并对整个地下空间设计效果有着重要的意义,反映出所在城市的风格和气质。地下空间的组合形式有很多种,根据不同空间组合的特征,经过深入分析,概括起来主要分为轴心结构、放射结构及网络化结构三类主要的结构形态。

①轴心结构

轴心结构分布的地下空间形态,主要指的是以地下空间意象中的路径要素如地下轨道、地下道路、地下商业街等为发展核心轴空间,同时向周边辐射发展,在平面及竖向空间上连通路径要素周边多个相邻且独立的地下空间节点,如地下商业空间或停车库等,从而形成地下空间串联的空间结构形态,如图 3-1 所示。

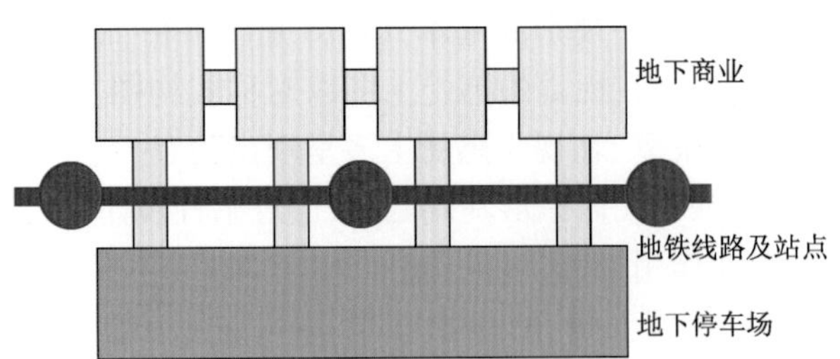

图 3-1 轴心结构地下空间示意图

轴心结构地下空间是构成城市地下空间形态最为常见也是最为基本的复杂空间结构形式,其优点在于具有良好的层级结构,空间连续、主次分明、分布均衡。轴心结构空间形态把地下各个分散的、相对独立的单一空间通过轴线连成一个系统,形成一个复杂结构,极大地提高了单一空间的利用效益和功能拓展。由于轴心结构地下空间导向明确,对于地下人流疏散非常有利,但是另一方面,也正是由于轴心空间的简单结构,需要注重地下空间内部的对比与变化、节奏与韵律,从而避免轴心结构地下空间潜在的单调和乏味。

城市商业、商务中心区步行系统较为发达,适合于轴心结构空间开发模式。整体贯通的地下商业步行街组合地下轨道线路作为区域空间线性的发展轴,同时沿轴线在城市的重要节点形成若干点状地下空间。此类地下空间复合形态模式适合与带状集中型或带状群组型的城市地面空间形态相协调。

②放射结构

在城市中除了轴线以外,还有一类空间在具有一定规模的同时也集聚了地下各种主要功能活动。在此地下区域内,形成地下空间人流、交通流、资金流等的高度集中。通过这类地下空间,城市区域以自身为核心对周边地下空间形成聚集和吸引的同时也将功能、商业、人流向周边辐射。这种由中心向外辐射的空间组合形态即为放射结构地下空间形态,其形成和发展显现出一座城市整体空间发展后地下空间形态趋于成熟的标志,也是地下空间发展必然经历的一个过程。地下空间放射结构形态的特点是在交叉的核心点上导向各处的路径非常便捷,即从一点可以到达多方向,而交叉点以外各点到其余各处都需要经过中心节点。因此放射结构形态的中心节点必然人流压力巨大,为缓解此问题,随着地下空间发展的不断扩大,可以将一个中心分散为几个次中心,如图3-2所示。

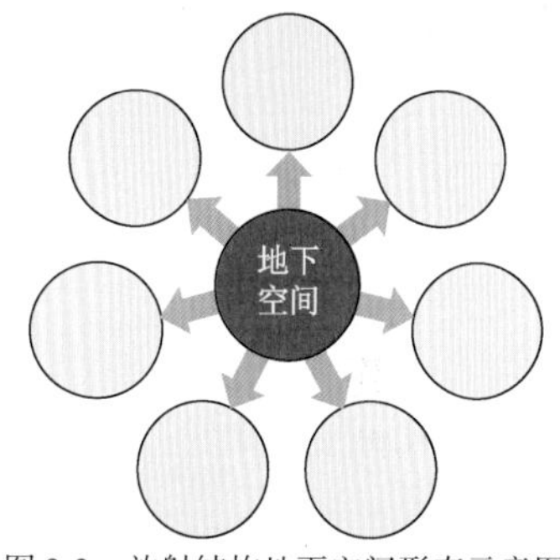

图3-2　放射结构地下空间形态示意图

放射结构地下空间形态的核心空间主要表现为大型地下商业综合体、地铁的区域换乘站或城市中心绿地广场等与周边地下空间有着严格的相互关联和渗透性的层次结构关系。放射结构的地下空间形态发展呈现复杂联系的趋势,相比轴心型结构更加紧密地结合了周边众多次要空间。放射结构的发展和利用也使地下空间形态形成相对完整的体系,这对城市整体空间起到非常重要的作用,一方面连接着各个商业区,另一个方面缓解地面的交通压力。因而,地下空间放射状结构形态的开发利用极大地鼓励了地下空间的规模化建设,带动周围地块地下空间的开发利用,使城市区域地下空间设施形成相对完整的体系。

③网络结构

合理的地下空间复合结构形态影响空间资源优化配置,影响地下空间网络关系发展。受城市经济活动集中化的影响,城市地下空间组织结构在发展到一定程度后往往呈现大范围集中、小范围扩散的发展趋势,即在城市地域内从城市中心向城市边缘扩散和再集中。因为城市地下空间之间存在通信、功能和交通等各种关联性,同时空间与空间之间相互承载着各种要素的流动,这类关联性和要素流在城市商业密集、交通复杂的中心区被急剧放大和集中化,使得城市地下空间之间需要一种更为密切、高效的空间结构形态。在城市经济发达中心区或交通密集区,地下空间应该采取网络化的空间结构。网络化结构形态的地下空间就是具备一定规模、以多空间多节点为支撑、具备网络型空间组织特征、超越空间邻近而建立功能联系和功能整合的地下空间网络。地下各个空间或节点之间相互依赖协调发展,彼此具有密切的既竞争又合作的联系,如图3-3所示。

城市地下空间整体形态网络状空间模式就是充分发挥“网络结构效应”的作用。所谓“网络结构效应”就是指处于网络系统中的节点、连接线和网络整体对地下空间各要素实施的作用力,也就是说地下空间网络结构对空间的影响状况。地下空间的网络化结构发展效应主要体现在空间与空间之间的依赖性及互补性这两种特性上。依赖性可以被理解为外部性,它是单一空间直接增加另一单一空间的效用,比如地下轨道交通可以带来大量人流,从而繁荣地下商业。互补性可以理解为内部性,即地下空间之间互为补充,单一空间弥补另一空间功能和性质等方面的不足,比如地下停车场可以有效解决地下商业配建问题,地下商业空间可丰富地下交通步行空间。所以城市中心区发展地下网络化结构为城市空间高效合理利用提供了科学的途径,为规划布局的空间设计提供了强有力的基础。

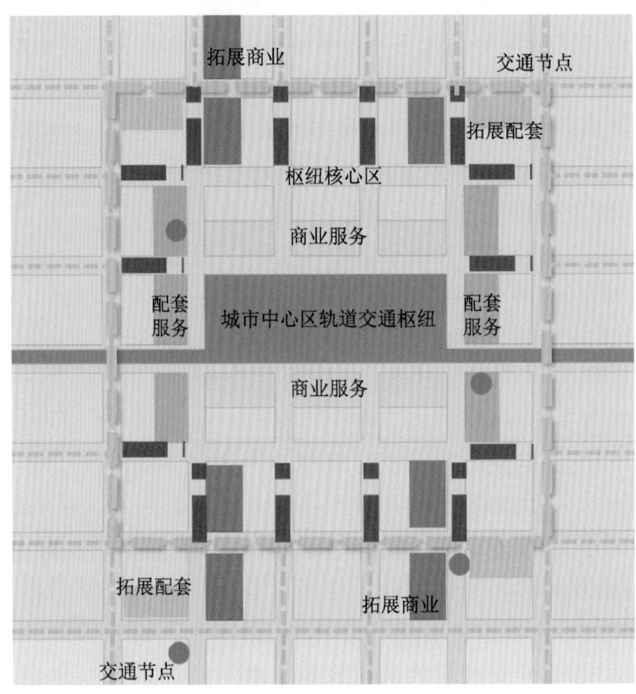

图 3-3　网络结构地下空间形态示意图

地下空间网络化结构形态是一个多中心的空间实体,其建构不仅需要实体空间上的规划设计,更需要对不同区域主体之间的利益进行协调,需要搭建区域地下空间之间的关系网络,并促进相互之间的合作。网络化结构的地下空间形态不仅仅是一个新的概念,更重要的是代表了未来城市的一种高效空间发展理念。城市中心区构建网络化发展的地下空间模式,就是在空间组织上摒弃传统的单一而独立的发展,倡导城市地下空间的互联互通和规模化发展,强调构建面向区域的、开放的多中心城市地下空间格局。在功能整合上强调分工与合作,促进区域城市地下空间网络的形成;在协调管理上强调通过对话、协调与合作实现权利平衡和利益分配,通过网络化空间结构实现公平与效率并重的地下空间管理体系。

2)人本地下城市竖向分层布局

由于地下工程的不可逆性,必须对地下空间的竖向开发进行提前规划和分层研究。国内外代表性城市地下空间竖向配置模式见表 3-1。

国内外代表性城市地下空间竖向配置模式 表3-1

埋深(m)	巴　黎	东　京	上　海
0～-15	市政管线、共同沟、地下过街道、地下轨道站厅、地下轨道区间段、地下快速路	市政管线、共同沟、地下步行者空间、地下轨道站厅	市政管线、轨道立交主体结构、轨道交通站厅、地下道路
-15～-30	地下采石场、地下城际列车	地下轨道区间段及部分站厅	轨道交通区间段、地下立体的主体结构
-30～-50	新建地下轨道区间段、地下道路	地下河川、深层地下轨道线路	地下道路、深层轨道交通线路
-50以下	远期预留	远期预留	远期预留

3)人本地下城市系统连通设计

系统连通涉及地下空间运行效率及安全,其要点包括:

(1)人本地下城市应注重地下交通换乘设施、地下公共空间、地下商业文娱设施、地下防灾设施的互联互通,并做好与地面交通、公共空间和公共防灾系统的衔接。

(2)人本地下城市系统连通设计应统筹考虑安全、舒适、高效和绿色设计的因素,重点控制地下空间交通动线组织设计、连通路径设计、连接口、通道、地下广场、出入口及下沉广场的设计。

(3)应划分公共及私密空间,增强对空间的控制感。在步行空间可设置标志性的构筑物,合理利用休憩空间进行私密性的营造,在不同空间的衔接部分增加过渡缓冲区,帮助人们适应不同的空间变化,提升使用者对空间的可控感。

(4)通过对空间形态要素的组织安排,形成多样化的空间单元,增强空间场所的可识别性和领域感。

(5)在地下步行空间应尽可能减少转角设置,提高通道的视线畅通感,综合中庭及下沉式广场设计,提升视线可达性。

(6)应利用中庭等设置标志性节点,休憩空间作为小节点结合模糊边界节点,进行分层次空间布局设计,增加空间识别的导向性。

(7)宜采用在步行空间上有规律地设置大小变化,暗示疏散的方向,并利用空间边界形成软导向,结合平面指示牌及有序的硬导向设施等措施构建完整的导向系统。

(8)在地下步行街及步行通道中要充分考虑无障碍设施。

(9)完善防灾空间体系,利用现有资源优化避难救援通道,增加避难空间,结合地下空间环境要素,从空间形态的层次出发,有效地完善满足安全避难、灾害救援等要求的防灾空间体系,提升地下空间的安全性。

4)人本地下城市标志性节点设计

地下广场及标志性节点设计对于引导地下空间交通流、提升地下空间舒适性具有重要意义,设计中需关注以下几个要点。

(1)中庭及下沉式广场使用性质应具备公众性和聚散性,可以中庭及下沉式广场设计作为标志性节点,引入天然光和外部自然景象,融合周边环境,实现地上和地下空间的功能过渡及不同地块和功能区之间的衔接,提升地下空间品质。

(2)中庭可在地下建筑中营造更接近自然化的空间,其主要的围合方式可分为局部围合、全围合和条状三种。

①局部围合方式的中庭由于围合建筑界面少,形式自由,因此与外部环境的联系最为直接,容易与外部环境形成一种相互融合的场景,适合地下建筑出入口与中庭相结合的情况。

②全围合方式的中庭是地下建筑中最常用的方式,常处于地下建筑的核心位置,是组织和构成整个空间环境的枢纽和中介,也常作为建筑的公共活动中心及共享空间(多层地下建筑或地下与地上结合体)。为了引入天然光线和外界自然景观,全围合中庭常覆盖采光顶棚,这种设计要求地面有相对宽阔的场地,要解决诸如工程设防、防火和节能等设计技术难题,但在解决地下建筑固有缺陷方面比封闭式中庭更为有效。

③条状方式的中庭主要用于类似地下商业街等形式的地下建筑,主要特点是具有较强的方向性和廊式组合特征。

(3)在公共空间与交通空间的转换节点,可结合竖向交通来形成中庭,并在顶部形成通透空间形态,可以引入自然光线并引导人群,并且减小了地下空间封闭的空间感受,增加其开放性和可视性,进而增强空间活力。

(4)下沉式广场可减少地下空间的封闭性,增进与室外空间自然环境的联系,增强地下空间可达性,展现地下空间形象,优化地下空间环境,提供休闲活动场所,丰富城市空间层次,提高地下空间安全。主要类型可分为交通集散型、入口引导型和休闲活动型三种。

①交通集散型地下广场是利用出入口、地下通道与地下交通相结合,衔接地铁站、地下车库、长途汽车站、公交车站等地下交通空间,发挥地下空间的衔接和疏散作用。

②入口引导型下沉广场选址可依托地下商业和地下街,应尽量与地铁站和地下通道衔接。

③休闲活动型地下广场宜结合场地布置休憩空间,为人们提供休憩、游玩、演出以及举行其他娱乐活动的场所。可依托地铁车站,与地铁车站直接或间接联系,通过下沉广场整合周边地下商业和公共建筑等地下空间。同时宜利用绿化、水体、雕塑等优化空间环境,营造广场特色。

④下沉式广场与地下空间的衔接应从水平衔接和垂直衔接两个维度来考虑。在同一下沉广场中,水平与垂直衔接方式可以混合重复使用,整合地面及地下空间;其次下沉广场应预留地下空间出入口,以便衔接后续建设的地下空间。

⑤地下空间下沉式边界应基于简单几何形、几何组合形和自由形,尊重城市轴线,呼应周边关系,采用适宜的空间尺度和适宜的剖面尺度,通过空间划分提高空间活力。

⑥下沉式广场应加强空间功能的多样性与功能复合,应基于对文化特色资源的挖掘,综合利用多种表达手法予以表达。外部景观的引入、图文符号的利用、环境设施的隐喻、材料技术的展现、人与广场的互动等,最终使文化特色在下沉广场中得以充分体现。

⑦地下空间标志性节点的设计还可根据实际需求出发,将轨道交通站点及周边功能体出入口设计成为标志性建筑,或创造性的建设人本地下城市结构形式,并成为地下空间的地标。

5)人本地下城市出入口设计

出入口节点作为人本地下城市地上和地下的交汇之处,应通过创造性的设计手段来进行细致处理,实现地上和地下自然过渡,满足城市功能、交通、景观等各方面要求。在设计中需要关注以下几个方面。

（1）出入口节点具有空间层面意义，它本身既是独立的单元体，又是城市空间和建筑空间的组成部分。与地面连接主要可采用水平出入连接、下沉式连接、嵌入或融入式连接等形式。

①水平出入连接：出入口处与室外地坪标高基本保持一致，进入者没有心理上的突兀感，亲切自然，进入后与室内垂直交通组织衔接。

②下沉式连接：出入口位于室外，通过下沉式广场融合设计，由楼梯或电梯到达地下，高差变化容易给进入者心理上的提示和情绪上的准备与铺垫。

③ 嵌入或融入式连通：出入口镶嵌或融入地面建筑中，使地上建筑和地下建筑在交汇处融为一体。

（2）地面连通出入口主要功能包括空间过渡、方向转换、诱导、安全疏散、标志标识及通风排污，在出入口规划设计中可通过出入口位置确定、合理的标志标识及导向设计，实现地上和地下功能及空间的融合，提升地下空间品质。

①确定出入口位置时，应充分考虑、研究拟建地段的人群活动规律与特性，并对人的心理进行分析。

②周围环境因素对出入口布局起到主要制约作用，出入口设计需根据周边建筑空间环境因地制宜，选择合适的出入口模式。

③地面连通诱导及标志性形象设计除利用形、质、色、光等造型要素，辅以文字牌匾和雕饰图案等标志物外，还应采用与城市文化及人性化需求相结合来强化主题，提高标志性。

（3）鉴于地下空间封闭性的特点，出入口设计应特别注重防灾与安全，设置合理的出入口数量与间距，并与中庭、下沉式广场等设计相互融合，满足人员疏散及防灾需求。

①出入口数量应满足防火等规范要求，在此基础上，可根据地下空间布局需要，在人流密集的区域尽量多设置安全出口，保证紧急情况下人员疏散顺利进行，减少不必要的事故发生。

②出入口兼具通风和排污功能，应避开火灾时排出到地面烟气的影响，宜设置在主导风向的上风方向，且与地面排烟口保持 30m 以上的距离。

③出入口与建筑物衔接部分规模较小时，应在通往建筑物的入口内设置防火分区用的前室。

④出入口与建筑物衔接部分规模较大时，可在衔接的入口内设置中庭，并在两侧用防火门隔开。

⑤考虑灾害发生时的安全性，入口可与城市广场、公园等结合，设计成开阔的下沉式广场，将烟雾通过下沉式广场排放到外面，同时在下沉式广场内设置疏散楼梯。

（4）出入口节点应满足“以人为本”的设计要求。在尺度设计上应以人体做基本参照物，亲切的空间和近人的设施尺度会激发人们对安全舒适的联想，降低地下空间原本给人的隔阂感。可在出入口节点内进行小品的有序排列、画龙点睛的活动空间、恰当的空间围合等，营造出温馨的城市地下空间入口节点环境。

（5）出入口节点因高差变化引起人们的行动不便，应在地下空间主要出入口、坡道及高差等处考虑便利和安全的设计手段，加入无障碍设计。

6）可持续发展规划设计

地下空间应按照统筹规划的布局要求，对分期实施的地下空间之间预留连接口，以利于地下空间的分期和可生长性发展。地下空间预留连接口的形式,可结合连接建筑或空间的特点,因地制宜预留通道式连接口、墙式连接口、下沉广场式连接口以及结合建设式连接口等。

3.2.2 人本地下城市设计

3.2.2.1 人本地下城市设计目标

构建“以人为本”的地下城市,应增强使用者对地下空间“安全、高效、舒适、绿色”方面的体验。应从全寿命周期视角,识别各方面影响因素,建立指标体系和评价方法体系,指导网络化地下大空间的规划设计。其中,“安全”是指城市网络化地下空间的安全性,包含心理安全、行为安全、防卫安全、防灾安全及建造安全;“高效”指人、车、物及环境要素可在网络化地下大空间及地面设施之间实现高效流转;“舒适”指地下大空间满足采光、通风、便捷性、可识别以及较高的空间品质等要求,侧重于塑造亲切宜人的地下空间环境;“绿色”指在全寿命周期内,最大限度地节约资源、保护环境和减少污染,为人们提供健康、适用和高效的地下空间。

3.2.2.2 人本地下城市环境设计要点

1)地下空间视觉环境人性化设计

(1)地下空间视觉环境的重要性

路易斯·康说:“即使人们有意使某个建筑空间显得昏暗,也需要从某些神秘的开口来获得足够的光线来告诉我们它有多么昏暗。”

地下建筑空间对于自然光线的引入并不着重于地上与地下的交融,相反,它是运用自然光来加强地下空间与世隔绝的空间形象,达到特殊的空间效果。因此,如何在地下空间中引入自然光线,并运用它来缓解人们的不良反应、提升地下空间品质就显得尤为重要。在建筑设计中引入适当的自然采光系统,从而改善自然采光条件,能够使建筑中的使用者身心更加健康、工作更加高效、感觉上更加安全。

①自然光对人在建筑中生理上的影响

自然光能够使人保持在较好的健康状态,并能帮助治疗某些病症。在办公室中,不当的自然采光会导致“办公室雇员不愿接受给予的任务并且更倾向于批评的态度”。在办公空间中适当地运用自然光能够创造宜人的环境,从而减缓在办公室紧张工作的人们的心理压力。随着工作人员健康状态的提高,其工作效率也随之提高,使其所在的公司也因此获益。在学校建筑中,自然光线的适量引入也可大大提高学生们的表现。有文章指出,在自然采光较好的学校中,教师的出勤率和学生的学习成绩会显著提高,同时还能提高学生的健康水平,学生的头晕等不适症状有明显下降。研究显示,在自然采光良好的教室中学习的学生,他们的测验成绩明显高于那些在无窗或光照条件差的教室中学习的学生。除了学习成绩不同外,学生们的健康状况也有所不同。与自然光接触密切的学生蛀牙较少且身高也较高。在商业建筑中,充足的自然光线能够为商品的展示提供均匀的光线。有良好自然采光的店铺能够使购物者感觉舒适,从而停留更长的时间,而良好的照明也能使售货员更快速、更有效地介绍商品。因此,不少店主开始通过改善店内自然采光条件来创造宜人的购物环境,吸引顾客,从而提高销售额度。在康复设施中,自然光线能够加快病人的康复进程。暴露于自然光线下对于病人的生物钟也有很大的影响。某些疾病中,生理调节系统、生理节奏对于个体的康复起到非常重要的作用。以阿尔茨海默病为例,经常在明亮自然光环境下的病人的生物节奏能得到改善,并倾向于出现较少抑郁的情况。另一方面,医院的工作人员也能通过良好的自然景观暂时从充满病痛的工作环境中休息一下,而医务工作者良好的情绪,也能使病人们觉得更为轻松,从而更加有利于病情的好转;反过来,病人的好转又能使医生的心理状态更好,从而形成良性循环。

②自然光可提升城市地下空间品质

地下建筑对于人们能产生种种心理及生理上的负面影响,而自然光线对此有很好的缓解作用。在地下建筑中,天然采光可增加空间的开敞感,改善通风效果,并在视觉心理上大大缓解地下空间所带来的封闭单调、方向不明、与世隔绝等负面影响,并会对某些生理和心理方面的疾病产生积极的作用。可以说,天然采光的设计对改善地下建筑环境具有多方面的作用,不仅局限于满足人的生理需求层次,更重要的是为了满足人们感受阳光,感知昼夜交替、阴晴变幻、季节更替等自然信息的生理和心理需求。

人们进入地下空间或在其中活动产生心理障碍的主要原因之一就是地下环境的封闭性。因此,如何将外部空间秩序纳入地下建筑中,在其内部空间再现“外部”空间,使城市地下空间成为地面空间的延续与扩展,就要去除其形态上的隔绝和封闭的状态,实现地下空间和地上空间的流通与融合,使其在空间形态上形成一个整体,这是地下空间形态设计中应当侧重的内容。

(2)阳光导入方式

导入自然光的方式有很多,主要分为“被动式导入”与“主动式导入”。被动式导入是不依赖技术设备,只通过改变建筑物本身要素就将自然光线引入建筑物内,如侧面式采光、天窗式采光、天井式采光、下沉广场式采光、综合式采光方式等;主动式导入主要是采用阳光导入系统等将自然光线传送到建筑物内。

①侧面式采光

位于斜坡上的建筑,一般可采用在建筑物面向山体外部的一侧安装玻璃窗的方法。但是这种方法只能解决建筑沿开窗面房间的天然采光和向外观景问题,这一采光类型常见于与山体相结合的地下建筑。中国黄土高原地区窑洞建筑中的靠山式窑洞就是典型的采用侧面式采光的范例,在外墙上开设侧面高窗,可以提供均匀的照度,但由于在人的视线高度上无法提供外界景观,视野与外界流通较少,因此采用侧面高窗采光的方式一般也会形成较为封闭的空间,如图3-4所示。

②天窗式采光

对于位于平地上的浅埋式地下建筑,设置天窗是向地下建筑物上层引入天然光线的一种常用方式。天窗布局可以分为点状、条状和面状,可按房间的大小和功能灵活处理,天窗的造型可分为平面形、锥形、弧形、拱形等。由于天窗布局和形状的多样性,采用天窗式采光的地下建筑空间也各不相同。有的天窗狭窄如同缝隙,如祖姆托的瓦尔斯温泉,为地下空间创造了幽暗而静谧的气氛;有的天窗对应的地面为小广场、庭院、花园等室外开敞空间,这样不仅为地下空

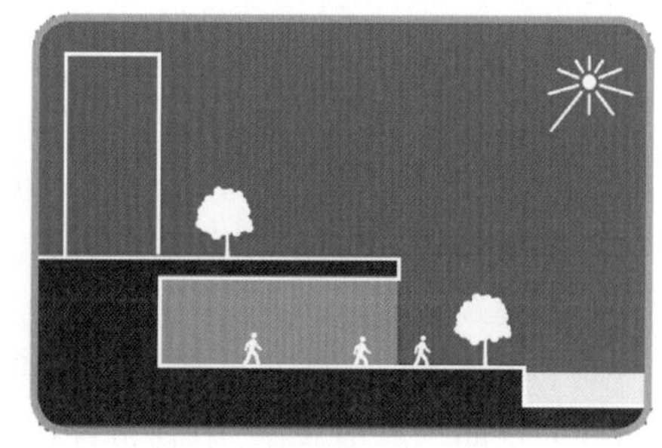

图3-4　侧面式采光示意图

间提供了充足的光线,同时也使地面空间保持开敞,将地上的景观引入地下,如法国的卢浮宫扩建工程的玻璃金字塔,加强了地下空间的开敞性以及地上空间与地下空间的交流,创造了开放的动态空间。

采用天窗式采光的地下建筑,通常比在建筑物侧面设置玻璃窗能够引入更多的天然光线,为地下建筑中更多的内部空间提供自然光线。顶部开设天窗进行采光,采光效率高、室内照度均匀、房间内整个墙面都可以布置,且不受窗口限制。光线从斜上方射入室内,又可以防止直射的眩光,所以广泛地应用在地下和半地下的空间中。当天窗洞口的形式和角度发生变化的时候,更能加强光线的柔和过渡。图3-5所示为法国国立图书馆天窗式采光示意图。

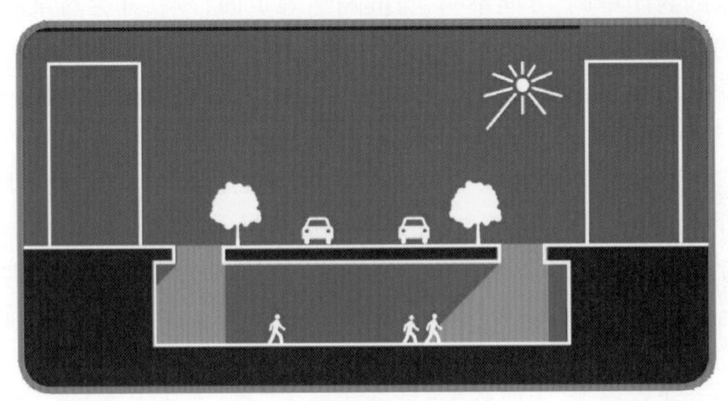

图3-5　天窗式采光示意图

③天井式采光

天井是一个与明堂、厅堂为一体的井状空间,是介于室内和室外过渡性的灰色空间,是融于"建筑内部"的室外空间;"天井"井底的地坪,常有明沟、地漏、阴沟、阴沟检修口等排水系统形成的方池及环槽明沟等功能结构,标志着天井作为"室外"空间的属性。但干天井与采光庭的出现,使得天井的方池、环槽明沟、地漏、阴沟、阴沟检修口、落水管等排水功能结构的存在逐渐失去其使用价值,因此除了部分干天井在其屋檐位置还会保留引导雨水的天沟以外,其他排水功能结构就被逐步取消了。随着排水功能结构在干天井与采光庭中的逐渐消失,使得原来因方池、环槽明沟而凹凸起伏的地面变得平整起来,直接与周围的室内地面连为一体,"室外"的地面特征消除了,建筑物内部的空间变得完整统一。

从功能上看,天井是展廊的采光口,而且在空间组织上也是建筑精华所在。天井将光线反射后照射到展示空间,将建筑作为一种可以使人们感受自然存在的媒介,表现"一种与建筑空间相互交织的天空,这种天空出现在封闭空间与开敞空间的遭遇处"。天井既属于建筑空间,又属于建筑外的自然空间,其本身就是一种复合空间。天井在将充足的自然光线引入地下展廊的同时,也缓和了地下空间和外界的反差,再加上功能和材料的相似,强调了宁静以及在静谧与沉思中体验大自然,如图3-6所示。

④中庭式采光

地下中庭是由大型多层地下建筑综合体的各层、各相对独立的功能空间围合并垂直叠加而形成的空间。一般来说,中庭布置在地下建筑中人流相对集中的地方,同时围绕中庭环绕着其他功能的小空间。在中庭空间中多采用大型采光玻璃顶,既能躲避风雨、烈日、严寒等恶劣气候的影响，又能为中庭内部提供充足的天然光线，还能使围绕着中庭的地下空间在一定程度上摄取自然光线。

地下中庭通过立面的介质特点或中庭的空间造型与室外空间或相邻室内空间形成渗透与交融，使身处在中庭的人们的视野超出所在空间的范围，并沿垂直方向与地面开敞空间融合，形成丰富的层次空间，改善了地下建筑的内部环境，加强了室内与室外、地上与地下的渗透和交融。如：奥马赫共济会总部扩建工程，该建筑最大的特征是突出于广场地面之上，圆形的玻璃弯隆顶，该弯隆顶位置较高，罩在最上层中央有喷泉和植物的中庭上，如图3-7所示。

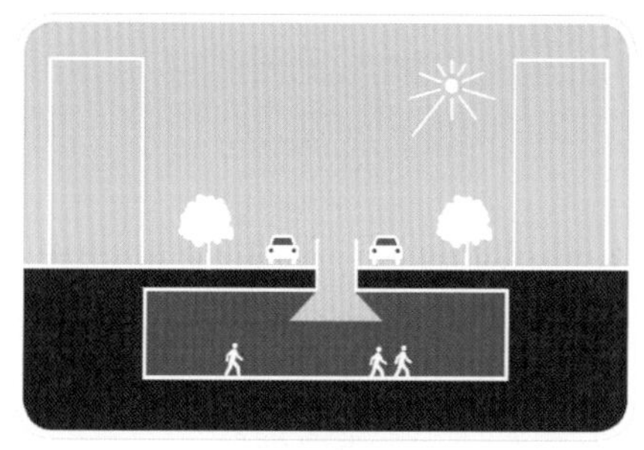

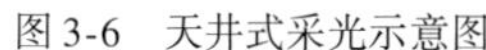

图3-6　天井式采光示意图

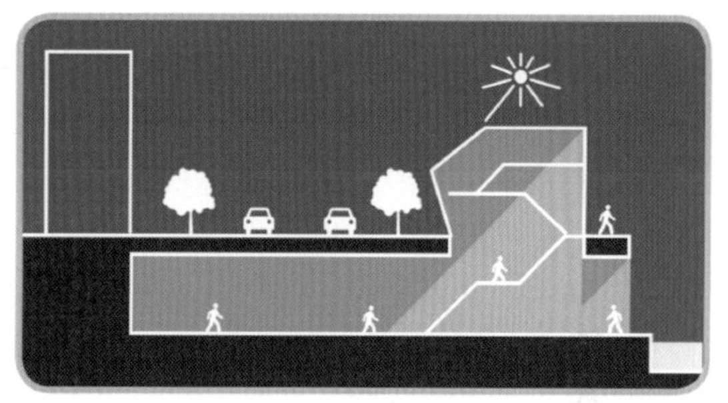

图3-7　中庭式采光示意图

⑤下沉广场式采光

下沉广场常用于城市中面积较大的外部开敞空间如中心广场、站前交通广场、大型建筑门前广场及绿化广场等，使地面的一部分“下沉”至自然地面高程以下。下沉广场使广场空间与周围的地下空间呈现正与负、明与暗、闹与静、封闭与开敞等空间形态的变化。地下广场既是城市空间向建筑空间的过渡，又是室外空间向室内空间的过渡，更是地上空间向地下空间较为自然的转换。采用下沉式广场的地下建筑多为购物、文娱、休闲和步行交通等以开放性、动态性强为特征的多功能公共活动类型。

采用下沉广场的优点是沿下沉广场周边布置的地下建筑，能够通过朝向下沉广场开设大面积玻璃门窗，获得与地面建筑一样的自然采光和向外观景的效果，或通过设置室外灰色空间，使广场周边的地下空间与广场开敞的主体空间融为一体。这样可使地下空间得到天然采光，同时，由于人们通过下沉广场进入地下空间，在很大程度上减少了由于向下进入地下空间所带来的心理上的不适感。下沉广场通过下沉侧将阳光引入连带的地下设施（图3-8），有些下沉广场采用了玻璃池底直接采光或利用与地面的连通口采光，如景观采光井、自动扶梯出入口等。一些住宅小区也出现了利用小型下沉广场为连通的地下车库采光的形式。下沉广场在国外已被广泛采用，目前在我国上海、北京、西安等大中型城市也开始大规模应用。依靠下沉广场进行采光的地下建筑与通过侧面式采光的地下建筑也有着相似的缺点，即下沉广场的设置需要大面积的城市开敞空间。

纽约洛克菲勒中心采用下沉广场式采光隔绝了城市道路的噪声以及嘈杂的交通对人们视觉造成的干扰，创造了比较安静的环境气氛，为市民提供了闹中取静的活动场所，也在城市繁华的中心高大建筑群中创造了一个有生机、功能和艺术融为一体的空间形式，同时也提升了周围高层建筑地下部分的品质。

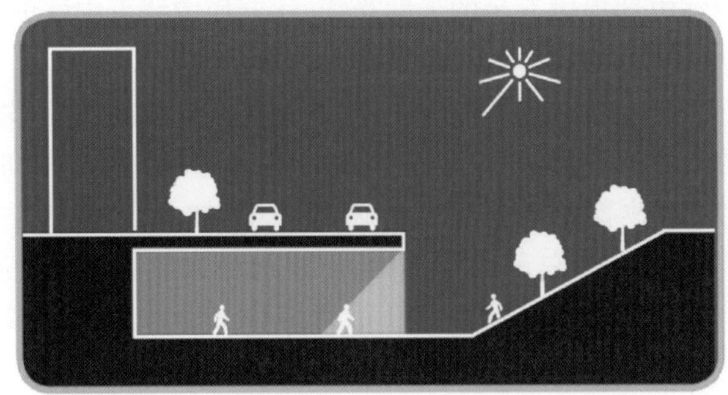

图 3-8　下沉广场式采光示意图

2)地下空间空气、热环境人性化设计

(1)地下空间中的空气质量与热舒适性

①地下空间内的空气环境质量

地下空间由于其密闭性,潮湿性、土壤源的放射性等特性,其内部不能很好地利用自然通风来稀释空气中污染物,所以地下空间空气中污染物含量相比地上空间要相对高一些,而且污染物种类与地上也不同。空气质量不好也是地下空间中存在的一个重要问题。由于空间深处地下,一旦新鲜空气无法得到及时补充,再加上空气中各种污染物得不到及时处理,很容易使人产生一系列不良反应,如头晕眼花、萎靡不振等。而且,由于空气中的各种微生物含量也远高于地上,如果处理不当还会危害人们的健康。地下空间与地上要求相同,地下空间同样也要求空气清洁、温度与湿度稳定、空气流动速度恰当以及电化学性能平衡等,只不过由于地下空间的封闭性,空气的流通性更显得尤为重要。

②空气清洁和空气供给

地下商业空间封闭性较强,当顾客较多时,空气中的二氧化碳含量升高,会使人感觉不适。广州的主要地下商业空间都与地铁相连接,根据研究人员测试,广州地铁空气中的细颗粒物较多,地铁中质量较差的空气会直接影响与其相连接的地下商业空间。再加上地下空间没办法像地面空间那样在建筑物侧面开窗来进行空气流通,空气流通差导致空气环境在人流密集时会越来越差,引起顾客的不适。顾客对于地下商业空间的空气质量和空气流通比较关注,特别是中老年顾客更加看重空气质量,也有顾客因为地下空间空气差而不选择到地下购物。标准的清洁空气,氧气的含量是21.4%,二氧化碳含量为0.04%,如果二氧化碳含量增加,必然伴随氧气含量的降低。例如日本《卫生环境标准》中明确规定了二氧化碳和一氧化碳的含量标准。

③空气流通

空气质量及流通性差是地下空间中普遍存在的问题,如果新鲜空气供给量不足,在通风不良、人员拥挤、无阳光直接照射的地下环境中,微生物的种类和数量均高于地面,由于微生物污染,往往能引起呼吸道传染病的传播,影响人体健康。在地下建筑中主要采用通风空调系统,加大通风量,提高换气效率来改善空气质量。一方面要保证室内空气的清洁度,同时还要求地下空间有适当的风速。特别是在夏季温度偏高时,通风空调系统的设计除应提供足够的通风量之外,还应使人们感知到空气的流动,并改变地下空间使人气闷的感受。

(2)地下空间内热舒适性

人体热舒适性研究综合了人体热平衡以及人体热反应两部分内容。因此热舒适的考察包括生理和心理两个维度,综合了生理学、建筑物理学、机械工程和环境心理学等多个学科。通过研究人体热舒适,不但可以为人们提供满意的室内环境条件,还可以控制建筑能源消耗,为建议和制定环境规范提供理论基础。热舒适的相关概念在1774年由英国医生首次确定,之后,研究者们相继开发了基于温度或舒适度的不同指标,见表3-2。不同指标有着不同的应用范围。2012年,BLAZEJCZYK等人在对以温度作为输出值的热舒适性指标进行研究时,将指标分为基于热平衡理论的指标和综合多个环境变量的评价指标。

热舒适性指标与其相关的参数 表3-2

指标	温度	湿度	风速	辐射换热	皮肤温度	皮肤湿润度	人体代谢	服装热阻
风冷却温度	+		+					
湿球黑球温度	+	+	+	+				
热指数	+	+						
操作温度	+			+				
有效温度	+	+	+					
新有效温度	+	+	+		+	+		
标准有效温度	+	+	+		+	+	+	+
预测平均投票	+	+	+	+	+	+	+	+

注:表中"+"表示包含。

室内热环境常用4个指标来表征,即:温度、湿度、风速、平均辐射温度。各种指标的不同组合,形成不同的室内热环境。室内热气候对人体的影响主要表现在冷热感上。冷热感取决于人体新陈代谢产生的热量和人体向周围环境散发的热量之间的平衡关系,一般来说,地下商业空间由于受到外部影响较小,比较容易营造出一个稳定的温度水平。在设定空气温度与湿度时,要根据不同的季节、不同的客流量来进行调节,通常来说,夏季的设计标准为温度23~27℃、湿度为40%~50%,冬季温度为16~20℃、湿度30%~40%。

(3)影响地下空间空气质量的因素

地下空间内的空气环境质量不仅受到地面空气环境质量的影响,而且受到其周围岩(土)体包围所带来的影响。从空气质量方面看,影响城市地下空间空气质量的因素有以下几个方面。

①建筑结构相对封闭,自然通风困难。

②地下空间内部污染源较多。影响地下空间环境的有害物质主要包括二氧化碳浓度、尘埃和细菌污染、甲醛、空气中总挥发性有机化合物、氡(Rn)等,其中氡及其子体水平的实际分布现状是非常重要的参数。近年来国内一些工程调查研究表明,地下建筑物内的放射性影响普遍大于地面建筑,氡污染明显高于地面,氡及其子体致癌的危害已经越来越引起人们的关注。

③多处于繁华地区,室外空气质量相对较差。

④机械通风针对性不强。

⑤地下空间餐饮业分区不合理,影响了整体空气环境。

(4)地下空间内部热环境特点及对人体影响

①地下空间内部热环境特点

对于地下工程尤其是深埋地下工程,与地面建筑相比,其内部热环境具有以下特点:

a.冬暖夏凉。地下空间具有蓄热能力强、热稳定性好等特点,其围护结构的冷热负荷受外界环境的影响较小。地温的变化既受气温的影响,又受埋深的影响,地温随着深度的增加而衰减和延迟,地下工程内的温度较低且比较稳定,波动幅度小,具有冬暖夏凉的感觉。

b.潮湿。由于地下工程围护结构表面散湿,又不受太阳辐射,因此相比地面建筑更加潮湿。在夏季,由于室外温度比室内温度高,室外空气进入地下工程后还容易出现结露现象。

c.壁面温度低。由于紧贴岩层或土壤,受周围岩层或土壤温度的影响,结构表面温度往往与室内空气温度相差悬殊,壁面辐射作用较大,使人体辐射散热大大增加,从而产生不良辐射,造成人体的不舒适。基于这些特点,研究地下工程内部人员的热舒适性需要考虑的因素也会有所不同。

影响热舒适的因素为人体代谢率、室内空气温度、相对湿度、空气流速、平均辐射温度、衣服热阻。在这些影响因素中,人体代谢率只与人的劳动强度有关,室内空气温度、湿度及空气流速由空调系统调节控制,而室内平均辐射温度与地层温度有关,人员衣服热阻与季节和地理位置有关。因此,在考虑地下工程室内的热环境时,人体代谢率、室内空气温度、湿度及流速等4个因素的影响均与地面建筑的分析无异,不同之处主要体现在平均辐射温度和人员服装热阻上的差异。

②地下空间热环境对人的影响

人体适宜温度。地铁站台夏季测试的空气温度平均值为23.7℃,温度变化范围是20.8~27.6℃,而地下商业建筑的平均空气温度为25.5℃,温度变化范围是21.4~29.1℃。整个夏季使用空调期间,地下商业建筑室内温度较地铁站台偏高,两种地下空间部分时段空气温度低于《室内空气质量标准》(GB 18883—2002)中规定的夏季空调室内设计参数22~28℃。两种地下空间温度变化范围均较大,这可能与公共场所人流量不固定有关。夏季地铁站台平均黑球温度为26.4℃,变化范围为22.3~30.5℃,而地下商业建筑夏季平均黑球温度是27.7℃,高出地铁站台1.3℃,变化范围为23.3~32.5℃。地下商业建筑内设置的玻璃展示柜、物品展示区等需要灯光长时间开启,是其室内平均黑球温度高于地铁站台的原因之一。

改善热舒适的措施:地铁站台春秋季节调整热舒适的方式主要是增减衣物等,而夏季有30.2%的人希望提高空调温度,冬季的主要调节方式是喝热饮。地下商业建筑室内受试者春秋季节调整热舒适的方式主要是增减衣物、喝冷饮等,夏季调节热舒适的主要方式是喝冷饮和提高空调温度,冬季的主要调节方式也是喝热饮。

(5)自然通风设计优化案例

①增设通风口设计,并与外界环境融合

武汉地铁4号线武昌火车站地铁站的通风口被镂空的古诗文"包裹",令很多行人驻足观赏,如图3-9所示。诗文是屈原的《离骚》,彰显湖北的传统地方文化。

成都地铁1号线的通风口,彩绘的大熊猫憨态可掬;宽阔的草坪上,彩色花草组成各种熊猫造型;休闲步道的石砖上,也加入了熊猫脚印和竹林样式的花纹,如图3-10所示。

图 3-9 武昌火车站地铁站通风口

图 3-10 成都地铁 1 号线通风口

通过设置通风烟囱、天井、中庭对大进深建筑进行自然通风，对于不能设置中庭或者中庭无法作为排风口的现有重庆地下街，也可选择设置风帽，如图 3-11 所示。

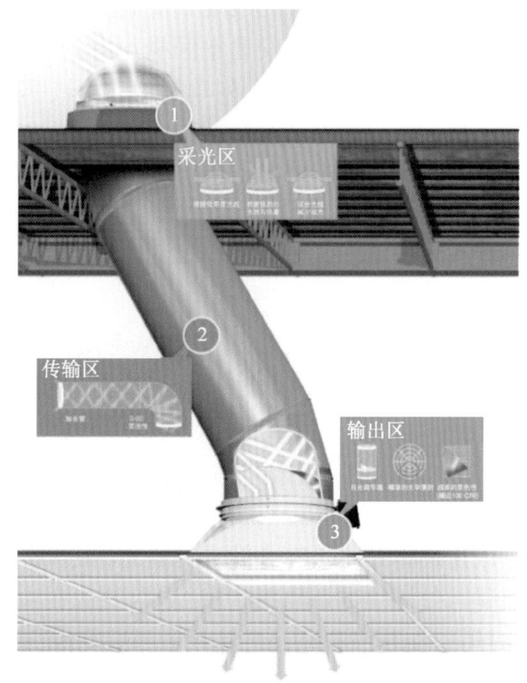

图 3-11 光导照明、通风一体化系统

进风口细部设计必须建立在风洞测试的基础上，防止空气扰流，并有利于空气进入。通过引入地下深层的地下水，使空气降温促使空气下沉，并且与作为排风通道的中庭结合，形成地下建筑自然通风系统。地下建筑中庭排风如图 3-12 所示。

②辅助净化手段加强

香味系统作为优化空气环境的新兴手段，已在国外部分地下空间中得到应用。其原理为利用加香设备，将植物精油进行冷处理而成为雾状从而达到改善空气环境的作用。现有的香味系统主要采用与自然界和自然环境相关的香味，如柠檬、茉莉花、薰衣草等，有助于室内环境舒适性的提高。

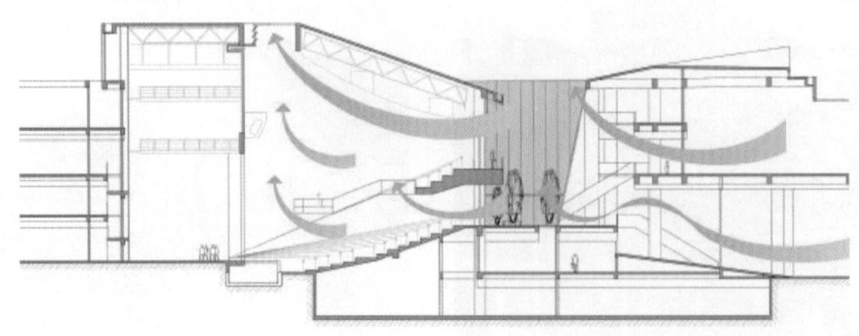

图 3-12　地下建筑中庭排风示意

3）地下空间声环境人性化设计

（1）噪声的控制

地下空间噪声来源与地下空间功能选择有关：地下商业空间内有机械设备的运转声、步行者的脚步声、说话声、店铺中的嘈杂声等；地下交通空间噪声有列车即将进站驱动隧道内强大的空气流产生的风噪声、列车运行的振动碰撞声、列车制动的轮轨摩擦噪声和列车发出的警示笛声。较强的噪声，极易使人感到烦躁焦虑，精神疲乏，反应迟钝，注意力无法集中。对比公共建筑防治噪声规范《声环境质量标准》（GB 3096—2008），噪声应控制在 50dB 以下。

①噪声控制方案

对于噪声的控制，总体来说有以下几种方案。

a. 从建筑及功能规划角度。

要注意增加空间的开敞性，多设置一些天窗，使空间从密闭趋向于开敞。在建筑构造的时候，要进行严密的区域划分，将产生噪声源的风机房、电机房等布置在远离功能中心空间和其他需要安静的部位。

b. 从内部设施角度。

采取隔声设计，设置屏蔽门：可大大改善地铁车站空间的声环境（图 3-13）。设置隔声罩：对于风机等高噪声设备，可以用隔声罩或隔声小间进行隔离，隔声罩和隔声小间本身有足够的隔声量，并在内部同时做强隔声处理。设备隔振处理：直接安放在地面上的设备，会把振动传给结构，引发固体传声，这时可以在基座与地面之间设置弹性支撑，减少振动引发的固体传声。

c. 从吸声材料角度。

优化顶棚设计，顶棚是地铁站公共区可以采取声学处理措施的重要部位，在设计时应给予充分考虑。尽量选择隔声、吸声材料，或者是增加绿化与水体来吸收空间中的噪声。列车车厢的主体用钢板制造，隔声能力强，但也存在隔声薄弱环节，如门、窗、两节车厢之间过道的缝隙和车顶进风口。窗的透明部分是单层有机玻璃，虽然用橡胶密封处理，但隔声能力有限。门是活动推拉开合门，有缝隙，噪声可以通过缝隙传播。两节车厢之间过道的缝隙，是用可动的塑料毛条作为密封条，毛条若设置稀疏，隔声效果差，有待改善。车顶进风口的消声能力也有待提高。

各式吸声材料如图 3-13 所示。

d. 从噪声源控制角度。

一方面降低噪声源的声功率,改变车轮材料(如采用高强塑料),减少在列车运行时铁轨—道床系统的振动。另一方面加强店铺音乐管理问题,各个店铺不同的音乐声相互交织,使得地下空间更加嘈杂。

a)　b)　c)　d)　e)

图3-13　各式吸声材料展示

②降噪原则

从以上声环境分析,可知地铁降噪的重点是在车厢内,其次是在站台上。降噪的原则如下:

a. 降低噪声源的声功率;

b. 减少隧道内壁表面和站台内壁表面的声反射;

c. 加强车厢的隔声能力。

③降低噪声源声功率的措施

列车运行的噪声源主要有电动机噪声源、空调系统噪声源、车轮与铁轨的碰撞声和摩擦声。前两种属于机械设备属性,要改善机器性能,加强消声才能解决。后者可从两方面考虑:一方面是改变车轮材料,如采用高强塑料;另一方面是减少在列车运行时轨道—道床系统的振动。随着轨道—道床系统振动的减少,固体碰撞强度和碰撞频率必然减少,由此引起的碰撞噪声也将减少。广州地铁1号线体育西~体育中心段设计了浮置板道床减振区段和轨道减振、扣件减振区段,目的就是通过减振措施来降低碰撞噪声。减少隧道内壁表面和站台内壁表面的声反射的措施:在站台或者隧道的壁面上贴附吸声材料,或悬挂空间吸声体等。加强车厢的隔声能力的措施:在车体钢结构内表面涂以阻尼层(如石棉沥青浆);采用双层墙结构作为车体的隔墙;采用固定并带有空气的双层玻璃车窗等。

(2)营造舒适的地下空间听觉环境

①音乐声的引入

音乐对人的心理和生理都有着重要的影响,由于音乐能影响人的生理及心理活动,特别是情绪活动。因此,人们能够用音乐来改善和调剂人体的生理和心理功能。

a. 在生理层面

音乐能刺激人体的自主神经系统,而其主要功能是调节人体的心跳、呼吸速率、神经传导、血压和内分泌。科学家们发现轻柔的音乐会使人体大脑中的血液循环减慢,活泼的音乐则会增加人体的血液流速。另外,高音或节奏快的音乐会使人体肌肉紧张,而低音或慢音乐则会让人感觉放松。

b. 在心理层面

音乐会引起主管人类情绪和感觉的大脑的自主反应,从而使情绪发生改变。许多研究结果显示,平静或快乐的音乐可以减轻人的焦虑。因此可以在地铁站引入音乐声达到改善地铁车站声环境的目的,如在人们急着赶往上班路上的早晨播放轻快的、让人身心放松的音乐,可提示人们生活不仅仅是赶路。韩国首尔地铁就应用音乐声提醒人们生活的美好,以达到降低地铁站自杀卧轨人数的目的。优美的背景音乐能够缓解人的精神疲劳,轻松的古典音乐、和谐自然的声音能达到放松精神的效果。

②适当引入自然声

人类天生对自然就有着很强的亲近感,自然元素可以使人们心情愉悦,因此在地铁站中,可以引入流水声、风声、鸟鸣声、树叶的沙沙声等自然声音。引入自然声的方法有两种:一种是直接利用地铁车站中的广播系统播放一些录制好的自然声,但是这种方法的缺点是与人们所处环境相脱节,感受不真实;另一种是采用借景的手法,如斯德哥尔摩在地铁站的天棚和墙壁上画了很多自然景观的壁画,让人仿佛身处自然之中,如果在此基础上配合森林的声音,则可加强人们对自然感受的真实感。同样,我国地铁车站也可以引入中国古典的山水和园林等设计元素,并播放与之相对应的声音。

在地下街中引入真实自然声主要可利用水景的布置,从而产生流水声,并充分利用水所具有的悦耳、柔软、流动的属性,在地下街空间中创造高舒适度的商业氛围。现有地下街中的水景设置主要以动水的处理方式为主,其主要手法为瀑布、喷泉、跌水。水景除了能有效提高声环境的舒适度之外,在地下街空间的塑造上也有一定的作用。可巧妙利用水体光影与倒影的变换营造不同的商业气氛。通过水景设计创造能直接欣赏水景、接近水体的亲水环境,使人们在视觉、触觉和听觉上都能感受水的魅力,增强消费者在地下街空间中与自然的联系,提升舒适度。

例如:日本长堀地下街设置有光之广场、水之广场、镜之广场等休息节点。其中水之广场,利用喷泉与灯光的相互作用形成了两条人工彩虹,成为该地下街中最受欢迎的空间。反观具有类似空间形体的三峡广场地下商场,其节点空间声环境较为嘈杂,舒适度较低,与长堀地下街引入水景的空间感受形成了鲜明对比,如图 3-14 所示。

③背景声压级的改善

地铁车站由于空间封闭性较强,声音很难扩散,且空间形式多为长空间或扁长空间,在同样噪声源的情况下,背景声压级要高于地面建筑。且由于地下建筑自身的特点,人们在地下建筑中更容易焦虑、烦躁,而地铁车站由于其功能实用上的特殊性,列车和人流都会产生相对较高的背景噪声,这就需要对地铁车站的声环境进行合理设计,使其尽可能地满足人们的心理和生理需求。此外,人流噪声的控制还有待于人的综合素质的提高,可在平时加强宣传和教育工作,并在地铁车站入口或其他显著位置设置标示牌,提醒人们共同营造一个舒适的声音环境。

a)

b)

c)

d)

图 3-14 日本长堀地下街流水

4)地下空间特殊群体人性化设计

(1)无障碍优化设计

建筑设计中的无障碍设计主要是为残疾人、老年人等行动不便者创造正常生活和参与社会活动的便利条件,消除人为环境中不利于行动不便者的各种障碍。加强无障碍环境建设,是物质文明和精神文明的集中体现,是人类社会进步的重要标志。目前,我国大多数地下空间缺乏无障碍设计。城市地下空间往往规模较大,一般同时具备商业、交通等多项城市功能。因此,在地下空间中推行无障碍设计是非常有必要的,应当协助残疾人掌握通往各个区域的信息和线路,安全、通畅、方便地将他们指引到要去的区域。随着社会主义精神文明建设工作的不断深入,城市公共空间设计中越来越强调"以人为本"的理念,如何做好无障碍设施设计已成为判别一个良好空间设计的必要条件。

残疾人与老年人,这两个群体具有相同的特性,就是在行动方面存在着或多或少的不便。所以,在地下商业空间室内设计时,要充分考虑到这一层次的需求而进行无障碍设计,为这些行动不便的人士提供便利条件,使他们能够充分参与到社会活动之中。在进行无障碍设计过程中,应主要着眼于无障碍出入口的布置、无障碍通道的设计、公共设施无障碍设计以及无障碍标志的设计。无障碍设计的目的主要有两个:一是指导弱势人群快捷、方便地到达目的地,为他们提供各种便利;二是告知其他人群不要占用无障碍设施。总体来说,无障碍设计主要体现在以下几个方面。

①视觉障碍设施

有视觉障碍的残疾人在进行工作时,对于环境的感知会比常人要强,而且对于环境的了解需求也比常人要大,因为他们就是通过自己的判断力进行平时的行走活动。因此在平常生活中,经常能够看见盲人边敲打边行走,因为他们对于直线行走时的位置判断能力是很薄弱的,时刻会发生危险。所以,在地铁车站设置盲道是必须的。城市地下空间设置盲道的原则:为避免混乱,在主干道上只设立一条盲道,盲道内不能侵入其他东西,而且盲道与墙壁等其他障碍物的距离也要测量好。如图 3-15 所示为某地铁车站盲道。

图 3-15 地铁车站盲道

②听觉障碍设施

对于听觉障碍者,应做到以下几个方面:一是要在地下商业空间的外围做好信息展示工作,可以在空间的外部显示商场的线路信息、运营时间以及商业广告等;二是要加强地下商业空间内部的交通导向,在空间连接的过渡处,比如出入口、楼梯、电梯处放置醒目的无障碍引导标识,使整个空间成为一个连续的整体,让听觉障碍者保持行走的连续性,避免出现错误路线;三是无障碍标识要统一化、标准化和国际化。

③行为障碍设施

对于行动不便人士,其对步行踏步的适应性较差,因此在地下空间的设计中应优先考虑选择自动扶梯和楼梯升降机。自动扶梯属斜向和水平通行的主要设施之一,当今在商业服务建筑、交通建筑以及航站楼等建筑中已广为应用,很受大众欢迎,同时受到残疾人和老年人的欣赏。一般性能和规格的自动扶梯对拄拐杖的残疾人和老年人均可使用,供轮椅通行的自动扶梯的规格则另外有所要求。

乘坐轮椅者使用自动扶梯在上行时比较容易操作,只需经过短时间的训练就可单独进行使用,也可在有人协助下直接使用;下行时难度略大,需要将轮椅倒退进入自动扶梯,并将轮椅坐落在踏步面上,因此应在有人协助下进行使用较为安全。楼梯升降机为垂直通行的主要设施,残疾人和老人使用较为安全便捷,尤其利于乘坐轮椅者。

④扶手

扶手是行动不便人士行走的重要辅助设施,对于乘坐轮椅、使用拐杖、视力障碍等人士都是一种良好的帮助。在地下商业空间的一些重要场所,比如坡道、楼梯、厕所都应该设置扶手来帮助困难人群。在设计上要遵循以下原则:

a. 在设计高度上,要符合特殊人群使用规格,一般的设计高度为 0.85m,并且在主要交通场所的扶手下方,还应增设一道高度为 0.65m 的低矮扶手,以照顾儿童和乘坐轮椅者。

b. 在扶手的起点以及终点处,应该加装一段长度不少于 0.3m 的水平扶手,来达到平稳过渡的目的。并且在起终点处设置盲文标识,以引导视觉障碍人员。

c. 扶手与墙面之间的宽度应该大于 50mm,扶手直径要大于 45mm,扶手要至少能保证 100kg 的承重能力,如图 3-16 所示。

⑤坡道

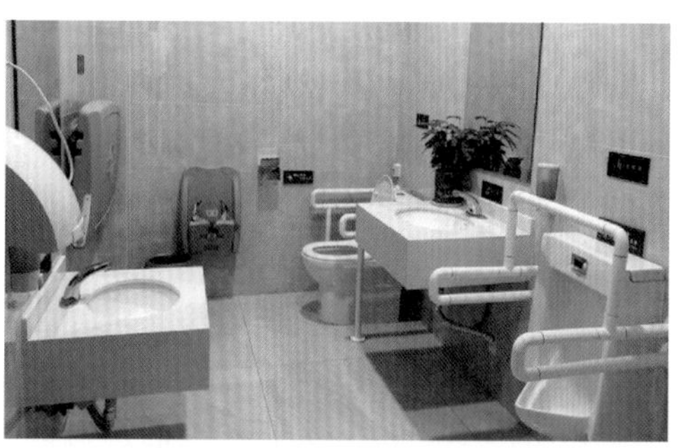

图 3-16　扶手

对于轮椅乘坐者来说，由于其身体的移动完全是靠上肢来实现，因此上肢的负担就非常大，他们在下坡时要靠双手对手轮的摩擦力进行控制以控制轮椅的下滑速度，所以当遇有陡坡时便会担心轮椅出现急速下滑。因此在进行设计时应尽量将坡道设计成缓坡。国际化标准标识中规定，坡道的坡度应小于 1/12，实际上在这种坡度条件下，也有不少移动轮椅会受到一定的限制。所以如果空间条件许可，希望能将坡度设置得更缓或配备电梯等垂直升降设备。图 3-17 所示为坡道。

⑥妇女儿童设施

随着交通的日益发达，家长们带孩子出行的机会越来越多，而公共场所母婴设施的缺乏从一定程度上影响了母亲的母乳喂养效能。在公共场所建设母婴设施是全社会对母乳喂养倡导与支持的体现，也是保障母婴基本权益的体现。如图 3-18 所示为母婴喂养室。

图 3-17　坡道

图 3-18　母婴喂养室

在公共场所设置母婴设施，为女性哺乳提供了相对私密的空间，不仅体现社会对妇女和儿童的尊重与关爱，还体现公共服务理念的人性化，更是一个城市文明程度的标志。部分发达国家如日本、英国、澳大利亚等的公共场所母婴设施建设程度完善、标识清楚、设备齐全且配置率高。在日本，公共场所母婴室出现的频率和洗手间基本相同，几乎所有的公共场所比如机场、百货商场、超市、游乐场所等，都有专门为妈妈和宝宝们准备的母婴室。母婴室内设备非常齐全，包括垃圾桶、洗手台、换尿布台、自来水和消毒过滤器、洗手液、卫生纸、椅子、插座等。

对于儿童来说安全性显得尤为重要，近年来常常可以看到商场里关于儿童安全事故的报道，一些儿童的手被商场的玻璃门或者电扶梯夹住，对儿童的生命造成了极大威胁。所以一定要对安全问题加以重视，加强对商场整体环境的管理，避免出现特别尖锐的突出物。对电梯、大门这种容易出现事故的位置进行科学安全的设计，最大限度消除安全隐患，并且经常进行安全检查，出现安全问题及时报告并整改。

⑦国际友人需求

除以上两种人群外,还有一种人群值得关注,那就是国际友人。随着我国经济的发展和对外开放力度的扩大,商业越来越趋向于国际化,在北京、上海、广州、深圳这种特大型城市尤为明显,经常在商场中看到国际友人前来购物。对于这个特殊的人群,也应该做出相应的配置和考虑。

对于商场和交通,应设置一些国际化的标识让国际友人很容易辨识。对于商场、地铁等工作人员要进行一定程度的培训,让他们能够与外国友人进行一些基本的交流,避免在购物过程中出现不便,有条件的大型专卖店还可以配置一些专门的英文导购。最后还可以采用一些新型设备,加入完善的双语电子导购系统,让外国友人能够通过简单的操作迅速切换语言,进而进一步了解商场的基本情况,方便外国顾客确定自己的购物路线和购物目标。

(2)年龄友好型地下空间

①老年友好型

“老年友好”旨在满足老年人的身心需求,提高老年人居住生活的物理环境与社会环境的友好度水平,因此对老年人需求层次的考虑也是“老年友好”理念特征延伸的必要方面。马斯洛需求层次理论将人的需求由低到高分为五个层级:生理需求、安全需求、爱与归属需求、尊重需求与自我实现需求。对于老年人来说,生理需求与安全需求是最基本的生活需求,也是其他需求产生的基础驱动因子;爱与归属的需求则表现为对家庭和社会关系、社会交往、信息交流等的需求,是提升老年人生活质量与精神状态的重要因素;尊重与自我实现强调的是老年人的社会参与和价值实现等,体现对老年人的社会包容与尊重。

a. 安全性

安全性作为“老年友好”理念的首要特征,也是满足老年人基本生理需求和安全需求的最重要属性,旨在为老年人排除其生活范围内所有导致身体、精神与物质伤害的危险因素。老年人作为特殊的社会群体,因身体机能与精神状态的逐渐衰弱,对自身安全的保护能力也随之降低,所以对其居住和生活环境的安全性要求也高于年轻群体。居住生活环境是否安全直接关系到老年人的身体和心理健康,同时也会直接影响老年人的生活质量、居住意愿以及社会归属等。

b. 可及性

可及性是活动发生以及空间有效利用的前提基础。场所的可及性表现为到达或穿越一个空间的可选择线路的数量,是衡量场所是否具有活力的重要标准。可及性从物理环境层面包括交通可达性与场所可识别性两个方面。交通可达是指在不同空间环境的切换过程中安全可达以及便捷可达,只有能够安全便捷地到达,场所才能被充分有效地使用并发挥其效能。可识别性是指人对周围环境的辨识能力,通过视觉上的信息获取记忆上的引导,激发个体对自身所处位置与辨识对象之间的距离与方位关系。记忆力与视力的衰弱导致老年人对周围场所的辨识度提出了更高要求。老年人的居住与活动环境需要通过标识系统、标志物的适应性设计来提高场所的可识别性,保证老年人交通出行及使用场所的安全与便利。

c. 健康性

健康是指所有身体、精神和社会方面的良好状态,是对居民生理、心理以及社会健康的全面考量。根据世界卫生组织的界定,“健康不仅仅是身体没有疾病或虚弱状态,而是生理、心理和社会适应各方面都应该达到良好的状态。现代医学模式将健康的影响因素归结为四大类:生物遗传因素、环境因素、行为与生活方式、医疗卫生服务”。其中,行为与生活方式和环境因素起着主要影响作用。在物质层面,健康性表现为健康生态的空间环境系统以及完善的健康配套服务设施;社区支持服务层面表现为健全的社区公共卫生服务与健康促进机制。一方面从物质空间环境如良好的日照通风、生态可持续的环境设计及倡导健康的生活方式等保证老年人生活环境的健康性;另一方面通过建立完善的医疗保健服务系统,如开设健康教育培训班、建立健康档案等,形成集健康教育、健康诊治、健康监督于一体的链条式、综合性健康全过程服务系统。

d. 交流性

交流性是体现保持老年人连续性与连接性的重要特征,可以分为信息的交流与人的交流两个层面。信息的交流包括信息的获取与信息的传递两方面。信息技术的出现,使得社会信息在量级增长、更新速度、种类分化上都超出老年群体可接受的能力范围。在视觉、听觉、理解能力与接收能力上的衰弱导致老年人信息获取的困难与不准确性增加。信息获取的缺失会加深老年人的社会隔离与孤立感,降低老年人享受信息服务的权利。能获取及时、准确、实用、正确的信息,是维持老年人与外部社会人和事物关联、满足个体需求的重要条件。广泛且有效的信息获取途径、信息的准确性及正确性是老年人信息获取无障碍的有力保证。信息传递对于老年人也同样重要,通过信息的外部传递,加强老年群体与社会环境的联系,具体表现为有足够且广泛、便捷的渠道,有效地传达老年人所需要的信息。人的交流指的是提供有效方法和手段促进老年人家庭人际、社会人际交往关系的维持与发展。表现在物理空间层面即提供足够且适宜老年人聚集和交流的空间环境;社会环境层面表现为对老年群体交往诉求的尊重与重视,提供多样化和便捷有效的沟通交流平台与途径。

e. 参与性

参与性指老年人参与社会活动和社区管理的程度。老龄化过程中老年人在工作、生活角色与社会地位发生转变,如从工作到退休导致的社会贡献落差、家庭角色的转变导致的代际倾斜问题等,是影响老年人身心健康发展的潜在因素之一。此外,老年人的潜力也是未来发展的强大基础,社会应越来越多地依赖老年群体的经验、技能与智慧,这不仅仅是为了改善他们自身的福祉,同样也是为了积极参与到社会改善的过程中。因此无论是内在还是外在,老年人都有社会参与的需求。随着老龄化进程的推进,在社区人口的构成比例提高使得老年人在社区建设中扮演着愈加重要的角色。提高老年人参与社区管理与社会活动的程度,一方面有利于老年人自我价值的实现,满足其社会性和心理性的需求;另一方面可以充分发挥老年人的社区贡献力量,为社区创造更加和谐的发展环境。

②青年友好型

城市是人类文明发展进步的产物,城市精神与青年精神具有内在一致性。一方面,现代城市高度聚集优质基础设施和公共服务,其演进过程不断丰富着人类对更加美好生活的想象力,为人生转型中的青年提供了自由全面发展的空间场景;另一方面,城市化越来越表现为青年人的城市化,青年作为精力充沛、蓬勃向上的社会力量,在城市中的聚集也为城市带来了繁荣、活力与创新。如何大力推进以人为核心的新型城市化进程,如何构建良性互动的“城青关系”,如何在良性互动中增强城市对青年发展的吸引力、吸纳力和承载力,发挥青年对城市发展的参与力、创新力和贡献力，这些都日渐成为新时代城市规划及青年友好型决策者、研究者、传播者和实践者热衷讨论的话题。

产业集聚所带来的高收入机会是城市吸纳青年的基本动因。聚集经济是一种通过规模经济和范围经济的实现来提高效率、降低成本的系统力量，表现为与专业化经济相联系的“规模经济利益”和与多样化经济相关的“范围经济利益”两个方面。对于城市而言，产业和人口是能够形成规模效应的两个关键因素，城市化进程也主要表现为产业的集群和人口的集聚。新发展理念指导下的新型城市化进程必然要更多地依靠创新驱动，创新的动力在于产业，产业的集聚可以形成产业集群的规模效应，从而带动更多发展要素和创新要素的聚集。而产业结构的进一步发展、升级和优化有赖于先进生产要素和优秀人力资源的集聚。一个城市的产业就好比这个城市擅长的领域，犹如一种磁场，把有着相同追求、不同特性的人吸引在一起，这也是城市之于人类尤其是青年的魅力所在。

完善的基础设施、优质的公共服务和宽容的社会环境是城市承载青年的关键因素。城市之所以能够吸引青年不断涌入，源自其作为“优质公共服务资源集聚地”的地理空间，能够提高人类的生活品质，为人类提供更为优质、配套、便捷的人性化、多元化和丰富性的公共服务。从城市公共服务供给中获益最大、对个人生活影响最深的是那些较为弱势的群体，对于这些人的公共服务供给的不足或不公平将使其生活需求得不到满足、导致个人上升空间变得狭窄，最终影响其对自身社会地位和城市治理能力的判断。从这个意义上说，青年对于城市公共服务的感知以及自身城市生活的感知，是衡量城市治理能力的一个极为关键的指标。从更广阔的社会文化意义上来看，城市若想吸引青年，还必须具有一定的软实力和价值观，诸如绿色、安全、公正、魅力、和谐和幸福等都应当成为城市发展的重要战略和核心价值。

③儿童友好型

儿童友好型城市地下空间建设作为以人为核心的新型城市化的必然要求，旨在基于以儿童为本的视角，打造能够充分满足儿童健康成长和发展的城市地下空间，包括设计建设安全、友好的社区、街道、校区以及公共空间。在儿童友好型城市地下空间规划建设过程中，不断拓展儿童校外教育的自然空间和社会空间，对于儿童更好的成长、更快的发展以及对于城市的可持续发展都具有积极的意义。

少年儿童的生活规律和身心特征决定了其活动范围的有限性，社区空间是除学校及家庭外最贴近其生活的社会空间，为儿童个体社会化发展提供了重要的环境支持，是其开展户外活动的最主要场所。具有友善邻里关系的社区空间可以让儿童感受到安全感和亲密感，有助于儿童社会性品格的养成。社区是一个小型社会，其开放性、包容性的特点使得每一个儿童都有机会广泛参与其中的相关教育活动。我国城市化程度不断加快，社区发展也面临着困难和阻碍，开发商不断提高房屋容积率，减少绿地建设，社区可供儿童开展校外活动的空间不断缩减。现阶段大多数社区空间设置单一化、碎片化，区域划分没有考虑儿童的年龄特点及诉求。

3.2.2.3　人本地下城市心理需求设计要点

1)空间导向人性化要求

地下出入口是城市公共空间和地下商业空间的重要组成部分，是地面空间与地下空间过渡和融合的中介，基于行为和环境需求的四大人性化设计要素包括“良好的过渡：引导消费人群自然进入地下；精致的景观：使入口醒目又易于被人发现；清楚的标识：方便人们对方位的寻找并体现地域特色：使入口具有城市归属感，让人感到亲切”。针对以上每一种要素，提出相对应的人性化营造策略方法，如过渡衔接的合理化、景观设施的引入、标识系统的完善，以及地域文化的渗透等。

（1）案例一：过渡衔接的合理化——法国巴黎大堂下沉式广场

过渡衔接的合理化，最常见有效的过渡方式是下沉式广场的使用，如法国的巴黎大堂下沉式广场。改造前的巴黎大堂，地下空间犹如迷宫，道路系统曲折蜿蜒，盘根错节，地面景观杂乱无章，含糊不清；改造后的巴黎大堂西面设一个下沉式广场，不仅可以通过台阶和自动扶梯连接地面和地下，并且设置了垂直交通连接地面与地下，如图 3-19 所示。

（2）案例二：景观设施的引入——上海地铁科技馆站

在对地铁出入口空间进行植物配植时，应遵循节约型的原则，用最少的资金获得最大的功能与景观效果。上海地铁科技馆站的绿化就是仅仅使用低矮的灌木和花卉来营造植物景观，如图 3-20 所示。

图 3-19 巴黎大堂下沉式广场

图 3-20 上海地铁科技馆站出入口

（3）案例三：标识系统的完善——广州商业地王广场下沉式入口广场

通过采用加大广场标识、运用鲜艳色彩、设置广场雕塑综合塑造入口空间，如图 3-21 所示。

a)

b)

图 3-21 广州商业地王广场下沉式入口广场

(4)案例四:地域文化的渗透——南京地铁2号线大行宫站

南京地铁2号线大行宫站太平北路出入口广场,由于其北面近邻江宁织造府博物馆,因此使用简单的青石板铺装,冰纹花窗、白墙和灰色的钩边,配合精致的置石和竹子等传统植物的配合,营造中国园林古朴素雅的风格,把出入口空间与织造府博物馆建筑融合在一起。

2)多样化空间设计

(1)空间一体化

在实现站内空间与地下商业空间一体化的过程中需要考虑以下问题:

①地铁站的建设是区域内的核心,围绕这一核心建设周边地下商业空间时如何创造良好的过渡空间。

②如何综合人的交通行为与其他行为,让地下商业空间成为具有多种意义的场所。

(2)站域地下空间的基本功能

①站域区域城市总体规划布局中的功能

站域区域在城市总体规划布局中的功能是与城市的总体规划分不开的。城市总体规划是站在区域的角度,综合各方面的影响因素,对城市的各个功能组成部分做全面合理的组织安排,使这些功能部分之间相互配合,共同带动了城市有序发展。因此,站域空间在城市总体规划发展中所起的功能作用,是建立在整个城市有序发展的基础之上,城市总体规划中所规定的站域空间功能,决定了站域空间总体的发展方向。

②站域区域在历史文化保护规划中的功能

站域区域在历史文化保护规划中的功能主要指站域整体空间在街区中所承担的功能。一般来说,街区内站域空间的功能是随着街区历史的发展,随着时间维度与空间维度相互融合而逐渐形成的。它对城市的整体功能结构规划具有一定的影响力。

(3)营造功能多样性的空间

在设计地铁站地下公共空间时,考虑到空间中多种行为同时发生的概率,应加强空间功能的多样性。人们的行为活动与室内空间相互影响,人受到空间特性的刺激会产生知觉反应,而空间形式对人的交往行为会造成潜移默化的影响。在地铁站地下公共空间中,除乘车行为外,人们在空间中常常有交往等行为发生。所以,功能多样性公共主体空间主要是为交往空间所设计。

然而,国内多数地铁站的地下公共空间,其功能只是局限于为地铁运行服务,造成地下空间中交往功能的缺失,空间显得过于单调。但是在地铁车站地下主体公共空间中,有不少潜在的交往空间,其中主要有以下几类。

①凹入边界空间

地铁地下公共主体空间中,利用地下原始的空间形态,可以设计出凹入的边界空间。凹入边界空间是指在室内某一墙面或角落局部凹入的空间,因其干扰较小,私密性较高,容易给人以清净、安全和亲密的感觉,其领域感与私密性随凹入的深度而加强。

②下沉庭院空间

在地铁车站地下公共空间中,利用下沉庭院空间可引入自然光线,局部下沉的空间底面,可以限定出一个虚拟空间,而且空间中拥有良好的光照,给人一种宁静的感觉,变化光线产生的围合感,适合人们休息、交谈、工作、学习等活动,加强了人与人之间的亲和力,减少了彼此间的距离感。

③子母空间

子母空间是对空间的二次界定,用实体要素或象征性创造出的小空间。小空间的私密性和领域感比较强,且与母空间保持沟通,可以隔开空间中的不同人群,使其在大空间中拥有各自的小空间。例如重庆地铁车站中子母形态的交往空间设计,增强交往空间的私密性和识别性,为交往行为的站台提供便利。

(4)功能一体化

地铁车站作为一个城市节点,将交通、购物、娱乐、休闲和防灾等功能串联在一起,使各功能相辅相成、相互配合,带给人们社会需求上的便利。在地铁站域内,地下商业空间是最早、最基本的功能之一。城市地铁站域地下商业空间竖向设计中,应将功能空间与地面空间的功能呼应和配合,进而丰富服务类别,提供便利。

(5)营造复合功能性的交往空间

考虑到空间可能性使用的开发,复合功能性交往空间的设计有助于空间中交往行为的发生,并且能够丰富空间自身的模式。比如:在深圳地铁车站站台的等待空间中,通过设置具有艺术感的座椅,不仅能提升空间的识别性,还能增强空间的领域感,有利于交往行为的发生,如图3-22所示。

图3-22　深圳地铁交往空间相关设施

3)地下空间色彩多样化

(1)空间色彩视觉中心

在地铁车站空间序列组织内,还要在每个空间单元设置视觉次中心,即在较小范围内设置最吸引人注意的视觉目的物。由于各种原因,空间导向性并不能发挥很好的作用,这时就应当考虑利用视觉规律,在一些关键部位设置能够吸引人们视觉的物体,使空间形成向上的腾跃感,同时还要控制空间距离。

各种有强烈装饰作用的物品可被运用到空间内的视觉中心,起到空间引导作用,这些物品可以是有趣的楼梯、活泼的雕塑、个性的壁饰、绘画或鲜丽的绿化等，它们可以在空间序列的设计中多次运用。必要时也可将这些视觉中心的物体与色彩、照明、凸出凹进等手法相结合，使视觉重点得到进一步的突出。

①站点的隐喻

在地铁站台空间环境营造中，妥善区分各个室内空间，可以使人产生清晰画面感的同时向其传达站点名称或周边环境的隐含信息。例如在北京地铁奥林匹克公园站的设计中，水立方游泳馆旁边的站台空间通过采用标志性明显的蓝色来增强站点空间的环境识别性，如图 3-23 所示。

②对比强化重点界面

强烈对比色彩的运用可以起到突显空间重要界面的作用。色调对比设计能够为单调的空间形态添加几分灵性，色彩对比越大，界面之间的强化效果就会越强烈，从而给人以眼前一亮的感觉。暖色调具有向前的倾向性，已在背景界面中脱颖而出，所以墙面设计中的重点颜色普遍采用红、橙、黄等暖色调。虽然在墙面设计中重点颜色通常占据面积较小，但是通过小型构件、图案或小块色彩的运用，会形成与整体墙面的巨大色调差异，可使其从背景墙面中分离而出。例如，上海地铁儿童医学中心站的站台空间，采用亮黄到橘黄的渐变色，鲜亮和简便的色彩都让空间氛围显得更加轻快活泼，符合儿童的心理特征，如图 3-24 所示。

图 3-23　北京地铁奥林匹克公园站

图 3-24　上海地铁儿童医学中心站

③三位一体设计思路

地铁空间环境色彩设计中，理应将功能性、空间性和文化性相融合，做到三位一体性的设计，如图 3-25 所示。

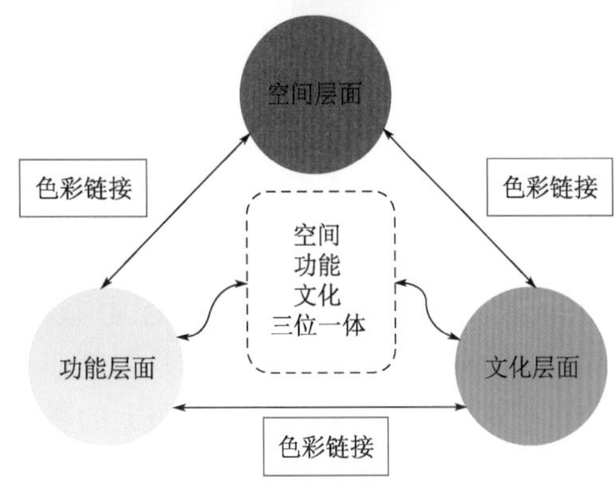

图 3-25　设计思路

(2)色彩心理

色彩印象主要是指人们对色彩的判断和观念，想要的是人们从心理层面上对色彩的认知、形成的喜好或态度。换言之，人们在受到色彩意象后，学习心理上会产生反应，从而形成某种感情。日常生活中，在形容事物的意象时，通常会运用各类形容词来表达人的心理认知。例如，在形容衣服时，会在前面加上“时髦的”形容词；在形容烛光晚餐时，会在前面加上“浪漫的”形容词，通过这些形容词来表达人们对该意象的理解。色彩意象强调心理认知，但往往人们的种族、文化及习俗等因素都会对人们的心理认知产生影响，尤其是人的文化背景。人们在对色彩进行联想时并不是统一的，因为文化不同，因此看到某种颜色所能够联想的意象也就不同。1985年，德国心理学家霍夫斯塔特(HOFSTATTER P R)教授发表了《构成色彩主观印象的诸因子》论文，他首次提出应该通过语义分析法来进行研究。在进行因素分析(Factor Analysis，将构成事物的因子抽出的心理学研究与统计方法)时，提出通过质心法(Centroid Method)来做分析，创造了色彩研究的新里程。

(3)色彩的文化性

色彩的文化性是指色彩受到不同民族、文化信仰、地域特点和风俗习惯的不同，所表现出的色彩气质和喜好也不同。不同的社会生活方式和不同的地域，所反映的色彩含义都有其特殊意义。色彩的文化性是人们精神生活的产物，是一种社会意识形态，色彩可以加深对社会生活的认识和理解。地铁站点空间所呈现的文化是该地区人文历史的综合反映。地铁站点空间作为城市公共空间的重要组成部分，不同的色彩表达呈现不同的审美要求，表现不同时期人们的审美认识，提高人们审美情趣的鉴赏和判断，加深人们对城市的理解与认识，增强人们的感受力与创造力，提升城市的品质。

(4)色彩的历史性

以北京地铁为例，地铁站点空间的色彩要体现出历史性就必须了解北京的历史与文化。在北京地铁站点空间的色彩审美中，人们不难发现色彩设计的历史痕迹，北京的历史经过多年沉淀，已经转化为特定的色彩文化，无论是红墙灰瓦还是重要的历史事件，都是历史色彩沉淀的必然结果。

(5)色彩的地域性

以轨道交通为例，由于地铁站点空间文化承载意义的特殊性，一条地铁站点所承载的文化性是其他建筑所不可替代和比拟的。地铁站点的修建不仅是地域文化的综合表现，更是城市有别于其他的“个性”与“气质”。不同的城市和地区，城市居民所创造和世袭的色彩所反映的文化现象和美学特征往往呈现不同的差异。

(6)色彩调和与视觉生理平衡

从色彩生理学的角度讲，能够给人唯美、和谐的感受需要满足视觉平衡的色彩构图。因此，要满足视觉平衡首先需要了解视觉生理的平衡原则。

综上所述，在色彩设计中，既对立又统一、既矛盾对立又互相依存的两个方面是色彩的对比与调和，能够处理好这两者之间的关系才能设计出好的作品。城市中以地铁车站换乘空间为对象，色彩设计原则和理论为主要手段，使城市能够获得一个既对立又统一、既丰富又突出，能够恰如其分表达地方特性的地下空间是地铁换乘空间色彩设计的最终目的。

3.2.2.4　人本地下城市情感需求设计

满足人情感需求的人性化设计城市地下空间不仅要满足人的生理需求和心理需求，还应具有一定的文化特征，满足人的情感需求。首先，地下空间要具有艺术性。地下空间的设计要体现出一定的艺术性，要在大小和个性、明暗与色彩、动感与变异等方面突出艺术特征。其次，地下空间要传承文化，体现地域特色。把文化赋予到地下空间当中，不仅使地下空间具有代表性，还可以使人们接受文化的熏陶。同时地下空间还应体现出地域特色，使更多的人了解到地域文化。最后,地下空间要融入自然景观。在地下空间设计中,可以把山石、花草、泉水恰当地引入室内,营造出类似地面的自然景观,这样可以振奋人的精神,使人感受到活力。花草、树木等自然景观可以使人联想到生命,从而产生动力。

一座建筑能给人带来的感受与感触,是人在不同方面受到的关于物理、理性、情感等方面的刺激所产生的结果。比如在地铁车站欣赏艺术的心情与在美术馆欣赏当然是不同的。参观艺术展览馆是带有期待的心理所前往,而在地铁车站欣赏艺术品是没有预想的,反而会给人一种不期而遇的心理效果。另一方面,在人的心理层面,去展览馆欣赏艺术作品是将脚步放慢的,甚至停止脚步来观看,因为展览馆就是目的地,呈现一种悠闲状态;而在地铁车站的人们,都是将此空间作为经过地,是以通过为主的,除了等车与购票时脚步会停止,其他时刻都是在快速的通过当中,所以,地铁车站内空间的艺术品应该按照此类人群的心理来进行设计和布置。

1)地下空间建筑艺术

建筑不是被视为理论命题的图像反映,而是现实世界的功利性工具,被赋予了支持和帮助,甚至解放个体,进入一个更加自由与幸福状态的功利性任务。所以地下建筑空间艺术是一项社会艺术,建筑物的价值主要是开创环境,由于试验性的建筑物常常反对规范的形式,强调自由联想,大胆运用各类科技,为产生创新和突破方案提供更多选择。结合各领域推论出来的艺术风格,成为未来建筑学理论在艺术领域的最佳模式。当确认流行是一种形式和方式,通过创造一种式样、一种生活模式或一个物体,使其产生突然迷恋,加上并未验证其实用价值,也就成了品味。实现地下空间设计中人文环境与时尚因素的稳定融合,是永不间断及缓慢的进程。时尚现象的基础,以其完整的意义看,是连续不断的快速发展,没有其他理由,其本质为暂时性。快速更新决定时尚进程,艺术设计是一种类别与程度的问题,也是一种广泛的全貌,包含被接受趋势的各种动向。

2)艺术空间创造

地下空间装饰艺术的重要性。在地铁车站的设计中,建筑师们将结构造型进行微妙变化,将材料和色彩进行相关协调,将不同的艺术手法相互融入,使得城市地下空间环境充满艺术性。城市地下空间施工装修涵盖性强,能很好地突显出建筑师对乘客的极大关怀。现在越来越多的艺术家、雕塑家也纷纷参与其中。现如今,经济、实用、美观是最适合我国各个城市地下空间的装修设计手法和形式,应通过不断创新,增加新的设计理念,尽力把每个城市的传统和现代的高端科技进行融合,才能深刻反映出时代特有的属性。石材上的深浅纹理表现了丰富多彩的环境;“高级灰”混凝土,体现出空间的淳朴与稳重;现代科学技术的美,通过银白亮丽的钢材来表现;封闭压抑的地下空间,利用钢材与通透的玻璃来搭配建造,通过采用不同材质的材料经过独具匠心的设计与搭配,使乘客在空间中有不同的感受。

在色彩体现这方面,不同城市的地下轨道环境色彩都应该表现出轻快愉悦的特点。更重要的是细节设计,细节方面可以采用明亮的颜色,使整个地下环境变得令人清爽愉快。如果地铁车站的线路属性比较复杂,那么也可以采用不同的颜色代表不同的环境地点,这样就方便了人们的行动。为了能够更好地突出空间识别性及环境美化,内部环境的打造最常用的设计方式是在引人注目及开敞的空间中,将墙壁用壁画装饰并摆放雕塑等。

香港地铁比较先进，而且应用广泛、深入生活，进而演变成了一种文化。再加上媒体的衬托，香港地铁不仅仅是交通工具，而且是一个承载光和声的工具，将市民的生活气氛发挥到极致。从步入地铁口开始，扶梯上、墙面上等，植入的平面广告琳琅满目。如果你想知道香港有什么大型活动、什么影视节目更新、电影的上映时间或节日的到来，只要市民乘坐一次地铁，便可获知多半信息，相应香港的脉动也被了解得八九不离十。广告虽然多，但不让市民厌烦，而且广告的创意常常令人惊叹。不仅如此，香港还将某些大型互动活动，如艺术展、儿童爬行大赛等群众性活动安排在地铁车站里举办。

现代人生活在一个无法忽视激烈竞争的时代，每一个人都意识到信息时代利用新科技、新知识来美化、丰富生活的必要性。人们赖以生存和活动的空间环境，无论是室内还是外部广场，只要置身其中，必然会受到周围环境氛围的感染而产生各种审美反应。地铁出入口空间作为人们日常出行、活动的重要空间环境，也应和其他建筑、广场等城市空间一样，在艺术性和独特性上拥有不同的风格，从而满足人们的审美情感需求。

比较性格学及心理学提出：人类或动物都有一种强烈的感情，即要在它的群落中表现出自己的特色。从大的方面可以体现在世界各个民族的文化差异，从小的方面可体现为人都有自己的个性。不同年龄段的人对于事物都有自己的认识，那些城市里的前卫一族，在追随流行潮流的同时尽可能地又强调个性。根据这一点我们可以说人的本性中有一个不容忽视的特点：一方面需要大众的认可；另一方面又期望与众不同，期望个性化的自我呈现。

高质量的建筑艺术处理可以给人在心理上产生积极的反应，在一定程度上弥补地下建筑心理环境的不足。地下商业街主要是供购物者观赏、选购商品和进行短暂的休息餐饮娱乐的，建筑师必须紧紧抓住这一特点，发挥创造力，设计出满足建筑功能和顾客心理、生理均需要的内部艺术空间，提高内部环境质量。地下空间的室内装饰设计必须充分利用灯光、色彩和材料的特性，结合建筑设计及二次空间处理，进一步完善地下建筑室内环境的温暖感、宽敞感和方向感要求。主要包括天棚、墙面和地面的处理。天棚是地下街室内的“天空”，“阳光”（照明）、“新鲜空气”（空调）均置于其上，设计应明快而有变化；墙面的处理要简洁，色彩要明快，可结合壁灯创造出特殊的空间效果；对于地面在满足功能的要求下，要设计相应的图案，以暖色调为主，来烘托活动空间的气氛，同时增加导向性，如图3-26所示。

a)

b)

图3-26　地下商业街

3）人文地域创造

（1）传承文脉的重要性

地下交通空间一般仅有出入口具有外观可视性，但它又作为通行空间，使用频率往往比其他地下空间更高，具有相当的展示性，却又不能破坏城市外部风貌。这使得地下交通空间在延续城市传统文脉、展现城市文化特色的基础上，又能与新兴科技更好地结合起来。既保障城市在交通上的技术革新，又延续城市传统文化的空间氛围。

历史和文化是人们感知城市特定价值的重要内容，而现代人又有享受现代科技成就的生活要求。人们已经越来越认识到保护“人类的记忆”的重要性，文物、古迹都属于这种值得“记忆”的内容。重视文化传统、保护历史遗迹，对具有历史意义的地点注入多种新的用途，并协调自然环境，是当今世界上城市设计的一种新倾向。

城市的“文化特质”体现大部分群体的共同价值取向，是整个城市的灵魂。城市地下交通空间的非语言文化符号，会对通行人群在心理上有潜移默化的影响。因此，作为城市公共展示空间，城市地下交通空间也应在设计上反映文化特质，传承城市文脉。只有不千篇一律的地下交通空间才能更人性化的引导通行，在其细部环境设计中，更应体现其所在地段的历史和人文背景，与地上空间相互呼应。

（2）传承文脉分析

莫斯科地铁站营造的文化艺术氛围渗透到整个城市的文化环境之中。地铁车站文化艺术氛围的营造主要采用不同题材的室内装饰主题，以及利用雕塑、壁画、不同造型的灯具产生的光环境，创造了不同风格的文化环境。

①运用雕塑来营造文化艺术氛围，表现城市文化环境。地铁车站文化环境的一个重要特色在于其内部的雕塑，雕塑是地铁车站地下空间创造文化精神环境的点睛之笔。在革命站地下大厅设计中，设计了一系列革命战士的群雕，一排排充满革命精神的战士塑像，营造了一个充满革命精神的文化环境；在鲍曼站和列宁图书馆站地下大厅的转换空间和端头空间，分别设计了俄罗斯伟大的教育家鲍曼的头像和苏联伟大的革命家列宁头像的雕塑与大型壁画，营造出地铁车站不同的文化氛围。

②运用壁画和装饰营造历史文化氛围。建筑师在塔干地铁站的地下大厅两侧的墙壁和端头空间运用了大型的壁画和浮雕装饰空间环境。壁画和浮雕题材是传统的俄罗斯风格，从而为该地铁车站地下大厅空间环境营造了独特的俄罗斯传统历史文化氛围。在波诺卡（PONOCKAS）地铁车站地下大厅，建筑师将承重柱的断面处理成自下而上逐渐扩大的喇叭状柱头，将照明光源藏在柱头和柱子顶面之间，独特的装饰配合灯光照明，大理石贴面的明快色调与白色抹灰顶棚的巧妙结合，形成地铁车站内部空间环境特有的节日气氛。

③灯具及光环境的设计营造出不同的文化环境。在俄罗斯莫斯科门捷列夫地铁站，其地下大厅大面积的灯饰采用了化学元素的不同组合形式，这种化学元素形式的灯饰，不仅使该地铁站具有很好的可识别性（不同于其他地铁车站的装饰产生的空间形象），同时为该空间营造了一种科学文化氛围，创造了科学文化的城市环境。环线共青团站，建筑师在地下空间设计中采用了一系列富丽堂皇的吊顶灯及顶棚华丽的壁画装饰，结合富有韵律感的一排排雄伟的立柱，营造凯旋隆重的环境气氛，如图 3-27 所示。

英国伦敦贝克街的福尔摩斯图标、瑞典斯德哥尔摩的熔岩壁画、我国香港迪士尼地铁线景观等，这些地下交通空间均强调地域特点，将其充分融入设计理念中，丰富了城市空间形态，如图3-28所示。

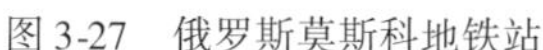

图3-27　俄罗斯莫斯科地铁站

图3-28　瑞典斯德哥尔摩地铁站

俄罗斯地铁空间，作为近百年前的地下民防空间，现发展利用为地铁工程，在既更新了地铁技术的同时，也维持了其典雅的宫廷文化设计风格，极富现代人文气息，如图3-29所示。

瑞典斯德哥尔摩地铁，名声不亚于俄罗斯莫斯科地铁，其特点是与莫斯科地铁的华丽工整恰恰相反，仿佛置身"岩洞"之中。装修以粗犷和时间感取胜，墙面及天棚多以维持原始裸露岩石作为装饰，装修风格粗犷豪迈、色彩强烈，着重刻画历史的沧桑感。加拿大蒙特利尔地铁乔治瓦尼尔(Georges-Vanier)站，明度不同的灰色和蓝色是主要色调，运用巨大的树形灯柱使整个空间变得栩栩如生，如图3-30所示。

图3-29　俄罗斯地铁空间

图3-30　加拿大蒙特利尔地铁乔治瓦尼尔站

4)体现地域文化

(1)地域文化的重要性

地域民族文化是一方水土孕育一方文化，一方文化影响一方经济，一方经济造就一方社会。在中华大地上，不同社会结构和发展水平的地域自然地理环境、资源风水、民俗风情习惯、政治经济情况等，孕育了不同特质、各具特色的地域文化，诸如中原文化、三秦文化、燕赵文化、中州文化、齐鲁文化、三晋文化、湖湘文化、蜀文化、巴文化、徽文化、赣文化、闽文化……而"地域文化”作为一个科学概念,至今学术理论界仍然众说纷纭。有学者认为,欲研究“地域文化”,首先必须对其进行科学界定。也有学者提出,地域文化专指先秦时期中华大地不同区域的文化。有专家主张,地域文化专指中华大地特定区域的人民在特定历史阶段创造的具有鲜明特征的考古学文化。一些学者则将地域文化划分为广义和狭义,认为狭义的地域文化专指先秦时期中华大地不同区域范围内物质财富和精神财富的总和;而广义的地域文化特指中华大地不同区域物质财富和精神财富的总和,时间上是指从古至今的一切文化遗产。经过再三研究和反复探讨,多数专家学者认同“地域文化”专指中华大地特定区域源远流长、独具特色、传承至今仍发挥作用的文化传统。在空间环境中,地域性和文化性是相辅相成、不可分割的,地域是文化概念赖以生存的基础,文化是地域空间内涵和品位的体现。

地域性的内涵需要从不同角度全面研究,在城市空间设计中,应尊重城市已形成的整体布局,和谐处理其与自然的关系;在自然环境中,则应与自然地形地貌积极呼应,与客观环境相协调。另外,对当地文化、历史等人文环境的合理利用也是地域性的重要参考因素。

(2)体现地域文化研究

北京地铁森林公园站的设计概念原点为白色森林,让乘坐者有置身童话世界之感,该地铁车站成功塑造出一个纯净的白色森林主题。柱体装饰和金属结构树枝状的吊顶融为一体,照明灯具“镶嵌”在树枝缝隙之间,如同阳光穿透树林映射的光斑,具有强烈的视觉冲击力。北京地铁森林公园站在空间设计上突出森林的特色元素是树木和树叶,地板上独具匠心镶嵌了“零落树叶”以呼应整个空间,统一而富有变化地营造“白色森林”主题,同时又体现了地铁车站设计的时尚环保理念,如图3-31所示。

北京地铁天坛东门站“底界面”设计为类似于“九宫格”形状的地面铺装,与其上方形似天坛屋顶的天花吊顶相互呼应,用现代方式含蓄地表达出古老的中华民族“天圆地方”的自然观与“天人合一”的文化精髓,反映出北京皇城文化的厚重积淀,如图3-32所示。

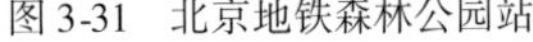
图3-31 北京地铁森林公园站

图3-32 北京地铁天坛东门站

上海地铁马当路站内文化墙以区域内的老式石库门建筑为原型,辅以抽象和艺术化的图形处理设计,生动地再现了该区“石库门建筑”的文化性设计。文化墙中代表着老建筑砖红色的色块和代表着当代建筑的蓝色块交织在一起,传达出不同时代建筑交汇的区域文化。然而,在上海体育馆站和马当路站中,仅一面文化墙的主题文化展示显得较为单薄,更多层次的文化性设计,将会在地铁站点中营造更为浓厚的文化氛围。

5）文化主题展示

（1）主题设计的重要性

地铁车站空间中的文化主题设计，是对城市文化的一次整合、加工与凝练，它所传达的概念性、地域性、城市个性等，能更好地展现城市文化风貌与特色。地铁空间中的艺术不只是简单的装饰，而是与大众交流的桥梁，唤起人们对城市文化生活的关注。

①地铁空间主题文化与城市文化相互作用。地铁空间的主题文化一般来源于所在城市或区域的历史和文化，并由地上文化向地下蔓延，勾勒出城市文化和历史记忆，给人一种归属感。概念较好的地铁空间文化会潜移默化地影响城市文化的未来发展。使城市规划者围绕地铁文化去研究城市的发展布局，引领城市文化的发展走向，地铁文化与城市文化两者之间相互影响和作用。

②具有主题文化的地铁车站更具有识别性和导向性。带有主题文化的地铁空间具有鲜明的视觉特点，能有效引导乘客的方向和停留，每个站点所展现的不同主题文化使乘客在乘坐地铁时易于识别。

③营造良好的文化氛围。修建于地下的地铁空间有时会让人感到压抑，带有文化主题的地铁空间将原本单调冰冷的空间营造出浓郁的人文艺术气息，地铁及车厢内部空间的主题文化设计，在传达城市地域特色的同时带给乘客良好的视觉体验，有效舒缓了乘客的心情。

（2）主题设计研究

①以历史故事和人物为主题

南京是国家级历史文化名城，其地铁主题是“文化古都，活力金陵”。南京地铁3号线以《红楼梦》为主题文化，采用浮雕文化艺术墙的设计手法。红楼梦中9个具有代表性的经典场景将再现于线路的9个车站中，如图3-33所示。

西安地铁1号线以丝绸之路为主题文化，打造丝绸之路主题车站，推出地铁“丝绸之路文明号”，通过地铁文化建设再现古丝绸之路的历史文明，展现丝绸之路新起点建设的辉煌成就。丝绸之路主题以地铁文化墙建设为载体，6节车厢通过6个不同的主题，分别为开拓——凿空西域，包容——万国来朝，互利——丝路商旅，互鉴——舞动长安，合作——文明相通，共赢——丝路复兴，去演绎丝绸之路的历史文化，打造一座反映丝绸之路历史文化的主题车站，如图3-34所示。

图3-33　南京地铁3号线

图3-34　西安地铁1号线

②以文化名人名事为主题

以名人名事为主题的设计是将文化或艺术名人的作品和事迹展现于地铁空间之中。我国台北地铁的南港站被称为台北最美地铁站。站内有台湾著名绘本画家几米的以漫画为主题的大型壁画,再现的是一幅几米“地下铁”中的经典画面,如图3-35所示。

在上海,张大千115周年诞辰之际,以“张大千—毕加索艺术大师作品”为主题的列车在上海与乘客见面。不仅在列车的壁板上展现了两位大师画作的印制品,同时还在拉手上展现了大师的影像资料。

加拿大多伦多博物馆站,其建筑外观采用现代解构主义风格,站内却沿用古文化元素的图腾式支撑柱,融合了古典观念和现代手法的艺术表现。德国慕尼黑站则充分体现了构成主义气质,站内通道以一色形式作为视觉环境,通过颜色给人不同的内心感觉,候车站台则沿用蒙德里安的格子画作为墙面装饰,并穿插了海报于其中,给予人非常强烈的现代艺术文化气息。再如法兰克福的伯肯黑米尔瓦特地铁站建筑外观,表现出一辆蒸汽火车开入地下,并留下车厢尾部置于路面的景象,在地面前端还做了撞击时石板挤压的开裂细节,生动展示了这一瞬间的视觉效果,如图3-36所示。该站与慕尼黑站如出一辙地体现了艺术文化的传播,使人们不得不佩服决策者与大众的共识性。

图3-35　台北地铁南港站

图3-36　法兰克福伯肯黑米尔瓦特地铁站

6)生态自然创造

(1)地下空间自然生态创造的重要性

在人们的生理需求和心理需求得到满足之后,还有对空间的艺术气息、人文气息等更高层次的需求。这种需求表现在对公共空间色彩与光影、动态与活力、标志与细部等的追求和塑造,以及对城市文脉和地域特征的传承和体现。此外,生态和自然空间的营造也是人们精神需求的一种突出表现,人类与自然共生,热爱自然、依附于自然乃人类本性。

另外,一个有品质、有活力的空间,通常有其特别的意义,使人们对此有特别的印象,这种感觉可以用空间场所感来描述。营造有场所精神的城市地下空间环境需要加入人文、艺术等精神,以提供充满人性、有情味的城市地下交通空间环境。而在地下空间创造自然生态环境可以对人的精神起到良好的作用。营造生态、自然的地下交通空间,是为了减少人们对地下空间环境的不良反应,同时也为地下空间环境增加生机,营造出类似地面的自然环境,从而增加人们的舒适感。

(2)地下空间自然生态创造方法

目前在地下公共空间中塑造自然生态的手法主要有以下两种。

①引入绿色植物

地下空间的规划应纳入大自然的景观元素,绿色植物可以作为地下室内中庭空间的一个主要视觉因素,即使在很狭小的空间中,植物也可以成为趣味视觉中心。植物的形式可以很复杂,也可以相对透空的植物划分空间,透过植物间的缝隙,人们会感到空间的延伸。植物也可以和光一起使用,从而产生自然多变的光影效果。应选择耐阴性强的植物,通过富有层次感的植栽设计,使地下空间环境更加清新自然。同时,运用绿色手法使地下建筑内外空间环境自然过渡;运用绿化进行空间限定与分隔;运用绿化暗示或指引空间;运用植物配置巧妙点缀和丰富室内剩余空间,构建集中式园林景观。

地下空间的绿色植物不仅能够起到美化环境及组织空间的作用,还能够缓解人们的紧张感。特别是活体植物还能利用其积极的生理行为,来改善地下空间的生态环境,这一点比在地上还显得突出。绿色植物在光合作用下能够呼出氧气,吸入二氧化碳。此外在全空调作用下人们易产生“空调综合征”,原因就是空气中的负离子浓度过低。活体绿色植物能够释放出负离子使空气清新。再者,常被人们忽视却又极为重要的方面是:绿色植物可以吸收空气中的有害物质,如在日常生活中,人体本身、香烟烟尘、建筑材料、清洁用品、空调机、化纤地毯等可能释放出多种污染物质,绿色植物均可加以净化。

在设计中引入绿色植物,地下空间中加入绿色植物可以装饰空间、美化环境,给人们带来舒适的感觉,在引入中需要确保植物和使用功能以及整体环境气氛是相适应的。例如,在地下楼梯、建筑、自动扶梯等地方放置绿植,在开敞式地下建筑出口和入口上部可以放置花架、种植攀爬类植物等,可以让人们在心理上感到舒适,让内外空间过渡实现融合。

②引入水体

众所周知,人类文明和城市的起源地都是靠近水的周围,水是一切生命有机体赖以生存之本。人从幼年开始就有亲水性,大到江河湖海、小到一股清泉都会吸引人的视觉、听觉和触觉的注意。所以,水作为人与自然间的联系纽带,永远是城市环境中不可缺少的要素之一。水体无色无形,但在阳光普照下,可变成五光十色,在自然与人工作用下又是千姿百态。水体在大自然中常给人以柔美或刚健的形态、舒适或腾飞的精神感受。与绿色植物相比,水体则显得更为活跃、更为生动。除了能带来视觉上的吸引力,流动的水能够发出悦耳的声音,滋润着室内空气,唤起人们对大自然的美好回忆。将无形的水赋予人为的美的形式,能够唤起人们各种各样的情感和联想。水景处理具有独特的环境效应,可以活跃空间气氛,增加空间的连贯性和趣味性,利用水体倒影、光影变幻产生出各种艺术效果。在功能上,水景可以调节环境小气候,净化空气,如图3-37a)所示。

水作为一种“活动的材料”,所产生的浮光、倒影起着延伸空间的作用,古人就已经对静水能扩大空间感作出了“水令人远”的形象描述。另外,因地下空间具有良好的隔音性能,使得置身地下的人们往往得不到地上生活中亲切的“生活噪音”。感觉机能缺少应有的外部刺激,会造成神经麻痹,易于疲劳、困倦等。因此,在地下空间环境设计中,应充分利用水的柔软、透明、流动、悦耳等特性,采取动静结合的手法,以水池、喷泉和室内小瀑布等不同形式烘托出活跃的气氛。应创造可直接欣赏的水景和接近水面的亲水环境,使人们在视觉、触觉和听觉上都能感受到水的魅力,增强人们与自然的联系。地下空间中水体的运用如瀑布和喷泉等,也会增加声音的刺激和动感,如图3-37b)所示。

a)

b)

图3-37　地下空间水体的引入

除此之外,还可以设计雨水收集、循环以及处理系统,这样在雨水落到地面渗透到地下储水层时,可以让雨水中增加矿物质等对人们健康有利的物质。地下水硬度较高,采取这样的方式可以减少处理地下水使用的软水材料。排水通道应设置渗透浅沟,在表面种植草皮,以此供雨水径流流过时下渗。超过渗透能力的雨水就会进入到人工湿地和雨水池中,可以作为水景或继续下渗。因此,生态景观设计中需要注重雨水这一因素,充分发挥其利用价值。

(3)地下空间绿化植物选择

①配置原则

a.结合实际,立足生态。根据地下空间所处地区,结合实际,考虑乡土植物和引进植物的使用,注重植物净化空气等生态作用。

b.便于管理,压缩成本。地下空间内部虽可人工调节生态因子,但也应选用耐阴、耐旱和对有害气体抗性强的植物,压缩能耗成本。由于人流量大,所选植物应减少更换次数,养护管理方便。

c.因地制宜,减少空间压力。选取小巧、轻便的植物种类,方便管理,减轻空间压抑感。另外种植密度须适宜,可考虑利用垂直、垂吊式绿化等方式压缩空间。限制攀爬类植物的生长,避免阻塞管道而引发安全隐患。

d.考虑各种人群的需求。选用无浓重的熏香气味和不易成为过敏源的植物。

②植物选择

结合地下空间内部环境特点以及景观要求,植物的选择以中、小型的室内耐阴草本植物及花卉为主,兼顾部分蕨类植物和苔藓植物。主要推荐植物有以下几类。

a.常绿草本植物。常用室内观花观叶植物种类丰富,形态优美,对于地铁植物景观塑造有着重要作用。

b.蕨类植物。蕨类植物耐阴性较好,具有较高的观赏价值,能够丰富植物景观,易于管理,抗性较强。但蕨类植物对湿度要求较高,需要适当加湿。

c.苔藓植物。苔藓植物青翠常绿、无花无果、易于栽培、抗性强、生长快,不易受到病虫害的影响。苔藓的耐阴性强,生长密集,应用于植物幕墙和瓷砖上可提升美化效果。但苔藓植物对湿度要求严格,应布置在湿度较高处,保证其稳定生长。

③地下空间绿化应用形式

固定栽植池绿化便于移动和拆卸,具有小面积、小规模的特点。植物配置可考虑多种植物类型,可以自由拼接。缺点在于需要有系统的防水技术和过滤层,不利于管理。可应用在站台空间死角、墙边和电梯边缝区域和站内隔断区域(以绿色隔断代替原有隔断)等处。

绿化模块系统由耐腐蚀耐冲击板、特制无纺布和专有培养基组成,采用补偿聚乙烯滴灌系统。其形式灵活,适用性强,在垂直绿化中广泛运用。可选择不同尺寸拼接成不同大小的图案,但其体量大不易更换,适合布置在墙面或柱子上。

④立体垂直绿化

立体垂直绿化分为以下几种方式。

a. 铺贴式墙面绿化。铺贴式墙面绿化将营养基质直接铺贴在墙面,使平面浇灌系统、种植袋及其营养物质复合在极轻薄、高强度防水膜上,形成墙面种植系统。其优点在于集自动浇灌、防水、超薄、使用寿命长和易于施工于一身,且占地面积小,但整体造价较高,适宜布置在墙面和柱子上。

b. V 形板槽式墙面绿化。V 形板槽式墙面绿化是用 V 形板槽代替墙面栽植槽,其施工简便,成本低,适合种植各类植物,地铁车站内可选择在较高墙面上使用,不影响站内通行,也不易被破坏。但板槽需要形成一定的角度,存在掉落危险。此方式适用于墙面和柱子高处。

c. 布袋式墙面绿化。布袋式墙面绿化通过种植袋种植植物来实现墙面绿化。其施工简便,灌溉时多余的水分可流向收纳槽中,造价低廉,易于更换。缺点在于,该法墙面防水条件须良好,否则会出现墙体漏水等现象。另外植物的病虫害等问题都需要进行相应考虑。此方式适用于墙面、柱子、栏杆和过道等。

d. 植物瓷砖。将植物融入瓷砖中,形成植物瓷砖。其牢固性和防水性强、整体性好、便于更换拆卸,便于管理。但需要选择体量较小的植物,多用于墙面绿化。

(4)地下空间景观水的引入

①设计创新中首先要遵循“以人为本”的设计基本原则。在城市地下空间景观中的“以人为本”则是需要更多考虑以“地下空间使用者”为本,从美观、实用、便捷、舒适、趣味等多角度满足使用者的各类需求。同时,对使用者在不同地下空间的日常生活习惯加以分析,提出既能够满足城市景观发展,也能够满足使用者优质生活的基本理念。

②景观水的引入需要考虑人与景观能够产生亲密互动、多感官互动。在创造富有特色的互动空间场所和设施时一定要遵循人的五感原则,在设计初期就需要充分考虑去调动人在下沉式广场的视觉、听觉、味觉、嗅觉、时间感知和地理位置,从而激发人内心的美妙感觉,其最终目的就是吸引公众能够积极地参与到景观空间中去,实现人与地下空间景观的良好互动。

③需要着重考虑的是景观水的引入是为了提升使用者对地下空间使用体验,景观水的引入必须以空间实用性和结构安全性考虑为前提。同时,在地下环境中引入水的元素需要考虑其是否对环境会产生不利影响,如影响环境的湿度和温度等,不能对地下空间的使用起到适得其反的结果。

目前比较常见的形式是山石水体的引入。山石景观包含水潭、小溪、喷泉、人工瀑布、假山石等元素构成,并运用堆砌、悬垂、出挑、架空等多种构筑方式。植物与山石的有机组合可以构建成“虽由人作,宛自天成”的生态园林景观效果。

在实际设计中,自然水体如活水等难以引入地下空间,相较之下,水生植物更适合与水体元素一起出现在地下空间中。水生植物不仅容易存活,还可以与生态景观元素相结合,丰富水体景观。除此之外,还可以根据海绵城市的原理,通过地上的排水沟将雨水收集后排入地下储存,不仅可以减少水体景观本身的资源消耗,同时也可以通过地下空间作为中转站,浇灌之后继续下渗作为储备资源使用。

3.2.3 人本地下城市建造

3.2.3.1 人本地下城市施工要达到的目标

地下城市建设已成为我国城市发展的重点内容之一,其施工环境复杂、场地经常受限、组织协调繁琐、现场工艺复杂、设备种类众多,很容易因施工人员的不安全行为导致安全事故的发生。当前对于装备和技术的管理要多于对人员的管理,针对地下城市施工中人员不安全行为的研究还不够完善。为改变这种局面,必须有针对性地分析地下城市施工过程中人员不安全行为机理,掌握影响人员安全行为的因素,在此基础上制定科学、有效的管理措施,提升地下城市建造安全水平。

3.2.3.2 人本地下城市施工需要采取的措施

1)地下城市工程施工中出现人员不安全行为分析

(1)个体方面

造成人员个体出现不安全情况的主要因素包括生理因素和心理因素。在地下城市施工过程中,施工人员生理上需要承受一定的外在影响,工作一定时长后会因身体负荷过重达到体能极限,即施工人员出现疲劳,影响工作效率的同时无法适应现场施工环境,不能及时发现事故问题及危险因素,从而导致事故的发生。另外,施工人员在工作过程中会因自身的想法对其产生影响,而情绪是个体态度的自然反应,情绪平和时行为容易控制,情绪低落或过激时则会影响信息的获取与理解,而当工作强度较大、氛围较为紧张时,施工人员的心理压力会随之增加,进而影响对工作状况的判读,产生不安全行为。

(2)组织方面

组织方面的因素主要包括安全意识、安全培训、安全制度三方面内容。安全意识是施工人员对于安全工作的态度,包含人发现危险源时各类心理活动,地下城市工程建设期间施工人员需要处于戒备状态,安全意识较高,若人员安全意识不足就会出现不安全行为。安全培训使施工人员上岗前具备基本的安全知识和技能,提升自身素质,确保在地下城市施工过程中能够做出正确的选择和决策。安全制度是施工企业结合自身状况制定的约束管理体系,制度建立的目的是保证生产安全,其中包含了具体的生产目标及安全奖罚方案,能够对现场施工人员的行为进行一定程度的规范。

(3)环境方面

地下城市工程建设施工环境较为复杂,会对人员行为产生影响。地下城市施工现场温湿度较高、水文地质条件较复杂,在增加施工难度的同时给现场施工人员造成一定的心理压力,影响施工人员的作业效率，增加了安全风险行为概率。而且，施工人员长期处于相对较为恶劣的环境中工作，容易出现注意力不集中。受多种环境因素影响时，人员的不安全行为会频繁出现。

2）人本地下城市建造要点

（1）根据反应性制约论制定的管理措施

在施工区域入口设置警示标志，将安全装备检查作为主要内容，确保标牌醒目，能够有效激发、提醒现场施工人员注意安全。

设置安全信息通报栏，对城市地下工程中出现的各类事故进行通报，内容图文并茂，通过直观的展示刺激施工人员感官，提升安全意识，配备简要的事故分析，提升施工人员的重视程度。

营造良好的工作环境，采取有效措施改善施工现场噪声、温度和压力等参数，结合安全管理标准对施工区域的粉尘进行控制。定期安排专人进行检查，发现问题及时进行调整，通过有效的措施改善施工区域的视觉效果。

对于存在重复性劳动、环境单一的施工区域，需要设置报警提醒装置，在规定时间、规定情况下发出报警提示音提醒施工人员，使其能够保持安全防范意识，避免疲劳造成安全问题。

在施工区域设置监控，实现对现场施工行为的监督，及时发现施工环境变化及不安全行为，以便采取有效措施进行处理。

施工人员正式上岗前，要对施工内容和技术进行有效交底，关注安全设备设施检查结果，避免出现依据经验判断安全形势和风险的情况。

（2）根据强化理论制定的管理措施

可将安全工作与施工人员的经济利益挂钩，做好经济奖惩制度的设置。奖励制度在一定程度上能够强化施工人员的安全意识，保障安全行为可持续；惩罚制度能够针对不安全行为进行控制，降低安全问题发生的概率。

在各个施工工作开始之前，建立有效的例会制度，针对上一周期工作中的施工情况进行总结，对安全行为成果较好的人员、队伍进行表扬，对存在不安全行为或出现安全事故的人员、队伍进行批评，提升施工人员的责任意识，同时针对下一周期所涉及的工作进行安排。

结合工作人员状态控制现场施工工作量，当人员工作状态较好时可适当增加工作量，强化其安全行为惯性，通过重复工作的安排使其对安全行为形成有效记忆，以便能够更好、更快地发现现场各类危险源，及时做出有效反应。

城市地下施工中会使用大量的机械设备，相关操作人员必须具备一定的操作安全技能和意识，才能减少设备操作过程中存在的不安全行为。否则会导致非常严重的安全问题。因此，必须加强设备操作、管理培训，提升施工人员操作的熟练程度。

（3）根据社会学习论制订的管理措施

营造安全氛围。通过营造良好的安全文化氛围，提升管理人员和施工人员学习安全技能的意识，并将企业安全管理工作水平展现出来。通过对地下城市施工安全生产管理工作进行总结，形成具有自身特色的安全行为管理理念和规范，对人员行为进行有效引导，形成自觉抵制不安全行为的习惯。

营造氛围的过程中,需要传授相应的安全技能和知识。对参与城市地下施工的人员进行安全技能培训,使其形成安全记忆,在实际施工操作过程中依照记忆流程开展工作,提升其辨别危险源的能力,及时纠正可能出现甚至已经出现的不安全行为,从根本上抵制城市地下施工的不安全行为。

3.2.4 人本地下城市运营

3.2.4.1 人本地下城市运营要达到的目标

地下城市运营中的主体是工作人员,运营环境会威胁人员健康,应分析地下工程环境污染源,通过地下工程污染物的监测,得出污染种类和分布规律,研究污染控制措施,全面提升运营环境,做到"以人为本"。

3.2.4.2 人本地下城市运营需要采取的措施

1)地下工程人员生存环境分析

(1)地下工程中与人员生存相关的环境污染主要来自坑道本身和建筑材料释放的有害物质、应急柴油发电机组产生的尾气、炊事活动产生的油烟、厕所产生的臭气、人员呼吸产生的二氧化碳和体味等。

(2)地下工程本体和建筑材料释放的有害物质。地下工程土壤、岩石、水泥、石材、地面砖体、墙面装修材料会析出氡,通过呼吸进入人体,衰变时产生的短寿命放射性核素会沉积在支气管、肺部和肾组织中,对人体会产生有害影响。

(3)甲醛主要用于生产树脂,树脂作为黏合剂被广泛用于各种建筑材料、装饰材料和家具等材料中,在不同的温度湿度下,它可以从各种材料中缓慢释放出来。

(4)柴油发电机组产生的尾气化学成分较复杂,含有大量的碳烟颗粒物、一氧化碳、氮氧化合物、水蒸气、氧气、氮气、少量的二氧化硫和大量的二氧化碳等,碳烟是固体微粒在尾气中悬浮而成,包括目视不可见及可见的微粒。碳烟会污染环境,妨碍观察视线,某些成分进入人体后还可能成为致癌因素。一氧化碳是一种对血液和神经系统毒性很强的污染物,其通过呼吸系统进入人体血液后,能与血液中的血红蛋白结合,形成碳氧血红蛋白,降低血液的携氧能力,使人体组织缺氧而坏死,严重时可危及人的生命。氮氧化合物主要作用于深部呼吸道,细支气管和肺泡,导致呼吸道感染和哮喘,同时使肺部功能下降。尾气中含有的二氧化硫会产生萎缩性鼻炎、慢性支气管炎、哮喘、结膜炎和胃炎等。

(5)炊事活动产生的油烟。地下工程中进行炊事活动时,炒菜做饭会产生油烟和水蒸气,由于油烟无法排出,对人员生存环境污染较大。油烟中含有约300种有害物质,其中苯并芘可致人体细胞染色体的损伤,长期吸入可诱发肺组织癌变。同时,油烟会伤害人的感觉器官,当食用油温度达到150℃时,其中的甘油就会分解成油烟,其主要成分丙烯醛,对鼻、眼、咽喉黏膜会有较强的刺激,可引起鼻炎、咽喉炎、气管炎等呼吸道疾病。加之地下工程内部没有阳光、通风不良、阴暗潮湿等因素,使得空气污浊,细菌、病毒大量繁殖,对人员的身体健康也构成严重危害。

(6)人体生理活动产生污染。人体呼吸过程中,能使环境中的二氧化碳、温度和温度增加,人体皮肤、毛发、衣服、鞋袜、被褥等可散发各种味道,谈话、咳嗽等可使呼吸道细菌随飞沫进入空气,扫地、整理物件等可使细菌和灰尘飞扬于空气中。地下工程人员生存环境中,生理活动产生的最显著的污染物是二氧化碳,人体呼出二氧化碳的同时,身体不断排出其他污染物质,如汗水的分解产物和挥发性臭味、体热的散发、水汽的排出等,均随着二氧化碳含量的增加而增加。

2)人本地下城市运营措施要点

(1)环境控制

①加强通风管理,降低污染物危害

地下环境污染物检测发现,清洁式通风与隔绝通风相比,针对环境中污染物的种类和浓度而言后者明显高于前者,可见有效通风是控制污染的重要手段。

以二氧化碳为例,人员在地下工程中从事活动的劳动强度不同,呼出的二氧化碳量也不同。在睡眠中每人每小时呼出的二氧化碳约为16L,轻劳动时为20～22L,中等劳动强度时约为30L,重劳动时为40L以上。通风设计时,应根据需消除超量二氧化碳所需的通风量,同时考虑消除余热、余湿要求来确定通风量。通常清洁式通风时最低通风量为$30m^3$/(h·人),适宜值为$40m^3$/(h·人)。

建立地下城市生存环境通风设备智能运行系统。运用该系统,通风设备可根据地下工程内部、外部空气温湿度、有害气体的变化规律、衬砌壁面的散湿量和人员生理需求等因素,自动优化选择最佳运行方案,确保人员生存环境条件满足要求。

②源头治理,控制多种污染源

a.采用柴油发电机组尾气净化装置,控制尾气污染。

"柴油发电机组尾气消烟净化装置"运用"连续催化捕集分解技术"实现净化。装置由烟气净化、催化再生和自动控制三个模块组成。烟气净化模块的核心组件是由碳化硅多孔陶瓷拉制而成的颗粒捕集器,采用壁流式结构,柴油机尾气从入口进入过滤体,由入口通道的壁流面流出,碳烟颗粒物流过壁流式陶瓷滤芯时被截留,同时,陶瓷滤芯涂层内涂有贵金属催化剂,烟气中的油臭气体和一氧化碳在贵金属催化剂作用下发生氧化反应,变为水和二氧化碳;催化再生模块的功能是实现陶器滤芯再利用,当柴油发电机组处于低负荷或间歇运行时,陶瓷滤芯内部的碳烟颗粒物、碳氢化合物等会越积越厚,柴油机排气阻力会不断增加。当柴油机排气阻力超过消烟净化再生模块设定值6kPa时,自动控制模块就会启动再生程序,将再生辅助加热元件加温至400℃,此时聚集在壁流式陶瓷滤芯内的碳烟颗粒物、碳氢化合物等有害物质在催化剂作用下被燃烧分解,滤芯功能得到恢复。

b.采用适用于密闭大空间的光催化等离子有害气体净化装置,控制空气污染。

该气体净化装置集净化有害气体、除尘、灭菌、加热、发出负离子等多种功能于一体,核心技术是光催化技术和低温等离子技术。光催化技术的核心是光催化剂,在空气净化过程中,光催化剂本身仅能发生能级循环变化,并不直接参与后续化学反应,能不断地将光能转变为分解污染物的化学能;低温等离子体技术是采用低温等离子体与吸附材料相结合的原理消除有害气体。低温等离子体主要用来消除硫化氢、氨、苯、甲苯、二甲苯、甲醛等有害气体及消毒灭菌,吸附材料主要用于去除二氧化硫及臭氧等副产物。

此外，还应在地下工程建设时，选择符合标准的建筑材料。家具中不同的板材，应根据标准要求，尽量选择污染小的材料，以控制辐射及甲醛污染。

(2)构建人本生存环境信息化支撑系统

地下工程生存环境信息化支撑系统建设的主要内容有应用层、基础层和支撑层三个部分。应用层直接服务于使用对象，既是完成任务和开展工作的必要条件，也是衡量信息化支撑水平的重要标志。应构建生存环境监测报警系统，通过对辐射及各种污染物的监测，实现对环境参数超限的预警、报警和处理。

基础层是指各种信息管理的基础设施，即信息传输、信息处理、信息防护和信息管控等各种软硬件设施。主要包括信息传输平台、信息处理和执行平台、基础服务系统和信息安全保障系统，为信息化支撑建设活动起着基础性和支撑性作用。

支撑层主要包括法规标准、人才队伍和基础技术，是保障信息化支撑系统建设和发展的重要依托。支撑层具有基础性、导向性和规范性的作用，与基础层和应用层相互依存，互为作用，共同构成生存环境信息化支撑系统的基本架构。

3.3 人本地下城市典型案例

3.3.1 国外案例介绍

1)法国卢浮宫扩建工程的玻璃金字塔

法国卢浮宫扩建工程的玻璃金字塔天窗，加强了地下空间的开敞性以及地上空间与地下空间的交流，创造了开放的动态空间。在既无法用地、又要保持卢浮宫古典主义建筑的传统风貌、无法增建和改建的情况下，贝聿铭先生利用宫殿建筑围合的拿破仑广场，在广场地下空间中容纳了全部扩建内容。仅在地上出露金字塔形采光井地下宫，既没有采用法兰西传统的建筑模式，也没有与卢浮宫试比高下，成功地对古典主义进行了现代化改造，扩建部分与原有建筑尺度比例相协调。

玻璃金字塔高71ft(1ft = 0.305m)，是苏利殿高度的三分之二。玻璃金字塔周围是方正的大水池。其西侧入口的三角被取消，留出空地作为广场入口。以三个角对向建筑，构成三个三角形的小水池，这三个邻近金字塔的三角形水池池面如明镜般闪耀。转向方正水池的角隅，紧邻另外四个大小不一的三角形水池，构成另一个正方形，与金字塔和建筑物平行，建筑与景观完整地合为一体，如图3-38所示。

接待区域的四角是通向各个部分的通道。四条过道都充满了由小金字塔所提供的自然光线。其中三条通往博物馆的通道由天窗覆盖，它们成为通往三个不同美术馆的“光明的指引”，第四条通道通往地下商业部分，包括商店、餐厅、快餐部、影剧院和图书馆。在拿破仑厅至停车场的通道上，此处贝聿铭先生设计的天窗呈倒金字塔形，从顶部悬挂下来直到地面，通过倾斜的表面将自然光线导入，同时在人们进入美术馆行进过程中又创造了一个高潮空间，在空间造型方面呼应了广场上的金字塔大门意象，如图3-39所示。

图 3-38　玻璃金字塔

玻璃金字塔高耸的造型使博物馆的入口从地下向天空伸展，使自然光线从地上渗透到整个二层地下空间，同时也将地面周围的古典建筑作为景观因素引入地下。在这里，卢浮宫博物馆入口大厅的空间不仅仅是单纯的地下空间，光影空间与实体空间发生交叉，延伸到地面甚至天空，使入口大厅成为与地面空间交织在一起的、相互渗透、相互穿插的复合空间，它既是室内的又是室外的，如图 3-40 所示。

图 3-39　倒金字塔

图 3-40　拿破仑广场夜景

2）加拿大多伦多市伊顿中心

加拿大多伦多市伊顿中心是一个地面和地下建筑相结合的综合商业建筑，条状中庭是建筑中的主要交通流线和视觉中心，中庭贯穿了整个建筑。喷泉构成的水景、树木构成的绿景、竖向的楼梯、自动扶梯和横跨的天桥，使空间形成垂直与水平、静与动的强烈对比，中庭与步行街完成该地区的地面与地下空间的转换，创造了一个富有活力和动感的公共商业中心，如图 3-41所示。

3）意大利那不勒斯地铁托莱多站

托莱多（Toledo）站位于那不勒斯地铁 1 号线，被英国的《每日电讯》评为“欧洲最美的地铁站”，也被美国有线电视新闻网评为世界最美的地铁站。

Toledo 地铁站是那不勒斯市推出的“艺术车站项目”的代表作之一，这个项目邀请了世界各地近百名艺术家为那不勒斯的地铁站进行设计。托莱多（Toledo）地铁站于 2012 年正式建成,是那不勒斯地铁 1 号线的第 16 座地铁站,设计师把地下 50m 的 Toledo 地铁站变成了璀璨的星空。Toledo 地铁站的设计主题是“光与水”。无数的 LED 灯点亮地铁站的入口,把马赛克墙壁照得一片蔚蓝,布满星星点点的光斑,犹如波光粼粼的大海,又仿佛浩瀚的星空,如图 3-42所示。

图 3-41　加拿大多伦多市伊顿中心

a)　b)　c)

图 3-42　意大利那不勒斯地铁托莱多站

4)捷克布拉格地铁站

捷克的布拉格地铁由三条线路组成,分别为A线、B线和C线,总共有54座地铁站,铁路总长度超过50km。布拉格地铁站的墙面装饰多采用富有本国民族特色的金属质感材质,构成单一的图形排列,利用色彩的渐变以及图形的凹凸分布完成了统一视觉的细致变化,并绘制出体现各个车站特征的壁画。布拉格地铁站的墙壁规则地排列着凹下去的半圆形,银色和红色为墙壁增添了金属质感。这种带酒窝的设计独特新颖(图3-43)。布拉格一直给人的感觉就是"一个色彩斑斓的城市"。设计师们把这样的城市特点延续到了地下,相比之下许多大城市反而显得平庸无趣。

5)瑞典斯德哥尔摩地铁

瑞典斯德哥尔摩地铁于1950年建成之初,社会各界便对其每一个地铁车站的装饰非常关注,100多位艺术家共同参与了这次装饰活动,每一个站的站台都彰显了不同艺术家的艺术风格,多种艺术风格的交汇使其成为世界上最著名的艺术长廊,乘客在这里能够欣赏到各式各样的艺术作品,不论是山洞还是大厅式站台,每个站台都是一个主题设计,与周边的地域文化相映成趣,这让当地居民引以为豪。其中心车站被认为是最美的地铁车站,洁白的墙壁上布满疏密不同的蓝色树叶,在LED灯光作用下,静谧幽深,具有原始洞穴的神秘氛围,如图3-44所示。

图3-43　捷克布拉格地铁站

图3-44　瑞典斯德哥尔摩地铁

6)法国巴黎地铁14号线里昂车站

法国巴黎地铁里昂车站将整个站台的一侧开辟为大型绿色空间,高大的植物与土壤自然的气息以及宛若天光的人工采光,营造出别有洞天的自然场景。这里的站台已经不是"壅塞的管道",而是旅途中的舒适驿站,如图3-45所示。

7)澳大利亚悉尼达令港下沉广场

澳大利亚悉尼达令港下沉广场的设计主题以"水"展开,广场中心大量使用以水为主体的设计元素,不管是单体的喷泉还是借用水开展的趣味活动,都能感受到人的亲水性。此外,丰富多彩的水装置被模拟成一个个不同的装置道具,不仅能给儿童带来玩耍的乐趣,通过水的流动也会让儿童开创大脑了解其中设施工作的原理。4000m^2 的儿童游乐场占据了整个广场的三分之一,在整个城市广场中能够四处感受到人与自然趣味的互动表现。每个人都可以与整个广场环境互动,享受广场的每个角落。广场铺装采用石材堆叠的形式,水流贯穿其中,实现动与静的完美结合,如图 3-46 所示。

图 3-45 法国巴黎地铁 14 号线里昂车站

图 3-46 澳大利亚悉尼达令港下沉广场

3.3.2 国内案例介绍

1)杭州钱江新城波浪文化城

该项目力图通过绿化、水面和广场的交替使用,给整个波浪文化城带来生机与活力,也使主要层面——地下一层的中心区域与边界区域通过灵活多变的步行街和不同规模的广场交织成一体。通过不同主题的广场与坡道,绿化、水面、广场将位于不同高程的功能结构连成一个空间通畅连贯的整体,如图 3-47 所示。

2)西安钟鼓楼广场

钟鼓楼广场位于西安市中心的钟楼和鼓楼之间,东、西、南、北四条大街交汇点的西北隅。广场喷泉池中有一大四小共五个玻璃坡顶,既是喷泉又是地下商城中庭的采光屋顶,如图 3-48所示。

图 3-47　杭州钱江新城波浪文化城

图 3-48　西安钟鼓楼广场

3）南昌地铁中的五色五线

引入以色彩取代线路的概念，将色彩标识线路的策略切实贯彻到每一个细节中，一线一色的方法能最直接的区分各条线路的特点。在色彩选择上，通过对南昌以及整个江西地域文化的整理和研究，从各条线路周边地域、周边人文乡俗和自然等因素中，提取最能体现其特点的色彩作为主导色，并根据配色原则以合理的协调色作为补充。如南昌地铁线路色彩定位见表 3-3。

南昌地铁线路色彩定位　　表 3-3

线路名称	主导色彩	途径重点区域	线路文化特征	图　示
1 号线	红色	八一馆站、八一广场站	红色文化	5号线:民俗南昌 3号线:科技南昌 4号线:生态南昌 1号线:红色南昌 2号线:人文南昌 1号线 2号线 3号线 4号线 5号线 重要交通文化站点
2 号线	黄色	秋水广场、滕王阁等名胜古迹	传统文化	
3 号线	蓝色	南昌高新科技开发园区	发展与未来	
4 号线	绿色	青山湖景区、象湖风景区	山水文化	
5 号线	橙色	城市周边的居民聚居地	民俗文化	

4）北京地铁雍和宫站

地铁空间比较拥挤，人们对环境、形态的识别能力低，但是对色彩的识别敏感度却非常高。心理学家对此进行分析，当人们在情绪高度紧张之中，对色彩的识别能力会有所增加。这种识别能力不会受到外部环境的干扰，如果色彩密集程度能够达到一定的面积，并且能够和周围环境形成对比关系，就更容易被识别，所以地铁路线设计过程中非常突出色彩设计。雍和宫站是北京地铁2号线和5号线的换乘车站(图3-49),为了加强对该路线的识别,提高该站点的醒目程度,整个地铁车站选用大红色,中国风味非常浓郁,站台上几个鲜红的大柱子非常吸引人的眼球,乘客只要从此经过就会留下深刻的印象,能对该站点进行有效识别。

5)上海静安寺下沉广场

上海静安寺下沉广场位于地铁站出口,是一个下沉式的露天广场,交通十分便利,里面有一些小的商铺,采用立体式绿化创造出丰富的视觉效果,如图3-50所示。

图3-49 北京地铁雍和宫站

图3-50 上海静安寺下沉广场

6)台湾高雄美丽岛站

美国旅游网站"BootsnAll"于2012年评选全世界最美丽的15座地铁车站,美丽岛站排名第二,是我国台湾高雄的一个最为有名的地铁车站。该车站是以著名的美丽岛事件命名,也就是1979年12月10日在这里爆发了著名的美丽岛事件,推动了台湾民主运动的发展,具有划时代意义。本站的设计师是日本著名建筑师高松伸,设计的主题就是祈祷。车站内部为意大利著名艺术家水仙大师亲自设计的光之穹顶,车站共有11个出口,主体建筑直径为140m,是全世界最大的地下圆形车站。位于其内部地下一层的公共艺术"光之穹顶",除了由知名大师设计和亲手绘制之外,选择德国百年手工玻璃工作坊历时4年半进行制作,面积为660m^2,直径达到了30m。"光之穹顶"根据主题的不同分为4个大区块、16个小区块。"光之穹顶"上的各个人体交相呼应,所传达的包容精神更展现出了作品水、土、光、火4个大区块的意境,呈现出人在世界里从诞生、成长、荣耀到毁灭,而后重生的轮回过程,如图3-51所示。

图3-51 台湾高雄美丽岛站

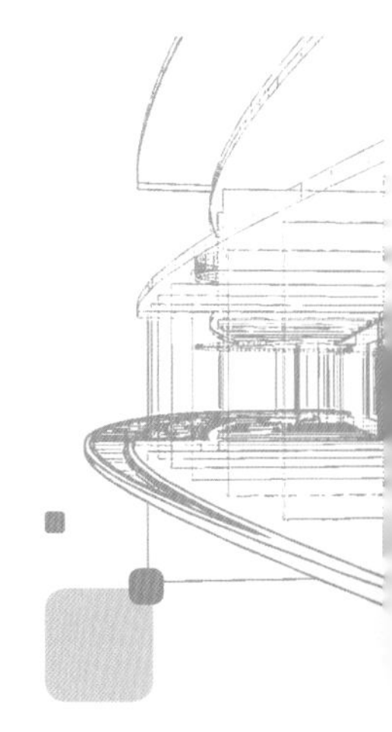

第4章 智慧地下城市

4.1 智慧地下城市含义及理念

4.1.1 智慧地下城市含义

4.1.1.1 基本概念

“智慧地下城市”是以数据为基础,将物联网、大数据、云计算、地理信息技术、建筑信息模型(Building Information Modeling,BIM)技术、虚拟现实、人工智能等现代信息通信技术相结合,运用于城市地下空间开发和运维全过程,以实现城市地下空间智慧化、一体化、可持续化利用的新理念。智慧地下城市理念勾勒出了一个智慧化的城市地下空间,它的内涵十分丰富和广泛,具体内容见表4-1。

智慧地下城市内涵　　表4-1

层　　面	内　　容
开发利用阶段	智慧规划、智慧勘察、智慧设计、智慧施工、智慧运维
具体对象	地层地质资料、地下建(构)筑物、地下管网、地下车辆等
应用领域	综合管廊、地下交通、地下物流、地下垃圾回收、地下仓储、地下商业等
实现目标	数字化、网络化、智能化、可视化、一体化等

与数字地下城市或信息化地下城市相似,智慧地下城市直接管理的对象并非地下城市本身,而是地下城市所产生和需要的所有数据。可以说,数字地下城市和智慧地下城市都是从数据到数据的城市地下空间管理模式。数据与信息密切相关,但也存在区别:信息可理解为人工决策所需要的基本依据,数据则是计算机分析和处理的对象。以地下城市规划为例,人工规划所需要的是各种形式的地下空间信息,比如可视化三维模型、周围岩层产状信息、城市发展总体规划信息

等。而如果使用智能辅助规划系统，则不再需要如此多种形式的信息，只需要通过传感设备直接获取或由其他信息转化的方法获得计算机可识别数据，就能依靠智能辅助系统自动分析处理。此外，辅助系统还应具备将决策数据转化为可视化信息的能力，供规划人员进一步分析和选择。

智慧地下城市并不是简单地将各种智慧技术叠加应用到城市地下空间当中，而是具有明显的复杂性、非线性、层次性和开放性的特点，因此从系统科学的角度来看，智慧地下城市是一个开放的复杂系统。作为城市地下空间开发的新概念和新模式，智慧地下城市通过多学科、多领域的交叉，实现地下空间数字化、网络化、智能化、可视化和一体化管理，具有高效、集约、互联、可持续发展的特点。

智慧地下城市的建设是城市可持续发展的内在要求。当前，城市地下空间开发利用在城市化建设中扮演着重要角色，甚至是解决交通拥堵问题、城市内涝问题、城市环境污染问题等"大城市病"的首要途径。智慧城市作为当今最先进的城市发展理念，它不但使城市运行更加智能高效、城市居民生活更加便捷舒适，而且更符合可持续发展的理念。自 20 世纪 90 年代起，就有学者开始提出"智慧城市"的构想。随着国际商用机器公司（International Business Machines Corporation，IBM）分别于 2008 年和 2009 年提出"智慧地球"和"智慧城市"图景，这一未来城市的发展理念终于清晰地走进人们的视野，继而掀起全球智慧城市的建设热潮。"智慧城市"是未来城市发展的必然趋势，这已经成为全球共识。我国也随之出台了有关政策和发展计划，自 2010 年起开始推行智慧城市建设，并确立武汉和深圳为首批智慧城市试点城市。城市地下空间是城市的地下部分，虽然开发起步较晚，却是未来解决城市问题的重要途径。只有建立一个更加智慧化的地下城市，才能充分利用城市有限的资源，实现城市地上与地下真正协同、一体化发展，让城市运行具有更高的效率和质量，满足可持续发展的要求。

4.1.1.2 智慧地下城市建设要求

考虑到地下城市建设在城市发展中的重要地位和未来城市发展的趋势和需求，智慧地下城市必须满足创新性、实用性、智能性、兼容性、安全性、规范性和可扩展性等要求（图 4-1）。

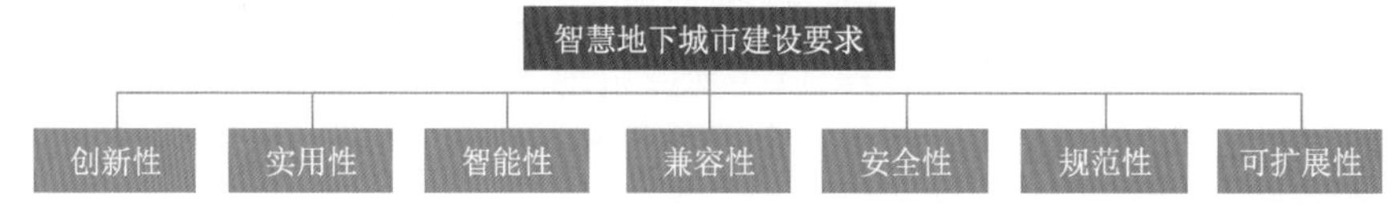

图 4-1 智慧地下城市建设要求

1）创新性

纵观全球，在 20 世纪下半叶就出现了加拿大蒙特利尔地下城、美国纽约洛克菲勒中心等城市地下空间开发的成功范例，如图 4-2、图 4-3 所示。然而随着科技的进步和人们生活水平的日益提高，城市地下空间的开发面对一些全新的挑战，需要解决诸多新出现的问题。首先，智慧地下城市是一个复杂巨大的系统，其管理涉及政府部门、建设业主、设计单位、施工单位、监理单位、开发商及其他相关单位等，各权属部门之间的协调和信息互通问题日益凸显。其次，城市地下空间产生的数据量日益庞大，在未来将不断对城市地下数据的获取、存储、处理和传输能力提出新挑战。另外，当前人类对城市地下空间的开发规模是空前巨大的，传统的开发思维已经不能符合时代的需求。

图 4-2　加拿大蒙特利尔地下城

图 4-3　美国纽约洛克菲勒中心

地下城市智慧化将成为新的热点领域，而当前世界范围内对智慧地下城市的研究尚不充分，在技术和管理层面尚未形成国际化的标准体系，这是我国在地下城市建设上实现从“跟随”到“引领”的新机遇。因此，我国未来的智慧地下城市建设应以创新作为驱动力，在规划设计、施工、招商、业态选择及分布、运营和维护等各个阶段，必须满足创新性要求。

2）实用性

智慧地下城市建设的最终目的，是实现城市地下空间的高效、集约和可持续开发，从而推动城市化、现代化进程，促使城市朝着更加宜居的方向发展。因此，在建设过程中要始终强调实用性原则，不论是新建还是改造，都应根据不同城市自身的特点进行规划。应因地制宜确定优先和重点发展领域、开发的先后顺序和规模，避免盲目开发，这也符合近年来我国的政策导向。例如，针对城市出现盲目跟风修建地铁的问题，国务院于2003 年和2018 年两度出台加强城市轨道交通规划建设管理的意见，对申报修建地铁城市的人口、公共预算收入、政府债务等条件进行了限制。

城市地下空间开发涵盖了市政管线、地下交通、地下商业等诸多领域，从技术应用的角度来看，不同领域都有各自的技术需求。因此，在建立智慧服务系统时，应充分考虑到各个领域自身的特点，以满足实际功能需要为基本目标，以提供及时、准确、有效的信息和高质量地完成辅助决策功能为准则，充分发挥实用价值。考虑到智慧服务系统的使用者多为各领域专门人员，建立者必须充分了解该领域的需求和应用过程，将系统建设与专业应用紧密结合，更好地服务于使用者。

3）智能性

智慧地下城市与以往的数字地下城市、信息化地下城市最显著的不同之处，在于智慧技术的有效应用。和传统信息管理方法相比，数字化方法具有较高的效率和准确性，是实现信息高效采集、分析、传输、可视化的基础。但是数字化技术本身仅提供开放的信息组织方法、信息发布框架、数据标准及数据处理方法，随着当前地下设施的大量投入使用与信息技术的发展，单一数字化技术并不能满足工程全寿命数据监测、海量数据处理分析、工程云分析服务等需求。满足这些新要求的解决方案就是使用新一代智慧技术，如大数据技术能实现海量数据的存储和处理，云计算技术能实现实时高效的数据分析服务，深度学习和模式识别等人工智能新技术能实现更加便捷的辅助决策功能。

有学者认为智慧城市 = 数字城市 + 物联网 + 云计算 + 大数据，智慧地下城市与之类似，也可认为是数字地下城市与物联网、云计算、大数据等智慧技术的有机结合。另外，现代智慧技术是以计算机技术和网络技术为基础,随着超级计算机、光纤通信的迅速发展和5G技术的出现,地下城市走向智能化的步伐也将进一步加快。

4)兼容性

从地下空间利用的视角来看,城市地下空间包括多个子系统,如综合管廊系统、地铁系统、地下公路系统等,这些子系统并非相互独立,而是共用地下空间,在空间上具有十分密切的联系。在规划阶段,必须考虑到所有地下工程空间要素上的拓扑关系,通过协同建设,达到所有子系统间的协调兼容。

显然,智慧地下城市服务系统也要满足兼容性的要求。系统需要具备服务于地下工程全寿命周期、服务于城市地下空间各个应用行业的功能,因此从规划设计到运营维护的各个子模块之间、从地下交通到地下商业的各个专业应用要能够同时稳定运行,并在无须复杂转换的情况下共享相互之间的数据。另外,当前已经有一些智能服务系统得到应用,这些既有系统和新系统之间的兼容性问题也需要解决。

5)可扩展性

首先,城市地下空间开发常面临着建设周期长、涉及面广、需要根据不同的城市特色进行阶段性建设的挑战,另外,其开发具有相对不可逆的特点,一次开发之后再进行改造的难度大、成本高、耗时长。这些特点决定了在开发前的总体规划上,城市地下建设应满足比城市地上建设更高的要求——在规划设计上要考虑未来需求和环境的变化。让智慧地下城市具有较强的可扩展性和自我完善的能力,这是智慧地下城市的核心要求之一。以综合管廊为例,在规划阶段要充分预测未来较长时间内的城市需求,并基于此在管舱中预留出一定的管线位置,方便未来的新管线入廊。

其次,城市地下空间智慧化是一个渐进和不断完善的过程。面向城市地下空间管理的智慧服务系统是需要在使用过程中不断发展完善的——随着更多行业在城市地下发展和更多新技术的出现,系统功能、应用技术会发生变化,这要求系统既要具有性能上的可扩展性,又要具有功能上的可扩展性。性能主要是指系统运行的效率,依靠扩充主机、中央处理器(CPU)、磁盘、内存等硬件设备进行提升,性能上的可扩展性就是指在无须修改软件的情况下就能扩充硬件实现性能的提升。功能是指系统能完成的任务范围,为具备功能上的可扩展性,系统需要采用模块化的设计和成熟的数据标准、软件标准、文件格式,保证能在基本不影响原系统运行的情况下开发和扩展新的应用功能,并扩充要素编码和数据库,保持系统的先进性。

6)安全性

当前,作为城市"生命线"的各类市政管线大部分都已经铺设于地下,在智慧地下城市的图景中,城市所需的所有管线都将集中布设于地下综合管廊内。这些管线包括给排水、电力、通信、燃气、热力等所有维持城市运转的重要管线。因此,未来的智慧地下城市管廊及其中管线的安全性将直接关乎城市能否正常运行。此外,随着城市规模的扩大和城市用地的紧张,越来越多的城市功能将转移至地下,智慧地下城市所涵盖的应用领域也将不断增多,智慧地下城市在智慧城市建设中的地位将随之提升。在未来,保证地下城市的安全可靠运行,是维持整个城市发挥正常功能的一大前提。

对于智慧地下城市服务系统,安全性问题是不容忽视的重要问题。为保证系统的正常有效运行,必须采取有效的措施,保证设备安全、软件系统安全、网络安全和数据安全。安全保障体系应从上至下覆盖整个智慧地下城市的信息化元素,有效保障信息安全,同时必须符合国家和地方的相关信息安全和法律法规要求。

7)规范性

智慧地下城市建设要满足规范性要求,一方面是要实现管理层面的规范化,另一方面是要实现技术层面的规范化。

管理法规是实施城市地下空间开发、利用、管理的依据。在城市地下空间的开发方面,我国已经颁布了《中华人民共和国物权法》《中华人民共和国城乡规划法》《中华人民共和国人民防空法》和《城市地下空间开发利用管理规定》等法规政策,但随着城市地下空间开发规模的进一步扩大,当前的管理法规将不能满足不断发展的需求,需要国家立法机构修订当前政策或制定实施新的法律规程。

技术标准和评估体系是实现城市地下空间智慧化的依据。我国智慧地下城市建设整体上处于起步阶段,这既是挑战也是机遇。若能尽早推行完善的技术标准和评估体系,为城市地下空间的建设者和管理者提供指导性的方向,各城市就能尽快建立起对智慧地下城市开发目标的科学和全面的认识,从而从根本上解决盲目开发的问题。

4.1.1.3　智慧地下城市发展方向

1)综合规划和一体化管理

城市地下空间改造困难、重建难度大、不可逆性强,对于城市地下工程,初期规划和全寿命周期的管理水平将决定其运行质量。当前,我国城市地下空间开发利用已经从大型建筑物向地下的自然延伸发展到复杂的地下综合体以及地下城市,因此综合规划和一体化管理将是智慧地下城市建设的必然趋势。

然而,不同行业、不同部门各自为政,独立管理的模式依然没有彻底改变,从规划、施工到运维各个阶段,针对不同子系统的管理都相对独立,缺乏对接,这一问题严重阻碍着信息互通和集中管理,限制了各部门在应急处理等方面的协调工作效率。我国城市地下空间已经建成了涵盖交通、商业、能源等诸多领域的子系统,各个子系统之间并非相互独立,而是具有明显的关联和相互作用。在空间利用上,各个行业所占据的空间具有重要的拓扑关系。在管理上,各行业的智慧化系统既有明显的共性,又具有不同之处。因此,城市地下空间需要综合规划,统一管理,既要充分考虑到各个子系统的个性,又要兼顾子系统之间的相互作用,在此基础上实现智慧地下城市的最优管理。

要解决这一问题,实现各部门之间的协调沟通,实现高效化和管理一体化,首先要明确统一规划和协调管理的主体,如设立专门部门负责城市地下开发各行业的协调管理工作;其次要建立起完善的协调联动机制,这就需要在国家层面出台相应的管理法规或指导性政策,以实现更好的管理。这些都是实现综合规划和一体化管理的基础。

2)提高智慧化程度

“智慧地下城市”的概念在智慧城市建设中应运而生,一个智慧化的城市,必将拥有智慧化的地下空间,不断提高智慧化程度将是未来智慧地下城市建设的重要趋势。

近年来,随着我国信息技术领域的高速发展,物联网、大数据、云计算、3S 技术[遥感(Remote Sensing,RS)、地理信息系统(Geographic Information System,GIS)和全球定位系统(Global Positioning System,GPS)的合称]、移动互联网等前沿信息技术已经逐渐走向成熟(图 4-4),以这些技术为基础的智慧城市领域研究也取得了显著进展,我国在一些方面已经达到了国际先进水平。经过概念兴奋期和快速发展期,信息科技与城市融合的模式和形态正在悄然发生变化。2016 年,我国在"十三五"规划中提出了建设新型智慧城市的新目标和新要求,包括落实国家新型城镇化规划,建设富有中国特色、体现新型政策机制和创新发展模式的智能城市。

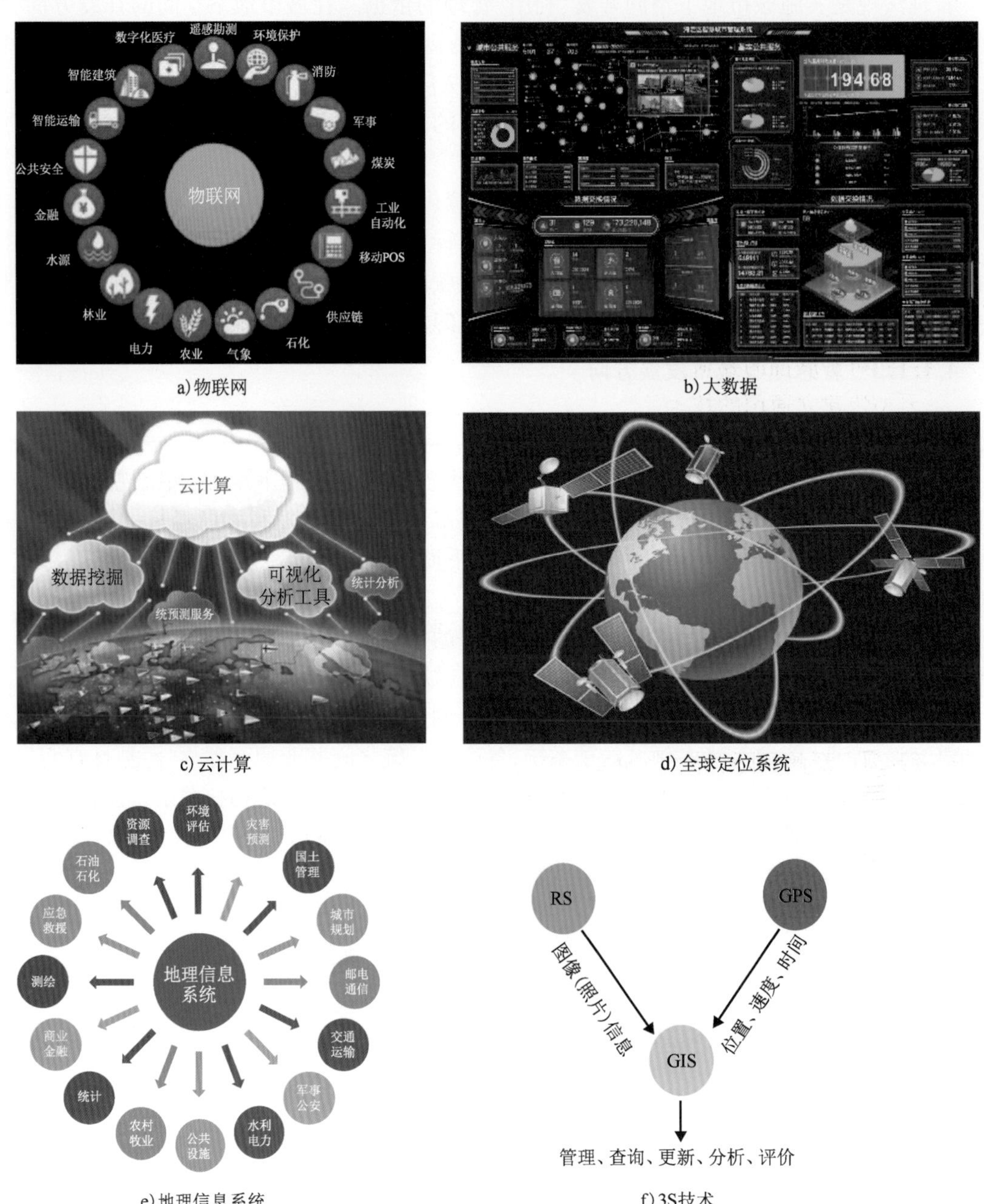

a) 物联网　b) 大数据　c) 云计算　d) 全球定位系统　e) 地理信息系统　f) 3S技术

图 4-4　我国信息技术领域的前沿信息技术

在未来,智慧地下城市将是新型智慧城市的重要部分,在解决城市交通拥堵和内涝问题、输送能源、优化城市环境等诸多方面的作用将日益显著。智慧地下城市的建设应面向服务功能的智能化,以各种地下资源和采集到的数据为基础,通过智慧城市的技术手段将城市服务的提供者和服务对象有机联系在一起,为地下城市智慧化发展提供广泛的技术支持。伴随着生态与低碳、数字与智慧城市的规划建设和发展,城市能源设施地下化和地下空间信息化,智能化共享平台建设将成为新的发展趋势,将实现地下空间信息动态管理和资源共享。

实现智慧地下城市需要建立完善的智慧服务系统。这一系统应满足创新性、智能性、实用性、兼容性、安全性、规范性、可扩展性等各方面的要求,具备规划、勘察、设计、施工、运维全寿命周期的数据管理和辅助决策能力,为城市地下空间开发过程提供安全、可靠、高效的一体化服务。由于数据的集中管理和系统的完善是一个长期过程,智慧地下城市服务系统需要尽早研发,以早日达到规模化应用的水平。

3)建立完善的标准和保障体系

目前许多城市都开展了城市地下信息化的工作,开发和运用了各种信息化子系统,但由于缺乏相应的技术标准,这些系统往往是由各城市的管理者独立开发,水平参差不齐,有些不能满足兼容性、可扩展性的要求。智慧地下城市的建设过程中,要避免技术应用上的盲目性和随意性,就要加快建立通用的技术标准体系,尽快形成国家级智慧地下城市技术指导规范,同时推动智慧城市技术体系标准的推广和应用,引导各个行业、各个城市采用共同的标准,并在实际建设过程中不断完善和发展。2013 年 7 月,由中国电子技术标准化研究院发布的《中国智慧城市标准化白皮书》对我国智慧城市建设起到了重要的指导作用,国际上也有一些发达国家在智慧城市标准化方面领先于我国。智慧地下城市技术标准可以此为基础,结合城市地下空间的特殊性进行制定。

我国在城市地下空间信息化和数字化阶段的标准体系建设明显落后于以美欧为代表的发达国家,在国际标准的制定上参与不足。地下城市智慧化是全球范围内的新领域,我国要抓住这一新机遇,争取在智慧地下城市技术发展上占据引领地位,把握住这一领域的话语权。这就需要积极开展广泛的国际合作,并积极参与相关国际标准的制定工作,推动我国智慧地下城市技术标准的国际化。

4.1.2 智慧地下城市核心理念

智慧地下城市的核心理念是在继承信息化地下城市和数字地下城市的技术体系基础上,寻求更加智慧、高效、规范、安全的城市地下空间全寿命周期管理模式。近些年国内不断涌现相关的研究成果,较为全面的有“四横三纵”和“六横两纵”智慧城市总体框架,其中“横”为技术体系,“纵”为保障体系。从技术角度探讨的有智慧城市的技术架构(四层)、城市地下空间信息化平台(三层)、基础设施智慧服务系统(五层)等,见表4-2。通过分析上述框架或系统的通用性和城市地下空间的特殊性,结合当前智慧化研究和建设的最新进展,智慧地下城市的总体框架可采用“六横三纵”模式,包括智慧服务体系(六层)、监督管理体系、标准和评估体系、安全保障体系,其中“三纵”是智慧地下城市正常运行的必要保障,贯穿智慧地下城市开发运维的全过程，见表4-3。

智慧城市的总体框架与系统分层　　表4-2

<table>
<tr><th>序号</th><th>类　型</th><th>框架形式</th><th>技 术 体 系</th><th colspan="3">保 障 体 系</th></tr>
<tr><td rowspan="4">1</td><td rowspan="4">智慧城市
总体框架</td><td rowspan="4">四横三纵</td><td>智慧应用层</td><td rowspan="4">标准
规范
体系</td><td rowspan="4">安全
保障
体系</td><td rowspan="4">建设
管理
体系</td></tr>
<tr><td>数据及服务支撑层</td></tr>
<tr><td>网络通信层</td></tr>
<tr><td>物联感知层</td></tr>
<tr><td rowspan="6">2</td><td rowspan="6">智慧城市
总体框架</td><td rowspan="6">六横两纵</td><td>行业应用层</td><td rowspan="6">标准与
评估体系</td><td rowspan="6" colspan="2">安全保障
体系</td></tr>
<tr><td>应用服务层</td></tr>
<tr><td>支撑服务层</td></tr>
<tr><td>数据活化层</td></tr>
<tr><td>数据传输层</td></tr>
<tr><td>城市感知层</td></tr>
<tr><td rowspan="4">3</td><td rowspan="4">智慧城市
技术架构</td><td rowspan="4">四层</td><td>应用层</td><td rowspan="4" colspan="3">无</td></tr>
<tr><td>服务层</td></tr>
<tr><td>网络层</td></tr>
<tr><td>感知层</td></tr>
<tr><td rowspan="3">4</td><td rowspan="3">城市地下空间
信息化平台</td><td rowspan="3">三层</td><td>应用管理层</td><td rowspan="3" colspan="3">无</td></tr>
<tr><td>业务管理层</td></tr>
<tr><td>基础数据管理层</td></tr>
<tr><td rowspan="5">5</td><td rowspan="5">基础设施智慧
服务系统</td><td rowspan="5">五层</td><td>用户层</td><td rowspan="5" colspan="3">无</td></tr>
<tr><td>应用层</td></tr>
<tr><td>服务层</td></tr>
<tr><td>数据层</td></tr>
<tr><td>基础层</td></tr>
</table>

智慧地下城市总体框架 表 4-3

<table>
<tr><td rowspan="16">智慧服务体系</td><td colspan="4">技术体系</td><td rowspan="2" colspan="3">保障体系</td></tr>
<tr><td>地位</td><td>层次</td><td>功能</td><td>技术分类</td></tr>
<tr><td>应用层</td><td>智慧应用层</td><td>实现地下工程各领域的智慧化专业应用和信息共享</td><td>—</td><td rowspan="14">监督管理体系</td><td rowspan="14">标准和评估体系</td><td rowspan="14">安全保障体系</td></tr>
<tr><td rowspan="3">服务层</td><td>应用服务层</td><td>对跨系统应用管理与服务进行高度封装，从而为上层的智慧应用提供服务</td><td>专用技术</td></tr>
<tr><td rowspan="2">支撑服务层</td><td rowspan="2">为应用层提供各种应用的共性关键技术，包括通用类技术和专用类技术</td><td>专用技术</td></tr>
<tr><td>通用技术</td></tr>
<tr><td rowspan="3">核心层</td><td rowspan="3">数据活化层</td><td rowspan="3">通过感知、分析、关联、维护等手段对获取的海量数据进行存储和处理</td><td>数据关联成长与安全技术</td></tr>
<tr><td>数据维护与管理技术</td></tr>
<tr><td>数据描述与认知技术</td></tr>
<tr><td rowspan="7">基础层</td><td rowspan="4">网络通信层</td><td rowspan="4">将感知层所采集的数据汇聚传输到城市地下空间海量动态数据中心，便于后续的数据存储和处理</td><td>面向智慧地下城市的传输控制技术</td></tr>
<tr><td>传输控制技术</td></tr>
<tr><td>网络技术</td></tr>
<tr><td>通信技术</td></tr>
<tr><td rowspan="3">物联感知层</td><td rowspan="3">从物理世界和互联网采集原始数据，并在可能的范围内对数据进行一些预处理</td><td>感知系统</td></tr>
<tr><td>感知技术</td></tr>
<tr><td>设备技术</td></tr>
</table>

数据的采集、传输、分析及展示是智慧地下城市的最基本功能，分别通过现代信息技术的三大基础——传感器技术、通信技术、计算机技术来实现。智慧地下城市注重数据的自动采集、高效传输、专业分析，增强可视化以及行业内部和行业之间的数据共享，还融合了大数据时代的数据挖掘、物联网、云计算等新一代信息技术，能够进一步发挥数据在规划、设计和运维中的作用，实现地下工程全寿命周期的智慧化。

1）智慧服务体系

城市地下空间信息系统按实现功能的复杂程度可分为三个层次，即能实现基本存储和查询功能的数据库、能实现数据存储查询及部分专业分析的辅助系统以及在前两个层次基础上能实现专业决策的智能专家系统。在信息化、数字化发展过程中，前两个层次系统的研究已经相对成熟，第三层次的系统研究处于起步阶段。随着物联网、大数据、云计算、人工智能等智慧技术的出现，第三层次的研究也开始具备了更加有效的技术支撑。在智慧地下城市总体框架中，智慧服务体系是应用智慧技术、体现智慧化理念的关键部分，而实现这一体系的关键就是建立一个集数据获取、传输、存储、分析和展示于一体的智慧地下服务系统。

智慧地下服务系统参考城市地下空间信息化平台、智慧城市信息系统、基础设施智慧服务系统的理念和形式，整体上基于明显的层次式架构，由物联感知层、网络通信层、数据活化层、支撑服务层、应用服务层、智慧应用层六部分组成。其中，物联感知层和网络通信层负责数据的感知、获取和传输,是整个系统的最底层和基础层,为后续数据的进一步存储、分析和应用提供最基本的支持。数据活化层负责海量数据的识别、关联和管理,是集中应用智慧技术进行海量数据处理的核心层次,是实现智慧化的关键。支撑服务层与应用服务层负责提供面向应用的共性关键技术和行业专用技术,是搭建信息化平台、实现各类决策和信息共享的重要支撑。智慧应用层是智慧地下服务系统的最顶层,直接面向城市地下开发涉及的各类用户。

2)标准和评估体系

智慧地下城市是一个新兴概念,在标准体系建立上还有很大的发展空间。目前,城市地下空间信息化和数字化建设已经获得了极大的进展,自 20 世纪 80 年代起就有发达国家开始相应的标准化研究,部分国家已经形成了较为完善的标准规范体系。智慧城市的研究,建设已历经了十多年,早在概念提出的同时,国内外智慧城市的评价工作就已经开展,如美国的国际商业机器公司(International Business Machines Corporation,IBM)提出了智慧城市评价工具,欧盟地区的维也纳大学区域科学中心开展了欧盟中等城市智慧城市排名,我国的国脉互联智慧城市研究中心开展了中国智慧城市发展水平评估等。如今,国际标准化组织(International Organization for Standardization,ISO)、国际电工委员会(International Electrotechnical Commission,IEC)、国际电信联盟(International Telecommunication Union,ITU)、英国标准协会(British Standards Institution,BSI)、美国国家标准与技术研究院(National Institute of Standards and Technology,NIST)已经从不同层次启动了智慧城市标准化研究工作。这些工作为智慧地下城市的标准化建设奠定了良好的基础。

英国标准协会(British Standards Institution,BSI)是世界上第一个国家标准化组织,目前管理着 24 万个现行的英国标准、2500 个专业标准委员会。在英国标准协会的倡议下,已经成立了英国智慧城市领域相关标准的牵头机构——城市标准委员会(The Cities Standards Institude),PAS180、PAS181、PAS182、PD8100、PD8101 等标准涵盖了领导指南、术语、框架、数据概念模型等智慧城市标准体系(表 4-4),正在构建起一个完整的智慧城市框架标准。目前,印度、南非等很多国家采纳了英国相关的智慧城市标准。

英国标准协会发布的智慧城市相关标准 表 4-4

分类	标准名称	标准代码	主要内容
愿景	智慧城市概述	PD 8100	包含智能城市能力评估/差距分析诊断工具,旨在帮助城市领导者快速全面评估其城市的准备情况,以利用智慧城市方法提供的转型机会
策略	智慧城市框架	PAS 181	即将作为国际标准(ISO 37106)出版,为建立城市独特战略提供指导。它将公民置于中心,帮助城市管理其数字资产,创造有效的服务并实现变革
	城市可持续发展及恢复—管理体系——一般原则及要求	ISO 37101	提出了六个为城市提供发展动因和方向的可持续性目标,促使城市审视自身的问题。由这些目标可引申到 12 个更广泛的考虑因素(例如治理、创新、文化、医疗、教育)。总之,它为城市提供了一个考虑和安排行动的管理系统

续上表

分类	标准名称	标准代码	主要内容
规划	智慧城市规划和发展过程中的作用指南	PD 8101	在考虑到城市未来发展潜力的基础上为整体规划提供指导。它考虑到多方合作项目需涵盖一个共同的愿景和利益实现计划，以及必须在设计阶段考虑用户的需求和行为
	智能社区基础设施—与指标相关的现有活动的研究	PD ISO／TR 37150：2014	智能社区基础设施—与指标相关的现有活动的研究
	智能社区基础设施—开发和运营的共同框架	PD ISO／TR 37152：2016	智能社区基础设施—开发和运营的共同框架
	智能社区基础设施—性能指标的原则和要求	PD ISO／TS 37151：2015	智能社区基础设施—性能指标的原则和要求
	智能社区基础设施—评估和改进的成熟度模型	BS ISO 37153：2017	智能社区基础设施—评估和改进的成熟度模型
	智能社区基础设施—最佳传输实践指南	BS ISO 37154：2017	智能社区基础设施—最佳传输实践指南
数据	智慧城市概念模型—建立数据互操作性模型的指南	BS ISO／IEC 30182	提供了一个数据共享框架，允许在整个城市服务范围内使用通用语言进行协作和洞察，从而提升系统的互相操作性
	智慧城市—建立共享数据和信息服务的决策框架指南	PAS 183	用于数据和信息共享的决策框架。通过帮助建立数据共享机制，解决了在城市中数据共享的组织障碍。它涵盖需要共享的数据类型、确定数据价值链的角色和职责、数据使用的目的、定义数据的访问权限、评估数据状态、数据格式和传输
其他	可持续的城市和社区	BS ISO 37100：2016	包含一套通用术语，有助于协调智能可持续概念和方法的沟通
	社区可持续发展—城市服务和生活质量指标	BS ISO 37120：2014	提供了一系列城市服务和生活质量指标。目前正在制定适应力和智能指标
	社区可持续发展—关于城市可持续发展和恢复力的现有指南和方法清单	PD ISO／TR 37121：2017	提供了关于城市可持续发展和复原力的现有指导方针和方法的清单

资料来源：分析整理自英国标准协会网站（https：//www. bsigroup. com）。

2013 年中国电子技术标准化研究院颁布《中国智慧城市标准化白皮书》，旨在加强我国智慧城市国家标准体系建设，重视智慧城市的顶层设计、规划、实施与评估，促进我国智慧城市全面、健康、可持续发展。其中提出了智慧城市标准体系框图，如图 4-5 所示。

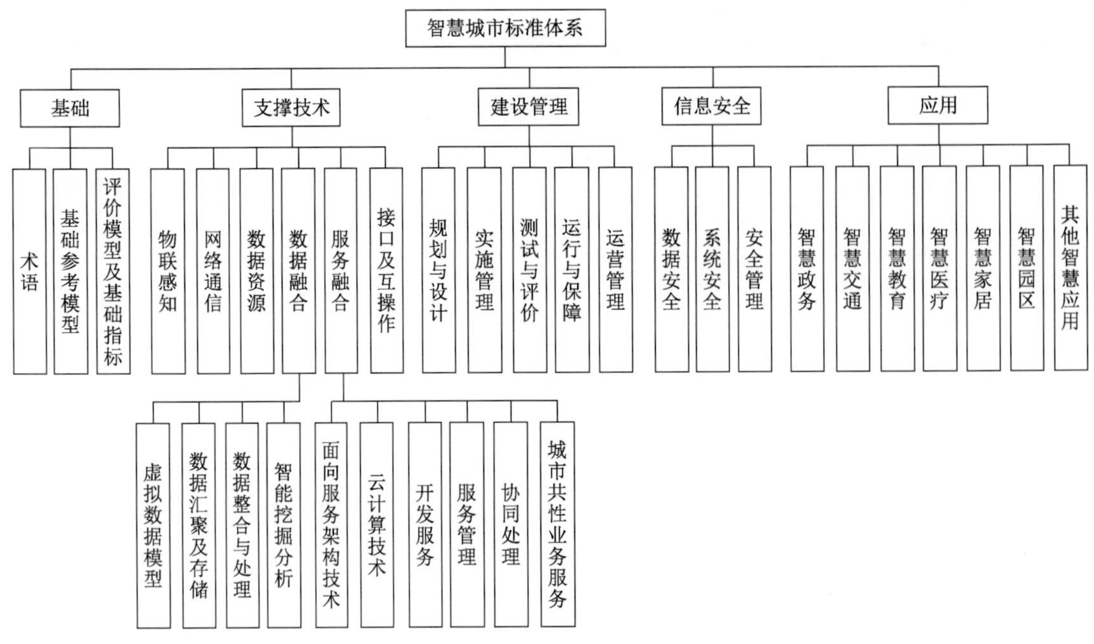

图 4-5　智慧城市标准体系

为加强我国智慧城市工作的统筹规划和协调管理，国家标准委于 2014 年组织成立了国家智慧城市标准化总体组（以下简称：总体组），旨在科学、规范、有序地推进智慧城市标准化工作的开展。总体组负责拟定我国智慧城市标准化战略和推进措施，制定我国智慧城市标准体系框架，协调我国智慧城市相关标准的技术内容和技术归口，总体组下设各项目组开展智慧城市国家标准制定、标准国际化和标准应用实施等工作。由总体组提出的智慧城市标准体系（图 4-6）涵盖了总体标准、支撑技术与平台、基础设施、建设与宜居、管理与服务、产业与经济、安全与保障七个方面，贯穿智慧城市的全寿命周期，全面而系统地从规划、建设、管理、发展和安全保障等角度给出了智慧城市的规范化和标准化体系。

2018 年 6 月，第十二届中国智慧城市大会正式发布了标准化最新研究成果《新型智慧城市发展白皮书（2018）——评价引领标准支撑》（以下简称：白皮书）。白皮书主要研究了新型智慧城市的内涵和发展趋势，阐述了对“分级分类推进新型智慧城市建设”的目的和意义的认识，创新性地提出了基于成熟度模型的新型智慧城市评价总体架构、过程方法和实施建议等内容。白皮书的发布为我国地方城市开展新型智慧城市分级分类建设和提升提供了借鉴和参考，也为产业界深度探索和建设新型智慧城市提供了思路和方法。白皮书作为城市共同的语言，破除当下智慧城市建设在数据共享、产业升级等领域存在的短板，支撑新型智慧城市分级分类建设与发展，助力新时代智慧城市的转型与升级，是推进智慧城市建设发展的重要举措。

近年来，国内外智慧城市发展已经进入理性规划和融合发展的时期，智慧城市评价正逐渐走向标准化、规范化，这是推进智慧城市建设发展的有力保障。

3）安全保障体系

智慧地下城市建设需要完善的信息安全保障体系，以提升城市基础信息网络、核心要害信息以及系统的安全可控水平，为智慧城市建设提供可靠的信息安全保障环境。从技术角度看，信息安全保障体系重点是构建统一的信息安全保障平台，实现统一入口、统一认证，涉及各横向层次。

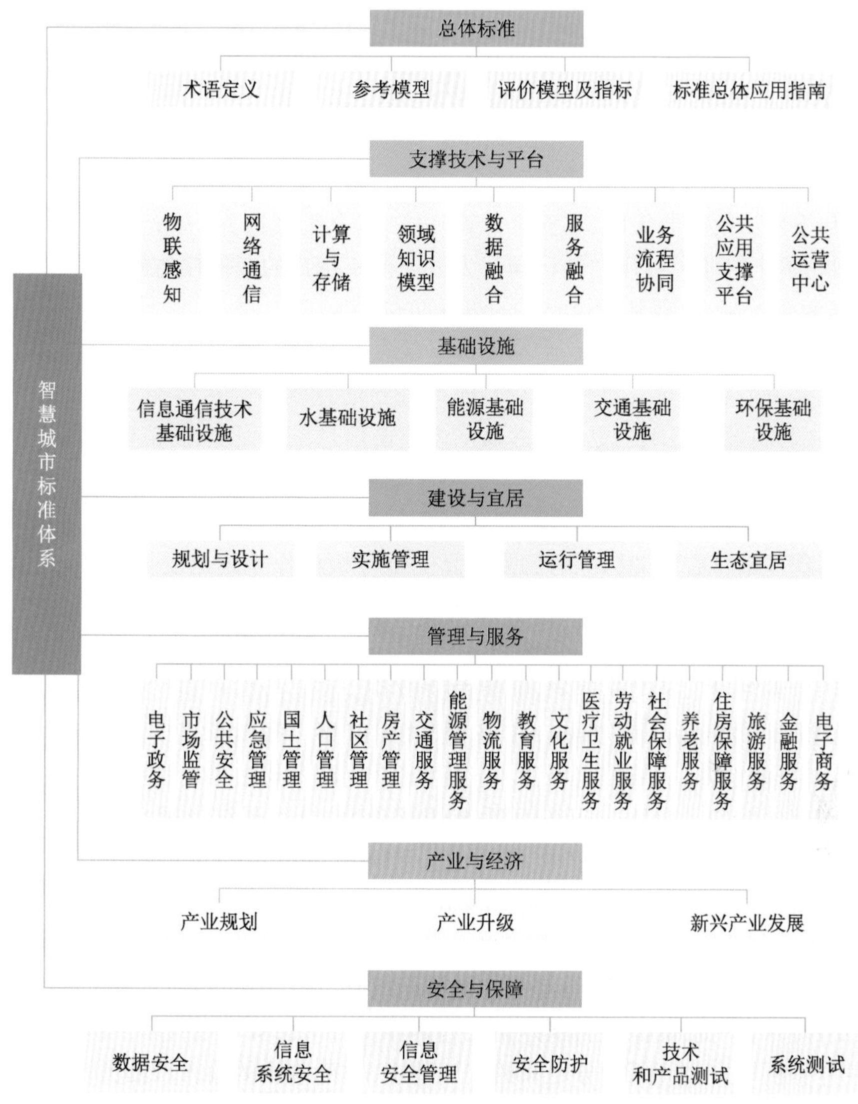

图4-6 智慧城市标准体系

资料来源：国家智慧城市标准化总体组网站。

(1)构建符合信息系统等级保护要求的安全体系结构

随着计算机科学技术的不断发展，计算机产品的不断增加，信息系统也变得越来越复杂。但是无论如何发展，任何一个信息系统都由计算环境、区域边界、通信网络三个层次组成。所谓计算环境就是用户的工作环境，由完成信息存储与处理的计算机系统硬件和系统软件，以及外部设备及其连接部件组成，计算环境的安全是信息系统安全的核心，是授权和访问控制的源头；区域边界是计算环境的边界，对进入和流出计算环境的信息实施控制和保护；通信网络是计算环境之间实现信息传输功能的部分。在这三个层次中,如果每一个使用者都是经过认证和授权的,其操作都是符合规定的,就不会产生攻击性事故,从而保证整个信息系统的安全。

(2)建立科学实用的全程访问控制机制

访问控制机制是信息系统中敏感信息保护的核心,依据《计算机信息系统安全保护等级划分准则》(GB 17859—1999),信息系统安全保护环境的设计策略,应"提供有关安全策略模型、数据标记以及主体对客体强制访问控制"的相关要求。基于"一个中心支撑下的三重保障体系结构"的安全保护环境,构造非形式化的安全策略模型,对主、客体进行安全标记,并以此为基础,按照访问控制规则实现对所有主体及其所控制客体的强制访问控制。由安全管理中心统一制定和下发访问控制策略,在安全计算环境、安全区域边界、安全通信网络实施统一的全程访问控制,阻止对非授权用户的访问行为以及授权用户的非授权访问行为。

(3)加强源头控制,实现基础核心层的纵深防御

终端是一切不安全问题的根源,终端安全是信息系统安全的源头,如果在终端实施积极防御、综合防范,努力消除不安全问题的根源,那么重要信息就不会从终端泄露出去,病毒、木马也无法入侵终端,内部恶意用户更是无法从网内攻击信息系统安全,防范内部用户攻击的问题也就迎刃而解。

安全的操作系统是终端安全的核心和基础。如果没有安全操作系统的支撑,终端安全就毫无保障。实现基础核心层的纵深防御需要高安全等级操作系统的支撑,并以此为基础实施深层次的人、技术和操作的控制。

(4)面向应用,构建安全应用支撑平台

在城市信息系统中,不仅包括单机模式的应用,还包括客户机、服务器(Client/Server,C/S)和浏览器/服务器(Browser/Server,B/S)模式的应用。虽然很多应用系统本身具有一定的安全机制,如身份认证、权限控制等,但是这些安全机制容易被篡改和旁路,致使敏感信息的安全难以得到有效保护。另外,由于应用系统的复杂性,修改现有应用也是不现实的。因此,在不修改现有应用的前提下,以保护应用的安全为目标,需要构筑安全应用支撑平台。

采用安全封装的方式实现对应用服务的访问控制。应用服务的安全封装主要由可信计算环境、资源隔离和输入输出安全检查来实现。通过可信计算的基础保障机制建立可信应用环境,通过资源隔离限制特定进程对特定文件的访问权限,从而将应用服务隔离在一个受保护的环境中,不受外界的干扰,确保应用服务相关的客体资源不会被非授权用户访问。输入输出安全检查截获并分析用户和应用服务之间的交互请求,防范非法的输入和输出。

4)监督管理体系

智慧城市的建设管理体系是智慧城市建设顺利推进的重要保障,包括建设、运行和运营管理三个方面,确保城市信息化建设,促进城市基础设施智能化、公共服务均等化、社会管理高效化、生态环境可持续以及产业体系现代化,全面保障智慧城市规划的有效实施。

从技术角度,城市信息基础设施和信息资源的建设和使用宜采用开放的体系结构,通过建立以信息资源汇聚处理和公共服务为核心的城市运行平台,通过开放的标准促进各系统互联互通,为智慧城市建设提供运营和运行管理服务,涉及参考模型中的各横向层次。智慧城市运营和运行管理体系目标是确保智慧城市建设的长效性,可为政府、服务提供商开展各种服务提

供一个开放的信息资源平台集群,从而带动城市服务产业的发展。

从智慧城市建设管理质量保障角度,宜制定中远期规划,加强前期规划,系统布局,分步实施,加强资金投入的预算管理,特别是科学开展软件及信息技术服务部分的成本度量,确保充足资金投入的同时提高资金使用效率。在建设期,要配套完善和独立的工程质量保障体系,严格对建设单位的资质审查,优先选择经过行业协会等独立第三方评定的具有优秀质量胜任力的建设单位。相比较传统信息化,智慧城市建设中强调对于城市公共、基础信息的服务化开发利用和市场化运营,这是智慧城市建设管理体系中需要探索创新的关键内容。同时,智慧城市建设需要从城市角度考虑各类项目的规划、设计、实施、管理、运营、质量保障和测试评价,从标准角度需要提供过程、方法和管理类规范来提供相关支撑。

4.2　智慧地下城市实现途径

4.2.1　智慧地下城市规划

1)智慧地下城市规划目标

2019 年 7 月 14 日,在全球人工智能与机器人峰会上,中国城市规划设计研究院未来城市实验室研发副主任杨滔博士做了《未来城市的智慧规划》主题报告。他提出“坚持数字城市与现实城市同步规划、同步建设,适度超前布局智能基础设施,推动全域智能化应用服务实时可控,建立健全大数据资产管理体系,打造具有深度学习能力、全球领先的数字城市”。与智慧城市类似,确定智慧地下城市规划目标:实现多系统整合、绿色生态发展和人性化设计,为充分利用地下资源,实现地下空间整体开发,通过“科学、生态、活力、开放”的规划理念,采取区域联通、功能注入、自然引入等措施,打造“智慧地下城市”。地下空间规划运用地理信息系统(Geographic Information System,GIS)和 Revit 系列软件等 BIM 信息技术,将传统规划、软件分析和科研成果综合运用,为地下空间科学规划、智慧规划开拓思路及方法。

2)智慧地下城市规划要点

(1)科学分级管控

对地下空间资源进行评估,评估因素主要包含两大方面,一方面是影响地下空间开发建设区域、深度、难度等的基本要素,包括工程地质水文条件、土地污染、城市建设现状、市政管线等;另一方面是影响地下空间开发价值和功能的要素,包括区位、用地性质、开发强度、交通条件等。根据地下空间资源评估,划分地下空间规划的禁建区、慎建区、适建区。其中适建区可划分出一般区域、重点区域、单项审核区域 3 个分区。规划管控通过“三区五级”体系,分别提出地下空间连通、功能、规模和整体开发等控制及建议。

(2)集约整合各系统

地下空间规划包含地下公共人行系统、商业服务系统、地下公共车行系统、海绵城市系统、地下市政公用设施系统、轨道交通系统及地下民防系统七大系统。地下空间规划确立行人优先、市政优先、轨道优先、重力优先的系统避让原则,将七大系统科学统筹,保证地下资源及系统的合理利用。

3)智慧地下城市规划关键技术

智慧地下城市规划的3个环节包括现状调研、总体规划和详细规划,智慧规划的前提是建立一个完整的数字地下城市模型,构建由物联感知层、网络通信层、数据活化层、支撑服务层、应用服务层、智慧应用层六部分组成的智慧地下服务系统。

(1)物联感知层

物联感知层主要功能是实现对城市地下相关信息多样、全面而高效的感知和获取,包括从物理世界和互联网采集原始数据,并在可能范围内对数据进行一些预处理。从智慧地下城市建设的实际需求出发,物联感知层的关键技术包括三个层次,即设备技术、感知技术和感知系统技术,见表4-5。

物联感知层关键技术　　表4-5

层　　次	主 要 内 容
感知系统	环境与灾变观测感知、智慧地下立体感知网、空间信息感知获取系统、地下基础设施感知系统
感知技术	感知建模技术、动态感知技术、地球观测与导航技术、可信采集技术
设备技术	泛在传感网、射频识别、片上系统、采集设备、汇聚设备、内容安全获取设备

①设备技术

设备技术是指和感知设备相关的各项关键技术。从地下城市感知对设备的需求角度来讲,目前典型的感知设备技术包括采集设备、汇聚设备和内容安全获取设备。此外,感知设备技术还涉及泛在传感器网、射频识别(Radio Frequency Identification,RFID)技术、片上系统(System on Chip,SoC)等核心技术。

a. 采集设备

采集设备是用于实现数据采集的硬件设备。数据采集(也称为:数据获取)是指对现实世界进行采样,产生可供计算机处理的数据的过程。通常情况下,数据采集过程包括为了获得所需数据或信息,对于信号和波形进行采集并对其加以处理等步骤。因此,数据采集设备或系统包括传感部件,用于将测量参数转换为电信号,同时还可能包括对数据进行初步处理的一些处理部件。

b. 汇聚设备

在传统的网络结构中,网络系统一般分为核心层、汇聚层和接入层三层结构。接入层主要连接终端用户,实现对终端用户流量的接入和隔离。核心层的主要功能是实现骨干网络之间的优化传输,是所有流量的最终承受者和汇聚者。由于核心层的重要地位,对核心层的设计以及网络设备的要求十分严格,核心层设备一般也占据投资的主要部分。例如,骨干网上的核心交换机、路由器、防火墙等,都属于网络核心层的主要设备。

汇聚层的主要功能是连接接入层节点和核心层中心,为接入层提供数据的汇聚、传输、管理、分发和处理。汇聚设备为接入层提供基于策略的连接。例如,信息过滤、认证管理和地址合并等,可以防止某些区域的问题蔓延和影响到其他区域及核心层。汇聚设备也可以提供接入层虚拟网络之间的互联,控制和限制接入层对核心层的访问、保证核心网络的安全和稳定。汇聚设备一般构成一个汇聚层。汇聚设备实现对某个区域的信息汇聚,成为连接本地的逻辑中心，需要较高的性能和较丰富的功能，从而能够在一定程度上实现对系统的分区管理、流量控制、安全管理和身份认证等。汇聚层的不同汇聚设备之间可以通过光纤等实现互联，以提高系统的传输性能和吞吐量。

需要说明的是，这里所说的汇聚设备通常是指一定区域内的信息汇聚点，用于将所在区域中采集设备的信息进行汇聚。因此，从严格意义上来说，与传统网络系统中的接入层、汇聚层和核心层三层结构相比，这里的汇聚设备实际上涵盖了核心层、汇聚层的部分设备。

c. 内容安全获取设备

内容安全获取设备是一种保证数据内容安全的硬件设备。内容安全获取设备分为数据接入设备和数据实时采集设备。数字内容安全获取设备包括数据接入设备和数据实时采集设备两部分。

内容安全获取设备的每个平台应独立接入网络数据源，从而分担大流量数据输入的压力。数据接入设备主要起负载均衡作用，数据实时采集设备可以采用服务器集群，根据具体的需求和资源限制，分为流水线模型和分段模型。

d. 泛在传感网

传感器网络是由许多在空间分布的传感器节点所组成的一种无线通信计算机网络。每个传感器节点除了配备一个或多个传感器，还装备了无线电收发器、微控制器和能源（通常为电池），传感器节点利用其所配备的传感器对环境进行感知，并通过无线电收发器实现节点之间的信息交互，从而协作完成对某一个区域或某个环境的感知和监测。

泛在网络（Ubiquitous Network）是广泛存在的网络，它具有无所不在、无所不包、无所不能的基本特征，以达到在任何时间、任何地点、任何人、任何物都能顺畅通信，通俗地讲，泛在网络是一种可随时随地供人使用、让人享用无处不在服务的网络，其通信服务对象也由人扩展到了物。目前随着经济发展和社会信息化水平的日益提高，构建“泛在网络社会”、带动信息产业整体发展，已经成为一些发达国家和城市追求的目标。

泛在传感网络是指基于个人和社会的需求，利用现有的传感器网络技术和新的网络技术，实现人与人、人与物、物与物之间按需进行的信息获取、传递、存储、认知、决策、使用等服务，网络超强的环境感知及智能性，为个人和社会提供泛在的、无所不在的信息服务和应用。

泛在传感器网络是构建智慧地下城市的基础，是构建智慧地下城市系统很重要的信息来源。需要说明的是，在智慧地下城市的感知层，关于泛在传感网的研究重点在于传感设备的研究，而在传输层中，关于无线传感器网络的研究，则重点在于无线传感器网（Wireless Sensor Network，WSN）的信息传输协议和传输控制等方面。

e. 射频识别技术

射频识别又称为电子标签、无线射频识别，是20世纪90年代开始兴起的一种自动识别技术，如图4-7所示。射频识别技术是一项利用射频信号，通过空间耦合（交变磁场或电磁场）实现无接触信息传递并通过所传递的信息达到识别目的的技术。射频识别的基本组成包括标签、阅读器和天线。其中标签由耦合元件及芯片组成，每个标签具有唯一的电子编码，附着在物体上标识目标对象。阅读器用于读取（有时还可以写入）标签信息，可分为手持式射频识别读写器或固定式读写器；天线在标签和读取器之间传递射频信号，从而使读写器能识别读取标签中的内容。在射频识别系统中，阅读器一般会将其读到的信息传输到载有射频识别中间件或者射频识别软件的计算机系统上，以供进一步处理和利用。

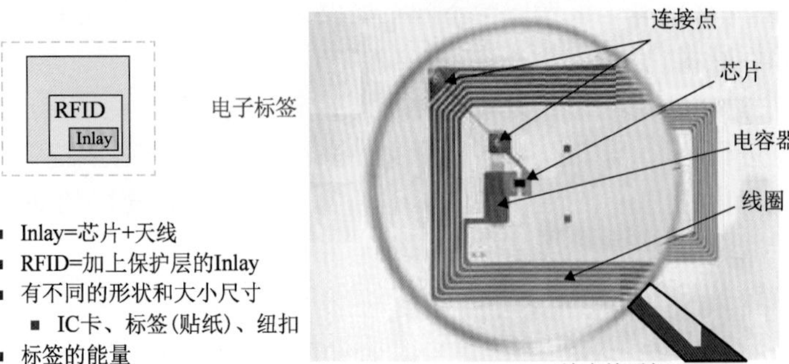

图4-7　射频识别(RFID)系统

智慧地下城市领域中能够利用射频识别技术的应用非常多，如智能立体车库、智慧地铁、智慧地下商业等。因此，射频识别是智慧地下城市建设中实现信息感知不可或缺的一项关键技术。

f. 片上系统

片上系统也称为系统级芯片，是一种在单一芯片上集成了计算机组件或其他电子系统的集成电路。片上系统和传统的微控制器是两个不同的概念，前者的层次更高。一个典型的片上系统一般包括一个或多个微控制器、一个或多个类型的存储器、提供系统时脉的振荡器和锁相环、计数器/时钟/复位电路、通用串行总线(Universal Serial Bus，USB)和以太网等接口、模数和数模转换等接口，以及电压调节和电源管理电路等。典型的片上系统应用就是嵌入式系统。需要补充的是，假如在某些应用中无法将所有的功能放入一个片上系统内，则可以利用系统级封装(System in Package，SiP)技术，将一个系统或子系统的全部或大部分功能封装在整合型基板内，如图4-8所示。

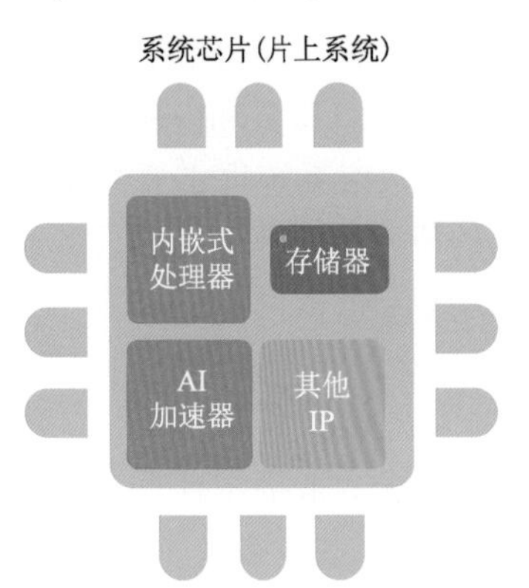

图4-8　片上系统原理图

片上系统由于其高效集成性能，成为当前替代集成电路的主要方案，代表了当前微电子芯片发展的必然趋势，应用也日益广泛。因此，在智慧地下城市建设过程中，不可能离开片上系统的支持和应用。

②感知技术

感知技术是用于感知建模的关键技术，典型的感知技术包括感知建模技术、动态感知技术、地球观测与导航技术和可信采集技术等。

a. 感知建模技术

感知建模技术是指对感知对象或系统建立相关模型，并以此来仿真、模拟或分析系统的特性，并根据建模结果进一步指导感知技术和感知设备的选择、部署和具体的感知控制。感知建模技术是研究感知设备和感知系统的一个很重要的技术手段。具体来说，感知建模技术具有三个方面的功能：一是可以用于分析和设计实际的感知设备和感知系统；二是可以用于预测实际感知设备或系统的某些状态的未来发展趋势；三是通过感知建模技术，可以对感知设备或系统实行优化控制。

在智慧地下城市领域，被感知的对象千变万化，感知设备和感知系统存在很大的异构性，要适应城市感知的需要以及实现对众多异构感知设备的优化控制，利用感知建模来建立、分析、研究感知设备和感知系统是非常必要的，因此智慧地下城市技术体系的研究和建立，就不能不考虑感知建模技术。

b. 动态感知技术

动态感知技术指通过射频识别、产品电子代码、传感器技术、无线传感网络等技术手段动态监测感知对象或环境，或利用这些技术的组合灵活、实时、动态地控制感知网络，掌握被感知环境中的动态信息。

在智慧地下城市的各种应用中，往往需要感知设备节点不停的移动，甚至是高速移动，以便动态获取各种所需要的数据。因此，由这些(高速)移动的感知设备所构成的感知网络拓扑结构可能一直在快速变化中。现有的各种无线网络组网技术对于网络节点慢速移动，或者基本静止的情形中有较好的效果，但还不能很好地适应智慧地下城市动态感知的需求。故需要研究新的动态感知网络技术，不仅能够适应网络拓扑一直变化的情况，也能够解决网络不时处于非连通或非全覆盖的情况。

c. 地球观测与导航技术

地球观测是指由陆地卫星、海洋卫星、气象卫星等系列遥感卫星及地面各类地球观测数据收集平台等组成的系统及关键技术，是一个全方位的、多学科的地球观测科学技术体系。导航技术是引导飞机、船只、车辆以及个人等进行运载体安全，准确地沿着选定的路线，准时到达目的地的一种技术。

地球观测与导航技术所涵盖的技术领域很广，主要包括导航与位置服务技术、先进遥感技术、地理信息系统技术、导航定位技术、空间探测技术等，而其中的很多技术对于智慧地下城市的建设和发展都起着非常关键的作用，如导航与位置服务技术、地理信息系统技术、导航定位技术等。因此，地球观测与导航技术也是智慧地下城市建设与发展必须重视的关键技术之一。

d. 可信采集技术

可信采集技术是指如何合理有效地利用有限的资源，来采集有效、可信的数据。利用无线传感器网络采集数据时，传感器节点在能量、带宽、处理能力、存储能力等方面都比较有限，同时节点易受到环境的干扰而失效或出错，所以如何保证节点感知采集的信息的可信度就是需要考虑的问题。

可信采集技术还包括如何提供数据有效性检验功能，保证通过人机接口输入或通过通信接口输入的数据格式或长度符合系统设定要求，对目标数据源实时进行信息采集、抽取、挖掘与处理。

在智慧地下城市应用中，城市感知是一个高度开放的环境，如何保证感知采集信息的可信和安全是非常重要和迫切的，因此可信采集技术的研究和发展，对智慧地下城市的信息感知具有非常重要的意义。

③感知系统

智慧地下城市感知系统是服务于智慧地下城市应用而形成的、综合化的感知系统技术，包括城市基础设施感知系统、航拍建模系统、车载感知系统、环境与灾变监测感知系统、智慧地下城市立体感知网、空间信息感知获取系统等。

a. 城市基础设施感知系统

任何一个城市都具有无数的基础设施。从广义来讲，城市基础设施包括城市生存和发展所必须具备的工程性基础设施和社会性基础设施，是城市中为顺利进行各种经济活动和其他社会活动而建设的各类设施的总称。工程性基础设施一般指能源系统、给排水系统、交通系统、通信系统、环境系统、防灾系统等工程设施，是城市赖以生存发展的必要条件，也是城市运行的主要载体。社会性基础设施则主要指行政管理、文化教育、医疗卫生、商业服务、金融保险、社会福利等设施。我国的城市基础设施多指工程性基础设施这个狭义的概念，本节所述的也是狭义的基础设施和城市建筑物等。

城市基础设施在形态上具有固定性的特征，即其实物形态大都是永久性的建筑，供城市生产和居民生活长期使用，不能经常更新，更不能随意拆除废弃。因此在智慧地下城市建设中，需要对这些数量庞大的基础设施进行有效监测和管理，这就离不开城市基础设施感知系统。城市基础设施感知系统一般指传感器、探头、电子标签等各类传感终端，感知监控城市建筑、市政设施等基础设施，完善城市信息采集系统，构建城市数字资源中心及信息服务体系。城市基础设施感知系统可以综合处理和利用所感知的信息，实现城市基础设施生命周期、安全评估和动态预警预测等功能。

b. 环境与灾变监测感知系统

环境与灾变监测感知系统指利用传感网络进行信息动态采集、综合分析和处理的监测预警系统。通过监测环境中潜在灾变体在时空域的变形信息和诱发因素信息，实现对灾变体的稳定状态及变化趋势的有效把握，及时预警灾变。环境与灾变监测感知对于智慧地下城市的建设非常关键。

智慧地下城市需要面对城市中的各种物理环境问题（如水污染、声污染、城市内涝等）以及复杂多变的自然气候问题。环境与灾变监测感知系统基于所获取的环境与灾变信息，并借助于物理仿真技术，可以为解决城市灾变问题提供一种新的思路。通过对城市大范围内的光、热、水、声、气等的物理建模，分析并发现各种自然灾变问题的原因（如城市某一位置热岛效应的产生），并根据城市现状与自然环境的变化（四季、白昼、雨雪等）做出智慧应对，对可能产生的灾难性后果进行仿真和评估，提出应急响应策略。

环境与城市灾变监测感知系统的功能主要包括：环境与城市灾变信息感知、城市灾变的物理模型构建、分布式的并行灾变数值模拟平台、自然灾变的智能3D仿真技术、城市灾变的智慧应对方案与技术等。其中，城市灾变的物理模型构建是对城市自然灾变的各种主要因素进行多尺度物理模型构建，包括灾难变化的动力学模型、灾变趋势预测模型等。分布式的并行灾变数值模拟平台是指为了支持大规模高精度自然灾变的数值模拟，设计分布式并行灾变数值模拟平台，研究高效并行算法及面向典型并行平台的优化和高效动态负载平衡算法等。自然灾变的智能三维（3-dimension，3D）仿真技术是在数值模拟的基础上，研究灾变场景的渐进表示方法以及高效高精度3D绘制技术，利用3D动态仿真技术对灾变的形成、发展态势进行虚拟仿真，以实现城市灾变的动态仿真和趋势预测。城市灾变的智慧应对方案与技术是指根据城市灾变的模拟计算和3D动态仿真结果，提出不同灾变情况下的应对措施和应急预案，并提出预防灾变的城市基础设施改进措施。

c. 智慧地下城市立体感知网

智慧地下城市立体感知网通过规范互联和控制协议、提供前端传感器等硬件建设，重视对各种感知信息的融合与利用，从而最终形成具备特定人员跟踪、异常行为报警、危险源监控、遗留物品发现、事件轨迹追踪、警务态势和业务信息融合展示等功能的立体防控感知系统。在智慧地下城市建设中，建立立体的感知网络，实现对不同类型、不同地点、不同级别对象的多层次、多粒度监测感知。

智慧地下城市立体感知网可以实现对地下城市实体全方位的感知，包括异常行为感知、重点人员感知、治安态势感知检索、警力部署（定位）感知、地下基础设施入口感知、建筑物水箱感知、重点车辆感知、移动互联网终端感知、单兵警务应急视频感知等功能。每一种感知应用可能都由一个复杂的感知系统来完成，包含一定的感知硬件设备和相应的控制软件，需要建设的内容比较复杂。例如，用于异常行为感知的感知系统主要由前端摄像机、基础传输网络、智能行为分析服务三个部分组成，而需要建设的内容可能包括前端摄像机的调整和补充技术，建设基础传输网络用于监控视频的传输以及智能行为分析服务。

d. 空间信息感知获取系统

现代城市中，人类接触的各种信息与地理位置和空间分布密切有关，空间信息作为智慧地下城市的重要支撑之一，是各种经济、社会、人口、城市管理等方面应用的基础支撑和空间参考基准。空间信息涉及的范围相当广泛，不仅包括高分辨率遥感数据，还包括各种与空间相关的地下空间影像、运行数据、定位信息和各种包含位置信息的经济、社会和人口等方面的泛在信息。智慧地下城市的全面建设，不能忽略对这些空间信息的感知、获取、处理与利用，需要相应的空间信息感知获取系统。空间信息感知获取系统需要从时空基准与定位、数据接入、信息关联、数据更新、基础信息服务等方面开展关键技术研究。具体包括时空动态参考基准维持与定位、多源地理信息的汇集与加载技术、城市实体的地理关联技术、地理信息的动态更新技术、智慧地下城市位置服务应用支撑技术、城市基础地理空间信息服务等。

（2）网络通信层

网络通信层主要是为了将感知层所感知的数据汇聚传输到城市海量动态数据中心，从而为后续的数据存储、处理和利用提供基础。因此，这里的数据传输层有别于网络多层模型中所说的传输层，智慧地下城市技术体系的数据传输层涵盖了传输网络技术、数据信息路由及传输控制等系列技术，其关键技术包括了四个层面，即通信技术、网络技术、传输控制技术、面向智慧地下城市的传输控制技术，见表4-6。

网络通信层关键技术　　表4-6

技术名称	主要内容
通信技术	光纤网络、无线宽带网、宽带超宽带通信等
网络技术	物联网技术、无线传感网络技术、社会网络、新一代互联网技术、多网融合、新型网络体系和机制、多网融合等
传输控制技术	路由协议及策略、传输控制策略、网络服务质量控制技术
面向智慧地下城市的传输控制技术	面向智慧地下城市的无线宽带新技术与产品、面向智慧网络传输的应用基础技术、面向专用智慧网络系统传输的控制技术

①通信技术

智慧地下城市技术体系的数据传输层相关的通信技术主要是指为智慧地下城市网络应用提供通信的基础网络技术,包括光纤网络、无线宽带网、宽带超宽带通信等。

a. 光纤网络

光纤网络是智慧地下城市的网络基础设施,与以前的铜缆接入方式相比,光纤接入式宽带连接可以大幅提高用户的网络带宽。光纤网络具有传输速度快、频带宽、损耗小、重量轻、抗干扰能力强以及工作性能稳定可靠等特点。其最大的优势是容量大且传输距离远,因此光纤网络被公认为理想的宽带接入网。当然,光纤网络也有一些缺点,如光纤易断、质地脆、机械强度低、连接比较困难、技术要求较高、分路与耦合不方便、价格较昂贵等。因此需要进一步研究光纤网络的相关技术,促进其发展,并根据城市规划和需要,将光纤网络建设成为智慧地下城市传输网的主干道。

b. 无线宽带网

无线宽带网具有灵活性高、移动性强、安装便捷、易于进行网络规划和调整以及易于扩展等特征和优势,必将在智慧地下城市的建设和应用中发挥越来越重要的作用。无线宽带有多种接入方式,如 WiFi、3G/4G/5G 通信等。

WiFi 是电气和电子工程师协会(IEEE)定义的一个无线网络通信的工业标准(IEEE 802.11)。WiFi 技术支持短距离内的互联网接入,因此是一种适合在办公室和家庭中使用的无线局域网通信技术。与蓝牙技术只有十几米左右的覆盖范围不同,WiFi 的覆盖范围有了大大提高,可以覆盖几十米至几百米。利用 WiFi 的无线网络构建非常方便,只需要接入点(Access Point,AP)和无线网卡就能在配合既有的有线架构情况下,用无线模式来进行网络连接,所以其费用和复杂程度都比较低,普及和推广非常方便。因此 WiFi 必然在智慧地下城市建设中发挥重要作用。

3G/4G/5G 通信是当前十分重要的无线通信技术,其中,3G 是指第三代无线通信技术。3G 通信是指支持高速数据传输的蜂窝移动通信技术,与已有的 1G/2G 等技术相比,3G 的最大特点和优势在于能极大地增加系统的容量,提供通话质量和数据传输速率。3G 服务能够同时传送声音及数据信息,速率一般在几百 Kbit/s 以上。4G 是第四代移动通信及技术的简称,是集 3G 与无线局域网(WLAN)于一体并能传输高质量视频图像的技术产品。4G 除了具有与现有网络的可兼容性外,同时具有更高的数据吞吐量、更低的时延、更低的建设和运行维护成本、更高的鉴权能力和安全能力,并支持多种服务质量等级。4G 的最大优势在于其网络速度,按照国际电信联盟(International Telecommunication Union,ITU)的定义,静态传输速率达到 1Gbit/s,用户在高速移动状态下可以达到 100Mbit/s。5G 是面向 2020 年以后移动通信需求而发展的新一代移动通信技术,在频谱效率、传输速率、系统性能等方面较 4G 通信技术有了质的飞跃。3G/4G/5G 通信技术将在智慧地下城市的建设和应用中发挥重要的作用,为智慧应用提供基础保障。

c. 宽带超宽带通信

超宽带(Ultra-Wide-Band,UWB)是在 20 世纪 90 年代以后发展起来的一种具有巨大发展潜力的新型无线通信技术,被列为未来通信的十大技术之一,如图 4-9 所示。它是一种具备低耗电与高速传输的无线个人局域网络通信技术,实现了短距离内超带宽、高速的数据传输。超宽带的调制方式和多址技术等特性，使得它具有其他无线通信技术所无法具有的性能优势，如成本低、抗干扰性能强、数据传输速率高、带宽极宽、多径分辨能力强、定位精确、发射功率低、保密性能好和安全性能高等，从而满足了人们对高速短距离无线通信的要求。

图 4-9　超宽带通信技术

超宽带技术由于带宽很宽，并且能够与其他的应用共存，因此可以应用到多个领域，包括智能交通系统、无线传感器网络、射频识别和成像应用等，希望在智慧地下城市的建设中也能发挥重要作用。

②网络技术

智慧地下城市技术体系相关的主要网络技术包括物联网技术、无线传感器网络技术、社会网络、新一代互联网技术、新型网络体系和机制、多网融合等。智慧地下城市的建设和发展离不开这些网络技术的支持，同时这些网络技术的发展能够拓展智慧地下城市服务的广度、深度及服务水平。

a. 物联网技术

物联网将人类生存的物理世界网络化和信息化，对传统分离的物理世界和信息空间实现互联和整合。物联网是互联网的应用拓展，通过互联网把无处不在的、被植入城市物体的智能化传感设备连接起来形成物联网，实现对物理城市的全面感知，利用云计算等技术对感知信息进行智能处理，实现网上数字城市与物联网的融合，并发出指令，对包括政务、民生、环境、公共安全、城市服务、工商活动在内的各种需求做出智能化响应和智能化决策支持。

智慧地下城市中的物联网建设应面向城市公共安全、交通物流、现代服务业等领域的重大需求，以解决上述物联网应用领域共性问题为目标，运用系统科学的理论，探索物联网基本规律，研究和解决大规模、实用化物联网所急需的关键科学问题。其主要研究目标包括：

a）创建面向城市重大应用需求的多元异构互联的物联网体系结构基础模型，形成一套标准架构。

b）研究物联网网络融合与自治机理、信息整合与交互的理论和方法、软件建模理论与设计方法、服务提供机理和方法，形成一套指导物联网建设的基本理论、方法和关键技术。

c）研制一套面向智慧地下城市多应用领域的物联网综合验证平台，并提供面向智慧地下城市的物联网应用示范。

b. 无线传感器网络技术

无线传感器网络（Wireless Sensor Network，WSN）是由部署在监测区域内大量的微型传感器节点组成，通过无线通信方式形成一个多跳的、自组织的网络系统，其目的是协作地感知、采集和处理网络覆盖区域中感知对象的信息，如图 4-10 所示。无线传感器网络是构建智慧地下城市立体感知网络的基础，也是智慧地下城市建设的主要数据来源，如何有效地保证泛在传感网的信息能够可靠有效地传输到智慧地下城市动态数据中心，需要研究无线传感器网络的传输控制技术，包括研究无线传感器网络协议体系结构、协议栈分层设计、协议栈关键技术等。

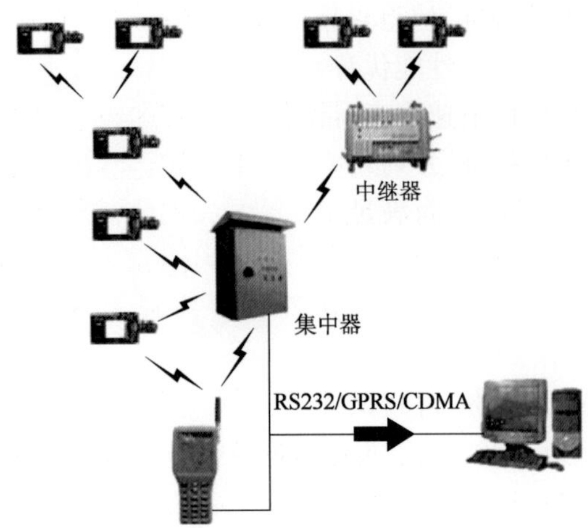

图 4-10　无线传感器网络技术

RS232-串行通信接口标准;GPRS-通用无线分组业务;CDMA-码分多址

c. 社会网络

社会网络(Social Network)也称为社交网络,是指社会个体成员之间因为互动而形成的相对稳定的关系体系,其重点关注人与人之间的互动和联系,并通过这种互动进一步研究人们的社会行为及其影响。社会网络运行在社会的不同层面,从家庭层面到国家层面,并扮演着非常关键的作用。在智慧地下城市中,人是城市的重要主体,因此研究由人所组成的社会网络,对于智慧地下城市的建设和发展都起着重要作用。

在社会网络研究领域,一般用点和线可视化地表达社会网络,其中的点代表社会网络的社会行动者,而行动者之间的关系则用各点之间的连线来表示。社会网络研究的重要理论基础包括六度分隔(Six Degrees of Separation)理论和 150 法则(Rule of 150)等,并利用社会网络分析方法。社会网络分析(Social Network Analysis)方法通过对行动者之间的关系模型进行描述,分析这些模型所蕴含的结构及其对行动者和整个群体的影响。

面对走向后工业时代和信息化背景下的复杂城市社会,针对产业结构转型、虚拟社会组织参与社会运动能力提高、海内外流动人口增多、社会分层结构震荡等现象,以及由此带来的各种社会问题开展社会网络研究,可以为建立更加有效规范、活力有序的智慧地下城市社会管理提供保障。围绕智慧地下城市建设所开展的社会网络研究,还包括研究社会网络动态信息的智能监测、采集与管理、在线社会网络模型及用户行为分析与预测预警、社会感知计算技术等核心问题。

d. 新一代互联网技术

新一代互联网暂时没有统一的定义,但对其主要特征已经达成了一些共识。新一代互联网采用互联网协议第 6 版(Internet Protocol Version 6,IPv6)或其他新型协议,使其具有巨大的地址空间,网络规模将更大,接入网络的终端种类和数量会更多,网络应用更加广泛。新一代互联网将具有 100MB/s 以上的端到端高性能通信,可进行网络对象识别、身份认证和访问授权,具有数据加密和完整性,成为一个可信任的网络。新一代互联网提供组播服务,进行服务质量控制,可开发大规模实时交互应用。新一代互联网将提供无处不在的移动和无线通信应用,能够实现有序的管理、有效的运营和及时的维护。新一代互联网有盈利模式,可创造重大社会效益和经济效益。

新一代互联网技术是智慧地下城市建设和发展需要依托的关键技术之一。智慧地下城市建设的一个重要目标就是可以让市民平等地、无所不在地享用智慧地下城市带来的智能化、智慧化和个性化的服务,这和新一代互联网的发展趋势相吻合。同时智慧地下城市建设所依赖的庞大的感知网络,理论上对地址空间也提出了更大的挑战,因此需要用到下一代互联网技术的 IPv6 协议来解决此问题。

e. 新型网络体系和机制

随着网络的普及和人们对网络及信息服务需求的不断增长,人们对安全可靠可信的网络与通信服务的需求就更加迫切,然而现有网络因网络体系结构方面的局限,面对这些需求存在一定的问题。因此,业界开始研究新型网络体系,从接入、交换、承载、传输和业务提供等多个层面出发,研究具有安全、可信、可管、可控、可靠、灵活、低成本等多种特征的新型网络体系结构。

新型网络体系的研究包括以下几个方面:

一是创立新核心功能。跨越现有的数据通信、分组和电路交换模式,设计新命名、寻址、全部身份体系结构和网络管理模式。

二是增强体系的能力。建立体系结构内的安全性,设计具备高可用性,平衡隐私和责任,设计兼顾地区差异,发挥区域价值。

三是布设和结成新体系结构。设计新体系结构采用潜在技术(新无线和光学技术)和使用泛在设备的新计算模式。

四是建立高层次服务提取。使用信息对象、基于位置的服务和身份框架。

五是建立新服务和应用。使大规模分布应用具有安全性、鲁棒性和可管理性,发展分布应用的原理和模式。

六是发展新网络体系结构理论。研究网络复杂性、可扩展性和经济激励。

f. 多网融合

多网融合主要指三网融合,其目标是通过技术改造,实现电信网、广播电视网和计算机互联网三大网络互相渗透、互相兼容并逐步整合成为统一的信息通信网络,使得它们的功能趋于一致、业务范围趋于相同、网络互联互通、资源高度共享,从而形成可以提供包括语音、数据、广播电视等多种综合业务的宽带多媒体基础平台。

三网融合并不意味着三大网络的物理合一,主要是指高层业务应用的融合。从不同角度和层次上分析,融合可以涉及技术融合、业务融合、行业融合、终端融合及网络融合。三网融合的主要技术包括有线电缆数据服务接口规范(Data Over Cable Service Interface Specification,DOCSIS)技术、以太数据通过同轴电缆传输(Ethernet Over Coax,EOC)技术、交互式网络电视(Internet Protocol Television,IPTV)技术、IP 多媒体子系统 IMS(IP Multimedia Subsystem,IMS)技术。

③传输控制技术

a. 路由协议及策略

路由是指通过互联网络把信息从源地址传输到目的地址的活动,而路由协议则是指导信息数据包发送过程中事先约定好的规定和标准。不同类型的网络,其路由协议和策略也不一样。例如,无线传感器网络和有线宽带网,它们的网络特点决定了其路由协议及其研究侧重点都有很大区别。因此,这里的路由协议和策略是一个相对比较笼统的概念,所涵盖的技术细节非常多,需要研究解决的问题也很复杂,是智慧地下城市建设的一个重要技术支撑方向。

b. 传输控制策略

传输控制策略是对信息在路由传输过程中加以控制,以尽可能达到传输的某些特别目标和传输效果,典型的传输控制包括壅塞控制、差错控制等。与路由协议与策略类似,这里所说的传输控制策略是一个比较笼统的概念,涵盖了不同类型网络中,对其进行信息传输控制相关的很多技术、策略与机制。

c. 网络服务质量控制技术

服务质量(Quality of Service,QoS)控制技术是网络技术领域一个非常重要的技术,最初是针对容量受限的网络提出的。在容量受限的网络中,传统的传输控制策略很难保证某些应用和服务的性能。例如,对于基于IP的语音传输(Voice over Internet Protocol,VoIP)和交互式网络电视之类的应用,这些应用常需要固定的传输率,对延时也比较敏感,而传统的策略是不能提供类似保证的。因此服务质量保证及控制技术应运而生,它是指在容量有限的网络中,如何通过一定的控制策略,使得网络所提供的服务能够满足给定业务合同的需要。服务质量控制技术提供了针对不同用户或者不同数据流采用相应不同的优先级,或者是根据应用程序的要求,保证数据流的性能达到一定的服务质量要求和水准。

在传统网络中,服务质量指的是网络为用户提供的一组可以测量的、预先定义的服务参数,包括时延抖动、带宽和分组丢失率等。用户在接受网络服务的时候,需要与网络具体协商这些参数。因此,服务质量可以看成是网络对用户数据传输所承诺的服务保证,通常以服务保证级别的形式体现,不同的服务保证级别体现了网络对数据传输不同级别的性能保证。

现在网络基础设施得到了很大的发展,带宽越来越宽,网络资源越来越多,但同时人们对网络的使用和需求量及服务级别的要求也日益提升,研究服务质量控制技术非常必要和迫切。现在业界对于服务质量控制技术的研究主要集中在服务质量体系结构、服务质量实现机制、服务质量性能评价、具有服务质量保证的网络实践、网络服务质量控制技术的仿真与实现等多个方面。随着新一代互联网技术的发展以及新型网络技术和体系的兴起,网络服务质量控制技术的发展方向必然包括面向新一代网络的服务质量控制技术和面向特定应用的服务质量控制技术。

④面向智慧地下城市的传输控制技术

a. 面向智慧地下城市的无线宽带新技术与产品

面向智慧地下城市的无线宽带新技术与产品是指针对智慧地下城市应用背景,开展无线宽带新技术与新产品的研发,并通过合理利用新技术,丰富为民服务的手段和能力,大力提升服务品质、范围和质量。

b. 面向智慧网络传输的应用基础技术

面向智慧网络传输的应用基础技术是指针对智慧地下城市网络传输相关的一些特定应用需要所开展的基础技术研究。主要包括面向智慧地下城市应用的异构网络中的无线电协作技术、异构无线网络传输互联安全问题、智慧地下城市数据传输中的认知无线网络、面向海量数据传输的混合网络编码、对等网(Pear-to-Pear,P2P)、喷泉编码技术和面向海量数据传输的绿色通信技术等问题。

c. 面向专用智慧网络系统传输的控制技术

面向专用智慧网络系统传输的控制技术是指结合智慧地下城市的典型网络和智慧系统,开展与其密切相关和切实有效的专用智慧网络系统的传输控制技术研究,如研究面向智能电网中的双向无缝通信传输技术、智能网络传输监测技术、云计算数据中心的数据传输网络及其控制技术、智能交通系统中的数据网络设计与控制等。

(3)数据活化层

急速膨胀的海量数据已经成为关系社会民生和国家命脉的战略性资源,并带来大量的应用和商机,但是数据量的高速膨胀、数据无意义的冗余、数据原有关联的割裂又对信息的充分利用形成严重制约。数据活化技术通过感知、关联、溯源等手段,可实现海量多源多模数据的自我认知、自主学习和主动生长,能够很好地解决海量数据管理和分析等问题,是构建智慧地下城市的核心技术。

智慧地下城市全方位感知网络将产生大量的数据,并利用海量动态数据中心技术对这些数据进行存储和管理。动态数据中心是智慧地下城市的重要基础设施,智慧地下城市的运转需要依靠动态数据中心对数据进行统一处理,同时根据不同的应用需求提供相应的服务。数据活化是基于动态数据中心的数据进行分析、处理的技术集合。

数据活化层的关键技术包括四个层面,即数据描述与认知技术(包括异构数据描述语言、海量数据语义认知、数据实体虚拟标签)、数据关联与成长技术(包括关联数据动态建模、数据自主生长机制)、数据维护与管理技术(包括数据实体演化机制、数据互联、数据并行处理与节能调度、海量数据存储、海量数据清洗、城市数据挖掘等)、数据活化安全技术(包括活化数据安全与隐私、数据实体联网内容安全)。

①数据描述与认知技术

数据描述与认知技术主要针对城市中爆炸式增长的多源异构数据进行统一规范化描述,同时获取和建立不同数据之间的语义关系,以便于数据的组织与管理。

a. 异构数据描述语言

随着数据获取方式和硬件设备的不断丰富,城市采集数据的数量呈爆炸式增长,导致数据高效组织、管理和利用变得越来越困难。与此同时,由于获取的城市数据在维度、来源、类型等方面具有多样性等特征,传统的数据组织与管理技术已经不能满足新的需求,隐藏在数据之间原本的关联信息需要进行有效的描述,这样智慧地下城市的数据中心才能够最大限度地利用所采集的数据及其关联信息,为建立数据之间的关联关系提供基础,实现数据中心的智能化。因此,海量异构数据的统一规范化描述语言是智慧地下城市中数据活化技术迫切需要解决的技术难点问题。

异构数据描述语言需要解决的技术问题包括：

a)研究数据描述的共性基础,定义一种通用数据特征描述规范,包含数据时空信息、语义知识、关联信息、所有者、访问权限、压缩算法等在内的数据内容、背景、结构、内部关系和来源等基本属性。

b)研究海量多源异构数据的实体对象描述方法,包括数据抽象、语义模型、元数据语法表示与封装、本体构建等。

c)根据提出的描述方法建立海量多源异构数据实体对象描述语言,同时具有完备性和可扩展性,并解决数据活化中数据实体建模和分析、数据演化与管理过程中面临的基础性问题。

b. 海量数据语义认知

智慧地下城市中采集的数据具有内容和语义知识的描述功能,但数据并不是独立的个体,它与其他数据之间的内在关系是更为重要的信息,是智慧地下城市海量动态数据中心提供智能化应用服务的基础。因此,数据间被分割和忽略的语义知识必须被识别、认知、重建和管理。同时数据本身是不断变化的,随着时间的推移,新的数据也在不断产生,数据在不断使用的过程中与其他不同数据的语义关系也会被发现和变化。因此新的数据之间语义关系也需要不断产生和认知。

海量数据语义认知基于统一完备的异构数据描述语言,根据数据描述信息自动识别与之有关系的其他数据。与此同时数据间的关联关系被识别,建立海量异构数据底层特征与高层语义的多粒度跨媒体数据映射,形成一个较为完整的海量数据之间语义理解和认知的技术理论方法,从而能够实现智慧地下城市中各种数据关系的认知和发展。

c. 数据实体虚拟标签

数据活化以实体为基本组织和处理单元,其核心思想就是为数据增加语义标识,数据连同其语义标识构成了数据实体。希望能够根据城市数据处理的具体需求,选择合适的语义,对它们进行标识,以便能够高效地存储、处理、查询这些海量数据。而数据连同其语义标识就构成了所谓的数据实体,采用实体方式组织数据能够使数据的处理过程更加高效和灵活。

同时,可以利用虚拟标签技术,实现对数据实体的有效标识。将数据实体看成一种虚拟的物体,为其添加唯一标识数据,称为虚拟标签,使用信息隐藏等技术把虚拟标签嵌入到数据实体中。虚拟标签将用于存储标识(Identification,ID)、元数据、日志以及数据活化结果等信息,这些信息承载了数据重要的语义属性。

虚拟标签的主要目标在于记录数据从产生开始后全生命周期中的各种活动信息。有些数据实体(如视频图像等)是可以嵌入信息的,采用嵌入式的虚拟标签,即直接将选择的实体语义信息嵌入到对应的数据实体中,且这些嵌入并不会改变数据原有的语义。而有些数据实体(如文本等)是不可以嵌入信息的,如果对它们嵌入信息,则将改变数据原有的语义,此时采用附加式的虚拟标签,即将数据的语义信息和数据拼接在一起。

②数据关联和生长技术

数据关联和生长主要针对同一事件或对象,将智慧地下城市中的语义关联数据进行内容分析并动态建模,同时建立新的数据关联关系,维护数据实体的自动生长。

数据关联和生长涵盖了关联数据动态建模和数据自主生长机制等关键技术。

a. 关联数据动态建模

智慧地下城市中的数据获取和感知设备采集的数据均在各自技术框架下定义,且对各自观测的目标对象缺乏统一的描述模型,其数据类型、测量维度等属性相互之间都有很大差异,因此将海量多源异构数据完全关联在一起是一个很复杂的问题,另外测量环境和感知设备存在一定的局限性,获取的数据往往具有二义性和冗余性等问题。因此,以异构数据间语义关系为基础,将关联数据进行动态建模,以解决智慧地下城市中异构数据在时间和空间上的差异性，就显得尤为关键。面对海量数据格式异构、内容非结构化、数据量巨大等特性，现有数据处理技术缺乏多层次数据动态建模方法。智慧地下城市中数据应用场景复杂多变，海量异构数据中的对象、空间、时间等多维信息之间存在不同程度的关联关系，关联数据动态建模的任务在于：深入分析关联数据的本质内涵，并根据不同数据实体之间的相互作用及影响，采用动态图理论对数据实体之间的语义关联关系进行分析，建立一套关联结构化、半结构化和非结构化数据的层次建模理论体系，并最终实现对海量多源异构数据更准确、更快捷的内容分析和关系建模。

b. 数据自主生长机制

在智慧地下城市中，时空属性是数据实体的核心关联属性。另外，数据实体内部还包含关于人物、事件、对象等其他类型的关联属性，新的应用可能导致数据实体中建立新的数据关联。同时，由于海量城市数据的应用具有多样性、时效性和复杂性等特点，这对活化数据实体提出了高度可扩展性、高度查询处理能力、高度可靠性以及高度适应性等需求。

活化数据生命特征的表现之一就是数据可以不断根据环境因素的变化而自主生长，因此需要结合复杂应用需求，实现数据实体的自动生长过程。数据自主生长机制的技术任务就是，根据数据关联从无序到有序的发展规律，赋予数据以自我更新、自我完善的能力，利用进化理论、动态优化理论和信息熵理论，分析和研究数据主动成长的基本机制，分析数据实体成长的基本原理。

③数据维护与管理技术

数据维护与管理是为了实现对城市动态数据中心中数据的管理、利用与维护，其内容主要包括数据实体演化机制、数据互联、数据并行处理与节能调度、海量数据清洗、海量数据存储、城市数据挖掘等。其中，数据实体演化机制用于提高数据的可信度和数据实体的关联维护；数据互联是采用虚拟标签技术将数据实体联系起来；数据并行处理与节能调度则是突破城市海量数据的并行处理、虚拟化资源管理与调度、面向数据中心的多级能耗管理等关键技术，构建可控可管的多元数据处理平台。

a. 数据实体演化机制

由于时空多维数据所处环境或应用改变时，数据关联不断演化，因此需要分析数据实体中关联属性的动态演进。数据实体演化机制的研究将有助于提高智慧地下城市数据的利用范围和存储系统的适应性。

数据实体演化机制的主要技术内容包括：实时分析数据实体的演进过程，研究数据实体中自适应构建小规模数据实体的理论，避免单个数据实体发展过大导致存储系统性能降低的问题；结合复杂应用需求，设计数据实体同等规模或精炼关联的繁衍方法；通过研究多模多阶的数据自主演化方法，实现对多源数据有效性和相关性的准确评估，对数据实体信息进行适时完整的演化，有利于提高数据可信度，降低信息的不确定性，提高数据存储与查询分辨率；根据关联数据之间的依赖性，以及数据不同维度在关联中的重要性，结合动态自适应和最优化理论，研究环境和用户查询规律的变化对复杂时空数据的维度增减理论与算法，加速数据处理速度。数据演化机制包括存储系统的自主演化、检索系统的自主演化等方面。

b. 数据互联

近年来数据在大小和复杂性上都一直呈爆炸式增长，很多时候数据之间的关联关系比数据本身所包含的信息更为重要。数据互联(Internet of Data,IoD)正是借鉴物联网的概念,结合信息隐藏技术等提出的概念。可作为数据活化的基础,为数据分析提供基础,并且可以管理、跟踪和识别数据。

数据互联的技术目标在于研究如何将数据作为实体进行联网且构成数联网。需要研究数据互联相关的一系列技术,包括城市数据实体命名、注册、寻址、更新与访问等。同时,需要支持数据实体唯一标识到与其对应的特定信息资源地址的寻址解析,以及与其相关的诸多信息资源地址的寻址与定位等。

c. 数据并行处理与节能调度

数据并行处理与节能调度是为了实现对城市动态数据中心海量多源异构数据的综合有效处理,其目标是紧密围绕智慧地下城市多元数据处理与支持数据活化活动的底层资源调度与分配,结合试点城市的典型智慧应用,突破海量数据的并行处理、虚拟化资源管理与调度、面向数据中心的多级能耗管理等关键技术,构建可控可管的多元数据处理平台,从而实现智慧地下城市新兴应用的快速开发、高效运营和服务支撑。

数据并行处理与节能调度涉及的技术内容包括以下几方面。

a)研究面向智慧地下城市海量多源数据综合处理的大规模并行计算模式,围绕城市传感数据的关联性挖掘和综合分析等典型应用,给出有针对性的计算框架,提供可重构的并行处理基础设施,以及可复用的并行处理模型和算法。

b)提供对城市信息综合处理资源的统一监控与管理,研究高灵活的资源管理与调度分配机制,高自适应的资源—任务协同模型,多任务之间有效的资源隔离机制,以及资源故障检测与快速恢复技术,研究带有服务质量约束的资源虚拟化调度,实现在线、灵活、高可伸缩的资源动态管理与自演化机制,提高资源综合利用水平。

c)建立大型计算中心计算能耗模型,研究面向智慧地下城市的多用途虚拟数据中心能耗管理以及节能调度策略,分析并研究分级的能耗管理机制,在宏观调度层面对能耗与服务质量关系进行综合建模,以实现绿色计算。

d)面向智慧地下城市应用的快速构建与部署运行,研究可编程的数据并行处理体系等。

d. 海量数据清洗

从感知层获取的数据,经过传输和活化处理,可能会出现一些错误、不完整、重复、冲突的数据,这些数据是并不想要的“脏数据”。脏数据的存在,对于数据的存储、处理和利用都是有害无益的。因此需要利用一定的技术手段,按照一定的规则,将这些脏数据清洗掉(即数据清洗)或者对它们进行必要的修正(即数据修正)。

数据清洗和数据修正是指对原始数据进行预处理,对数据噪声或明显错误的数据进行剔除。如果大多数数据源都保持一定的一致性,则一个简单的方法是采用投票机制。这种方法对于因随机因素而产生的错误非常有效,但一旦脏数据成为大多数,则不能单纯地清洗掉脏数据。改进的方法主要是通过条件函数依赖性以及匹配依赖性进行。前者依赖于能被发现的、基于条件的依赖函数;后者主要靠发现精确的依赖匹配。

在智慧地下城市建设中,利用海量数据清洗技术和数据活化技术,在采集数据后对数据质量实现优化,在融合前对不同特征数据进行关联,最终实现可靠的数据融合,从而提高数据存储的有效性和数据应用的价值。

e. 海量数据存储

智慧地下城市的数据存储需要具有支持大规模复杂数据的能力，具有高可靠性、可扩展性、用户访问形式多样性以及高效低耗与经济性相结合等特点。智慧地下城市海量数据存储需要实现适用于智慧地下城市的海量数据存储架构、物联网海量存储安全体系和设计高性能、低成本、高密度、绿色节能、安全易用、易于维护的海量数据存储设备，以及实现面向物联网海量数据存储的应用方案。结合目前互联网技术（IT）界发展最新趋势，针对不同的应用模式提供个性化设计，实现存储资源优化配置、开放共享和高效利用。

针对智慧地下城市应用数据密集型的特点，利用云存储等先进技术，构建城市动态数据中心，是实现城市海量数据存储的主要方式。

智慧地下城市海量数据存储的技术内容主要包括云存储服务架构，大规模异构混合存储系统，面向多种典型应用的、混合存储结构感知的大规模文件系统，数据和存储服务资源动态组织和管理方法，大规模存储系统中数据的高效可靠存储，大规模存储系统节能技术，元数据管理与容错，智慧地下城市中动态大容量数据迁移，云存储数据副本机制，自适应存储优化策略与调度，统一存储网等核心关键技术。

f. 城市地下空间数据挖掘

数据挖掘技术是指从大量的、不完全的、有噪声的、模糊的、随机的数据中，提取隐含在其中的、事先不被人察觉的，但又是潜在有用的信息和知识的过程，融合数据库、人工智能、机器学习、统计学等多个领域的理论和技术。数据挖掘的过程一般有六个阶段：确定业务对象、数据准备、读取数据并建立模型、数据挖掘、结果分析、知识同化。数据挖掘采用人工智能中部分已经成熟的技术作为基础，包括决策树、神经网络、遗传算法、规则归纳、贝叶斯网络和粗糙集等。数据挖掘通常分成两个大类：描述型数据挖掘和预测型数据挖掘，前者给出对数据集合简洁的、总结性的描述，后者则通过创建一个或多个模型，试图从当前数据集合推导出未知数据集合的行为。

针对智慧地下城市应用所产生海量的城市数据信息，需要结合智慧地下城市特点，利用和研究数据挖掘技术，从而实现对这些信息进行有效、科学、合理的应用。城市信息来源具有多样性，即便是来自同一领域不同部门、不同单位的数据，也存在语义表达不一致的问题。为了对多源数据进行整合和智能分析，需要构建领域知识库。对于智慧地下城市，与地下城市运行管理、建设规划、应急指挥、公众服务相关的能源、交通、供应链等各个领域都需要建立领域知识库，为城市管理各应用领域部门决策提供基础，但对于城市更高层的决策者，对城市事件的分析决策可能涉及多个领域，还应该研究各领域之间沟通时所需的知识，建立更高层次的知识库。所以为实现辅助城市各级决策者进行城市运行管理、建设规划、应急智慧等的分析决策，智慧地下城市领域的知识库应该是多层次的，其研究建设工作需要很大的投入，这也是国内外智慧地下城市建设、研究与发展需要着力解决的主要问题之一。

④数据活化层安全保障技术

数据是一种重要的战略资源，它们的安全性对于城市的有效运营和提供智慧化的服务起着非常关键的作用。然而，城市动态数据中心是一个面向众多用户和服务的相对开放的环境，其安全性容易受到威胁。因此，数据活化层的安全技术就是为数据的存储和内容安全、隐私保护等方面提供技术保障。

a. 活化数据安全与隐私

数据活化的实现离不开对不同行业、不同领域分布式海量数据的访问、智能分析与智能处理,在为包括政府、城市居民和企业在内的城市行为主体提供智慧应用的同时,必须保障数据在处理和访问过程的安全性要求,即数据不能被非法泄露和篡改。与此同时,政府决策信息、企业商业信息以及用户的隐私权将保证不被侵犯。

所谓隐私就是个人或机构等实体不愿意被外界知道的信息,而数据隐私就是不愿意被披露的数据信息。数据隐私保护技术包括基于数据失真的隐私保护、基于数据加密的隐私保护以及限制发布的隐私保护技术等。无论采用哪种技术,都要做到保护数据隐私的同时还不影响数据应用。

b. 数据实体联网内容安全

对数据实体进行联网和多模式数据系统互联过程中,数据成为一种网络资源进行广泛共享和利用,尤其需要注重如何通过相关的技术来保证数据在联网和使用过程中内容的安全性。事实上,以论坛、博客、播客、微博与社交网络为代表所构成的社会信息网络加速了城市信息的传播速度,也增强了不安全内容的潜在风险,这对内容安全控制技术的实时性和处理能力提出了新的挑战。因此,数据实体联网内容安全是智慧地下城市建设的一个很重要的方面。

数据实体联网内容安全技术在于,面向政府、企业、市民等用户对城市运行管理数据的安全性、准确性和服务性等需求,分析城市运行管理数据的海量、多源、异构、分布存储等技术特征;建立严格的数字内容安全认证体系。在依赖传统数据加密方法来保证内容安全的同时,充分考虑智慧地下城市互联网中数据的特殊性,研发城市级互联系统中数字内容的主动取证技术。结合智慧地下城市应用需求,研究实用性强的数据内容被动取证技术(如数字取证及隐藏分析等技术)。以内容的保密性、完整性、可用性以及抗抵赖性等为指标,对研发内容的主动取证技术进行验证,明确研发技术的适用范围及优缺点,并在相关领域开展应用尝试。

随着更高级和更易操作的数字编辑/篡改/攻击工具的逐渐普及,数据实体联网内容安全技术也有诸多挑战需要解决。例如,如何建立新的隐写分析和内容取证方法,并保证现有内容安全控制体系的可扩充性是当前很重要的技术挑战;如何解决数据认证水印算法的水印容量与不可预见性、安全性与定位精度之间的矛盾。

(4)支撑服务层

支撑服务层是为应用服务层和智慧应用层提供支撑服务的,即支撑服务层提供智慧地下城市各种应用的共性关键技术,是智慧地下城市信息服务的重要基础。根据支撑服务层技术特点,将智慧地下城市支撑服务层的技术体系分为两个子层次,即通用类技术和专用类技术,其中通用技术类是指构建智慧地下城市支撑服务层所涉及信息领域的一些通用技术,如面向服务架构(Service Oriented Architecture,SOA)、智能搜索引擎、云平台等。这些技术在很多大的信息化系统和平台中都有可能应用到。而专用技术则是指根据智慧地下城市建设的特点和需求所构建的领域性的关键支撑技术,如城市多模式数据系统互联技术、城市信息多层次智能决策关键技术、城市复杂时空数据集成分析与空间决策模拟、智慧地下城市多维系统服务平台等,见表4-7。

支撑服务层关键技术　　表4-7

技术名称	主要内容
专用技术	以人为中心的智慧地下公共服务、城市地下多层次智能决策、多元信息实时接入与自主加载、复杂时空数据集成分析与空间决策模拟、面向地下城市运行管理的数据高性能分析、城市多源密集型动态运行数据呈现、城市多模式数据系统互联、网络监管工具与平台、多维协同服务平台、空天地融合的智慧地下城市信息共享
通用技术	面向服务架构、云平台、智能搜索引擎、可视化与仿真技术、虚拟现实增强现实技术、个性化智能门户技术

①通用技术

a. 面向服务架构

面向服务的计算包括面向服务的体系结构和Web服务，是一种新的计算模式，受到了国际标准化组织、学术界和产业界的广泛支持。Web服务是与平台和语言无关的、自描述和自包含的松耦合模块，并且遵循国际开放标准协议规范。Web服务一般通过网络服务描述语言（Web Service Description Language，WSDL）来进行描述，通过统一描述、发现和集成协议（Universal Description，Discovery and Integration，UDDI）来进行发布，最终通过简单对象访问协议（Simple Object Access Protocol，SOAP）进行服务调用。由此可见，Web服务为分布式环境下异构系统之间的交互提供了一种标准方式，能更好地支持跨域实体之间的协作，适用于分布性强、共享需求量大的应用领域，如电子商务等。

随着Web服务技术的应用和推广，网络上出现了越来越多、稳定易用的Web服务，但单个Web服务能够提供的功能相对有限。为了更充分地利用Web服务，有效的方式就是将多个服务进行组装和协同，从而提供更为强大的业务功能的服务组合技术。服务组合技术已经成为服务计算领域的一个研究重点。随着网络发展和应用加速，网络上积累越来越多的软件和服务资源，利用服务组合技术可以更灵活、便捷地完成业务流程定义，更高效地实现新业务系统的构建和原有业务系统的更新和扩展，因而成为基于互联网的全新软件开发、部署和集成模式。

在面向服务的系统架构中，采用面向服务的方式来提供系统的功能：一方面采用基于可扩展标记语言（Extensible Markup Language，XML）和Web服务的异构系统综合服务解决方案，解决系统的跨平台问题；另一方面Web服务很容易被业务流程执行语言（Business Process Execution Language，BPEL）等业务流程引擎所消费，使得业务流程集成更加快捷和方便，并且具有低成本的特性。所有的平台服务遵循面向服务架构的组织原则，各层之间通过松散耦合实现逻辑复用，通过服务方式实现同层之间模块的松耦合，使得平台具备良好的扩展能力。

智慧地下城市建设将提供庞大和丰富的服务平台，并最终为三大城市主体（即政府、企业和市民）提供琳琅满目的智慧化服务，显然这些服务的构建、组织等都需要面向服务架构技术的有力支撑。

b. 云计算平台

云计算是互联网时代信息基础设施的重要形态，是新一代信息技术的重要方向。它以资源动态聚合及虚拟化技术为基础，以按需付费为商业模式，具备弹性扩展、动态资源分配和资

图4-11　云计算

源共享等特点，并以按需供给和灵便使用的业务模式提供高性能、低成本、低功耗的计算与数据服务，支撑各类信息化应用，如图4-11所示。云计算作为一种新兴技术和商业模式，将对国民经济和社会生活产生越来越广泛和深入的影响。云计算及其应用的快速发展，对加速信息产业和信息基础设施的服务化进程、催生大量新型互联网信息服务、带动信息产业格局的整体变革等具有重大作用，为提升信息服务水平、培育战略性新兴产业、调整经济结构、转变发展方式等提供有力手段。未来具有强大数据分析能力的云计算平台将是智慧地下城市发展的决定性因素，将成为智慧地下城市的"大脑"，实现对海量数据的存储与计算。在智慧地下城市中，以海量信息收集、存储和处理为基础的应用服务模式，需要有大规模的计算、存储与软件资源管理和动态调度分配能力支撑。数据和应用的规模性、资源分配的动态性以及资源环境的异构特征，为构建上述支撑能力带来了众多技术挑战。与此同时，面向城市管理、政府决策、市民服务、企业服务等多类型的智慧地下城市应用在计算资源、数据处理、应用分发等环节存在众多共性需求，而在资源可靠性、服务质量保障、安全可信需求等方面存在巨大差异。如何提供统一的资源管理支撑平台，提高资源利用效率，降低智慧地下城市部署运营成本，使得智慧地下城市主体能够切实受益，是智慧地下城市得以实现与可持续发展的关键。因此，采用云计算相关思想与技术，基于虚拟化与服务化技术，实现海量智慧地下城市应用的资源动态管理、软件按需即时服务、数据有效共享与协同，是实现智慧地下城市核心数据处理能力与应用服务支撑的重要技术基础。

c. 智能搜索引擎

智能搜索引擎是引入人工智能的思想和先进技术，使得搜索引擎具有信息服务的智能化和人性化特征，使检索的结果更能反映用户的需求。智能搜索引擎是一种高效搜索引擎技术，除了能提供传统的快速检索、相关度排序等功能外，还能提供用户角色登记、用户兴趣自动识别、内容的语义理解、智能信息化过滤和推送等功能。利用语义理解和机器翻译等技术，智能搜索引擎将信息检索从目前基于关键词的层面提高到基于知识的层面，对知识有一定的理解与处理能力，允许用户采用自然语言进行信息检索，为他们提供更方便、更确切的搜索服务。智能搜索引擎将是在智慧地下城市构建的动态数据中心中寻找有效信息的必要技术支撑。

在智慧地下城市建设过程中，智慧地下城市感知层将感知、获取、海量存储、异构、多模式的数据，形成庞大的动态数据中心。而智慧地下城市的动态数据中心是城市智慧化的基础，只有有效处理、利用这些数据，挖掘数据所蕴含的信息与知识、充分发掘数据中的关联关系，才可能提供智慧化的服务。同时，用户只有方便、快捷、灵活地从庞大的动态数据中心获取到所需要的信息，实现对动态数据中心的按需、灵活的访问，才能利用所提供的智慧化服务。因此智能搜索引擎将在智慧地下城市建设中发挥重要作用。

d. 可视化与仿真技术

智慧地下城市可视化与仿真技术是支撑服务层的核心技术之一，通过复杂城市的三维模型构建和地形绘制，为各种智慧应用提供数值仿真计算平台，并动态直观地展现各种城市问题与现象。智慧地下城市可视化与仿真技术不仅为城市管理决策、企业虚拟经营、市民人性化服务提供了新颖的手段，也为智慧地下城市的复杂问题发现与分析提供了通用的交互式平台。该技术主要包含三维建模、数值仿真、渲染等关键部分。

三维建模由地形建模与场景建模组成。地形模型在空间上连续、大面积分布，承载了所有城市场景，目前地形建模技术已经比较成熟。而城市场景建模需要综合考虑数据传感获得的几何和纹理数据，以及动静态场景信息，是智慧地下城市三维建模中最复杂的部分。

数值仿真层是对城市几何模型根据不同的应用模型进行数值计算的过程。在建模层产生的三维模型基础上，数值仿真需要进一步完成多尺度几何仿真模型的生成。对于不同的智慧应用需要不同的应用模型，多层次仿真管理技术将不同层次的应用模型与不同尺度的几何模型进行数值计算。数值仿真的结果往往会对城市几何模型进行改变，如城市建筑发生爆炸、坍塌、开裂等损毁仿真，所以需要渲染层对仿真结果进行显示。

渲染层与智慧地下城市真实感体验的关系最为直接。真实感渲染技术主要解决渲染效果的真实性问题，如城市地形、自然景物、光影的逼真绘制等。基于网络三维（Web 3D）的交互式渲染可以满足城市管理者和使用者对城市数据的三维操作需求。同时，在高效渲染技术的支持下解决复杂的大规模城市渲染的效率问题。

e. 虚拟现实与增强现实技术

虚拟现实是利用计算机模拟产生一个三维空间的虚拟世界，提供使用者关于视觉、听觉、触觉等感官的模拟，让使用者如身临其境一般，可以及时、没有限制地观察三维空间内的事物。虚拟现实是一种基于可计算信息的沉浸性、交互性系统，允许用户与计算机仿真互动。而增强现实是一种同时包括虚拟世界和真实世界要素的环境，其目标是在屏幕上把虚拟世界套进现实世界并进行互动。虚拟现实和增强现实能够实现对数字内容的高真实感、高沉浸感的表现，并强调人机交互。这在智慧地下城市建设中是必不可少的。此外，除了对单类型数字内容高真实感、高沉浸感的表现，不同类型数字内容的无缝融合和综合数字内容的融合化展示成为一个重要的趋势，也是智慧地下城市建设在城市多源密集型数据呈现的重要需求。

在智慧地下城市建设过程中，研究以感知网获取的实时动态信息和其他历史统计资料为基础，依托辅助决策模型库，利用虚拟地理模拟、计算机仿真和虚拟现实等技术手段，来进行分析规划决策的目标制订、资源调度、方案执行、实施效果和动态演变等过程，研究以模拟仿真的方式表现规划决策实施的过程与城市历史发展、城市规划情景、城市土地利用格局、生态环境变化和突发事件中产生的现象和动态变化之间的关系，实现为城市演变规律分析、土地利用规划、应急预案的制定提供科学依据。

需要补充说明的是，可视化仿真中的三维仿真可以说是隶属于虚拟现实技术，但二者又有一定的区别。虚拟现实技术除了强调三维呈现，还强调人机交互；而三维可视化技术则重点在于三维可视化表现，所以两者不能完全等同或被取代。

f. 个性化智能门户技术

个性化智能门户技术是指根据用户的个人兴趣，从庞杂无序的海量异构数据中找到有用知识，提供一种根据用户兴趣对信息进行组织和过滤的智能人机交互手段。其目标是建立能帮助网络用户彻底摆脱网络海量数据信息超载的困扰，使用户能以最快捷的方式获取符合个人兴趣的信息个性化门户系统,实现从传统的“人找信息”模式到“信息找人”模式的转变。个性化智能门户是实现个性化智慧地下城市运营的重要技术手段。

个性化智能门户技术的首要问题是如何获取用户的个性化偏好,其次是根据所建立的用户偏好进行个性化的信息推荐。其中,用户个性化偏好的获取过程大致为:面对用户在信息访问时所蕴含的多方面的个性化需求,并利用信息之间的各种关联关系(直接的或潜在的关系、动态的或静态的关系),综合分析用户偏好建立对信息源的需求、用户空间行为的频繁模式、时空异常行为特征、环境空间布局和环境事件分布,以及采取不同用户干预条件对用户偏好建立的影响,采用时空关联分析和时空数据挖掘方法,实现用户个性化偏好、空间行为、时空模式等高层知识的挖掘,建立用户个性化兴趣模型,并利用一定的反馈机制,实现对用户个性化兴趣模型的动态更新。

在智慧地下城市建设中,建设可定制的、个性化的、公众能参与互动的一站式政府管理服务门户,使市民可以参与到智慧地下城市管理中,与智慧地下城市建设、智慧地下城市管理形成互动,使市民能够定制个性化智慧地下城市服务,直接享受来自政府、公共服务机构向市民及企业提供的所有公共服务,同时可提升智慧地下城市管理的广泛性和敏感度。

此外,智慧地下城市建设中强调的个性化门户,还可以包括根据城市自身的个性化特点,结合市民的个性化需要与偏好,构建智慧政务门户系统,达到城市个性化运营的目标。事实上,城市最明显的一个特点就是个性化,主要体现在城市所在的区域位置、资源环境、城市规模、基础条件、城市特色、历史沿革等的独特性和所处发展阶段和机遇以及城市社会经济状况、科学技术水平、组织管理能力、城市发展愿景等方面。个性化的智慧地下城市运营就是充分发挥城市潜力、利用自身优势,充分开发自身资源。真正做到个性化运营,就要从实际出发,避免照搬照抄别的城市经验和做法,不断使用新技术手段和智慧地下城市运营理念打造个性化的智慧地下城市。

②专用技术

所谓专用技术,是指专门服务于智慧地下城市建设的一些支撑服务和技术。结合智慧地下城市建设的特点和需求,其所需的专用技术主要包括:城市多模式数据系统互联技术与支撑环境、面向城市运行管理的数据高性能分析技术和支撑平台、城市多源密集型动态运行数据呈现技术与服务系统、以人为中心的智慧地下城市公共服务支撑技术与系统、城市信息多层次智能决策关键技术与系统、统一时空体系下多源信息实时接入与异构信息自主加载、城市复杂时空数据集成分析与空间决策模拟、网络监管工具与平台技术、多维协同服务平台、空天地融合的智慧地下城市信息共享技术等。

a. 城市地下多模式数据系统互联技术与支撑环境

智慧地下城市是典型的多源数据密集型处理与应用环境,城市各方面数据关联关系的割裂是必须解决的核心问题。同时在城市各个行业中,实时和非实时的、离线和在线的不同类型系统并存。现存的这些系统是多模式数据系统,其多模式体现在两个层面:一个是系统层面的多模式,主要包括系统所遵循的标准与规范异构、系统所基于的基础设施和网络异构、系统所采用的技术和架构异构、系统的处理方式异构;另一个是数据层面的多模式,主要指系统所涉及的数据具有多源(即不同的数据获取手段、不同的系统来源、不同的数据格式等)、异构、时变和高维等方面特征。如何实现这些多模式数据系统的互联是智慧地下城市建设需要面对的首要问题之一。

城市多模式数据系统互联技术与支撑环境的目标在于:研究城市运行、服务于管理系统汇聚互联解决方案,突破其核心关键技术。主要研究内容在于:首先研究智慧地下城市系统汇聚模型和互联规范,建立我国自主的智慧地下城市技术体系与标准体系,使智慧地下城市系统建设和多系统汇聚均有章可循、有规范可依;其次是研究面向智慧地下城市系统汇聚互联的虚拟存储技术和数据互联机制,实现数据互联;再次研究系统汇聚过程中的安全性和高效性,并提供高效汇聚协同中间件和数据动态融合、检索和分析中间件,为所服务的汇聚应用提供支撑服务;最后基于这些核心技术的突破,融合相关研究成果,构建智慧地下城市应用系统汇聚的城市数据融合与共享互联系统,并研究如何在中小型以上城市开展示范应用。

b. 面向城市地下空间运行管理的数据高性能分析技术和支撑平台

城市运行管理将持续产生海量数据,主要包括视频监控、位置信息、交通传感网、环境监测等,形成一个动态数据中心。城市建设智慧化水平的高低很大程度上取决于对这些数据的处理、分析和利用的程度。因此,需要以城市中的人—物—环境为对象,从并行化、硬件化、精确化和智能化等角度出发,开始对城市数据进行高性能的处理、分析和利用。

面向城市运行管理的数据高性能分析技术和支撑平台的目标在于:以城市中的人—物—环境为对象,通过分析城市运行管理动态数据特征,突破城市大规模实时运行数据高性能处理与分析、智能检索与识别等关键技术,研制多模精确定位的行为识别等设备,构建服务系统并开展示范应用。

由于城市运行管理数据具有多源、海量、跨媒体等特点,如视频、音频数据。对于位置、传感数据,这些实时数据中人物环境等要素的分析与理解主要涉及如下关键技术:首先针对城市人—物—环境等源数据的准确获取,开展面向城市公共安全的多模精确定位设备、城市运行管理数据快速处理与识别设备(软硬件一体化)的研究;其次针对城市运行管理中海量数据处理实时性和快速性的需求,开展多模态数据高性能处理技术研究;再次针对城市人—物—环境海量数据的智能化检索与分析的需求,开展城市动态运行管理的大规模数据智能检索、面向区域时空模型的目标异常行为分析技术的研究;最后在上述关键技术研究的基础上,选择合理的数据来源和典型的应用行业,如公共安全和交通等领域,研究如何构建面向城市公共安全环境等城市运行管理数据的高性能分析与处理系统,并选择与之相关的单位开展技术应用示范方面的合作。

c. 城市多源密集型动态运行数据呈现技术与服务系统

对于智慧地下城市,如何对多源、多模、结构复杂且异构的城市场景数据和随时间轴变化的城市动态运行数据进行交互式呈现,以更为直观的方式提供给应用系统的各种用户使用,从而发掘更深层次的关联关系及事物的实质需求是迫切的。因此城市密集型多源数据呈现与服务也是智慧地下城市研究中的重要技术内容,是从数据中获取知识,达到智慧化的必要工具和技能。

城市多源密集型动态运行数据呈现技术与服务系统的目标在于:围绕城市运行管理中的多源密集型及动态变化数据,研究大规模复杂城市基础数据虚实融合呈现技术,研究城市动态运行数据与真实城市场景自然而逼真的融合建模、仿真与绘制技术,搭建基于移动智能终端的密集型城市数据呈现行业服务系统,并在大城市开展应用示范。其技术建设内容包括:首先对城市的基础设施静态数据与密集型多个传感器采集的多源动态运行数据,包括环保数据、通信数据、气象数据、交通数据等进行深入分析,挖掘动、静态数据之间的联系,对城市设施基础数据进行建模;其次突破多源密集型城市动态运行数据与基础设施数据的融合、识别、分析与实时呈现核心技术,对各类城市可视化数据实施呈现;再次利用相关模型和呈现结果,提供对城市多源密集型数据的组织、存储、全生命周期管理等服务;最后在上述关键技术研究的基础上,开展面向城市信息服务的、有代表性的典型应用系统原型的研发,验证上述关键技术的有效性,推动智慧地下城市可视化数据呈现技术的发展。

d. 以人为中心的智慧地下城市公共服务支撑技术与系统

城市资源环境、市民自我发展、综合社会关系等问题相互交织,结构复杂,但是均与人息息相关。智慧地下城市在服务对象、服务内容、服务组织以及服务提供等方面均具有以人为中心的特点和需求。以人为中心的智慧地下城市公共服务支撑技术与系统的建设目标在于:研究面向个人的智慧地下城市公共服务聚集技术,突破基于个人信息的实时分析与偏好发现关键技术,研究以人为中心的服务定制与融合技术和基于个人偏好与情境的服务推荐技术,研制以人为中心的支持百万级用户的智慧地下城市公共服务支撑平台,并开展应用示范。

以人为中心的智慧地下城市公共服务支撑技术与系统的技术内容建设将从领域知识、制程技术、服务平台三个方面展开,具体包括:建立以人为中心的智慧地下城市知识模型和知识自增长、自演化机制;突破以人为中心的智慧地下城市应用的开发、演化、融合、推荐、运行、管理等共性关键支撑技术;建设基于云计算模式的开放服务平台。并在此基础上,选择特色城市,研究如何实施应用示范工程,并促进相关产业发展。

e. 城市信息多层次智能决策关键技术与系统

智慧地下城市的建设和应用,离不开对相关政府部门提供面向城市运行管理、建设规划、应急指挥等方面的决策支持,甚至需要对企业和市民提供有利于企业发展和市民生活密切相关的一些决策与推荐服务,使得政府决策部门、企业和市民能够对决策资源透明访问、智能分析、综合决策。因此,研究并构建城市信息多层次智能决策关键技术和系统,提供相应的支撑服务是非常关键和迫切的。城市信息多层次智能决策关键技术与系统的目标在于:综合信息领域的先进计算、通信和对地观测领域时空模拟的现有基础,突破城市时空信息智能分析与决策模型联网协同决策、模型与数据双向耦合与主动聚焦决策服务的瓶颈,构建跨领域的城市决策模型库,研制城市信息多层次智能决策系统,开展城市管理综合决策应用示范,形成更多层次的协同决策、更精确的综合决策、更细粒度的个性化决策和更主动的聚焦决策,最终实现数字城市的联动决策系统到智慧地下城市的智能决策服务的跨越式发展。

城市信息多层次智能决策关键技术与系统的建设内容主要在于:研究和突破城市海量分布式数据与多样异构化决策模型在线双向耦合技术,研制城市信息智能分析与辅助决策支持系统,为城市运行、管理和规划提供面向多层次、细粒度用户的综合辅助决策支持能力,研究如何结合典型城市开展相应的示范应用。

f. 统一时空体系下的多源信息实时接入与异构信息自主加载

智慧地下城市系统所包括的立体感知网络与系统将采集海量、多源的城市信息,其中也存在大量的城市空间信息。而目前对这些城市空间信息还难以实现互联、互通、互用,无法实现综合运行管理等,从而大大限制了智慧地下城市建设的发展。因此,需要系统研究城市空间信息的体系、标准规范、信息接入与加载等,实现城市空间信息的互联互通。

统一时空体系下多源信息实时接入与异构信息自主加载的建设目标和主要技术内容在于:研究和制定统一时空体系下的城市多种类型空间信息接入与加载的规范标准,突破多传感器信息的实时接入与空间关联、多源异构信息的自主加载与内容融合、时空信息管理与更新等核心技术,研发支撑城市综合管理的时空信息实时接入、动态加载与综合集成技术平台。

g. 城市复杂时空数据集成分析与空间决策模拟

实现城市空间信息互联互通和实时加载的目标是能够实现它们的互用与综合运行管理,从而最大效能地发挥城市空间信息的作用,为智慧地下城市的政府、市民和企业这三大主体提供更全面、更丰富、更智慧的服务。因此,智慧地下城市需要研究城市复杂时空数据集成分析技术,并提供空间决策模拟,从而实现对城市运行空间信息的智能处理与分析。

城市复杂时空数据集成分析与空间决策模拟的建设目标和主要技术内容在于:面向城市应急响应、市政管理等实际应用需求,突破城市异构时空数据的空间整合与智能分析、面向多层次与多主题的空间决策分析等核心技术,研发自主的智慧地下城市时空数据集成分析与决策模拟技术平台,并进行典型试验验证。

h. 网络监管工具与平台

智慧地下城市应用是构建在庞大异构多样开放的网络基础上的,其所面对的用户也具有数量大、种类多、层次各异、需求和目标不同等多方面的特征,是一个高度开放的网络环境。因此,如此开放的网络环境和庞大的用户群使得网络安全和服务性能等都受到了很大挑战。所以,要保证智慧地下城市诸多应用的稳定及可靠的服务,需要有强大的网络监管工具与平台,来对网络的使用情况进行动态监管,保证其安全性和使用效率。

网络监管工具与平台支撑服务的建设目标和主要技术内容在于:建立综合的监管平台,提供多样化的网络使用与监管工具,能够实现对网络使用状态实时监控、网络性能分析、用户服务、构建基于服务水平协议(Service Level Agreement,SLA)的网络使用服务体系、统一监控和应急响应等多个方面。

i. 多维协同服务平台

城市运营是一个庞杂的系统,其离不开多部门、多角色、多方面和多维度的协同服务。因此,构建智慧地下城市需要提供智慧化的多维协同服务平台,以满足城市运营在协同服务方面的固有需求。

多维协同服务平台的技术目标在于:梳理智慧地下城市中的协同维度,研究智慧地下城市的多维协同映射关系和协同工作模式、协同接口定义和服务描述等关键问题,建立多维协同共享服务平台和协同工作环境,以保证智慧地下城市系统主体间的高效协同运作,达成城市运行和智慧管理的最佳状态。

为此,多维协调服务平台的主要技术研究内容包括:首先分析梳理车路协同、用户协同、跨区域协同等多维协同模式、构建数据协同关系和协同模式;其次建立数据协同平台和信息便利协同运作模式、创建政府服务协同工程和协同工作环境;最后针对上述研究成果,研究如何建立面向应用的跨区域、跨行业协同服务的示范工程。

j. 空天地融合的智慧城市信息共享

城市信息包括城市地上地下建筑物的基础数据、空间数据以及实施运营的诸多数据,如何实现这些空天地数据的有效融合,提供信息共享和服务,是智慧城市建设需要考虑的一个重要方面。

空天地融合的智慧地下城市信息共享技术的建设目标在于:研究和解决对地观测、空间信息处理、信息化测绘、位置服务、物理—信息融合、多重城市地理空间数据整合、地理信息技术等关键问题,并通过这些问题的研究,提供一套面向智慧城市应用的、空天地融合的信息共享支撑平台。

因此,该项支撑服务的主要技术内容包括:首先,构建信息化测绘技术服务体系,研究地理信息实时化获取、地理信息自动化处理、地理信息网络化管理与服务、地理信息管理实用性技术、复杂地理计算平台技术、物理—信息转化机理和融合平台等关键技术;其次,构建高性能计算支撑软件以及空天地一体化的城市监管体系;最后研究如何突破多重城市地理空间数据整合与分析技术,提供城市数字化、智慧化的空间信息管理服务与系统。

(5)应用服务层

应用服务层主要是为上层的各种智慧应用提供服务的,但是与支撑服务层有所不同,主要是对跨系统应用管理与服务进行高度封装,从而为上层的智慧应用提供服务。而支撑层强调的是抽取智慧地下城市的核心共性关键技术,构建统一化的服务和支持平台,可以同时为应用服务层和智慧应用层服务。应用服务层的关键技术包括(但不限于):面向智慧地下城市的行业内务共享平台、面向智慧地下城市的跨行业共享服务平台、城市管理应急联动防控关键技术和应用平台、城市大规模视频监控网络的共享感知和综合服务平台、智慧地下城市智能交互平台、智慧地下城市社会组织生态和治理技术与服务平台、城市综合环境监测评估和灾变预警技术与服务平台、基于位置的城市公共安全信息服务平台、基于智慧地下城市的现代信息服务平台等方面。

①面向智慧地下城市的行业内务共享平台

信息化的发展使得现有多数行业内部都有自身的信息化系统,但现存系统间的共享性较弱,即使是同行业不同单位的系统间都鲜有关联和共享。因此,构建行业内务共享平台,希望打破同行业异单位之间的信息壁垒,从而有助于提高行业的服务能力和整体水平。面向智慧地下城市的行业内务共享平台的主要技术内容在于:首先,全面分析和研究行业数据信息共享粒度、共享层次和共享方法,突破其核心技术;其次,研究业务数据的共享编码体制和描述方法;再次,研究同行业不同单位数据信息共享的安全和隐私保护等关键问题;最后,研究如何针对行业服务特点,建立行业内封装服务和共享接口,打造面向智慧地下城市的行业内务共享平台。

②面向智慧地下城市的跨行业共享服务平台

面向智慧地下城市的跨行业共享服务平台是指在行业内务共享平台的基础上,将共享扩展到跨行业领域,其需要面临的共享范围更广、共享内容更异构、共享享用群体更多、共享难度更大、共享模式更为复杂等诸多困难,需要进一步建立跨行业的信息共享和服务平台。

③城市管理应急联动防控关键技术和应用平台

应急管理和联动防控是城市管理的一个重要方面,应急联控的能力和水平是城市智慧与否的体现之一,因此构建城市管理应急联动防控关键技术和应用平台就显得非常关键和迫切。其技术建设目标和内容在于:针对城市中自然灾害、事故灾难、突发公共卫生、突发社会公共安全等应急事件联动的快速性和防控的精确性需求，构建城市高效、低成本的应急联动防控体系，突破跨行业、跨区域、跨媒体的多元复杂系统集成协同运作方面的一系列关键技术难题，构建支持市县区多级联网的城市应急联动防控信息服务平台，提供共性支撑和技术示范，实现城市公共安全应急处置智能化、防控精准化和响应实时化的运行管理模式创新。

④城市大规模视频监控网络的共享感知和综合服务平台

现在很多城市都安装了大量电子眼，从而可以获取大量的监控视频。但目前这些电子眼之间协作较少，存在重复建设的情况，例如在同一个地方，有公安的摄像头，也有交管部门的摄像头。因此，如何充分有效地利用已有的大规模监控视频，以及如何提高视频监控网络的共享与感知效率，是智慧地下城市建设必须解决的技术问题。

城市大规模视频监控网络的共享感知和综合服务平台的建设目标在于：突破大规模视频监控系统感知信息的关联分析和融合利用等关键技术，实现对人、车、物、事件等目标的多维全面感知，提供特定目标、群体行为、事件发现、城市态势、历史挖掘等个性化和大众化服务，提升智慧地下城市服务水平与应急能力。围绕上述目标，需要研究解决的技术内容主要包括：首先研究城市场景网络化视频感知方法、大范围场景的信息融合与视频目标关联分析技术、视频数据访问的负载均衡和分布式调度机制等核心关键技术；其次是研制海量视频数据的高效存储与快速检索系统，面向公共安全和城市交通实现系统集成并开展应用示范。

⑤智慧地下城市智能交互平台

智慧地下城市建成以后，不仅为用户提供被动式服务，更重要的是可以给用户提供方便、快捷、智能的管理和控制平台，从而使用户参与到城市管理中。智慧地下城市智能交互平台的建设目标就在于为用户提供这样一个访问平台，使得用户在其权限范围可以使用、控制相应的智慧应用，参与到智慧地下城市的管理中，真正享受到智慧地下城市系统所提供的各项智慧化服务。其技术建设内容主要包括：交互控制接口定义、控制流程定义和管理工具、控制权限的管理、控制方法和可视化控制、一站式及一键式控制服务模式、多媒体交互服务等核心问题，并研究如何结合城市特点最终建立智能交互示范工程。

⑥智慧地下城市社会组织生态与治理技术及其服务平台

城市生态和生态城市越来越受到世界的关注和重视，在这一大背景下，智慧地下城市的建设就离不开社会组织生态的关键问题研究，并提供相应的综合服务，这有助于建立良好的生态城市。智慧地下城市社会组织生态、治理技术与服务平台的技术内容主要包括：研究生态城市的内涵和外延、城市复合生态系统的组织形态和展现形式；符合生态规律的生态城市结构、功能、主体关系的研究；城市生态良性循环关系研究；基于生态学原理的城市设计等关键问题研究；生态治理技术研究以及基于上述研究提供的示范服务平台。

⑦城市综合环境监测评估与灾变预警技术及其服务平台

城市综合环境监测评估与灾变预警在城市中的地位是不言而喻的，因此开展相关专门技术和应用服务研究也是顺理成章的事情。城市综合环境监测评估、灾变预警技术与服务平台的建设目标在于：通过研究环境监测评估技术和评估方法，构建监测评估所需的监测网络与服务平台，综合处理监测信息，展示监测结果和评估预测结果，并对可能的灾变提供预警机制。其技术建设内容主要包括：城市污染防护监测和防护技术、城市交通监控预警技术、城市重点工程与主要建筑的监控和灾变预警技术、重大地质灾害监控预警技术、大城市病的事件监控和调控等技术,并构建统一通用的城市综合环境监控与预警平台。

⑧基于位置的城市公共安全信息服务平台

基于位置的城市公共安全信息服务平台的目标在于建成基本的视频监控体系,服务交通事故处置、刑事侦缉等公共安全管理,进一步挖掘现有资源,对分布在城市范围的各类视频监控进行整合与完善,尤其是整合银行、物业公司、商业网点等社会机构设立的监控装置,形成广覆盖、高融合的视频监控终端体系。此外,整合城市管理网格化系统,进一步普及智能采集及终端设备的覆盖范围,尤其是应该开发和普及价格低廉、实用性强的智能终端设备,使其与现有平台互联。同时该项研究还包括整合现有信息技术,包括视频图像识别、移动通信定位等,采用多途径对高危人群进行路径跟踪等。

⑨基于智慧地下城市的现代信息服务平台

基于智慧地下城市的现代信息服务平台的目标在于研究和攻克一系列基于智慧地下城市的现代信息服务业共性服务基础技术,形成基础支撑系统和平台,为多种智慧城市典型应用和服务提供基础运行支撑和开发管理支持。其主要技术内容包括:研究服务基础核心技术,为基于智慧地下城市的现代信息服务业提供基础运行环境,服务生命周期管理、数据集成和事务处理等机制;研究基于智慧地下城市的现代信息服务基础支撑技术,为上层服务组件的灵活配置、高性能加载、海量数据传输存储和负载平衡提供统一服务支撑,形成服务基础平台并提供虚拟化计算环境。

4.2.2 智慧地下城市设计

1)智慧地下城市设计目标

(1)夯实智慧基础设施

通过建设高速宽带泛在的新一代信息基础设施,同时推进智能交通、智能管网等城市基础设施建设,形成高度一体化、智能化的新型城市基础设施。

(2)实施智慧运行

通过加强物联网、云计算、视频监控等技术手段在城市运行中的应用,实现智慧城市运行监测和智能安保应急,提高政府精准管理能力,使城市运行更加安全高效。

(3)开展智慧服务

通过实施智慧医疗、智慧教育、智能金融、智能社区、智能家庭等一系列智慧应用,使城市服务更加及时便捷,有效提高市民满意度,真正将城市发展的成果惠及大众。

(4)发展智慧产业

基于重点领域的智慧应用体系,全面推进物联网、云计算等信息技术在自主创新、产业发展、公共服务、社会管理、资源配置等方面的广泛应用,这是国内主要城市建设智慧城市的长期目标。

2)智慧地下城市设计要点

(1)科学量化设计

科学量化设计是信息技术在地下空间规划设计中的创新尝试,为地下空间科学规划、智慧规划开拓思路及方法。区别于传统规划设计中单纯依靠经验判断,本规划首次在地下空间规划中将地理信息系统、Revit 软件、云渲染、LUMION 软件等信息技术结合应用。通过传统规划、软件分析和主观判断的综合运用,使规划推导及论证更加具有科学性和指导性。

(2)科学管理

地下空间规划统筹地面规划、交通、市政、防灾及海绵城市等多专业规划,强调整体性和理性,提出不同系统的竖向布局和碰撞避让原则,保证地下空间资源合理、有效的使用。同时,为保证规划实施,结合规划管理要求,对重要的人行、车行联通道、下沉广场位置及面积、公共开发地块功能和重要开发地块的最低商业开发面积、整体开发地块、地下场站、民防设施等因素进行规划控制及管理。对于普通地块不做过多要求,通过弹性控制和智慧管理保证规划的完成度。

3)智慧地下城市设计基础技术

(1)数据管理技术

在进行规划工作之前,必须获得并管理完整而准确的地下空间数据,规划过程所产生的可视化或决策数据也需要进行管理,因此需要使用相应的数据管理技术。城市地下空间结构正变得越来越复杂,随之而来的空间分类和数据管理问题日益突出。可基于功能、形状、深度、工程规模、建筑类型等将地下空间进行分类和数据标准化,以及采用一定的数据组织方式将多源异构数据进行统一管理,建立面向对象的集成空间数据库。目前在地下空间数据管理上最宏大的构想是由国际地下空间联合研究中心(Associated Research Centers for the Urban Underground Space,ACUUS)提出的“地下地图集项目”,旨在调动全世界地下开发研究者或爱好者,共同建立一个地下空间在线电子数据库,使其成为地下结构信息中心。

(2)建模仿真技术

为保证规划的直观性,需要根据城市地下空间的地层、各类市政管线、建(构)筑物信息建立三维模型,采用的技术即为建模仿真技术。近年来,GIS 技术活跃在城市规划、农业、防灾、生态和采矿等多个领域,三维 GIS 在可视化、场景展示和分析上均进行了改进,适合作为城市地下空间规划可视化的基础技术,如图 4-12 所示。

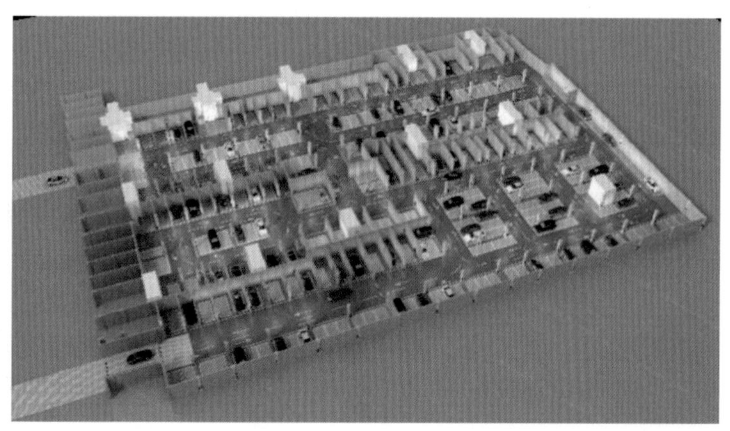

图 4-12 地下车库模型

城市地下空间规划过程需要使用者和辅助规划系统进行“互动”,系统所呈现出的模型越精细、仿真程度越高,越有利于人机交互,从而提高规划工作的质量。娄书荣等认为,为了节省人力和提高效率,应采用面向对象的方式对管网和精度要求不高的建(构)筑物进行自动化建模,而采用 MultiGen Creator、3DsMAX、Sketchup 等专业软件进行精细化建模。另外随着云计算技术的发展,三维 GIS 将可处理更庞大的数据、提供更好的实时交互及可视化功能;三维 GIS 结合虚拟现实技术(VR)可为使用者提供沉浸式体验,从而更好地帮助专业人员进行决策。还有研究者开发了增强现实技术(AR)系统和相应的手持式设备,用于地下基础设施的维护、规划或调查。

(3)资源评价技术

城市地下主要有四类重要资源——空间、岩土材料、能源和地下水,在开发不同资源时可能发生冲突,因此对这些资源进行科学评估是实现整体规划的基础。地下资源定量评价基于前述的可视化建模技术,而当前研究主要着眼于地下空间建模,对其他地下资源的关注尚且不足。在定量评价之前,已经有研究者在赫尔辛基、香港等地建立了地下开发适用性地图,能体现特定区域地下空间的发展潜力。DOYLE 利用层次分析法(Analytic Hierarchy Process,AHP)评价地下区域的相对适用性,绘制出得克萨斯州圣安东尼奥的地下开发适用性地图。JIAN PENG 和 FANGLE PENG 提出了地下资源评估指标体系,利用层次分析法、最不利评分法、排除法等数学方法对每个指标水平进行量化,并基于 GIS 进行叠加,从而得到最终评分。这种方法已经成功应用于铜仁和常州等城市地下的规划中,以帮助规划者确定最具开发价值的区域。ZHOU DANKUN 等也利用层次分析法和 GIS 平台对南通市的地下资源开发难度、潜在价值和综合质量进行了评价,从而为决策提供依据。

(4)规模预测技术

在城市发展的不同时期、不同阶段,城市地下空间的开发需求规模有所不同,通过预测获得开发需求量,是城市地下空间规划的重要内容。目前开发规模预测正由定性方法向定量方法发展,但尚未形成统一的方法。根据指导思想的不同,现有方法可大致分为两类,即“补充”方法和“比例”方法。“补充”方法将地下开发视为地上开发的补充,地下开发规模=开发需求-地上开发规模;而“比例”方法通过预测地上和地下空间的比率来获得地下开发规模。根据考虑因素的不同,现有方法可分为:根据人均地下空间需求面积叠加估计、根据功能不同的地下空间需求叠加估计、根据不同需求级别的分区面积叠加估计、由城市人口密度和人均 GDP 等指标构建需求强度方程进行估计。一些研究者提出的综合预测法将不同方法相结合,考虑因素更加全面,是目前的发展方向。

(5)协同规划技术

在规划过程中涉及建筑、结构、给排水、景观园林、道路等多种专业规划,专业之间的信息互通和相互协调十分重要。实现协同规划的关键就是建立一个协同平台,如桃浦科技智慧城地下空间专项规划中使用的协同规划建筑信息模型(Building Information Modeling,BIM)平台,即基于 Revit 中央文件协同办公技术建立的平台,使规划中涉及的多专业人员能同时对 Revit 中央文件进行编辑,从而打破了信息壁垒,提高了规划效率。

4)智慧地下城市设计关键技术

(1)动态模拟技术

模拟城市发展情况,是进行城市规划的重要基础。随着计算机技术的发展,城市模型正由静态向动态发展。目前,城市增长模型已经历了“三代”:土地与交通交互模型、空间交互模型、空间动态模型，其中空间动态模型即自20世纪90年代兴起的第三代模型，是一种"自下而上"的城市模拟模型，以元胞自动机模型、智能体模型为代表。第三代模型虽然比前两代模型能更好地适应空间系统，但城市作为一个复杂系统，要求模型具有自我学习、自我调节和自动生长的功能，而大数据技术和人工智能技术的兴起为实现这一要求提供了现实路径。2009年MICHAEL BATTY在"数字实验室"中对城市进行"培养"，模拟了城市生长的动态全过程，这被认为是最早的城市智能生长模型。2018年吴志强等首次用人工智能博弈模型CityGo来模拟政府、规划师、投资商、市民四类主体的博弈过程，借此推演城市用地布局，实现了城市智慧规划领域的重要突破。

(2)智能交互技术

人工智能技术仍在发展中，在城市规划领域尚不能完全取代人类智能，因此必须考虑人和辅助系统的交互，而智能交互技术就是充分发挥决策者的个性，将决策意志和优化理性相结合的手段，如图4-13所示。使用者通过辅助系统输入必要的参数，由智能模型对数据进行处理，最后系统输出结果信息，因此智能交互的核心是实现实时动态反馈，基本方法是采用反馈模型来建立"人—机"交互。现有的研究以开发反馈建模工具和建立城市形态反馈模型为主，前者包括SketchUp的插件Modelur、Rhino的插件Grasshopper等，后者包括VANEGAS C A等提出的交互式模型编辑机制、GRÊT-REGAMEY A等提出的交互式可持续城市规划方法。

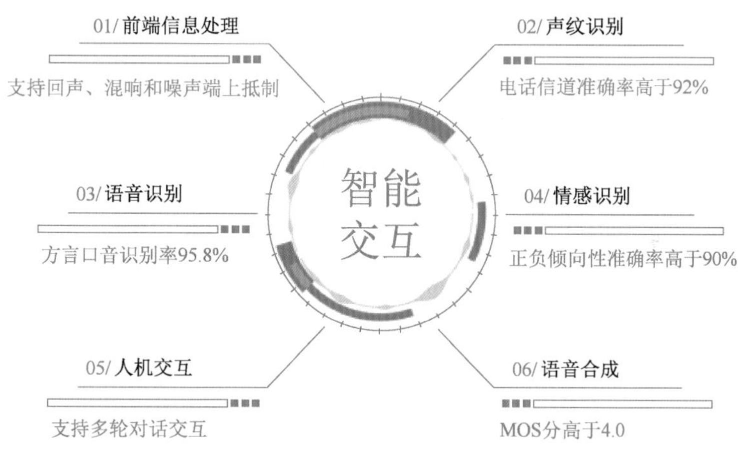

图4-13 智能交互技术

MOS-平均主观意见分(Mean Opinion Score)

(3)CIM平台技术

CIM即城市智能信息模型(City Intelligent Model)，是一个承载前述功能、运行各类模型的大数据平台，由吴志强院士提出。根据前面的内容，基于大数据和人工智能技术，可以挖掘出城市发展规律、进行城市动态模拟，进而实现城市功能的智能配置和城市形态的智能设计，如图4-14所示。其中城市形态的智能设计应由CIM平台进行大数据支撑而实现；智能博弈模型也需要基于大数据运行，也可纳入CIM平台的运行内容。另外，鉴于城市地下空间的特殊性，平台可增加AR功能，并采用相应的手持式设备，用于基础设施调查和规划。

现有地下空间规划系统或实践都未真正运用智慧技术，在规划工作核心的规律挖掘和发展模拟部分依然依靠人类智能实现，整体自动化和智慧化的水平不高。城市地下空间规划是城市规划的重要内容，在规律挖掘和发展预测方面的技术需求与地上类似，因此若将城市智慧规划领域的研究成果与地下空间开发特点相结合，应用于城市地下空间的规划当中，将是实现城市地下空间智慧规划的良好途径。

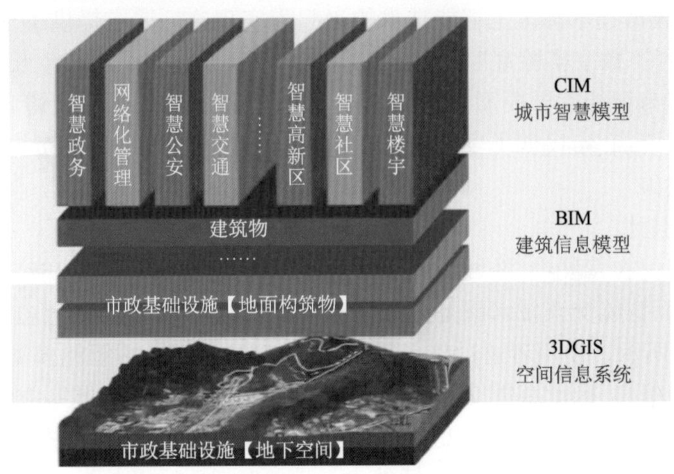

图 4-14 CIM 平台技术

4.2.3 智慧地下城市建造

1）地下城市智慧建造目标

关于"智能建造"的概念，目前学术界尚未形成统一且广泛认可的定义，本节尝试将智能建造定义为"一种基于智能科学技术的新型建造模式，通过重塑工程建造生命周期的生产组织方式，使建造系统拥有类似人类智能的各种能力并逐步减少对人的依赖，从而达到优化建造过程、提高建筑质量、促进建筑业可持续发展的目的"。由定义可知，智能建造的内涵不仅包括智能科学技术在建筑业的集成应用，并且涵盖了在此基础上对生产组织方式的提升，通过智能技术实现建造过程中计划、执行、监控与优化的迭代循环，从而提高施工组织管理与决策能力。在地下城市建造过程中，要充分利用科学技术发展，采用大数据采集、智能模拟和实施反馈等智慧手段，以提高建造效率、保证建造安全，同时为后期运营阶段提供基础数据平台。

2）地下城市智慧建造要点

目前正在实施和可以预见实施的智慧建造方式包括 BIM 技术和智能监控技术。

（1）BIM 技术应用于地下城市建造

开发利用城市地下空间建设中需要多个项目系统的交叉与合作，运用 BIM 协同技术，能够实现建筑、结构、给排水、暖通设备、机械电气等各专业在同一模型基础上进行工作，能够避免出现"信息断层"，使设计信息得到及时更新和传递，有助于提高设计质量和效率。另外，建造者利用 BIM 模型进行合理设计，预留设备维修空间，进行碰撞检查检测，优化地下管线的合理布置，方便建筑后期的运营维护，进行深化精细设计，为保证建筑的功能质量和建筑施工的高效实施打下基础。BIM 可视化技术能够形象直观地模拟各种设计方案，立体、真实地展示项目设计、建造、运营等整个过程，有助于项目建设过程的理解和决策。运用虚拟现实技术，遵循工程项目设计标准,建立逼真的三维虚拟场景,对项目进行真实的"预演",人员在虚拟环境中任意漫游,能够发现很多不易发现的建造难点,减少由于事前规划设计不周而造成的损失。

总之,BIM 是工程行业进程中一个相对较新的技术,它将改变整个设计、施工及运营的传统模式,从事 BIM 的专业技术人员也将不断探讨与完善 BIM 的必要性与新方法,从而不断优化应用软件。从国内外众多案例来看,BIM 技术在建筑领域是极为宝贵的工具,势必在不远的将来发挥更加巨大的作用,为政府、企业创造更大的经济效益。图 4-15 为 BIM 技术在地下空间领域的应用。

图 4-15　BIM 技术在地下空间领域的应用

(2)智能监控技术应用于地下城市建造

基于"智慧城市"理念,我们对城市地下空间的智慧建造也提上了日程,对于城市地下智能化建造,城市地下空间智能监控系统是开发的核心要素。城市地下空间智能监控系统应包括对各种地下工程项目实施过程进行安全监控与预警措施,以及统一信息管理平台。具体做法是把智能感应器嵌入和装备到城市地下空间的基础设施建筑、市政管线、道路交通、交通环境、人流量等建造环境中,全面感知地下空间的静态与动态状态并进行报警处理,综合建造各区域的地下信息普遍连接起来形成物联网,然后将物联网与现有互联网整合起来,实现物理世界与信息系统的整合,从而使城市地下空间建造更加智能和安全地进行。图 4-16 为地下管廊环境综合监控系统。

图 4-16　地下管廊环境综合监控系统

4.2.4 智慧地下城市运营

1)地下城市智慧运营目标

地下城市设施的建成往往是要通过投资策划、建设施工、运营维护最后到回收利用这一系列步骤实现的。如何将各阶段的管理统一化,或者使得各个阶段的管理趋于统一化,这是我们想要做到的,因为做到了这点,不仅可以有效提高城市设施建设和运维效率,还能大大降低该过程的成本。在这四个阶段中,运营维护由于重复的周期性会造成一定资金浪费,如何将运维实现统一管理,即全寿命周期运维管理,也是必须做好的工作。

2)智慧地下城市运维管理基本内涵

(1)智慧运维优势

随着地下城市新材料和新技术的兴起,越来越多的地下结构设施如雨后春笋般发展起来。在快速发展的同时,我们也会面临着如何运维、如何管理好这些地下结构设施等问题。近些年来,一种相对较新的运维管理模式——全寿命周期运维管理逐渐出现在人们视野里,这种新模式下的运维管理所散发出来的优点,让人们开始逐渐关注这种运维模式。

现代智慧运维管理系统的投入和使用,保障了地下城市更安全、更经济、更高效的运营服务,与传统运维模式相比,现代运维模式具有如下几个优势。

①更安全:运维人员更安全,对运维环境、人员位置进行实时监控,一旦发生紧急情况,可以通过系统、广播发出报警,保证运维人员安全撤离;设备更安全,可以对整个设备进行实时监控,有效保证设备的运行安全。

②更经济:人员成本更低,通过智慧化手段管理,降低巡检工作量,减少人员数量;设备成本更低,通过信息数据库分析,使设备更新改造"透明化",减少浪费,同时筛选出高性价比的设备,淘汰低质量设备,增加设备使用寿命。

③更高效:巡查巡检更高效,趋向于自动化巡检路径,提高巡检效率,维护维修更加高效,可快速定位设备故障点,提供辅助决策分析,快速便捷提供维修和维护方案。

(2)智慧地下城市运维管理技术需求

运用现代先进的科技手段提升运维管理水平,是实施地下城市全寿命周期维护管理的有效手段。积极推进城市信息化平台建设,建立相应完善的信息监管系统,实现城市各个设施的智能化巡检,能够快速有效收集城市管理的基本信息,进一步提升城市运维管理的工作信息化水平。城市里各个部门能将收集来的数据和信息合理地进行统计和处理,及时掌握城市各个部门运维情况,加强运维管理工作的针对性和科学性。

目前,动态智能化控制是落实管理工作、提高管理水平的一个重要技术手段,以前传统的方法已经不能满足现代智慧城市的发展要求,如何充分利用地理信息技术、4G/5G 通信技术, BIM 技术、物联网云平台等高科技手段解决地下城市运维管理中出现的问题也就成为了一个新的紧要课题。以后的智能管理系统应当是一个集合地理信息平台、充分利用各种通信手段、能控制到设施终端的各类功能模块的整合。

3)地下城市智慧运营要点

(1)理顺管理体制

理顺管理体制是实施地下城市全寿命周期运维的基础,因此需要深化地下城市管理体制改革,应当按照“有利管理、集中高效”的原则,建立完善的协调机制,努力实现地下城市运行和维护的集中管理,明确管理权限和责任。“集中高效”,既提高了地下城市管理的整体性和高效性,也可以避免多头管理和重复投资。

同时,应当坚持“建管并重,管养分开”的原则,完善管理机制,制定合适可行的管理流程,科学组织地下城市的规划、设计、建设验收及运营维护等环节,使各个环节与主题协调配合,并且相关部门积极联动。地下城市应该始终严格遵循“三分建七分养”的原则,以前很多城市只注重前期建设,不注重运维管理,从而导致维护管理上的各种问题,不仅浪费了大量资金,还造成了一定的不良影响。

(2)制订合理的运营和维护方案

在运营和维护阶段,要制订合理的运营和维护方案,运营和维护方案分为长期方案和短期方案,运营和维护方案的制订要以全生命周期成本最低为目标。运营维护阶段的工程造价管理是指在保证建筑物质量目标和安全目标的前提下,通过制订合理的运营及维护方案,运用现代经营手段和修缮技术,按合同对已投入使用的各类设施实施多功能、全方位的统一管理,为设施的产权人和使用人提供高效和周到的服务,从而提高设施的经济价值和实用价值,降低运营和维护成本。

(3)安全评估和运维服务

安全评估和相应的运维服务是整个全寿命周期运维工作中的常态化服务内容之一,也是运维管理建设中不可或缺的一部分。运维人员通过安全评估的相关政策和手段定期执行安全巡检任务,记录巡检事项和巡检数据,将这些数据信息及时反馈给运维平台,平台定期执行安全评估分析,形成评估报告,从而运维人员可以通过分析给出的安全漏洞和威胁、风险,预先采取相应的补救措施,使损失最小化,实现及时止损的目标。在运维管理中,我们要及时发现潜在的问题,采取措施解决,避免问题发生,而不是等到问题已经发生我们再去补救,这样被动的“救火”不但会使运维人员终日忙碌,也会使运维质量难以提升,不仅事倍功半而且会经常出现恶性连锁反应。

4)智慧地下城市运维管理关键技术

(1)可视化运维管理

由于目前建立的地下管线管理系统大多为二维系统,不能生动地表现具有三维特征的客观实体,并且对了解管线的空间拓扑关系造成困难,因此,可视化技术在地下管线管理中的应用需求显得十分迫切和必要。作为信息可视化管理工具,GIS 和 BIM 都能建立空间信息数据模型(GIS 主要应用于建筑外部的宏观区域建模,BIM 主要应用于建筑内部精细化建模),并且都能应用于相同的领域,例如对城市市政基础设施信息的查询和管理。

GIS 的核心特点是能够描述地形、经济、交通以及既有建筑的分布情况,能够使用任何坐标系来展示空间三维细节,因此在路线规划和风险预警等领域扮演了十分重要的角色。GIS 可以应用地下管线的空间建模和数据叠加,一方面通过 GIS 和遥感数据的集成,可以实现管线最优敷设路径的选取;另一方面在 GIS 中集成管线几何信息、人口密度以及相关安全事故等信息,可以实现周边建筑物、构筑物以及周边管线等的安全风险管理。针对 GIS 的空间定位功能,有研究将 GIS 作为数据的基础集成平台,结合力学分析模型,实现了对长距离输送管道薄弱点的空间分析和可视化定位。针对灾害管理相关应用程序的研究显示,GIS 系列应用程序是目前运用范围最广、效果最好、能够辅助决策者从地区或者城市的精度范围进行危机反应和灾害管理。例如,运用 GIS 建立的城市地下天然气管道火灾预警模型,能够迅速确定受天然气管道影响的危险区域,同时判定可能造成天然气火灾蔓延的区域,这对预防和控制危险性火灾、部署消防力量具有重大意义。此外,为提高对管理者的决策支持,有研究将城市地下管线网 GIS 系统与数据挖掘模型结合,实现了地下管线的数据集成、数据挖掘以及有用信息的高效获取。

BIM 技术能够应用于项目的全寿命周期中。通过 BIM 运用流程收集并存储于 BIM 兼容数据库中的信息,有助于运维管理阶段各项工作的开展,如系统调试和收尾、质量控制和保证、能源管理、维护和维修以及空间管理等。随着 BIM 技术的发展成熟,BIM 相关的研究、应用也从房屋建筑领域逐渐延伸至基础设施领域,如地铁车站运维管理、基础设施灾害管理、数据中心运维管理等。建筑智慧国际联盟(Building SMART International)也于 2013 年推出了 BIM 在基础设施领域的相关数据标准。针对地下管线管理机构以及工程顾问公司管理人员的问卷调查结果显示,受访者普遍认为 BIM 的可视化和数据集成功能有利于对地下管线的运维管理。此外,丁烈云院士等也提出了将 BIM 技术应用于城市地下管线运维管理的具体实施架构。

尽管 GIS 和 BIM 具有相似的使用功能,且都能运用于城市地下管线的运维管理中,但是它们背后的技术和标准有很大不同。BIM 可以用于综合管廊内部各类信息的管理,但在准确定位大场景范围内的物体、连接不同的复杂物体、周边地形信息管理以及空间查询等方面存在不足;而 GIS 主要用于处理大尺度范围的工作,在综合管廊内部精细化管理方面存在不足。面临实际运维管理需求以及相关技术水平的不断提高,BIM 必然将与 GIS 深度融合。其中,GIS 提供综合管廊及周边信息的宏观模型,为区域管理、系统宏观管理、空间管理、灾害管理等提供基础;BIM 提供综合管廊内部的精细化模型,为设备设施管理、维护维修管理、安全管理、应急管理以及逃生等提供基础。为了更好地将 GIS 和 BIM 结合应用,两者间的数据集成已经成为一个重要的研究方向,多项研究分析了将 BIM 和 GIS 数据有效集成的路径及益处。

(2)智能监控

物联网(Internet of Things,IoT)技术是智能监控的核心部分,其利用传感器、执行器、射频识别(Radio Frequency Identification,RFID)二维码、全球定位系统、激光扫描器、移动手机等信息传感设备对物体进行信息采集和获取;依托各种通信网络随时随地进行可靠的信息交互和共享;利用各种智能计算技术,对海量感知数据和信息进行分析处理,实现智能化决策控制。IoT 技术能应用于运输与物流、智能家居/建筑、智慧城市、环境监测、库存和产品管理、安全监督等诸多领域。

近年来,将 IoT 技术应用于市政设施和地下管线智能监控的相关研究逐渐增加。例如,针对综合管廊中的火灾应急管理,有学者在 1997 年便提出利用光纤温度传感系统对综合管廊内的火灾热能和热释放进行估值。有研究探索了 IoT 技术在综合管廊安全管理领域的应用,通过安装监测装置和处理闭路电视(Closed Circuit Television,CCTV)图像,实现对综合管廊的实时监控,以便对管廊内的突发事故做出响应和处理。SALMAN ALI 等针对 IoT 技术在地下石油和天燃气管道监测工作中的应用进行了分析,研究表明,通过传感器、RFID 的运用能够有效提高石油、天然气等地下管线的安全管理水平;针对地震等自然灾害对地下管线安全运营的影响,有研究利用分布式光纤传感器进行监测,实验结果表明,使用分布式光纤传感器能够对地下管线的损害以及管线在土壤中的位移进行可靠的监测和定位。目前,IOT 技术主要集中于对管廊环境以及管线信息数据的实时采集和获取,但主要针对某一类管线或某一类指标的监控,对于多个 IOT 监控系统的整合以及整合后的数据挖掘和决策支持(即构建智能监控系统),尚且还研究得比较少。

(3)管理平台

针对地下管线复杂的管理体系以及不同管理平台之间普遍存在的“信息孤岛”现象等问题,亟须建立统一的地下管线信息资源共享服务平台,以实现对地下管线的安全运营、有效监控和预警。

在运维管理平台的商业化软件市场上,当前全球市场占有量第一的是 ARCHIBUS 公司。ARCHIBUS 软件在空间管理、能耗管理、资产管理等方面都有着非常好的运用,但其主要采用基于平面数据的运维管理模式,在可视化方面仍有很大的缺陷。随着 IOT 技术在运维管理中的应用,多种基于 IOT 技术的运维管理平台相继投入使用,这些平台在实时监控、应急管理等方面都有很好的表现,但同样在可视化方面还有待提升。此外,还有一些基于商业软件(如 Revit、ArcGIS 等)的二次开发平台,这些平台在可视化方面基本可以满足相应的需求,但在性能和功能扩展方面均有受限。值得一提的是,为了将 BIM 与 GIS 融合应用于城市设施的运维管理中,有研究在基于互联网协作的运维管理平台上进行二次开发,建立的城市信息模型将运维管理的范围扩大至包含城市要素、建筑环境以及其他建筑物的管理。相比于商业平台以及基于商业平台的二次开发,自主研发平台的适用性更强,但由于综合管廊运维管理领域的研究较少,目前还没有相关运维管理平台的开发。总体而言,目前还没有完全适用于综合管廊智能化运营的管理平台。

5)智慧地下城市运维管理技术挑战

(1)数据及技术标准

BIM 和 GIS 的集成运用能够为综合管廊运营的可视化、宏观以及微观管理功能的结合提供基础。但到目前为止,BIM 与 GIS 数据的集成还存在很大的问题,如集成后数据丢失、可视化效果不好、无法进行空间数据分析等。为了促进 BIM 和 GIS 技术的融合应用,实现更加理想的运维管理效果,需进一步研究建立 BIM 与 GIS 之间模型精细度的映射算法、映射规则以及语义映射表等内容。在综合管廊运维管理平台中将 IOT、BIM、GIS 等不同技术以及各类运维管理子系统进行集成管理时,需对各类数据的标准进行适当的定义,如建模标准、交互标准、管理数据标准、技术数据标准、档案存储数据标准等。此外,还包括综合管廊智能化运维管理平台各个子系统的配合标准及接口标准等。与此同时,运用 IOT 技术对综合管廊进行自动化监控管理时,还需研究将现场监测的实时数据映射到运维管理平台数据库中的相关标准,以实现对上层应用的数据支持。

(2)大数据信息分析

在搭建综合管廊运维管理平台时,需要整合多个子系统,如 GIS 系统、综合管廊 BIM 模型、环境与设备监控系统、安全防范系统、通信系统、预警与报警系统、管廊物业管理系统等。

在对不同子系统的信息资源进行集成整合时,一方面要解决各类数据来源的互操作性问题。另一方面,由于不同来源的数据结构复杂且数量巨大,采用传统数据处理工具进行数据分析和决策支持将变得十分困难,因此需要采用新的技术才能实现对各类数据源的数据挖掘和分析。

在搭建综合管廊智能化运维管理平台时,还需考虑平台的易用性和便捷性。如何实现集成平台中"大数据"的智能化处理,将成为巨大的挑战。新兴的云计算技术能够为"大数据"提供快速的信息处理能力,使企业专注于自身的核心业务,而不必担心基础设施、灵活性以及资源可用性等方面的问题。但是"大数据"在云平台中的运用研究仍处于初级阶段,还面临着一系列挑战,如可扩展性、可用性、数据完整性、数据转换、数据质量、数据异质性、法规监管以及数据隐私等问题。

(3)信息安全保障与准确性

由于综合管廊集中敷设的市政管线是服务于整个城市运行的生命线,若在运维管理过程中处理不当,将可能产生非常严重甚至是灾难性的结果。综合管廊信息化模型等信息如果被不法分子获取,极易造成影响整个城市运行的不良行为发生。同时,针对综合管廊安全运营的数据挖掘和智能决策,均需要经验数据的支持,否则无法做出正确的管理决策。

6)智慧地下城市运维管理发展方向

(1)法规体系

完善监管机制是实施全周期运维管理的保障,只有地下城市各个部门围绕着城市公共建筑运维管理的总体目标和要求,将地下公共建筑管理和地下管线的维护并入规定的考核体系,严格实行目标责任制,以城市能够高效运行为目标,以信息系统为依托,定期开展地下城市的检查和通报,形成长期有效的监督检查机制,明确责任,采取有效的奖惩措施,才能做好全方位,全过程的监管工作。各地应当结合本地实际情况来制定相应的城市管理办法和监管机制,为运营管理和执法提供相关法律上的支持。不断完善地下城市运营维护标准规范,为城市维护管理提供技术上的保障。坚持依法行政,依法管理,严格执行强制性条文,依法处置违反各项管理规定的违法违规行为。

(2)管理模式

全寿命周期管理模式是将工程项目在不同阶段独立的管理过程通过统一化和集成化形成一个新的管理系统。集成化不是指独立管理子系统的简单叠加,而是管理理念、管理思想、管理目标、管理组织、管理方法和管理手段等方面的有机集成。而统一化是指管理语言和管理规则的统一,以及管理信息系统的集成化。工程项目全寿命管理的目标是项目全过程的目标,它不仅要反映建设期的目标,还要反映项目运营期的目标,是两种目标的有机统一。而项目的全寿命周期维管是指在项目运营阶段,整体把握控制运营维护工作,从项目运维初期、中期维护到后期回收利用,将维管的各个阶段管理过程统一成一个目标体系,统一执行,不再分开成为各个单独的个体。

由于工程项目全寿命周期运维管理模式新的形势和新的目标,它也就具有如下新的特性:整体性,传统模式强调阶段的划分和顺序性,承担各阶段的组织只关注自己的领域,很少考虑整个过程,新的模式能从全局出发,对整个运维管理过程进行集成管理和监督;集成性,包括信息的集成和管理过程的集成,信息的集成是指不同阶段运维过程需要进行大量的信息传递,利用计算机网络等工具实现信息数据之间的共享,打破各阶段交流的阻碍。管理过程的集成是指以信息为基础,通过数据管理系统实现全寿命周期运维的集成管理;协调性,保证不同阶段的运维人员服务为一体,实现群体活动的信息交换和共享,并对全寿命周期运维管理进行调整是至关重要的;并行性,传统的模式为串行,前一阶段的工作未完,后一阶段的工作就无法展开,而全寿命周期运维管理过程则是并行进行,在实施、决策阶段尽量考虑运营阶段的需求,减少运营阶段对实施阶段的更改和反馈。

在全寿命周期维护管理模式中,组织机构的设置应遵循以下两条基本原则:①以商业的眼光对待项目的全寿命周期维管,而不是将项目的运维管理分解成独立的阶段性任务;②以实现运营方利益最大化为目标,进行组织机构的分析和设计。在实际中,运用工程项目全寿命周期运维管理模式,可以使项目不同阶段运维管理过程进行有效集成,建立一个全寿命周期维管集成系统。这一系统不是多个独立系统的叠加,经过集成和统一所形成的系统必须进行有机的结合和良好的组织,才能获得最优的运维效果。

其中,这种运维管理方式主要涉及工程和财务两大范畴。工程范畴主要涉及:设备可靠性、寿命分析、维修对策分析、设备失效统计、失效对整个系统的影响、更新部件和维护对系统寿命的影响等。财务范畴主要涉及:设备或系统的最初投资成本、设备最初投资成本在不同方案时的比较、投资成本和运行成本的比较、设备故障对系统的影响以及可能导致的损失比较、设备的维护或更新成本、设备的退役成本等。

通过全寿命周期管理理念分析,项目前期设计阶段是节约投资可能性最大的阶段,同时运维管理和回收阶段都会带来费用的累积增加。在全寿命周期各阶段的成本发生规律及影响趋势中,维护阶段的成本在全寿命周期维管中占有相当大的比例。

工程项目建成移交之后,其预期功能的可靠度会受到前期设计和施工成果的制约,也会因为发生质量问题或其他问题降低其功能性。需要通过修复、维护等措施维持其使用功能,通常这样的活动具有一定的周期性,从而导致了在运维阶段的周期性费用经过累积,花费了大量的资金和精力。所以,做好项目全寿命周期维管是非常必要的,运行和维护阶段是实现地下城市高效运行的重要环节,在运维阶段的工作到位,才能真正符合地下城市结构规划要求,符合预期设计意图,更好地发挥各个公共设施功能,满足人们在现代城市中的需求,这个目标符合以人为本、生态和谐及可持续发展的要求。发展地下城市,建立有利于城市管理的体制和运行维护机制,完善相关法规、标准和规章制度,建立一套实际可操作的监管体系,其主要工作大部分都在运维阶段。

4.3 智慧地下城市典型案例

4.3.1　上海地铁——基于 BIM 的新一代智慧地铁

信息时代的到来,给地铁建设发展带来巨大的机遇和挑战。传统地铁建设应向精细化管理、标准化建设、减员增效方向发展,要实现这些目标只有通过变革与创新才能打造新一代的智慧地铁。上海地铁建设者在不到 30 年的时间里,建成了超过 600km 的轨道交通,创造了一个奇迹。面对智慧地铁的新理念,上海轨道交通 13 号线的建设管理者认为,智慧地铁应由智慧设计、智慧建造、智慧运维三大部分组成。目前,上海地铁已经在智慧设计、智慧建造方面进行了有益的尝试,取得了较好的成效,并正在对智慧运维进行积极的探索。在未来,上海地铁旨在通过将 BIM 与大数据和移动互联进行有机融合,实现智能感知、智能分析、动态处置,从而打造新一代的智慧地铁。

1)基于 BIM 的智慧设计

上海地铁的智慧设计是由 BIM 正向设计结合多项目、多专业系统集成云平台来实现的。在实现智慧化之前,几乎所有设计都是采用 CAD 进行的二维设计,再生成 BIM 模型来进行三维运用,这种设计方法效率较低,出图周期较长,发现问题较晚。在上海地铁的智慧设计中,采用了正向设计的方法,即直接通过 BIM 的三维模型生成设计图纸。正向设计能大大提高出图效率,并在第一时间发现问题,提高设计质量。之后,通过建立一个 BIM 正向设计与多项目、多专业集成的云平台,即可以实现智慧设计。其中,多项目、多专业是指每个项目、每个专业都建立 BIM 模型,都在同一个云平台上进行协调整合。

上海地铁 13 号线淮海中路站,基坑深达 33m,地下六层,是上海迄今为止最深的地铁车站;地下连续墙深达 71m,相当于一个乐山大佛的高度。在同一地块上,同时有向明中学、龙凤地块和地铁 13 号线淮海中路站三个项目正在进行建设。在这个项目中,上海地铁设计者运用 BIM 正向设计和多项目、多专业的系统集成,对每个项目建立模型,对每个接口进行有机处理,使这个高难度的工程得以顺利建成,如图 4-17 所示。

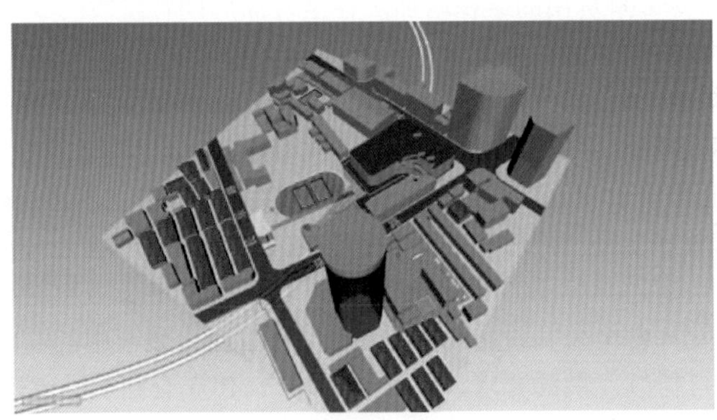

图 4-17　运用 BIM 正向设计和多项目、多专业的系统集成建模

2)基于 BIM 的智慧建造

上海地铁建设者把 BIM 模型轻量化和移动互联、信息集成整合在一起,实现了 PIP(Project Information Portal)。所谓 PIP,就是项目信息门户,是将设计、投资、进度、现场、远程监控、视频监控等多个系统整合在一起,实现"一机在手,尽在掌握"。BIM 模型在之前运用过程中发现有两个问题,一是对硬件的要求特别高,二是由于它对硬件要求高,导致受众面非常狭窄,基本上只有个别人员在使用,无法发挥 BIM 的整体功效。这两个问题对 BIM 的推广使用带来了很大限制。为此,上海地铁建设者首先做到了 BIM 模型的轻量化,使其得以在手机端可以飞速运行,如图 4-18 所示。

另外,建设者在施工现场有许多管理手段,这些手段都各自为政,形成许多信息孤岛,使得施工管理不够精细高效。为此,建设者建立了一个基于 BIM 模型的门户平台(图 4-19),将现场所有的管理手段整合在一起,实现互联互通,使用者进入这样一个门户后,可以各取所需来完成自己的目标。轻量化 + 信息集成的 PIP 已经在地铁 13 号线各工地全面推广使用,提高了管理功效,收到了较好的效果。在智慧建造过程中,BIM 实现了与多种技术的融合应用。

图 4-18 轻量化 BIM 模型在手机端飞速运行

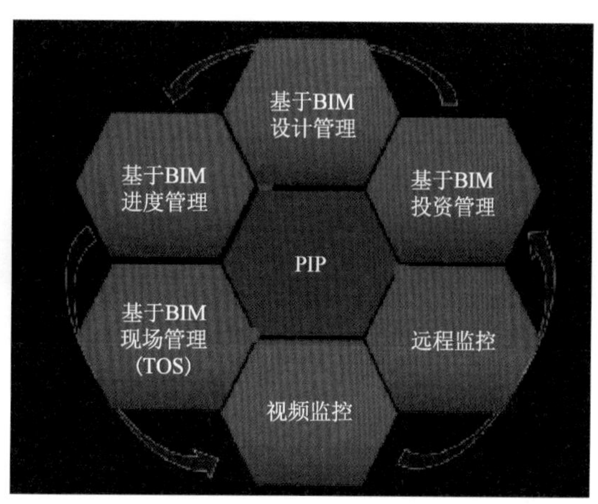

图 4-19 PIP 整合多个系统

(1)BIM + GIS→使用驾驶舱

在地理信息上加载 BIM 模型和项目信息,让使用者能够对项目情况做到一目了然。如图 4-20所示,地铁 13 号线的线位走向在上海城市地图上得以显现,每个站点地理位置都非常清晰,每个站点都有模型,每个模型都有项目信息,每条信息都有处理情况统计,使用者可以据此实时掌握工程情况。

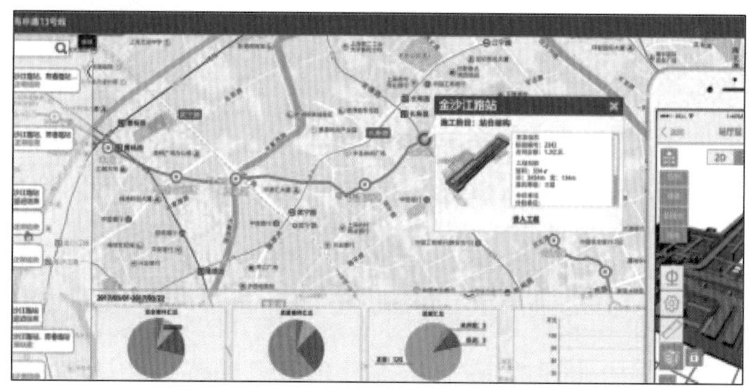

图 4-20 BIM + GIS→使用驾驶舱

(2)BIM + 进度管理→4D

图 4-21 中清晰显现了周计划和周完成情况,不仅有时间轴比较,还可以在模型上找到具体部位进行比较,并从中分析原因,采取措施,使得计划控制更为直观高效。

(3)BIM + 成本中心→5D

图 4-22 表示在 PIP 下的投资管理,把 BIM 精确算量的功能运用到工程量清单的技术当中,基本可以实现真实情况下的工程量清单,所以成本中心就是把概算分解到最小的核算单元,每个合成单元都是一个程序,管理者将工程算量的工具和管理的理念相结合,从而更好地

进行投资控制。

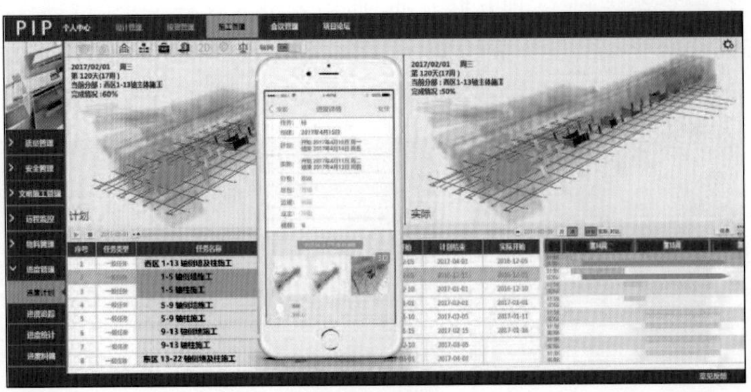

图 4-21　BIM + 进度管理→4D

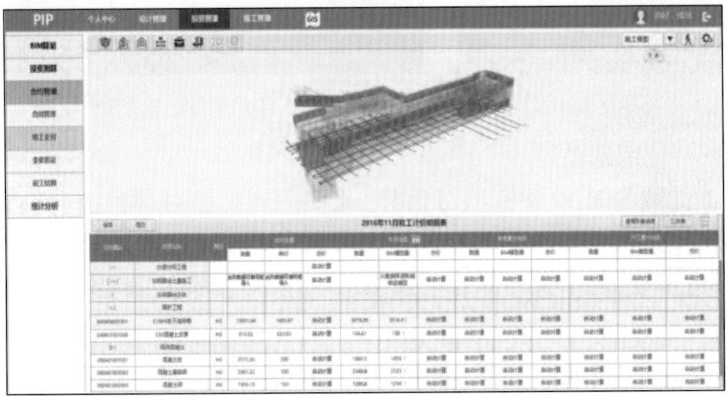

图 4-22　BIM + 成本中心→5D

（4）BIM + 物联网→物料溯源

在现场管理中对物料管理一直以来都缺乏很好的手段来加以管控。质量低劣的材料仍旧时而混迹于重大工程当中，监理单位面对大量进场材料往往也难以应付，材料使用信息更是少有保存，可以说工程材料几乎难以溯源。上海地铁 13 号线项目公司在上海火车站北广场西站厅的工程项目中首次在 PIP 中采用 BIM 模型 + 二维码的方法对进场材料进行管控，即根据每批进场材料张贴的二维码，由监理进行扫码检查，相关信息在 PIP 中显示出来。如此对材料商、监理和总包单位都实现了闭环管理，且留下了清晰的数字档案。图 4-23 中显示采用 BIM 模型 + 二维码的方法对进场材料进行有效管控。

（5）BIM + 远程监控→可视化风险管控

如图 4-24，在 PIP 中整合远程监控、BIM 模型及周边环境模型。以往的远程监控在风险管控方面发挥了一定的作用，但缺陷是不具有可视性，只能传递一些文字信息，这样很难做到在远端对现场情况有全面的了解，更不可能进行有效的处置。因此，管理者把远程监控和 BIM 模型及周边环境模型进行整合，这样就可以在远端实时了解现场情况，甚至在远端对现场相关风险进行处置，真正做到远端风险管控。

图 4-23　BIM + 物联网→物料溯源

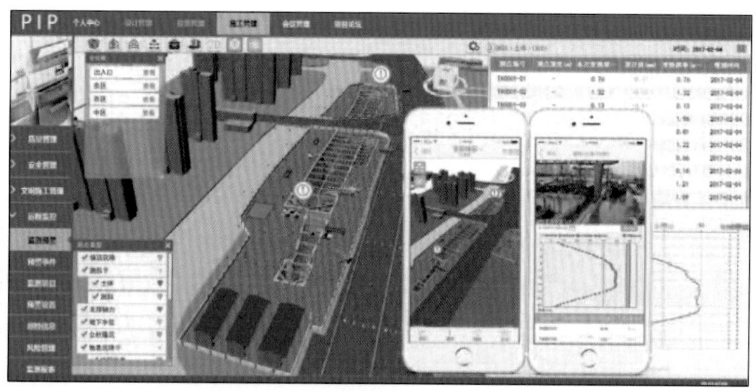

图 4-24　BIM + 远程监控→可视化风险管控

(6)BIM + 三维激光扫描→智慧验收

众所周知,BIM 模型是设计阶段的虚拟模型,三维激光扫描是将实际完工的工程情况进行激光扫描建模,是真实的模型。将这两个模型进行互相比对后,可以发现实际完成和设计要求的情况存在多少偏差,据此实现智慧验收(图 4-25)。在上海地铁 13 号线马当路站的验收中,管理者尝试采用激光扫描建模,收到了较好的效果。

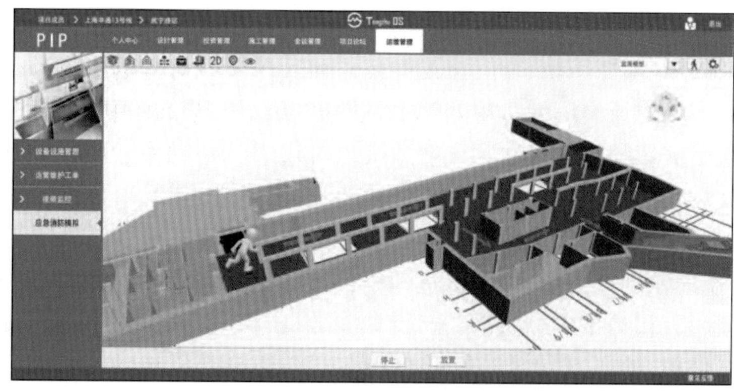

图 4-25　BIM + 三维激光扫描→智慧验收

3)基于BIM的智慧运维

对智慧运维的尝试和展望是在BIM模型的基础上对人、机、物(土建结构)进行大数据采集,通过移动互联,进而实现智慧运维。这里的人,分成客流和内部管理人员两大部分,针对客流,管理者尝试在车站BIM模型的基础上,对客流的大数据进行采集,掌握客流的走向规律。一方面检验车站设计的合理性,另一方面对客流的引导提出合理方案。紧急情况下对客流的疏散可以通过移动互联网,发送到手机端来进行应急疏散。针对内部管理人员,管理者设想在BIM模型上通过地下人员定位系统,也就是地下GPS,实现维护人员的自动派单和日常巡检,从而提高管理效率,减少管理人员的数量。机即设备,BIM+设备数据采集实现智能感知。通过对设备建模,在设备上设置传感器,对每台设备日常工作的参数进行采集,从而对设备运行情况进行分析,发现异常状态,比对设备的使用寿命,提出合理的维修保养方案。物即土建结构,在BIM模型中把有缺陷的土建结构信息进行加载,通过移动互联的手段在远端实现对缺陷的掌握,对缺陷结构做到数字存档,从而更好地进行维养,实现智慧工务。

4.3.2 深圳福田“5G+AI”智慧枢纽

在中国社会科学院信息化研究中心联合北京国脉互联信息顾问有限公司最新发布的《第八届(2018)中国智慧城市发展水平评估报告》中,深圳智慧城市发展水平达76.3,位居全国第一。根据国家信息中心发布的《中国信息社会发展报告2017》,深圳市信息社会指数达到0.88,在全国地级以上城市中已连续4年位居第一,并且是国内率先进入信息社会发展中级阶段的城市。在智慧城市建设过程中,深圳地铁的智慧化备受瞩目。城市建设,交通先行,轨道交通是解决“大城市病”的一把金钥匙,而智慧交通更是深圳建设智慧城市的重要构成部分。

1)携手华为,走向智慧化

2018年10月26日下午,深圳地铁集团与华为技术有限公司(以下简称:华为)正式签署战略合作协议,开启了智慧地铁建设的新阶段。当前,城市轨道交通行业发展势头迅猛,自动化、信息化和智能化已成为必然趋势。深圳地铁作为年客运量超10亿人次的公共交通体系,是深圳公共交通建设和运营的主力军,在轨道交通领域积累了丰富的运营和管理经验。而华为则在云计算、大数据、智慧城轨、智能交通等方面拥有领先的技术储备,在轨道交通行业信息化领域也有着20多年的经验沉淀。双方携手将促进信息通信技术与轨道行业业务的加速融合,推动深圳步入更美好的全连接数字化轨道交通时代。

随着与华为战略合作的展开,深圳地铁正在变得越来越“智慧”。比如,未来深圳地铁将通过对客流进行大数据分析,提升地铁旅客处理容量和提高应急事件的响应速度;通过大数据和可视化技术实现地铁的智能化运维,打造地铁的智慧大脑等。作为深圳公共交通网络的骨干支撑,深圳地铁一直积极推广物联网、云计算、大数据、移动互联等信息技术在地铁领域的应用和发展;从自动售票、检票,到站台、车厢中无线上网,再到手机扫码乘车,为深圳市民的地铁智慧出行带来新的可能性。2019年3月8日,福田交通枢纽的“5G+人工智能(Artificial Intelligence,AI)”体验区展示了“智慧工地”“无人机巡检”“无感乘车”“巡检机器人”等最新的智慧地铁建设成果。

2)“5G + AI”智慧枢纽

“无人机巡检”“巡检机器人”……这些以往只能在科幻电影中出现的场景,2019 年 3 月 8 日在福田交通枢纽的“5G + AI”体验区成真,全球首个“5G + AI”体验区现身福田交通枢纽,让市民乘客深入感受了 5G 时代的生产和生活。

深圳地铁携手华为成立联合创新实验室,推进地铁数字化转型,全力打造“5G + AI”智慧枢纽。体验区位于福田站负一层南侧,设有地铁“智慧工地”“无人机巡检”“无感乘车”“巡检机器人”等互动体验。在这里,乘客不仅能在地下空间享受迅速快捷的网络体验,还能对 5G 和 AI 技术在地铁出行中的应用有着更加直观和清晰的了解。

5G 具有超高速、超大连接、超低时延的“三超”特性,可以为地铁设备提供高效率、高质量、低成本的网络连接。除了网速更快(比如 20s 内就能下载一部高清电影),和改变生活的 4G 相比,5G 将更深刻地影响生产。通过 5G 网络,一方面可以解决地铁车站大客流场景下乘客高速上网、高清视频通话等需求,更重要的是未来可以利用 5G 和 AI 赋能智慧车站,提升地铁车站的管理效率和服务品质。深圳地铁正积极探索 5G + AI 技术与自身业务的融合,力争将福田交通枢纽打造成国内第一个智慧交通枢纽。此次上线的体验区,正是深圳地铁将 5G 和 AI 技术作为打造“智慧地铁”的沃土,让“智慧工地”“无人机巡检”等先进技术从梦想照进现实,标志着深圳地铁已率先启动 5G + AI 部署,也意味着深圳智慧交通建设驶入快车道。

在福田交通枢纽“5G + AI”体验区,5G 网络和 AI 技术布局地铁建设、运维和服务各个环节的场景。5G + AI 可以探索在地铁车站各类场景中的实际应用,如“无感乘车”可通过面部识别、智能分析等技术,让乘客不再依赖实体车票和手机扫码,从而实现进出站无感通行,让出行更加方便顺畅;“巡检机器人”则通过人脸抓拍和识别功能,在地铁车站内替代安保人员进行巡视。

2018 年,深圳地铁发送乘客 16.37 亿人次,日均客流量达到 448.5 万人次,较上年同期增长 13.28%(不含港铁),创下历史新高。这意味着地铁空间内移动端互联网庞大的流量需求需要更加强大的技术支撑。按照当下 4G 技术,难以满足目前深圳地铁全网日均 500 多万人次客流的需求。在移动支付、科技服务设备的广泛运用下,5G 和 AI 技术凭借网络的带宽和智慧性将为深圳地铁出行服务插上新的翅膀。

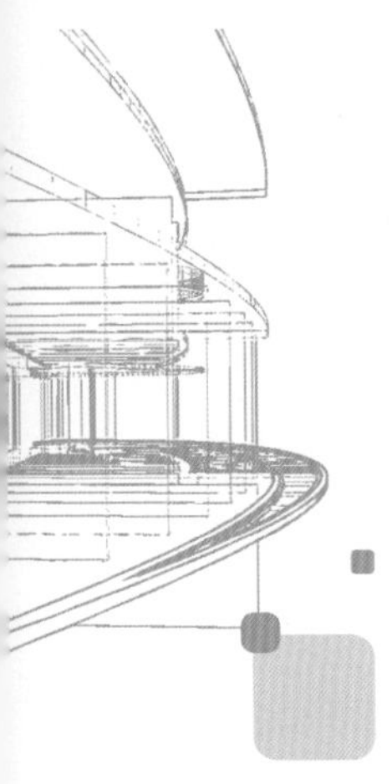

第5章
韧性地下城市

一个韧性的城市,在面对自然及人为的不确定因素时,通过强化现有基础设施建设,增强风险管理及促进政府各部门的协调与合作,加强城市抵御自然或人为危机的承受力,从而使城市或城市系统能够消化、吸收外界的干扰,并保持原有的主要特征、结构和关键功能,且不会危及城市中长期可持续发展。

韧性城市具有反思力、随机应变力、稳健性、冗余性、灵活性和包容性等特点,韧性城市理论强调通过规划技术、建设标准等物质层面和社会管治、民众参与等社会层面相结合的系统构建过程,全面增强城市的结构适应性。

韧性城市,强调应对外来冲击的缓冲能力和适应能力,确保城市在遭受不确定或突发城市灾害时能够快速分散风险,具备较强的自我恢复和修复功能。

5.1 韧性地下城市理念及含义

5.1.1 韧性城市理念

5.1.1.1 “韧性”的基本概念

“韧性”一词起源于拉丁语“Resilio”,本意是“回复到原始状态”。

1973年加拿大生态学家霍林首次将“韧性”的思想应用到系统生态学中,随后不同学科的学者开始介入研究。

“韧性”可以理解为系统受到扰动后仍可维持其主要架构与功能的能力,越有韧性的系统越能承受越大规模的扰动,也就越不容易被外力所破坏。此概念后来发展成为一套理论,称为韧性理论(Resilience Theory)。

20 世纪 90 年代以来,学者对"韧性"的研究逐渐从自然生态学向其他学科延展,"韧性"被应用于工程、社会与经济等领域,其内涵不断得到丰富。进入 21 世纪,"韧性"这一概念在灾害管理中的应用得到不断扩展。

2005 年第二次世界减灾大会确认了"韧性"在防灾减灾工作中的重要性,并提出"灾害响应"的理念。联合国减灾署(UNISDR)对"韧性"的定义为:"韧性是一个系统、社区或者社会暴露于危险中时能够通过及时有效的方式抵抗、吸收、适应并从其影响中恢复的能力,包括保护和恢复其必要的基础设施和功能"。

国外弹性理论(即韧性理论)研究主要包括生态弹性、工程弹性、经济弹性和社会弹性等领域,基于不同的理论基础,当前学术界主要有四种代表性观点,分别为能力恢复说、扰动说、系统说和适应能力说(表 5-1)。

韧性城市既有研究理论归纳　　表 5-1

韧性理论	代表人物	"韧性"的定义	理论基础
能力恢复说	蒂默曼	基础设施从扰动中复原或抵抗外来冲击的能力	工程韧性
扰动说	克莱因、卡什曼	社会系统在保持相同状态的前提下所能吸收外界扰动的总量	生态学思维
系统说	福克、杰哈、迈纳、斯坦顿・格迪斯	吸收扰动量、自我组织能力、自我学习能力	生态学思维
适应能力说	冈德森、霍林、卡彭特	社会生态系统持续不断的调整能力、动态适应和改变的能力	演进韧性理论系统论

虽然学术界对韧性理念的认识角度存在差异,但基本形成了以下共识。

韧性城市强调吸收外界冲击和扰动的能力、通过学习和再组织恢复原状态或达到新平衡状态的能力。郭小东等总结了部分学者从防灾减灾角度提出的韧性概念,基本涵盖了三个要素:一是具备减轻灾害或突发事件影响的能力,二是对灾害或突发事件的适应能力,三是从灾害或突发事件中高效恢复的能力(表 5-2)。

"韧性"理论演变过程　　表 5-2

视角	工程特性	生态特性	演变韧性
特点	恢复时间、效率	缓冲能力、抵挡冲击、保持功能	重组、维持、发展
关注	恢复、恒定	坚持、鲁棒性	适应能力、可变换性,学习、创新
语境	临近单一平衡状态	多重平衡	适应性循环、综合系统反馈、跨尺度动态交互

"韧性"作为一个核心的概念,在经历了工程韧性、生态韧性、演变韧性三个阶段后,被正式运用于城市研究中,目前已被应用到各种类型的人居环境(如城市环境、乡村环境等)与不同领域(如气候变化、可持续发展等领域)研究之中。

5.1.1.2　韧性城市的基本定义

目前,学术界从经济、社会、技术与组织等维度讨论韧性城市已经成为共识。例如邵亦文等学者认为韧性城市强调的是持续不断地适应、学习能力和创新性,具有和持续不断的调整能力紧密相关的动态系统属性。徐江等学者提出,韧性城市所要解决的问题是城市生态系统在面对“不确定性扰动”时的适应能力,更加强调城市安全的系统性和长效性,也更加尊重城市系统的演变规律。韧性城市应当具备基础设施韧性、制度韧性、经济韧性和社会韧性四个特征,在多个维度分散城市危机。

尽管国内外学者对韧性城市概念的表述不尽相同,但是对于韧性城市应当具备动态学习能力、多维度分散外界扰动、动员社会力量参与等方面的特质具有较为普遍的共识。

本书所指的韧性城市是为了加强城市的自适应性,确保城市在遭受不确定或突发城市灾害时能够快速分散风险并恢复稳定的调整能力。

城市韧性所针对的问题,也是来源于外部“扰动”(Disturbance)所带来的危机。这些“扰动”种类繁多,但都具有不确定性大、随机性强及破坏性大等特点。

5.1.2 韧性地下城市含义

地下城市是指位于地表以下、以非农业活动和非农业人口为主的人类聚居地,具有全部和部分城市功能的地下空间群。

由于建造方式的难度和特殊性,以及需要城市外围区域的联系,地下城市的城市功能并不一定具备以地上为主城市的全部功能,而且以目前的发展形势看,地下城市与地上城市的有机联系是必不可少的。

由于建造方式的区别,地下城市是以单体地下空间为基础,通过网络化连接形成的地下空间群构成体。韧性地下城市是指具有自适应性,在遭受不确定或突发灾害时能够快速分散风险并恢复稳定调整能力的地下城市。

5.1.3 韧性地下城市的主要特征

可以将城市发展和基础设施建设划分为四个阶段——开发、保护、释放和重组,如图5-1所示。

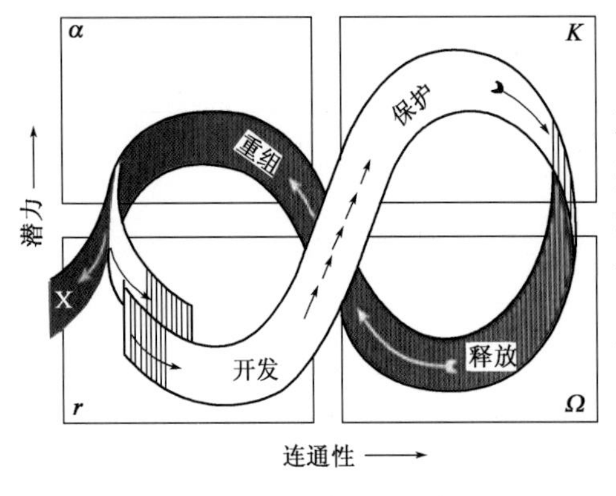

图5-1 适应性周期理论示意图

从开发阶段到保护阶段的过渡要经过相当长的一段时间,在这段时间内变化缓慢,且系统是相对可预测的。然而,从释放阶段到重组阶段的转变,往往是一个短期的混沌变化,并伴随高度的不确定性。系统长期处于以下四种状态的交替支配下:功能正常运作、状态缓慢变化、系统相对稳定以及较短的混沌变化时期(由于小规模事件的累积,随着时间的推移可能导致重大转变)和突然增加的不可预测性之间的交替,可能偶尔会导致超过(城市)系统的临界极限。在这种情况下,过分依赖工程韧性和系统鲁棒性,可能导致不可逆转的变化,造成系统性能的重大损失。

生态建设缺乏抵抗力和鲁棒性特征,因此需要一种更加动态和灵活的方法加以考量。如在系统设计中提高建筑的安全边际,用以吸收最初的冲击和保持功能稳定,并将总体损失降至最低。生态韧性系统在恢复过程中可能会经历向新平衡状态的过渡;然而,该系统的基本结构和功能保持不变(SHARIFI & YAMAGATA,2016)。

越来越多的人认识到未来的变化难以预测,灾难并不总是可以预防的,城市系统应该学会如何应对风险。近年来出现了一种较新的方法并得到了广泛关注,即适应韧性(Adopt Resilience)。受上述"适应性循环"概念的影响,适应韧性将城市系统概念化为复杂而动态的社会生态系统,一组嵌套的自适应循环系统可以用来模拟城市系统随时间和空间的性能变化。自适应韧性促进了慢变量和快变量之间的适当交互,这使得系统能够在长时间的稳定和短时间的混沌变化之间平稳地切换,而不会丢失其完整性和功能性。适应韧性的基本特征有三点:社会生态记忆、自我组织和向过去学习的机制。总体来说,适应韧性增强了系统短期应对和长期适应两方面的能力,并使系统能够随着时间的推移维持系统功能的平稳。由于城市系统嵌套在适应性循环的层次结构中,因此在发生不利事件后,它不一定会回到(新的或旧的)平衡状态。适应韧性能够建立"安全到失败"(safe-to-fail)的系统,不仅能够从灾难中恢复过来,而且能够向前弹跳发展,不断提高自身性能和适应能力。

"适应韧性"体现系统的复杂性和动态性,这有助于理解城市韧性系统是一个复杂、动态的社会生态系统。受适应韧性概念启发,考虑并响应城市在一系列空间和时间尺度上不断变化的系统动态性和复杂性,将城市韧性定义为城市系统持续发展的能力,包括减轻危害、抵御和吸收外来冲击、快速恢复到系统的基本功能,并通过跳跃式弹跳发展到更好的系统配置,更有效地适应外力的破坏性事件。

实现城市韧性需要将鲁棒性、稳定性、多样性、冗余性、资源性、协调能力、模块化、协作性、灵活性、效率、创造力、公平性、预见能力、自组织性和适应性等基本原则和特征纳入城市系统。

结合现有研究,韧性城市应具备的主要特征主要包括多样性(Diversity)、适应性(Adaptation)、冗余性(Redundancy)、鲁棒性(Robustness)、恢复力(Recovery)、学习转化能力(Ability to Learn and Translate)。

地下城市的韧性与城市是一致的,考虑到地下城市多处封闭的特点,相关的自然灾害的种类略有限定,故其主要特征表述如下。

多样性:强调城市系统多元性和系统协同组织,表现在城市各子系统之间及地下与地上空间之间具有强有力的联系和反馈作用,当城市面临冲击时,多元的系统可以协作配合,有针对性地削减冲击带来的影响。

适应性:强调城市组织的高度适应性和灵活性,不仅体现在物质环境的构建上,还体现在社会机能的组织上。

冗余性:强调城市关键系统的承灾能力,主要体现在城市中某些重要功能的可替代性设计和备用设施的建设上,当城市面临冲击使得某种设施损坏时,其承担的功能可由备用设施补充或由其他系统替代。

稳健性:系统抵抗和应对外部冲击的能力。

恢复力:具有可逆性和还原性,受到冲击后仍能回到系统原有的结构或功能状态,组成系统的各部分之间具有强有力的联系和反馈作用。

学习转化能力:具有从过往灾害发生和经历过程中学习和转换的能力,通过系统内资源的及时调动和补充,填补最需要的缺口。

5.2 韧性地下城市实现途径

5.2.1 韧性地下城市规划

5.2.1.1 韧性地下城市规划目标

1)传统总体规划

传统总体规划的综合防灾系统中习惯于运用经验值或工程技术标准公式测算保障城市未来安全运行的基础设施需求,这种编制模式的前提是提前预测未来10~20年发展的多种可能性,并尽可能预先布置好多种防御措施,包括工程技术手段与综合管理手段。

随着持续的技术变革与创新,城市发展的速度将越来越快,这种静态预测的时效性将会越来越差。尤其在极端气候愈发频繁的趋势下,原有雨洪、风灾等防御工程的设计标准与技术规范也将随着气候变化而不断更新修正,城市安全将更加倾向于动态维护的方式,通过持续跟踪和监测,甚至预测重点防御对象及高风险区域,结合技术进步动态更新及优化防御措施。

传统总体规划的综合防灾系统多以系统为单位考虑城市安全,优点在于各个系统的运营链条、技术标准和责任部门非常清晰,缺点是对于灾害的认知过于单一,忽视了灾害(尤其是重大灾害)爆发时的综合破坏力。另外,以政府为主导的单向传导管控思维无法满足未来面对突发事件的快速响应需求,公众参与城市安全建设的主观能动性低,风险意识也较为薄弱。

相比于传统的综合防灾减灾规划,韧性城市规划更加强调城市安全的系统性和长效性,规划的内涵也更为丰富,涉及自然、经济、社会等各个领域,而且更注重通过软硬件相互结合和各部门相互协调,构建多级联动的综合管理平台和多元参与的社会共治模式,进而弥补单个系统各自为营、独立作战的短板和不足。此外,将防灾减灾向后端延伸,提升城市系统受到冲击后的“回弹”“重组”以及“学习”和“转型”等能力。

2)国际经验借鉴

随着经济发展以及技术变革,未来城市将面临更加多元的灾害种类,然而在世界范围内,不同城市在对抗灾害或环境问题的冲击时,显现出截然不同的韧性。

在地震灾害方面:2010年,海地遭遇7.3级地震,海地首都太子港基本被摧毁,全国约30万人丧生;2012年3月,墨西哥格雷罗州梅特佩克市遭遇7.4级地震,全市经受住了该地震,仅伤亡2人。

城市洪水方面:2010年,巴基斯坦遭遇特大全国性洪灾,约2000人丧生,1100万人无家可归;2011年9月,洪灾导致巴基斯坦最大城市卡拉奇陷入瘫痪,街道因积水无法通行、汽车受困、加油站受淹等,市政部门缺乏有效的排水手段。

美国、英国、日本等国家和地区均在韧性城市规划与建设方面进行了不同程度的探索。

选择比较有代表性的纽约、伦敦韧性规划和日本大地震反思为案例,总结发展韧性城市的经验和教训(表5-3)。

韧性城市国际案例分析　　表5-3

案例城市	背　　景	经验要点
美国纽约	2012年11月，基于应对桑迪特大风灾的经验教训，纽约市出台《纽约适应计划》，2013年6月11日，纽约市长发布了《一个更强大、更具韧性的纽约》	(1)强化领导和决策机制，组建"纽约长期规划与可持续性办公室"；成立"纽约气候变化城市委员会"。 (2)转变传统灾害评估方法。从战略高度反思城市韧性，塑造采用最新的精度、更高的气候模式，评估2050年之前的气候风险及其潜在损失。 (3)确保强大的资金支持，总额高达129亿美元的投资项目，将在未来10多年间逐步落实
英国伦敦	2011年10月，伦敦市发布了《管理风险和增强韧性》，主要应对持续洪水、干旱和极端高温天气	(1)完善组织机制及相关规划。构建"伦敦气候变化公司协力机制"，并出台《英国气候影响计划》，编制《管理风险与适应规划》。 (2)提出可操作策略。管理洪水风险，增加公园和绿化，更新改造水和能源设施，以适应人口增长，并保有冗余。 (3)推进全民行动，全面发动社会各个组成部分的主动性，提升城市抗灾韧性，并提供集体行动框架
日本福岛	2011年11月，日本东北部海域发生里氏9.0级地震并引发海啸，地震造成日本福岛第一核电站1~4号机组发生核泄漏事故	(1)时代观。大地震发生在日本经济下滑时代，尽管原系统也试图赶上时代的潮流，但巨大的"惯性作用"导致这种转变十分困难。 (2)区域观。出现需求远超应对能力和资源储备的情形，需要跨区域的组织、协作和外部支援，各种资源和生活必需品的流通应在区域层面给予充分考虑。 (3)综合观。灾后重建的机制应当具备综合性，尤其是应对大型灾害，应当在现有机制的基础上，采取综合的统一措施

通过上述分析发现，韧性城市发展的总体目标是尽可能减轻灾害风险对居民的影响，提升居民的安全感与幸福感。韧性地下城市建设基于对城市未来面临风险的识别，重点考虑和评估低概率但有巨大影响的灾害、新兴灾害、缓发灾害及组合灾害的影响，进而以城市系统（基础设施、经济、社会和制度）为导向全面提升城市的韧性，实现对风险的综合应对。

此外，韧性地下城市建设作为一项综合性、全方位和长期性的工作，未来仍将面临严峻的挑战，尤其在实施路径、技术方法及组织管理等方面，仍待探索和突破。

3）韧性地下城市视角设计目标的转变

基于上述分析，结合已有研究，从规划观念、技术思路和系统方法三个方面比较分析传统的防灾减灾规划与韧性视角下的防灾减灾规划，找出差异，为提升城市灾害韧性提供理论参考（表5-4）。

传统防灾减灾规划与韧性防灾减灾规划的差异　　表5-4

比较项目	传统的防灾减灾规划	韧性城市理论下的防灾减灾规划
规划观念	重在工程防御，减轻灾害，时效性短	适应安全新常态，基于动态风险评估，降低灾害风险
技术思路	以工程技术标准公式或经验值预测灾害，工程防御措施	城市安全风险评估，识别风险，评估影响，应对措施
系统方法	单一灾种防灾，主要考虑地震、火灾、洪涝、战争等；系统间协调机制不健全	范围扩展到城市公共安全，覆盖自然灾害、事故灾害、公共卫生、社会安全等多方面；强调灾后的快速适应和恢复能力

(1)观念目标转变:从防御到适应

传统的防灾减灾规划遵循的是传统的“工程学思维”,重在工程防御。各项防灾减灾工程规划建设依据相应的规范要求,提出设防标准。然而,现行各专业的防灾规范大多基于历史灾害统计数据确定的设防标准来制定,随着近年来城市化进程的加快和极端气候越来越频繁,以及技术的变革与创新,这种工程思维下的风险预测时效性越来越短。尤其是近年来原有的地震、排水防涝、消防等防御工程的设计标准与技术规范不断更新修正,城市安全规划将更加倾向于通过持续动态跟踪和监测来预测重点防御对象及高风险区,结合技术进步,提出适应城市安全新常态的防灾减灾措施。

从防御到适应的防灾减灾思想的转变,在2005年卡特里娜飓风灾害发生后更加明显。针对全球气候和环境变化的大背景,特别是遭遇台风、飓风、洪涝等极端灾害事件打击下,欧美等发达国家意识到应对灾害风险的重要性,近年来在政策和实践层面积极推动制定基于适应性管理理念的适应性规划。我国正处于城市化提升的关键时期,大城市面临的人口和环境压力日益增大,如何适应灾害频发和气候变化的新常态,发达国家的经验为我国提供了很好的参照。2008年以来,我国陆续出台了一系列政策法规,提出了适应气候变化的政策与行动。

可见,未来防灾减灾规划的编制,首先需要转变的是规划观念,从基于传统工程思维的防御性规划转向动态风险评估基础上的适应性规划,从减轻灾害向减轻灾害风险转变。

(2)技术目标转变:从经验预测到风险评估

传统的防灾减灾规划习惯于运用工程技术标准公式或经验值来测算保障城市未来安全运行的基础设施及安全设施需求,如在总体规划的防灾减灾规划中,根据历史经验确定排水系统管道设计的暴雨重现期标准、根据服务面积确定消防站数量等。这种传统的防灾减灾规划编制模式的前提是预测未来10~20年发展的可能性,并按照相关规范布置好防御措施,特别是工程技术措施。

相较于传统的防灾减灾规划,韧性城市理论下的防灾减灾规划必须进行城市安全风险评估,要对城市的基本要素(如自然条件、地理位置、经济和社会条件等)及安全现状进行分析,从而识别出未来城市可能面临的突发事件和风险,并评估其带来的后果、城市在应对这些突发事件和风险时有何问题以及这些风险的发展趋势对城市未来发展有何影响等。通过安全风险评估确定城市面临的主要风险并对各种风险进行区域划分,以便提出合理的规划应对措施。因此,城市安全风险评估是整个防灾减灾规划的基础。

(3)系统目标转变:从单一防灾到城市公共安全

虽然防灾减灾规划一直是我国城市总体规划中的法定内容,但由于缺乏一个统一合理的规范,其防范灾种偏少。

传统的防灾减灾规划考虑的灾种主要是地震、火灾、洪涝、地质灾害及战争威胁,防灾措施主要是工程性措施,如抗震工程、消防工程、防洪工程和民防工程等,系统间相应的交流和协调机制不健全;防灾管理系统、信息情报系统、物资保障系统及安全教育系统等非工程措施简单且空泛,实际可操作性不强,在应对极端天气、传染病、生命线系统灾害、网络安全等新的城市风险趋势时显现出较多的不适应性,这对新时期城市安全新常态背景下的防灾减灾规划提出了新的挑战。

韧性城市理论下防灾减灾规划的研究范围已经拓展到整个城市公共安全,涵盖生产安全、防灾减灾、核安全、火灾爆炸、社会安全、反恐防恐、食品安全及检验检疫等诸多方面。韧性城市要求城市面对灾害和风险时，不仅要有减轻灾害影响的能力（工程措施），还要有快速的适应能力和高速的恢复能力。韧性城市公共安全体系建设，主要是通过预防、控制及处理危及城市生存和发展的各类公共安全问题，提高城市应对危害的能力，改善城市公共安全状况，提高城市生存和可持续发展的安全性，使城市与广大公众在突发事件及灾害面前尽可能做到有效应对。

5.2.1.2　韧性地下城市空间规划要点

1）地下空间规划在城市规划中扮演的角色

伴随着我国轨道交通的快速发展和生态文明美丽中国建设的新时代发展需求，中国城市地下空间资源开发利用正进入全新发展时期。经过近20年的发展历程，中国城市地下空间开发利用的综合水平已有较大的跃进与提高，开发功能多样化、公益化，开发模式系统化、综合化、分期可衔接化，体现了城市发展对地下空间资源开发更加合理有序和高效以及可持续开发的客观要求，同时也迫切要求作为约束、规范及引导地下空间资源开发的重要先导——地下空间规划的不断完善，从规划的理论方法、编制技术与理念上与时俱进，不断进行创新、自我改进与提升。

从20世纪90年代起，我国有20多个大中城市先后编制了地下空间专项利用规划，近5年来又有一批县级中小城市开始对城市地下空间规划进行编制实践的探索。对地下空间资源进行开发利用的迫切需求从一个侧面反映了我国城市生活中越来越被关注的种种矛盾，同时也表明地下空间作为新型城市空间资源，其在集约化利用土地、缓解交通及环境矛盾、实现城市和谐发展中的重要作用正被逐渐认识并加以利用。近年来，我国不少城市在加速的工业化与城市化进程中出现用地结构松散、低密度扩张、人均用地指标普遍超标等现象，急需系统规划政策的指导。目前新一轮城市规划的编制和修编正在全面展开，这为我国在地下空间规划的编制和实践中探索与地面规划接轨、实现城市上下部空间系统和谐整合提供了良好的契机，而对地下空间的利用功能、建设规模量及布局形态等方面进行前期需求预测分析，是合理配置和协调上下空间资源的重要途径，是地下空间规划编制的关键基础性研究工作。

2）城市地下空间规划的本质属性

城市规划是为了实现一定时期内城市的经济和社会发展目标，确定城市性质、规模和发展方向，合理利用城市土地，协调城市空间布局和各项建设所做的综合部署和具体安排。

城市地下空间规划，既有城市规划概念在地下空间开发利用方面的沿袭，又有对城市地下空间资源开发利用活动的有序管控，是合理布局和统筹安排各项地下空间功能设施建设的综合部署，是一定时期内城市地下空间发展的目标预期，也是地下空间开发利用建设与管理的依据和基本前提。

城市规划为地下空间规划的上位规划，编制地下空间规划要以城市规划的规定为依据，同时城市规划应该积极吸取地下空间规划的成果并反映在城市规划中，最终达到两者的协调和统一。

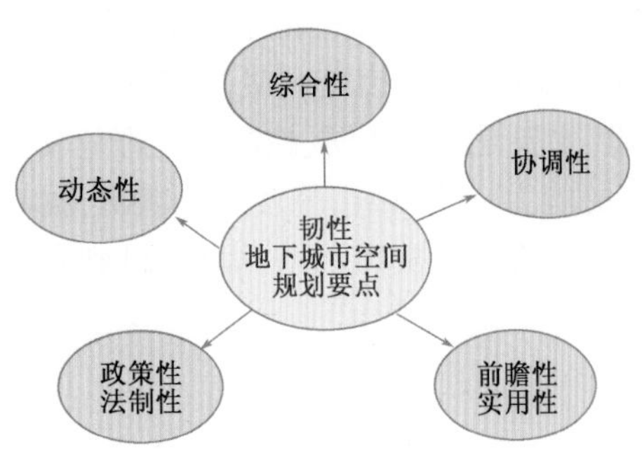

图 5-2 韧性地下城市空间规划的几个要点

3) 韧性地下城市空间规划的几个要点

韧性地下城市空间规划要点如图 5-2 所示。

(1)综合性

韧性地下城市空间规划涉及城市规划、交通、市政、环保、防灾及防空等各个方面的专业性内容,技术综合性很强,同时作为对城市关键性资源的战略部署,地下空间规划又涉及国土资源、规划、城建、市政、环卫、民防等多个城市行政部门,并最终触及生态和民生。

(2)协调性

地下空间规划不是独立存在的,需要考虑在地面条件的制约下科学预测发展规模,慎重选择转入地下的城市功能,合理布局安排开发建设时序,最终引导地面空间布局及功能结构调整,实现整个城市的可持续发展。如何通过地下空间的规划促进地上、地下两大系统的和谐共生,是城市地下空间规划与地面城市规划在职能上的根本不同。

(3)前瞻性与实用性

前瞻性是城市规划的固有属性,与地面城市规划不同,地下城市空间开发具有很强的不可逆性,一旦建成将很难改造和消除,同时地下工程建设的初期投资大,投资回报周期长,经营性地下空间设施运营和维护成本较高。而地下空间的环境、防灾及社会等间接效益体现较慢,很难定量计算,这些都决定着地下空间规划需要更加长远的眼光,立足全局,对地下空间资源进行保护性开发,合理安排开发层次与时序,充分认识其综合效益,避免盲目建设导致一次性开发强度不到位且后续开发又无法进行,造成地下空间资源的严重浪费。

在高度强调地下空间规划前瞻性的同时,规划方案的实用性也同样不容忽视,这主要是由我国的经济发展实际、投资建设与管理体制、地下空间产权机制及立法相对不完善等客观条件决定的,例如虽然我国许多城市人均 GDP 水平已接近或超过 6000 美元,具备了大规模开发利用地下空间的条件,但没有认真分析国外地下空间建设成功的背景及机制因素,只是片面强调全面网络化的地下空间开发模式,在我国现阶段未必可行。而立足适合我国国情的多点分散的地下空间,针对如何构成体系、形成网络,研究适合我国国情的地下空间开发模式,将是规划解决的重点问题。又如全面推行基础设施管线的地下化与共沟化,在我国现阶段被认为具有前瞻性,但实用性还不是很强。然而通过分阶段制定发展目标,在规划布局中预留用地,并在近期建设中提出合理的控制要求,可有助于实现前瞻性与实用性的统一。同样,将综合管廊与地铁地下街等整合建设以节省建设成本,也巧妙地实现了现阶段发展的实用性。再如,没有完全打开融资渠道、地下空间产权不明等,也使规划与实际建设脱节,“公”“私”地下空间连通受阻也影响了规划的顺利实施。

因此,地下空间规划必须立足国情,强化规划实施措施方面的研究,同时注重吸纳新工艺和新技术,合理统筹前瞻性与实用性。

(4)政策性与法制性

城市地下空间规划涉及多个城市行政部门,在遇到一些重大问题时必须通过出台相关政策、行政命令和法律法规的方式来保证管理权责，推动规划的有效执行。同时，在规划实施的过程中，为协调政府、投资者和使用者等多方的利益关系，规划本身必然制定相关的政策与法规以保障规划的顺利执行，提高规划的实用性与可操作性。

今后的韧性地下城市空间规划实践应积累点滴经验，充分吸收政府管理部门及投资者等利益群体的意见，在编制中切实提出保障规划实施的政策性及法制性措施，为后续研究积累经验，最终推进地下空间开发利用的管理及法制建设。

(5)动态性

目前，我国仍在对韧性地下城市空间规划系统、完整、综合的设计方法及编制体系进行不断的探索。实际中，韧性地下城市空间规划往往以学术研究与规划实践的双重身份出现，这就决定了需要在实践中不断积累经验来完善现有的规划理论，并对新的规划实践进行更加行之有效的指导，使韧性地下城市空间规划理论在动态平衡中保持发展与前进。因此，今后的韧性地下城市空间规划应走出追求最终理想静止状态的误区，合理制定分期实施步骤，并对原有规划不断审视修正，充分吸纳城市规划理念中的“弹性规划”和“滚动规划”，建立地下空间规划“始终是一种过程”的全新认识。

5.2.1.3 韧性地下城市规划实例——越南归仁市规划

越南中部的归仁市，是平定省最大的城市，位于海岸地带，拥有巨大的经济开发潜力，也是平定省的首府。该市总面积285km^2，人口超过28万人，全市共有16个市区和5个公社。对归仁市总体规划的2004年版和2015年版进行分析对比研究如下。

归仁市2004年版总体规划有5个章节和1个附录，共54页，对比归仁市1998年版总体规划，增加了对环境问题的规划和政策制定，以及有关经济和社会发展的详细规定。

与2004年版总体规划不同，2015年版总体规划详细介绍了归仁市的城市化目标、宗旨、战略和行动布局。此规划为一份296页的文件，包含10个章节和3个附录。与2004年版总体规划一样，第1章主要介绍了城市总体规划原理；第2章详细介绍了规划的背景条件，包括气候、地质和水文条件，还详细描述了工业区、供水、旅游开发、交通运输、文化保护、城市化、供电、空气和水污染、废水和固体废物管理系统以及气候变化的潜在影响，并介绍了实施2004年版总体规划的成果和挑战；第3章介绍了国际上与归仁市规模差不多的城市——法国马赛的城市规划；第4章和第5章侧重介绍社会经济发展和城市化空间战略规划；第6章介绍了土地利用规划；第7章是关于城市的建筑和历史保护规划；第8章介绍了基础设施规划；第9章预测了城市扩张以及土地利用变化和工业化的未来发展；第10章介绍了归仁市在越南中部地区的重要性。

与2004年版总体规划相比，2015年版总体规划显示归仁市对气候变化影响的认识有所提高(包括评估和行动)。它清楚地认识到气候变化对归仁市的主要影响为海平面上升、洪水、干旱和台风。因此在每一个章节中，当涉及城市的灾害风险时，都有关于气候变化的潜在作用的讨论。它指出，由于气候变化，未来洪水风险将会增加。

2015年版总体规划指出2004年版总体规划对城市扩张过程中的气候变化因素欠缺考虑。这份规划提到：“根据2004年批准的归仁市城市总体规划，最小建筑高度2.5m，最大地面坡度为0.4%”。到目前为止已经批准的计划，基本上大部分符合经批准的标准。然而2004

年的蓝图没有解决由于海平面上升引起的全球气候变化问题。

另外,2015 年版总体规划与 2004 年版总体规划大不相同的是,2015 年版总体规划归仁市引入了亚洲城市气候变化韧性网络(Asian Cities Climate Change Resilience Network, ACCCRN)。该网络的作用即是提高城市气候变化的认知水平以及评估和行动能力。

与 2004 年版总体规划相比,2015 年版总体规划更加关注气候的变化。虽然土地利用规划是减少气候变化影响的有效方法,但在发展中国家城市迅速转型的背景下,土地利用规划的管理可能具有挑战性。这种挑战主要由于经济增长和快速城市化的优先事项相互竞争,以及应对气候变化等新兴的和不确定问题的资源有限。

2015 年版总体规划中广泛提到了气候变化的潜在影响。规划提到 2004 年版总体规划的挑战之一是限制由地形引起的城市扩张。此外,由于河清(Ha Thanh)旧区受洪水和气候变化带来的不确定性影响很大,因此河清沿岸旧区的城市发展受到严重限制。与 2004 年版一样,2015 年版总体规划也包含了对城市的人口预测,提到了六种情况下的人口预测(2025 年、2035 年和 2050 年)。前三个方案包含仁会半岛建设石油加工中心(命名为“胜利项目”)的规划,后三个方案则是没有包含该项目的规划。如果没有“胜利项目”,到 2025 年、2035 年和 2050 年,人口估计分别为 54.5 万、64.0 万和 74.0 万;如果建设“胜利项目”,吸引更多的技术工人到城市,则人口规模将会更大,预测 2025 年、2035 年和 2050 年的人口将分别达到 62 万、68 万和 74 万,该规划还分别提到了城市和郊区的不同人口增长模式。

2015 年版总体规划的几乎所有章节都提到了洪水的影响,探讨了城市适应不稳定降雨、海平面上升和洪水的标准。根据社会经济发展、人口规模、人口密度、非农业劳动力比例和基础设施发展,将越南的城市分为五类(Ⅰ ~ Ⅴ)。比较这两版总体规划,2015 年版总体规划中关于气候变化的叙述发生了重大变化。

2015 年版总体规划中分析了气候变化及其影响,尤其是洪水影响在规划中被广泛提及。在第 5 章中引用了 30 篇关于洪水及其适应和缓解措施的参考文献。另外,也讨论了应对洪水、巨浪、海平面上升等气候变化影响的建筑标准。例如,给出了可能会造成损坏的海岸附近房屋基础的确切高度,也指出不同地区的措施需要因地制宜。2004 年版总体规划均没有对以上任何气候变化的影响进行讨论。

在 2015 年版总体规划的第 2 章中,有一节单独讨论了气候变化和自然灾害的趋势。人们已经认识到,洪水在频率、持续时间和影响力等方面的严峻性。而且,引起城市中洪水风险不断增加的主要原因之一是对湿地和河岸等洪水易发区的无序和过度开发。2015 年版总体规划认识到了气候灾害与快速城市化之间的这种关系。

通过适应气候变化的土地利用规划,归仁市的城市韧性能力逐渐加强,这些成就主要体现在认知方面。尽管在 2015 年版总体规划中讨论了应对气候变化影响的行动,该行动旨在解决由于气候变化导致降雨异常而致使城市某些地区洪水泛滥的问题,但未在土地利用规划中就这些行动加以实践,也没有提到建议采取的行动。

城市总体规划和土地利用规划在城市扩张和经济发展优先事项和行动方面都有详细说明。2015 年版总体规划将炼油项目作为重中之重,通过执行国家标准,有明确的污染控制措施。

归仁市的案例说明了需要持续的技术、财政和体制支持,将适应和减缓气候变化纳入城市规划进程以提高城市韧性。如果对规划者和决策者有持续的激励和能力建设,土地利用规划将随着时间的推移,通过认知、评估和行动计划来适应和减轻气候变化的影响。

随着ACCCRN项目的实施,归仁市提高了领导、政府官员和居民的整体认知。2015年版总体规划涵盖了详细的气候变化信息,它预测海平面上升、洪水和台风将会因气候变化而加速,并对气候变化的未来影响进行了评估。对于个别灾害提出了适应行动计划,但这些行动并不适用于所有行业。例如,在洪水易发区开发的住宅区,对风险评估和适应性建设的要求要高于其他地区。对于其他基础设施建设如何适应洪水却没有相应的建议,如输电线、饮用水分配系统、排水系统、废物管理系统和公路网等。在实施《城市总体规划和气候行动计划》中的一些适应性建议方面,城市各政府部门在技能和工具方面也存在混乱和差距,需要在适应气候变化方面制定明确的标准。为了在不同的部门之间建立协调行动以应对气候变化的影响,有必要对气候变化适应能力建设(政府部门、规划顾问、省级和地方领导人)提供持续的支持和激励。

5.2.2 韧性地下城市设计

5.2.2.1 韧性地下城市设计目标

1)地下城市在韧性城市体系中的空间类型划分

韧性地下城市的概念不能脱离城市的整体规划以及地下城市规划而单独存在,其内涵受到经济和政治形势等多方面影响而变化,对于城市需要达到的韧性程度和需要在地下空间内部达到的功能目标尚有不同的理解。

城市的韧性可以从以下两方面来理解:

一是城市整体适应变化保持正常运行的能力,遇到暴雨就发生内涝淹没的城市显然不具有韧性,而修建了充分的蓄排水系统之后,暴雨对城市生活的影响可以降低到无所感觉,相比较而言就具有了韧性;

二是扩展来说,城市会面对的问题有很多,例如交通堵塞、重大疫情疾控和救援、重大事件的提前预警和跟踪追溯等。

韧性城市的规划建设,一方面是对曾经发生过或者可能发生的这些问题进行归纳分析并做出强化巩固方案,使整个城市系统强健,减少受到的困扰和限制;另一方面则是随城市规划调整,预想可能遇到的各种新问题以及如何为希望实现的新的城市运作模式提供有效保障而提前做出规划。

地下空间的韧性设计,思考方向之一是作为地上城市功能的必要补充,之二是在特殊场景预期下取代部分地上城市的功能。

地下空间平时会作为各种用途来正常使用,韧性则在城市状态发生重大变化或者遭受非常规打击时体现,例如发生海啸或者地震时,城市空间由于设计的提前考虑能够正常使用,发挥原本的功能;而更进一步的要求则是遭受重大打击时,假设地上建筑或者部分地下空间无法再发挥功能,需要部分或者全部转入剩余的地下城市空间来维持城市运行,替代性地发挥大部分乃至全部功能。

目前,地下城市的常规形式是根据城市自身已有的历史经验及可比对参照的同类型城市的经验来做应对,例如洪水和内涝多发的城市,针对具体问题进行相应改造,或者根据重大疫情发生期间表现出的城市管理各方面问题对城市予以强化和调整,但并不做非常超前的设计。

例如国际上所熟知的,土耳其德林库尤地下空间,它的修建历史可追溯到一万年前(图5-3)。

图5-3 土耳其德林库尤地下空间

经过严格的整体规划设计和持续不断的修建,德林库尤地下空间达到地下18层,共计拥有1200多个房间,有厨房、餐厅、教堂、学校、仓库、酿酒作坊、水井、厕所等生活设施,各区域之间由通道相连,可容纳两万人左右。

地下城市的极端形式可称之为"流浪地球模式",是基于最极端的科幻场景对地球整体发生的变化和可能的生存措施做出想象和设计。其中,部分场景的想象可以参考谢和平院士的著述《月球恒温层地下空间利用探索构想》。

电影《流浪地球》中的"地下城",位于地表以下5km,有35亿人在此生活,图5-4为电影模拟的极端灾害场景。

图5-4 电影《流浪地球》里模拟的极端灾害场景

这部基于未来世界观的科幻电影,用特效实现视觉的真实性,更向所有人揭示了一个事实:人类生存的历史,就是深基础与地下空间开发和实施的历史。重回人类诞生之初,人类对周围恶劣的生存环境十分恐惧,尤其是遇到摧毁力较大的灾难,诸如冰雪风暴、天体撞击、洪水地震等,当时根本没有任何科技来进行自我防御,除了期盼灾难早一点离去,只能找一些天然洞穴被动的躲避。当灾难退去,人类也会自问:怎么办?再遇到这些灾难怎么办?人类刚刚学会制造和使用工具,便开始思索,同时进行自我拯救,修建地下空间以抵抗灾难。

为了简化思考,韧性地下城市的空间类型可以概要分为基本维生、短期聚集和长期居住、长短兼用两大类型:

(1)基本维生、短期聚集空间

如避难通道、民防空间、临时医疗等。

(2)长期居住、长短兼用空间

如避难空间、疏散救援通道、排涝调蓄空间、仓储空间等。

2)城市地下空间功能分类

(1)近期功能

当前我国城市地下空间的近期功能使用类型,还处于基本维生和短期聚集阶段,主要有四个方面:地下交通运输系统、地下公共服务设施系统、地下市政设施系统和地下防灾与能源系统。

①地下交通运输系统

地下交通运输系统设施是指以交通为主要功能的地下建(构)筑物,按其交通形态可划分为地下动态交通设施和静态交通设施。地下动态交通设施可分为地下轨道交通设施、地下道路交通设施、地下人行交通设施,地下静态交通设施可分为地下公共停车和地下配建停车两种类型。

②地下公共服务设施系统

地下公共服务设施是指供地下公共服务的空间场所,包括地下商业、餐饮、娱乐、文化、体育、办公、医疗、卫生及其配套设施等地下交通的发展和土地的集约高效利用,促进了地下商业、文娱等活动的繁荣,带动了地下公共服务设施的建设。当前地下公共服务设施已经成为大规模、综合化地下空间开发的重要组成部分。

③地下市政设施系统

地下市政设施是指埋设于地下的城市市政基础设施,包括综合管廊、专用管廊和市政站点设施等。完善和提高城市市政基础设施配套水平是城市地下空间开发最早承载的功能之一,随着城市建设水平的提高和人们改善城市环境的愿望越来越强烈,地下市政类工程设施这一传统的地下空间开发项目不断被赋予新的内容,在市区特别是中心城区,不仅在地下敷设管线,变电站、雨水泵站、雨水调蓄池、污水泵站等越来越多的市政设施也被布置到地下。同时,由于管线的种类和数量不断增加,扩容和维修事务也越来越频繁,管线的集约化也逐渐得到推广和发展,市政类工程设施将来仍是地下空间开发利用的一项重要内容。

④地下防灾与能源系统

城市地下防灾减灾设施是指为抵御或减轻各种自然灾害、人为灾害及其次生灾害对城市居民生命财产和工程设施造成危害和损失所兴建的地下工程设施,包括人民防空工程、地下生命线系统、地下防震设施和地下消防设施等。

人民防空工程是为保障人民防空指挥、通信、掩蔽等需要而建造的具有预定防护功能的地下建筑,包括为保障战时人员与物资掩蔽、人民防空指挥、医疗救护等单独修建的地下防护建筑,以及结合地面建筑修建的战时可用于防空的地下室和兼顾人民防空要求的地下空间。

地下能源系统是利用地下空间恒温、恒湿的环境以及蕴藏在地层中的巨大能源资源,采用一定的技术,如地源热泵等,将地下能源收集传输,供建筑和人员使用。此外,还可采取一定的技术手段,如雨水收集、阳光导入等,创造地下空间与地上空间相同的环境并且节约资源能源。

(2)远期功能

到了远期,在基于环境变化、社会发展和技术进步的基础上,地下空间会进入长期居住、长短兼用的阶段,陆续纳入生产和工作系统以及居住系统。

①生产和工作系统

生产和工作系统是指利用地下资源就近设置的、具有一定规模的产业功能,以及利于或被迫在地下空间设置的工作场所。

②居住系统

由于对环境和人体舒适度的要求较高,人员居住于地下空间的需求亦属于最后实现的功能需求。

5.2.2.2 韧性地下城市设计要点

针对韧性地下城市的特征,在相关规划的基础上,城市设计应更加具体并保证可实施性。对于地下城市设计在韧性方面的考虑,应注意以下三个要点,即保证系统化、冗余度和前瞻性,如图5-5所示。

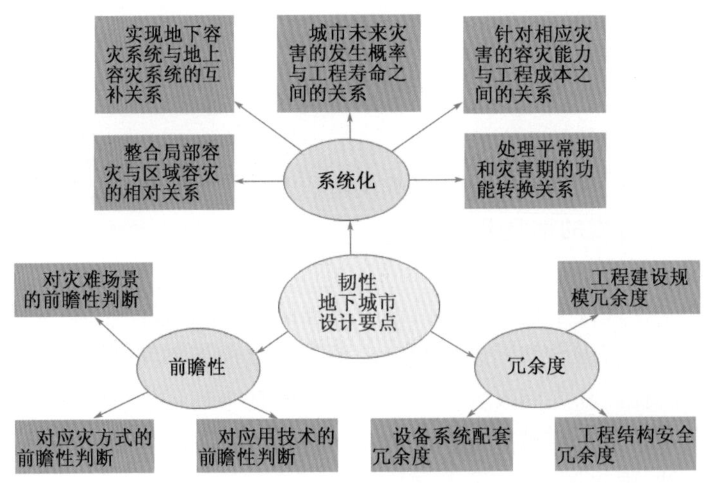

图5-5 韧性地下城市设计要点

1)韧性地下城市设计的系统化

系统化就是从整体性上考虑韧性在地下城市中的体现,具体包括以下几点。

(1)系统化考虑城市未来灾害的发生概率与工程寿命之间的关系

城市灾害多种多样,未来灾害的发生频度也各有不同,发生灾害的种类与频度与城市区域位置环境、城市人口规模等密切相关。一般来说,重大灾害(如战争、地震、洪水等)发生的频度较长，而轻微灾害（如水涝、火灾等）发生的频度较短。有的灾害（如洪水等）可以适时提前预测，有的灾害（如地震等）则需长时间的观察预判。

相比地上建筑，地下建筑物的工程寿命要求较高，但即使再高，按目前的工程规范标准要求，绝大部分最多也就100年的使用寿命。在地下工程100年使用寿命阶段，应系统考虑城市未来灾害发生的概率，分析发生的灾害强度、对地下空间的影响以及抵抗和恢复能力。

（2）系统化考虑针对相应灾害的容灾能力与工程成本之间的关系

韧性地下城市的目标就是对灾害具有相应的容灾能力。对于地下工程而言，因建设难度大于地面工程，故其因容灾造成的工程成本增加幅度也远远大于地面建筑。工程成本是控制地下城市规模的重要因素，在容灾能力和工程成本之间应该有着相对合理的对应关系，既不能因为需要具有很强的容灾能力而导致工程成本无限增加，也不能因为过多顾忌工程成本而降低地下城市的韧性能力。

（3）如何有效实现地下容灾系统与地上容灾系统的互补关系

除了《流浪地球》展示的极端环境导致城市建于地下之外，在可以预见的时间范围内，地下城市的作用只是作为地上城市的补充。地上城市的一部分功能按照适宜程度逐步转移到地下，因此地下城市功能和地上城市功能是互补关系。同样，地下城市的容灾能力与地上城市的容灾能力也是相互补充和相互支持的关系，只有地下与地上实现有效融合，容灾能力才会相对提高，工程成本也会相对降低。

（4）如何整合局部容灾与区域容灾的相对关系

与地面建筑类似，地下城市的组成也是由点到线到网逐步形成规模。由于建设环境和建设难度的限制，地下城市点的独立性要远远高于地面城市，目前地下空间应对灾害主要也是以独立点的能力为主。随着地下空间网络化的逐步推进，地下城市的规模和功能也会相应增加，而灾害发生的种类也随之增多，需要将局部各自独立的容灾能力进行整合，形成区域容灾能力，加强各独立地下空间的沟通能力，使容灾能力能够共享，这样既提升了灾害应对能力，也适当降低了工程成本。

（5）如何处理平常期和灾害期的功能转换关系

在应对地下城市灾害时，对地下空间的要求较高，包括空间规模划分减小、机电设备配套齐全以及客流组织疏解严谨等。地下空间的规模，理论上是越大越好，功能的转换越灵活越好。但两者本身是矛盾的，在城市设计过程中，就需要考虑在平常期应具有转换成灾害期的预留条件，而城市在灾害发生及应对完成后，又需要有快速恢复到平常期功能的能力，实现真正意义上的韧性地下城市。

2）韧性地下城市设计的冗余度

冗余度就是在城市设计中对容灾能力的包容程度，具体包括工程建设规模冗余度、工程结构安全冗余度和设备系统配套冗余度。

（1）工程建设规模冗余度

工程建设规模具体指的是地下空间容量的大小。由于地下工程的特殊性，空间容量超载会对地下空间的安全产生实质性影响，因此在地下城市设计中，不应照搬地上城市的设计理念，应对地下空间规模提出上限，在具体使用时应尽量考虑降低规模。反过来说，就是要保证地下城市的建设规模有足够的冗余度，待实际容量超出设计值但还没达到极限值之前，应及时采取措施进行疏解。

(2)工程结构安全冗余度

工程结构安全是地下空间整体安全的基础，地下工程的受力特征远比地面建筑受力特征复杂，其影响力学结构最大的因素如岩土特性、水位高低等具有变化复杂、强度不一、覆盖面广、影响严重等特性，加之不同灾害的影响范围、影响程度和影响模式不完全一致，所以在结构设计时，就要在结构参数取值、结构形式选择、结构计算模式等方面加强对安全余量的限制，最终尽量保证工程结构安全冗余度。

(3)设备系统配套冗余度

设备系统冗余度需要考虑两个方面，一是设备规模，二是设备接口。由于工程建设规模和工程结构安全是长期性的，设备系统使用寿命相对较短，一般最多为30年，有的甚至10年左右就要更换，因此设备系统的规模冗余度不一定要很高，需要根据灾害发生的概率进行适当配置。设备接口对于设备系统配套冗余度设置很重要，除了上述各系统使用寿命较短且不相一致的情况外，城市灾害的发生也会随着城市发展、社会与自然环境不断产生变化，相应地下空间应灾的能力和形式也会发生变化，所以必须在设置设备接口时尽量减少局限性，为后续机电设备提供较为宽泛的接入条件。

3)韧性地下城市设计的前瞻性

前瞻性就是城市设计中对未来城市发展和技术进步的预判程度及实施措施，具体包括对灾难场景的前瞻性判断、对应灾方式的前瞻性判断以及对应用技术的前瞻性判断。

(1)对灾难场景的前瞻性判断

城市的发展是持续的，在人口规模、城市地位和城市功能上，随着城市发展而不断变化；社会环境无论是国家环境还是区域环境，也会随着国际、国内形势和政策的发展而相应改变；由于人类活动更加频繁，对自然环境的影响也愈加严重，包括地质环境、气候环境、公共卫生环境等，对地下城市影响较重的灾害发生的概率也越来越大。鉴于此，在地下城市建设过程中，就要对灾害发生的概率、发生的场景模式进行前瞻性预判，为韧性地下城市的设计提供基础。

(2)对应灾方式的前瞻性判断

对于灾害，不同类型特性、不同强度等级和不同影响程度，目前国家和地方大多没有相应的规定，而且随着人员素质、应变能力的提高，人员组成的变化，社会经济的发展，国家对影响损害的关注重点也会发生变化，相应的应灾方式(如应灾重点、应灾模式、应灾主体等)也会不断调整。由此导致城市设计需要分析发展趋势，在应灾方式上尽量考虑可持续性，以适应新的环境变化。

(3)对应用技术的前瞻性判断

随着5G、大数据、人工智能、物联网、区块链、城市大脑等智慧城市新技术理念的引入和配置，以及新材料的持续开发和应用，地下空间应对灾害的能力在不断增强，城市设计的基础条件也在不断改变，更安全、更合理、更经济的设计手段和设计方式也会持续改进，应用技术的持续更新是动态的，城市设计也应该持续改进，根据技术发展的趋势进行定期调整。

5.2.2.3　韧性地下城市设计实例——美国波士顿城市设计

波士顿尽管拥有科德角和海港群岛的天然屏障，但历史上也经历了多次大型飓风和东北风暴的侵袭。在20世纪中叶，波士顿的海平面已上升30cm。据预测，到21世纪中叶，波士顿海平面将升高50cm；到2100年时，海平面将升高约152cm。为了应对海平面上升，波士顿提出在其海岸线区域按照一种长期的韧性策略进行城市设计。

波士顿的城市交通路网、能源网、商业区和历史街区等城市系统错综复杂，在考量规划中，不仅考虑了波士顿地区的海平面上升范围，还对波士顿地区的土地利用、人口、交通系统及其他可能遭受侵袭的系统影响范围进行识别。

波士顿在建筑、城市和地域等尺度提出前瞻性设计战略。采用浮动公寓楼及可吸收、引导洪水的公园等应对海平面上升的韧性解决方案，可以令波士顿的建筑和基础设施在风暴侵袭后迅速恢复，并适应上涨的潮水。该方案在保护波士顿地区边缘地带不受海水侵袭的同时，也提升了滨水地带的活力和连接性，推动了经济发展。

波士顿多尺度韧性设计如图5-6所示。

图5-6　波士顿多尺度韧性设计

5.2.3　韧性地下城市建造

5.2.3.1　韧性地下城市建造需要达到的目标

韧性地下城市建造是遵循设计要求，保证整个建造过程对灾害的应急保障，具体包括保障临时工程结构安全、永久工程结构安全和接口工程结构安全。

1)保障临时工程结构安全

临时工程结构是指在工程永久结构生成前，用于支撑永久结构和工程实施的临时性结构。目前在城市建设中，临时工程结构安全往往容易被忽视，而实际上临时工程结构的强度和安全度要远远小于永久工程结构，其抵抗灾害的能力也处于工程结构的相对薄弱区。

相较于地上建筑，地下空间的施工周期持续时间更长，影响临时工程结构的外在因素也更多，因此更要保障临时工程结构安全应对灾害的能力。

2)保障永久工程结构安全

永久工程形成后的结构安全和应对灾害的能力,在前期设计阶段已经给予考虑,因此在建造过程中,严格遵循设计成果是保障整个工程在使用寿命期内安全使用的基本前提。

另一方面,永久工程结构在形成前也需要一个时间过程,越是体量巨大的城市建筑结构,特别是受水土影响强烈的地下空间结构,建造持续时间越长,在建造期间,建筑材料的选择、施工工法的制定以及施工过程的控制等,都会最终影响永久结构工程的建造质量,这些都决定着工程结构的安全和抵御灾害的能力。

3)保障接口工程结构安全

地下城市的形成是由单体的地下空间联结成网后形成的,因此地下结构的接口数量和规模要远远大于地上城市,加之地下环境的特殊性,对接口工程的要求也极其严格。

接口工程也是地下工程的相对薄弱环节,承受灾害时的受力情况相应也最为复杂,接口工程的质量好坏直接影响地下城市工程的使用寿命和地下人员的生命救援,因此在建造前期工程时必须为后期工程的实施设置安全和便于实施的接口条件,如预先增加土体加固范围、地下结构侧墙预留结构暗梁暗柱、将硬性围护结构改为软性(如钢筋改为纤维筋)等。

5.2.3.2 韧性地下城市建造要点

相对于整个地下城市的使用寿命,建造持续的时间都较为短暂,但灾害的发生有其必然性和随机性,特别是地下工程的建造,突出的就是在已经平衡的自然环境上加以改造,自然环境的各种反馈,单一的、综合的、叠加的因素作用在正处于成长期的建造工程上,产生的影响也会异常巨大,将影响到建造过程的安全实施,甚至是后期永久结构的可靠度。所以要针对安全建造的目标,在建造过程中采取相对应的工程安全措施。具体建造要点如图5-7所示。

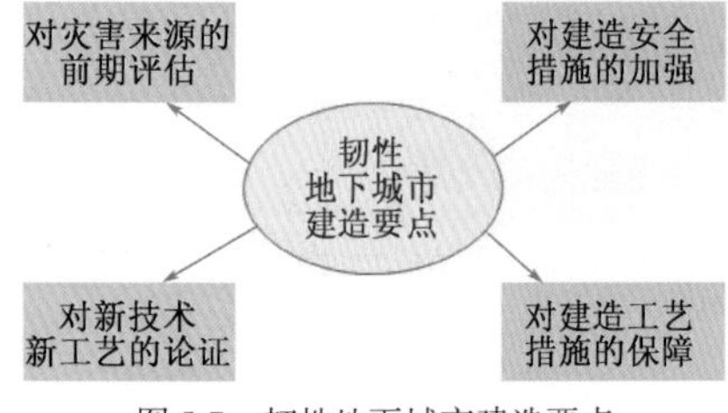

图5-7 韧性地下城市建造要点

1)对灾害来源的前期评估

无论是建造临时工程、永久工程还是接口工程,都应该对在建造时期可能出现灾害的概率和危害性加以评估,判断灾害产生的原因、不同建造阶段风险因素的改变、工程结构本身的脆弱程度等,分析判断安全风险的耦合性和危害程度,为安全建造提供风险预警。

2)对建造安全措施的加强

建造安全措施是在建造过程中为保证工程结构安全和建造人员安全必须采用的保障措施,在建造成本选择和安全保障之间,后者永远是第一位的。而避免因为灾害影响建造安全,即使有灾害产生也能尽快恢复建造工作,本身也是韧性地下城市的一种体现。

3)对建造工艺措施的保障

建造工艺措施是保障建筑工程质量的基本要素,遵循正确的工艺措施就能正常达到和超过前期设计要求。而没有遵循正确的工艺措施,一方面,结构安全能否达到设计要求会存在问题;另一方面,更改工艺措施也相应更改了拟定对自然环境的改造过程,会加深已预估灾害的发生概率及危害程度，也可能导致新灾害的产生，还减弱了建造过程中结构应对灾害的反应能力。

4）对新技术新工艺的论证

新技术新工艺在某种程度上会提高建造效率甚至降低建造成本，但由于地下工程建设的复杂性，影响工程安全的因素多种多样，灾害的发生是各种因素相互影响造成的结果，所以在采用新技术新工艺之前，一定要加以反复论证，由小到大，由点到面，在充分保障降低灾害发生的情况下逐步推广使用。

5.2.4　韧性地下城市运营

5.2.4.1　韧性地下城市运营要达到的目标

相对地下城市的短暂建造过程，地下城市的运营时间要长得多，其时间要持续到整个地下空间的使用寿命，甚至超过使用寿命。因此，韧性地下城市运营需要考虑的是全生命周期灾害风险管理，主要目标就是对灾害预判的全面性、对灾害处置的有效性和对灾害应急的及时性。

1）对灾害预判的全面性

由于地下城市运营过程时间长，必然会经历不同的社会和经济发展过程，由此也会面临不同灾害风险的发生，因此在运营期各个阶段，就要对当时当地灾害发生的种类、概率和危害程度进行尽量全面的预判，并随之对相关的应对措施进行调整、改进和深化，提升地下城市应对灾害的能力。

2）对灾害处置的有效性

地下城市运营是一个长期的过程，虽然在设计和建造过程中对地下城市的容灾能力进行了前期考虑，也适当配置了相关结构安全度以及设施与设备，但随着时间的推移、社会和自然环境的变化，会逐步侵占结构安全度，设施与设备的安全隐患也会逐步堆积，因此在城市运营过程中必须随时保持对灾害处置的有效性。

3）对灾害应急的及时性

地下城市运营是长期的，而灾害发生却是突然的，为了保证地下空间对灾害的应对能力，除需要保证相关安全冗余度和设备设施的有效性之外，还要根据灾害发生的概率和前期预兆，提前做好应急物资的储备，并保证临时应急设施设备安装的便捷性，确保能够及时应对灾害的发生。

5.2.4.2　韧性城市运营要点

对韧性地下城市运营有效性和及时性的保障，需要提出具体的措施要求，包括对应急设备的维护保养与测试、对灾害场景的预判和组织预案以及对应急物资储备的空间和数量要求，如图5-8所示。

1）对应急设备的维护保养与测试

地下城市在正常运营情况下一般不会动用应急设备，相关设备在长期静止的情况下，随着

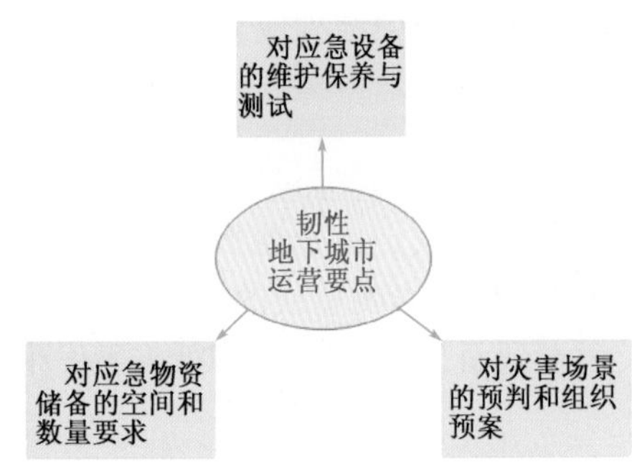

图 5-8　韧性地下城市运营要点

环境条件的影响，其应急反应能力会逐步减弱或失效，因此在运营过程中应该利用间歇时间，定期对应急设施设备进行维护保养与测试，随时保持其可使用性。

2) 对灾害场景的预判和组织预案

灾害发生时除了应急设备设施需要发挥作用，另一个重要因素就是管理人员的应变能力。管理人员应变能力的好坏，直接影响应变效率，一定程度上甚至可以弥补应急设备设施的不足。

管理人员的应变能力靠的是对运营团队的平时训练，而不仅仅是个人能力的高低。只有对不同灾害场景进行全面预判，制定相应的组织预案，并在运营过程中不断加以演练，才能保证在发生相关灾害时，运营管理人员能依靠计划制定的预案、依靠训练形成的本能，形成应变的高效率，进而提高应变能力。

3) 对应急物资储备的空间和数量要求

应急物资储备是保证地下空间及时应对灾害的必要措施。地下空间与地上建筑不同，其应急物资的运输能力相差较大。由于灾害的偶发性特点，受经济成本影响，运营管理者会对灾害发生的概率产生麻痹和过于乐观的心理，会逐步缩小甚至减少应急物资的数量规模和临时储备空间，一旦发生灾害，没有保证供应的及时性，会产生严重后果。因此，应对应急物资储备的空间和数量规模提出严格要求，并在整个运营期间进行持续保证。

5.2.4.3　韧性地下城市运营实例——西班牙巴塞罗那韧性管理经验

巴塞罗那是西班牙加泰罗尼亚自治区的首府，人口密集，位于两个河口之间，地中海和克塞罗拉山(Collserola hill)西北部。巴塞罗那是著名的地中海城市之一，不仅因为其具有充满活力的城市生活和优质的公共空间，还因为其独特的“巴塞罗那模式”。

与其他许多地中海城市一样，巴塞罗那也遭遇了周期性的洪水、干旱和夏季热浪。然而，出乎意料的是，在所有的这些压力中，2007 年发生的一次技术故障成为改变市政府决策过程的转折点。该市在 2007 年遭遇了三起意外事件，威胁到该市业务的连续性。第一次是停电，超过 30 万用户(相当于 6 个城区)停电近 3 天，这意味着 3 条地铁将停运近半小时，6 家医院只能靠应急发电机进行最紧急的手术，因 23100 个交通信号灯中断(占总数的 60%)而导致交通阻塞和失控，供水和通信服务因与能源供应的相互依赖而暂时中断。虽然没有这 3 天停电造成损失的官方数据，但在 2013 年，能源分销公用事业公司恩德萨(ENDESA)和西班牙电网(Red Electrica de Espafia)因停电被罚款 2000 万欧元。2007 年夏天，停电后不久，高速铁路在施工过程中发生事故，中断了列车服务，造成多人受伤。与此同时，缓慢但令人担忧的气候变化也威胁着巴塞罗那，因为整个加泰罗尼亚地区遭遇了 60 多年来最干旱的季节。巴塞罗那市区 320 万居民的淡水来自特尔河和约布雷加特河两大流域的 5 座水库，年蓄水量 789hm^3，年平均需水量 525hm^3，在 2010 年之前，淡水水库的补水缺口为 177hm^3/年。虽然不同的技术和政策解决方案都试图应对水资源短缺问题，但 2011 年巴塞罗那遭遇了一次意想不到的、超出范围的洪水,降雨量在不到48h内达到100mm,最大强度为47.7mm/h。

巴塞罗那的突发事件接二连三地发生,这要求地方政府思考是否需要制订一系列应对措施,以适应气候变化,应对潜在的技术故障问题。

巴塞罗那市议会在2008年对其基础设施和服务的脆弱性进行了评估,找出了城市基础设施网络的薄弱环节,并强调它们之间的相互依赖性,提出了40个改进项目。

所有这些行动都是在市议会中对8个属于不同部门的管理问题的讨论中制定的,这些部门分别是市政服务、城市隧道、电力、水循环、能源、流动性公共交通、电信以及地下工程。为了综合管理所有项目和决策过程,2009年成立了一个名为基础与服务设施韧性技术局的管理委员会(Taula de Infraestructuras Serves Urbans, TISU)。

TISU希望成为一个正式机构,与来自37个部门的72名专业人员在不同的市政部门共享信息,协调参与以上40项提高城市韧性的改善项目。

TISU的目标是改善参与项目的所有公共和私人行动者的关系,建立一个协调小组重新定义项目,以深化自我评估过程。

TISU成立5年后,其于2009年建立的40个项目中只完成了4个,除了项目实施的绩效外,TISU正逐步向一体化的治理模式发展,包括更多的城市挑战和可持续性的社会问题。

事实上,在先前拟定的各部门中,还引入了另外两个主题或委员会(与社会服务和城市规划有关)。此外,为建立新的、尽可能综合的处理城市风险管理的工作方法,还设立了报告事件的控制平台和情况展示平台(支持决策过程,完善应急管理的信息平台)。这是一个持续的工作过程,在该过程中,控制平台检测并报告服务的故障发生率,然后在情况展示平台进行管理;最后,韧性能力委员会将做出必要的决定,以便管理必要的行动和项目,从而增强对触发故障风险的韧性能力。这种工作方法不仅能够使不同市政府部门内的工作任务和责任重新界定,而且能够使各个行业和国际合作伙伴加强跨部门合作。这些合作部门同时对该工作方法起到了推广作用。

图5-9为2014年巴塞罗那市政部门组织结构图。

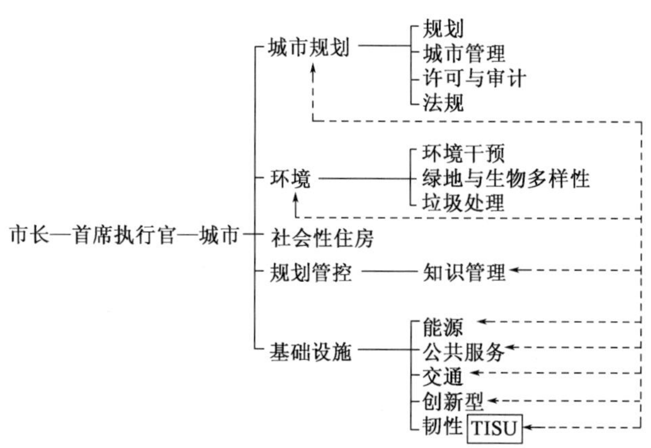

图5-9　2014年巴塞罗那市政部门组织结构图

自TISU成立以来,巴塞罗那在不同国际活动中成功地推广了这一综合项目管理模式,并在2013年被联合国国际减灾战略(UNISD)举办的“打造城市韧性运动”中评为基础设施和服务风险降低政策的“模范城市”。此外,作为 C40 气候减缓挑战网络的一部分,该市在战略上提出主办和资助联合国人居署城市韧性分析项目总部,并在一年后被授予洛克菲勒基金会的 100 个韧性城市之一。2015 年 2 月,巴塞罗那举办了首届国际研讨会,题为“巴塞罗那的韧性经验”,正式定义并展示了巴塞罗那的韧性模型(包括上文所述的 TISU 和综合管理)。

巴塞罗那的例子说明了如何围绕城市韧性概念,建立一套综合的、多部门的、长期的公私伙伴关系的管理模式。在对该伙伴关系的政策制定者和行业参与者的参访中,他们表示愿意合作,以便做得更好,以改善城市基础设施和服务。比如,供水和公用事业管理公司的技术人员报告说,在过去几年中,通过韧性框架,他们可以更好地了解其他公司的背景条件和具体要求,并更好地与其他合作伙伴建立网络联系,形成协同效应。这些短期内“看不见的改善”是新的治理模式的一部分。正如不同学者在处理将韧性与规划实践相结合的问题时所建议的那样,这种治理模式可以在长期构建城市韧性方面提供更综合的视角。不同城市部门的各种计划、抱负、网络和项目之间实际上存在着协同作用,充分利用该作用能够实现综合治理方法的构建,但人们往往没有充分利用它。例如,智能城市世博会作为巴塞罗那城市韧性伙伴关系的一部分,其负责人安提维·提奇(ANTEVERTIQ)提到,韧性能力和市政研讨会可以与全球世博会协同进行,分享观众、网络和商业机会,而不是擅自组织活动,促进自我韧性发展。定量分析和近期政策也证明了这些协同效应的合理性,例如 2015 年,西班牙制定了一项预算为 1.529 亿欧元的智能城市国家计划。自 1992 年以来,巴塞罗那就成为富于历史、休闲、后现代明星建筑师和世界性喧嚣的时髦观光地,体现了该市的企业家精神。2012 年,巴塞罗那又与思科公司(CISCO)签署了一项协议,把巴塞罗那规划成为“城市可持续发展的全球模式和南欧的经济引擎”。这样的一项倡议,再次将巴塞罗那定位并推广为“典范”。如今,巴塞罗那已成为与巴黎、伦敦和其他欧洲国家首都轮流召开全球会议的中心城市。

5.3 韧性地下城市典型案例

5.3.1 多伦多与香港地下空间对比

地下城市是大都市的另一面空间。20 世纪初,欧美发达城市先后进行了城市地下空间建设,其中轨道交通的发展一直是地下空间建设的主要部分。然而以多伦多、蒙特利尔为代表的加拿大城市却以不同的角度发展了地下空间,与当地气候和人们生活方式建立了紧密联系。人口密集的亚洲城市具有强烈的实用主义色彩,垂直发展的东京、香港、台北和新加坡城都是立体城市形态的代表。地面的建筑垂直高耸、大的建筑覆盖率和多层次的交通及步行系统,地下空间的系统建设形成了独立运行的都市地下空间,两者互相紧密联系又自成体系。香港是世界上建筑密度最大的城市之一,核心区域的人口密度高居世界之首,地下空间系统以实用主义为指导思想,大体积地下建筑空间配合架空天桥构成立体城市形态。香港轨道系统(MTR)通过轨道站点联系主要商业区域和各个区域结点,形成了不同类型、不同规模的地下空间。由于不同的城市背景和发展目的,香港地下空间与多伦多地下城差异明显,重点对比分析这两个城市的地下空间形态和结构,可以研究地下空间对城市的整合作用。

1)与地面若即若离的多伦多地下城

多伦多地下街道有近百年的发展历史,20 世纪 70 年代后期开始快速发展。地下城的发展早期有政府支持,然而 70 年代后完全演变成社会和市场行为,目前规模约为 $50hm^2$,有 1200 多个商场,联系了 50 栋建筑、6 个大型酒店和 2 个大型商场,以及 20 个地下停车场(图 5-10)。

a)

b)

c)

图 5-10　多伦多地下由商业、停车场和通道连成

命名为"通道"(PATH)的多伦多地下城是市民应对本地相对恶劣气候进行的集体选择,随着几十年的积累形成了一系列独树一帜的特征,其核心诉求是形成舒适便捷的城市步行生活系统,因此"通道"的空间和功能特征清晰且目的性明确。

"通道"的空间系统在地下联系城市核心区主要建筑是"通道"的基本目的,地下步行网络与建筑物地下部分的联系要比联系地上街道更为紧密,地下步行网络的空间尺度根据功能和所处位置变化较大。"通道"的网络系统主要由建筑物的地下空间和联系空间组成,由于联系空间(通道)的位置根据建筑物的情况确定,不受地面街道控制,与城市街道较少直接联系,所以整体网络与地面街道网络形成互相补充的独立系统。由于"通道"串联了多伦多核心区建筑地下空间,连接通道清晰而直接,各个建筑物在地下形成了没有其他交通系统隔断的网络,虽然各个建筑在视觉层面基本没有联系,但是实际空间联系比街道界面更为紧密。

"通道"的功能意义:多伦多地下城主要由各类商业设施、地下停车场和公交设施等构成。

许多本应处于地面的城市功能由于地下街道更加便利而分布到了“通道”体系中，而地面的街道城市功能显得断裂和不连续。位于建筑地下室和各种连通通道内的各类商业设施主要由餐饮、便利店等零售设施构成。“通道”是多伦多 CBD 市民通勤链中的重要环节，通勤出行和餐饮自然是地下空间的主体，如图 5-11 所示。

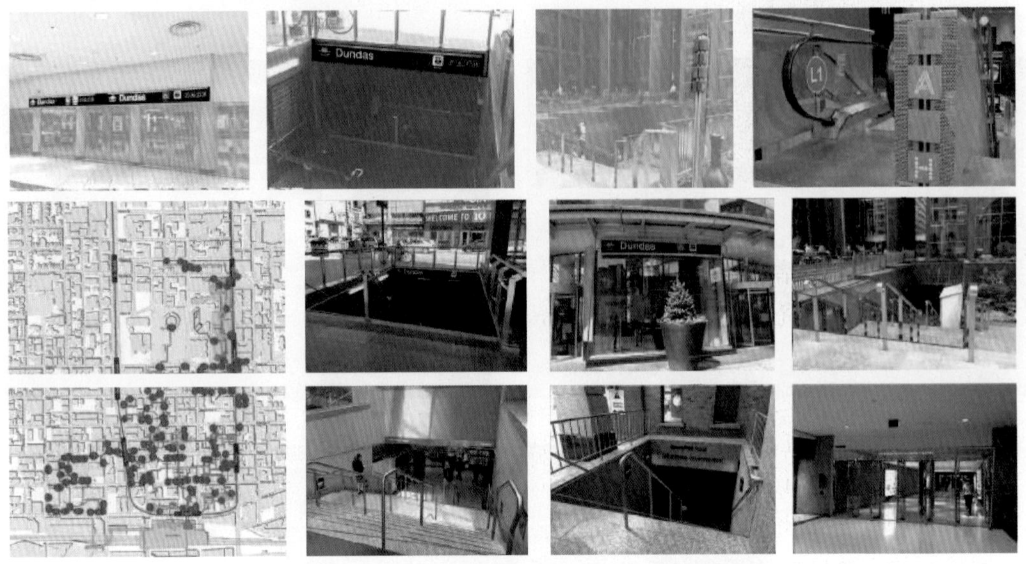

图 5-11　多伦多地下通道(PATH)将建筑和日常城市功能融合在一起

地下停车场通常是紧邻或者位于“通道”下层的重要功能空间。由于市民需自驾经过城市街道，再步行经过地下空间到达目的地，所以“通道”在通勤链中的地位不言而喻。“通道”只有少数地点与城市交通枢纽地下空间连接。这一点从另一个角度证明了多伦多“通道”的形成原因和意义都与当地的气候和自发形成过程相关，“通道”主要在建筑物之间建立连接，并不专注城市街道与地下空间的联系。

2)密切结合轨道站点的香港地下街空间整合作用

轨道交通是香港城市公共交通的重要骨干。统计数据显示，2010 年香港铁路与公共巴士的运载分担比率为 1.28∶1，分担本地出行约 35.2%，同时有超过 60% 的出入境旅客采用铁路方式。图 5-12 为香港地下轨道车站和地下商业街。

旺角、油麻地和佐敦站地下空间延伸并连接附近的街区或者建筑空间，车站在地面形成的吸引范围覆盖尖沙咀主要城市空间。中环站地下空间向香港站延伸，金钟和湾仔站附近的街区或者大型建筑空间直接利用地下通道联系车站；中环、金钟和湾仔站在地面形成 400m 的吸引范围，覆盖了港岛北侧主要城市核心空间。

从城市交通结构角度分析，轨道网络通过车站联系地下与地上周边城市空间，紧密结合轨道站点发展的香港地下空间注重城市功能效率，地面各个功能组团和街区通过轨道站点与城市其他部分连接，地下空间整合地面的同时也提升了轨道站点的吸引力。

轨道站点通过轨道线网连接形成城市地下空间系统，地下空间缩短了城市各个目的地之间的距离，加强了各个区域的联系。其整合意义可以归纳为以下特点：

图5-12 香港地下轨道车站和地下商业街

①紧密围绕轨道站点,地下空间向城市伸展并直接联系各个周边建筑,联系方式强调直接和高效率,如港岛线金钟站出口直接联系海富中心中庭,中环站出口与会德丰大厦联系。

②地下空间大量使用线性空间,强化地面周边各目的地与轨道站点的联系。临近轨道车站的地下空间没有再互相延伸进行连接形成独立的网络。地下空间发展的规模与地面轨道出口的吸引范围相关,在以地铁口为圆心绘制半径400m的吸引区,城市核心区的主要街区几乎都被涵盖了,说明围绕地铁出口整合步行系统进而形成城市整体交通网络是香港轨道交通地下空间建设的主要目的。

③结合轨道系统的发展拓展整合地面更多的新地域。已通车运营的南港岛线通过扩建金钟站形成港岛重要的地下城市结点,两条轨道线在此实现了换乘,同时金钟站周边地面空间也更多地整合进入了轨道系统的吸引区域;九龙塘站是东铁和观塘线的换乘站。随着城市建设,地下空间串联了又一城商业中心(1998年建成)、公交枢纽(2006年建成),出口通过又一城地下空间和专用通道与香港城市大学正门联系。这些设施将周边新拓展的区域与轨道站点和其他空间整合起来,促进了轨道站点对周边的整合效果和整体效率。综上所述,港铁多数站点均具有网络简单、清晰、紧凑和便捷的特征,轨道站点周边空间整合度较高,且不断结合城市更新发展进行进一步整合。

5.3.2 日本东京圈排水系统

日本是当前世界上城市地下空间开发利用立法最完善的国家之一,其在地下空间开发的整体性、系统性、设计施工和综合协调等方面均处于世界领先水平。以东京为代表的众多城市,从设置简单商业设施的地下通道发展成为建设规模逐步扩大、功能逐步完善、系统性和开放性逐步增强的地下空间系统。截至2020年,日本已经形成了由地铁、地下城市综合体、共同沟、地下输变电工程(包括地下变电站)、人工地下河(下水道系统)及大深度地下空间开发等组成的地下空间综合开发模式,结合地下空间规划设计形成的立体城市形象已经深入人心。随着道路等公共空间的浅层地下空间开发殆尽,日本开始探索深度超过50m的公共空间与私人土地下大深度地下空间的开发利用,大深度地下空间利用逐步得以发展。

东京圈排水系统主体是一条全长约6.4km、直径约10.6m的巨型隧道,连接东京市内的城市下水道,如图 5-13 所示,通过 5 个大型竖井(立坑),连通附近的江户川、仓松川、中川、古利川等河流,作为分洪入口。出现暴雨时,城市下水道系统将雨水排入中小河流,中小河流水位上涨后溢出进入地下排水系统,最终流入东京湾。

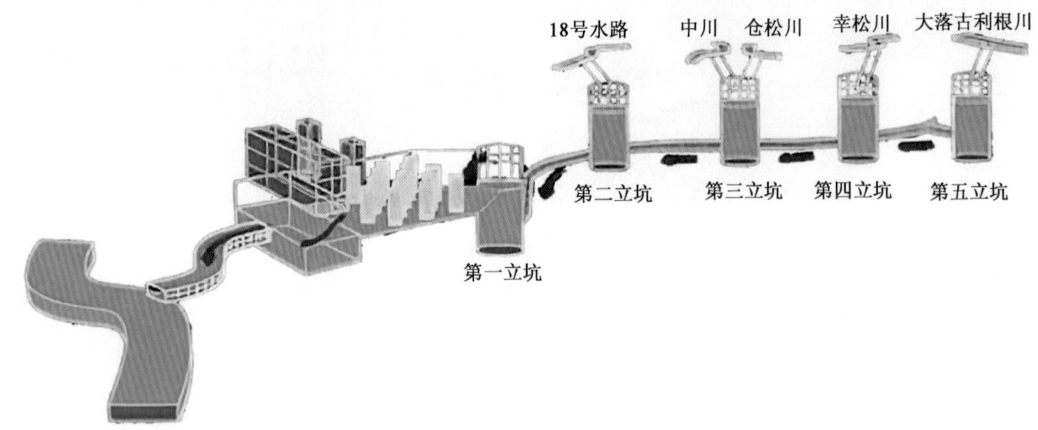

图 5-13　东京圈排水系统示意图

5.3.3　日本丸之内地下步行网络

日本丸之内步行网络由地上和地下两个层面构成,其中地上层面包括街道及私人用地内的步道和节点广场等,地下网络也在补充原有公共通道的情况下逐步完善。

以东京站、有乐町、日比谷、二重桥前、大手町等 13 个站点为核心,通过地下步行通道和各个大厦的地下通道,形成以东京站丸之内地下公共广场(兼具避难)为中心,从大街逐渐向小尺度街道分支,彻底打通了各私有地块的地下商业空间,形成像血管一样分布的地下步行网络(图 5-14 ~ 图 5-16)。

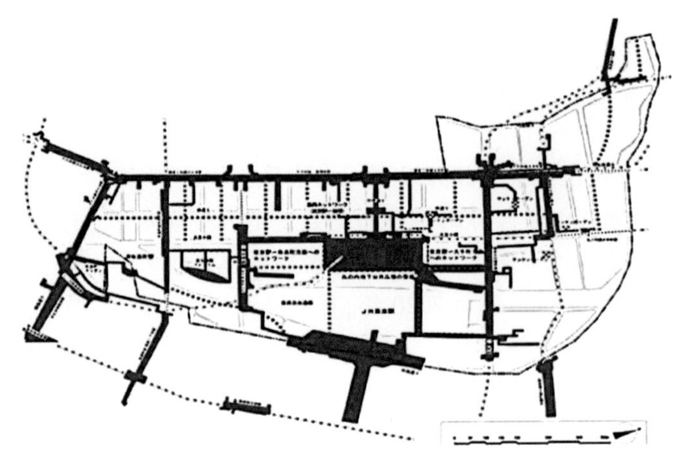

图 5-14　日本丸之内地下步行网络图

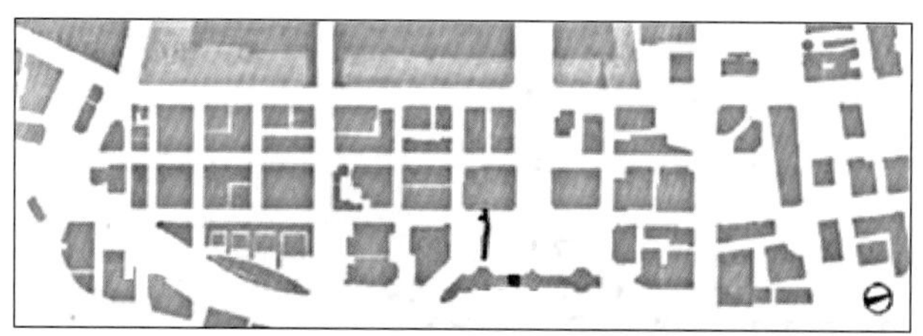

a)1937年丸之内地下通道开通

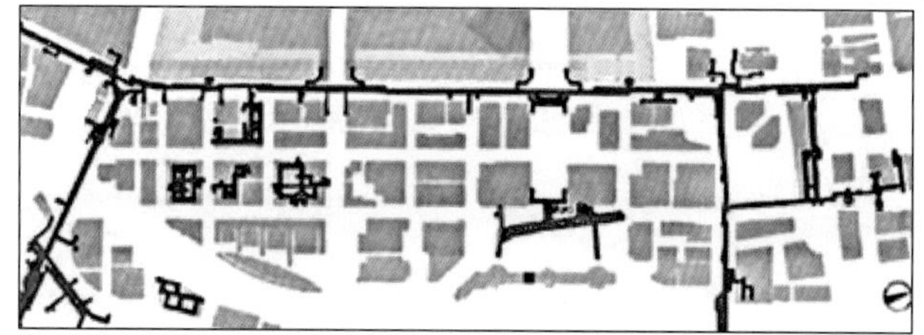

b)1970年地下铁开通(丸之内线、日比谷线、东西线、千代线)

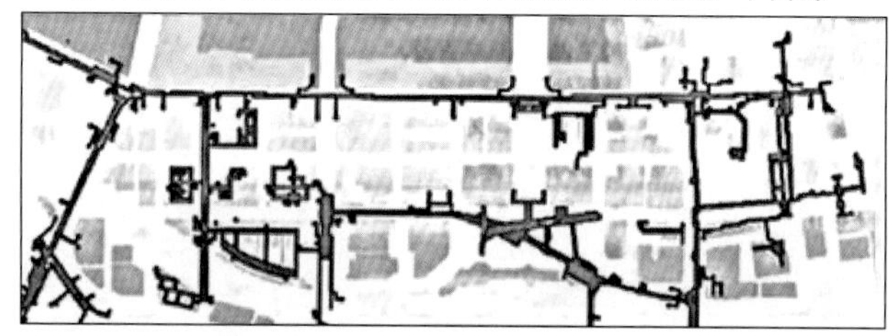

c)2002年JR线、横须贺线、京叶线、半藏门线、有乐町线开通

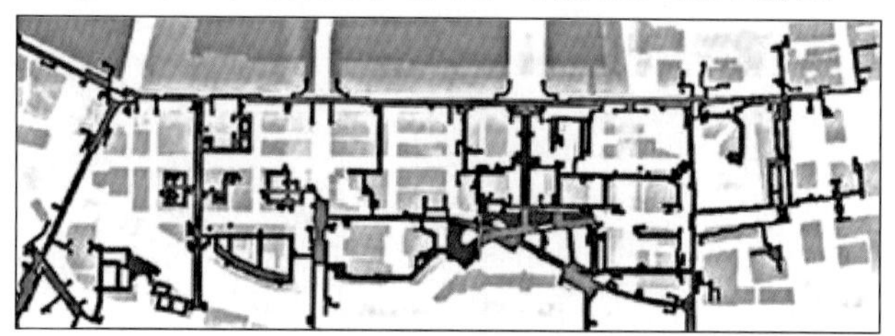

d)2000年至今地下步行专道开通

图 5-15　丸之内地下步行网络生长图

地下步行通道直通各大厦的地下层,路边各种精美的店铺给予步行空间更多魅力。地下通道与大厦连接的部分,采用设置挑空空间直通地上层或可自然采光的下沉广场等手法。同时,为了提升地下公共步行通道的活力和吸引力,定期举办街边集市和展览等公共活动。

由于丸之内地区轨道交通和地下通道发达,各建筑物互相连接,人流量密集,确保地下空间遇到地震、水灾等灾害时的安全极为重要。

2014 年制定的《大丸有地区都市再生安全确保计划》,通过硬件软件搭配,实现在灾害发生时,确保大丸有地区多数逗留者安全的同时,将灾害带来的混乱抑制到最小,保持城市机能继续和尽早修复。

2016 年制定的《丸之内地区地下街等浸水对策计划》,包括情报收集和传递、避难诱导、浸水防止设施设置和管理、防灾教育和防灾训练等内容。

图 5-17 为丸之内地下步行通道防灾原理示意图。

a)
b)
c)
d)

图 5-16　丸之内地下步行通道

图 5-17　丸之内地下步行通道防灾原理示意图

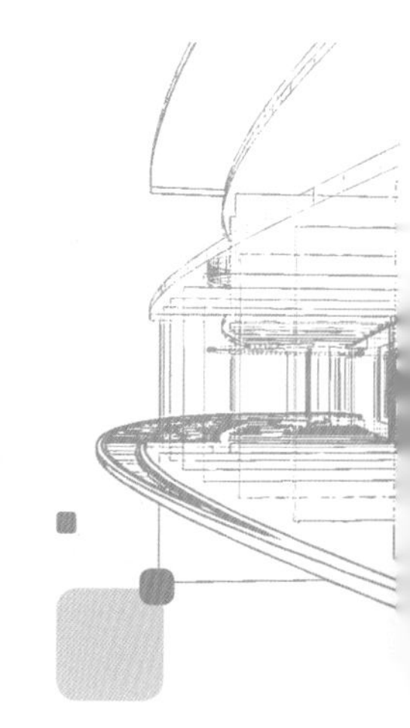

第6章 网络化地下城市

6.1 网络化地下城市含义

6.1.1 概述

随着社会经济的发展、科技水平的进步和人们观念的不断更新,开发利用城市地下空间已成为解决城市发展过程中所产生的一系列固有矛盾的重要手段,建设多维度、网络化、一体化的城市地下空间已成为必然发展趋势。

网络化地下空间是指融合使用功能,汇通空间节点,疏导人、车、物流系统,协调衔接地面空间,所形成的平面相连、上下互通的网络化地下空间形态。地下空间的网络化开发,是通过横向及竖向地下交通网络将各类地下功能空间进行有机整合,充分利用地下空间资源的综合开发模式,对提升空间利用效益、改善城市地面资源起着十分重要的作用。

地下空间布局主要有“中心联结”模式、“整体网络”模式、“轴向滚动”模式和“次聚集点”模式四种。其中,“整体网络”模式的地下空间开发是充分利用地下空间资源、打造城市中心功能区的重要方式。该模式适用于更高强度的城市开发,重视集散效率,以轨道交通网取代了大部分地下步道网,交通系统表现为较密的轨道交通网和较小的地下步行交通网,各类功能建筑与轨道交通站点之间的距离短,联系密切,上部空间高层化的地面建筑是其显著特征,轨道交通站点与建筑群体下部相结合,大幅缩短了从轨道交通站点到各功能区域的步行空间距离。

目前,国外发达国家已形成了规模宏大且功能完善的地下城市,在城市地下空间开发利用的模式、时序和功能安排等方面积累了大量经验,典型案例有加拿大蒙特利尔地下城(图6-1)、日本东京地下城(图6-2)和法国巴黎地下城(图6-3)等。

图 6-1　加拿大蒙特利尔地下城

图 6-2　日本东京地下城

图 6-3　法国巴黎地下城

我国不同地区、不同城市发展地下空间的主要目的和驱动因素各有不同，但是在城市化不断发展和人口、资源聚集的过程中，地下空间发展趋势有很大的相似性。按照轨道交通发展并结合未来发展趋势，我国城市地下空间可以分为初始化阶段、规模化阶段、初始网络化阶段、规模网络化阶段以及地下生态城阶段，见表 6-1。

国内城市地下空间发展阶段　　表 6-1

发展阶段	重点功能	发 展 特 征	布局形态	开发深度	代表城市/地区
初始化阶段	地下停车、民防	单体建设、功能单一规模较小	散点分布	10m 以内	一般地级市
规模化阶段	轨道交通	沿轨道交通呈现线状开发	据点分布	15～20m	哈尔滨、福州、青岛、宁波、太原、厦门等
初始网络化阶段	轨道交通节点以及综合体	地铁线路开始交叉出现重点利用节点及地下综合体	初始网络	30m	广州、深圳、南京、杭州、重庆、天津等
规模网络化阶段	各种公共设施	地铁网络系统完善，综合开发商业、交通、市政等地下设施	网络延伸	50m	上海、北京
地下生态城阶段	各种地下设施融合	功能齐全、生态良好的生态系统	立体城市	200m 以内关键层	远景目标

由表 6-1 可知,网络化是城市地下空间发展经历的必然阶段,国内不同城市的地下空间发展所处阶段各不相同。

(1)北京、上海

①发展现状

进入规模网络化阶段,地下空间开发规模和开发水平远超其他城市,具体体现为:交通节点地上、地下整合的综合交通枢纽已经建成;附建于高层建筑下的地下商业和停车在市区已经普遍应用,很多已经和地铁站点相连实现了整合开发;地下商业发展蓬勃,正在朝内涵多元、区间一体化发展;地下交通以地铁、公路隧道和地下立交形式为主,地下快速路网已纳入规划和建设中,综合管廊正在配套主干道路共同建设。此类城市浅层地下空间已大规模开发利用,在向次深层和深层空间发展,例如上海北外滩星港国际中心工程地下空间最深处达 36m,北横通道工程开发深度将达 48m,待建的地下调蓄管廊深度达 50 ~ 60m。

②发展趋势

作为我国地下空间开发引领的城市,其正在向网络化、大型商业综合体和地下生态城阶段发展。主要表现在:进一步优化和改造 30 ~ 40m 浅层地下空间,将浅层地下空间相互连接和整合;进一步优化和拓展地下轨道交通系统,形成整体覆盖的地下轨道交通网络,连接卫星城的快速轨道交通线路;进一步完善市政和处理设施地下化、管线综合化,提升城市防灾能力,优化城市环境。图 6-4 所示为上海中心地下空间长廊。

图 6-4　上海中心地下空间长廊

(2)广州、深圳、南京等区域中心城市

①发展现状

随着轨道交通网的逐渐形成,已进入了地下空间开发的初始网络化阶段。其标志是地下轨道交通换乘站点逐渐增多,围绕地铁枢纽和经济中心建设的地下交通、商业综合体逐步建设成型,但总体上与北京、上海相比,地下空间利用的规模仍然有较大差距,建设水平不高,开发深度仍旧以浅层为主,仅少量地铁枢纽和区间线路深度达到 30m 左右,地下市政设施、仓储利用水平不高,单建式民防工程建设滞后。

②发展趋势

合理规划并高效充分开发利用浅层地下空间,开始规划中、深层地下空间,做好需求预测和地下空间开发适宜性评价。合理规划、设计轨道交通节点和枢纽，根据城市未来发展规模定位来进行合理的网络布局，同时结合海绵城市和综合管廊的建设逐步将适宜放置于地下空间的市政设施地下化。图6-5、图6-6所示分别为广州、武汉地下城景。

图6-5 广州南站中轴线地下城

图6-6 武汉光谷中心城地下城

(3)西安、青岛、郑州、惠州等快速发展城市

①发展现状

中西部部分省会城市和东部很多快速发展城市已进入地下空间发展的“黄金时期”，处于地下空间开发的规模化阶段。此阶段主要标志是正在进行地下轨道交通建设或规划。此阶段城市的特征是开发强度有限，开发深度浅，布局分散，功能较为单一。地下空间利用功能以建筑的附建地下储藏室、地下停车场为主体，少量分散分布的地下商业、市政等功能尚未形成规模。开发深度通常在15m以浅范围，浅层地下空间资源尚未完全开发。

②发展趋势

结合地下轨道交通的规划和建设，全面开始进行地下空间总体规划，对浅层地下空间进行资源评价、需求预测以及布局；依据城市整体规划和经济发展，开发利用市政、文娱等不同功能的地下空间；对中深层地下空间进行留白以保存优质地下空间资源，为后期开发保留空间。

(4)地级及以下城市

①发展现状

东部地区的多数地级市和中西部地区省会城市目前处于地下空间开发的初始化阶段，大部分为单体建设，开发强度低，开发深度浅，功能单一，以过去的民防工程为基础，新建建筑的附建地下储藏室、地下停车场占了绝大多数，尤其是市政设施和公共空间的地下化尚未起步。当前地下空间规模较小且零散分布。开发深度通常在6m以内，少量在10m以内；城市地下空间探测和规划大多尚未全面开展。

②发展趋势

根据城市区位、发展阶段、发展需求、地质条件和经济能力规划地下空间发展方向、主题和功能，配合城市总体规划进行地下空间总体规划，确定地下空间开发规模、重点功能、层位和开发时序。大多数三四线城市在未来几年才能达到轨道交通的建设门槛，即在相当一段时期内全面建成轨道交通的可能性较小。该阶段要注意做好与各地块开口的预留，为地下空间网络化建设打好基础，做好从聚点向网络化扩展延伸的准备。

6.1.2 地下空间辐射网络化

6.1.2.1 地下空间网络化综合体概念及特点

1）地下空间网络化综合体概念

地下空间网络化综合体指建设在城市地表以下，能为人们提供交通、公共活动、生活和工作的场所，并相应具备配套一体化综合设施的地下空间建筑。在地下建设以三维方向发展的一种地上与地下系统联系、输送、转换的联结网络，并结合商业、存贮、事务、娱乐、防灾、市政（包括公有和私有）等设施，共同构成用以组织人们的活动和支撑城市高效运转的一种综合性设施。而网络化有利于促进地下空间的高效利用，城市中心区的地下空间必将朝着网络化和体系化方向发展。

2）地下空间网络化综合体特点

（1）地下空间网络化

网络结构的优点在于其具有较强的系统性和协调性，成熟的网络结构中，大、小网络可自成体系，不同网络结构单元之间也能通过不同的方式进行有机联系。例如，在钱江新城地下空间网络系统的建设中，其过程不仅与地下空间的建设时序密切相关，并且同时与地下空间开发的投资主体紧密联系。在核心商务区（CBD）的近期规划中，以“波浪文化城”为代表元素的文化轴线，和以富春江路上的“富春江购物走廊”为代表的商业轴线，共同构成了核心区中轴的基本框架，针对中轴线的交通组织，提出以两个地铁站为主要配套节点，形成地下空间网络的主干交通系统。在CBD建设远期，在此框架的基础上，随着用地的开发建设，逐渐次生长出区域性小网络，逐步构建起完整的、立体的地下空间网络结构。

（2）交通系统立体化

地下空间交通系统规划应积极配合轨道交通线网的规划和建设，将地下交通设施合理配置到有限的地下空间中，进一步调整地下交通枢纽的布局和周围地下空间的利用，使其与核心区内交通和步行交通实现立体化，采取以地下为主、地面为辅的原则。

同样，以钱江新城地下空间规划为例，通过钱江路隧道、之江路下穿及秋涛路高架等形式疏通交通流；以杭州地铁与火车南站的建设为契机，以地铁站和火车站为基点，形成强大的轨道交通网络。此外，以地下一层为主，少量结合地铁站厅与地块步行通道设置地下二层商业设施,组建地下步行系统。即以富春江地下购物走廊为主要线形通道,与之垂直设置部分辅助通道或通过地铁与两侧地块地下空间连通,形成树枝状地下步行线网,并通过与城市空间连通或直达建筑内部,形成相对完整、富有活力的地下步行空间。

(3)功能规划协调化

城市地下空间开发本着与地面协调、对应、互补的原则。地下公共设施应与地面建设协调和统一建设开发,地下公共设施在开发的规模上和功能应与地面大致对应,在城市中心区建设较大规模的地下综合公共设施时,应体现多功能、多空间的有机组合。在城市中,常会发现城市公共设施分布现状不合理、不平衡。在此情况下,应积极通过地下公共设施开发,对公共设施局部进行“补强”,以达到城市设施全局平衡、布局合理的目的。

6.1.2.2 地下空间综合体的演变与发展

尽管世界各地的地下城市综合体兴起时间各异,功能组成和形态也各有特点,但纵观世界各地地下城市综合体的发展历程,其大致可划分为以下五个发展阶段。

1)萌芽——以改善城市交通为目的的地下通道阶段

20 世纪 50 年代,随着汽车的普及,欧美、日本等国家和地区的城市中心交通拥堵现象日趋严重,许多正常的城市功能逐渐受到影响。为缓解机动车辆对城市道路交通的巨大压力,分担地面人流,一种与人行天桥作用相似的供行人穿越的立体交通设施——地下通道由此产生。地下通道产生的初期只是单纯作为行人穿越道路的一种新的选择路径,内部并无开设商店或布设其他设施(图 6-7),但人们逐渐发现其所具有的商业价值,开始在通道两侧悬挂广告、橱窗与广告灯箱(图 6-8)。在此阶段,地下通道具有一定的交换商业的功能,但并未出现真正的商业交易。地下通道的出现为地下城市综合体的形成奠定了基础。

图 6-7 日本东京某地下通道

图 6-8 日本东京三原桥地下街的商业设施

2)兴起——地下通道与商业复合开发的地下商业街阶段

20 世纪 50 年代后期,随着地下通道规模的扩大与使用人数的增加,地下通道两侧开始设置展台与商店等商业设施,促使地下空间开发建设向功能复合化方向迈出了关键一步。初期,商业设施规模小,功能也相对单一,以购物为主。但随着地下通道与商业复合开发模式所显现出的商业价值及经济效益,人们持续拓展地下通道规模,逐渐发展成地下商业街。由于开发建设经验不足,在成功开发地下通道商业价值的同时,也导致地下商业街形象不佳,缺乏足够吸引力。此阶段地下商业街具备了基本交通、商业和展示活动等功能，呈现功能复合化倾向，并与地面城市步行系统衔接，形成了地下城市综合体发展的雏形。

3）扩张——偏重经济效益的地下城市综合体初级阶段

20世纪60年代，随着地铁建设和城市交通枢纽的出现，伴随着地下商业街建设规模的不断扩大，欧美、日本等国家和地区的地铁和城市交通枢纽及其附近区域聚集了大量的人流，为满足多种目的使用者需要，创造经济效益，一些城市将地下商业街与步行通道、地铁、城市交通枢纽、停车场、市政管线廊道等结合设置，不断扩充城市机能，形成具有一定城市功能的地下城市综合体。但整体而言，此时地下城市综合体尚处于发展的初期阶段，其建设受经济利益驱使的痕迹较为明显，未经充分论证盲目上马，仓促建设，建设标准偏低，环境品质差以及公共空间私有化现象时有出现，导致城市步行空间拥挤不堪、支离破碎，有的甚至存在较严重的安全隐患。一些地下城市综合体开发项目正是因为缺乏人情味和吸引力而最终失败。

4）优化——体现人情味和人性关怀的地下城市综合体发展阶段

20世纪80年代，随着人文主义设计理念应用于地下空间开发建设，欧美、日本等国家和地区的地下城市综合体开发进入新的阶段，虽然在建筑空间形态上与前期基本一致，但通过在地下空间环境中增加地下中庭、广场、雕塑、水体、绿化、座椅等，突出人性化设计，体现人情味，有效改善了前期地下城市综合体环境品质不佳的状况；并逐步开始关注地下城市综合体与周边地上、地下功能和环境的融合，营造出地上地下一体化发展态势，进而提高整个城市区域的环境品质。此阶段的地下城市综合体因为重视人的心理、行为需求和环境品质的提升，突出地下空间环境的人性化和人情味，改变了人们以往对地下空间不良印象的固有观念，吸引了更多顾客到地下购物、消费、休憩和交流，获得了人们的认可。如图6-9、图6-10所示。

图6-9　日本神户三宫地下街入口处树形雕塑

图6-10　中国台北东区地下街采用传统器物和古典元素突出民族文化氛围

5）融合——创造城市社会活动场所的地下城市综合体群阶段

进入21世纪后，随着大规模城市地下步行系统在加拿大、美国、日本和新加坡等国家兴建、发展、完善和成熟，地下城市综合体整合多重城市功能，不断扩大与城市的接合面，突破建筑自身的封闭状态而演变为一种多层次、多要素复合的动态开放系统，在更广泛的层次上与城市公共空间融合共生，成为城市公共空间系统的有机组成部分，成为市民消费、娱乐、休闲等社会生活下的一种新载体。此阶段地下城市综合体的建筑形态产生较大变化，它从单一的地下建筑拓展为若干个地下空间联网构成的地下城市综合体群(或地下城市)，休憩、娱乐、展览等功能大量引入地下，地下空间环境更加宜人，并出现了很多艺术展览、音乐会、庆典等社会文化活动，地上、地面和地下成为一体化的城市空间。由于地下空间的发展带来了更多人流、物流、资金流、信息流等，地下城市综合体成为城市新的活动中心，逐步显现出它的巨大效益，为城市提供了一个新的发展维度。地下城市是地下城市综合体发展的高级阶段，它是城市地下空间的发展方向，然而当前还尚未形成真正意义上的全市域范围的地下城市综合体，如图6-11、图6-12所示。

图6-11　日本大阪长堀地下街内的音乐会

图6-12　日本川琦站前广场阿捷利亚地下街入口

6)各国地下城市综合体开发的比较分析

各国地下城市综合体开发比较分析见表6-2。

各国地下城市综合体开发比较分析　　表6-2

项目	国家				
	美国	加拿大	法国	日本	中国
发展背景	城市美化运动和能源危机	为保证在温长的严冬气候下城市活动的正常运作	地铁普及，注重区域内的传统文件保护问题	国土狭小、人口众多，城市用地十分紧张	城市问题逐渐凸显，地铁大量开发建设
发展进程	自20世纪30年代始，经历了萌芽、兴起、扩张和优化等四个发展阶段，目前正处于“融合”第五个发展阶段初期	自20世纪60年代始，经历了萌芽、兴起、扩张和优化等四个发展阶段，目前正处于“融合”第五个发展阶段初期	自20世纪上半叶始，经历了萌芽，兴起、扩张等三个发展阶段，目前正处于“优化”第四个发展阶段后期	自20世纪30年代始，经历了萌芽、兴起、扩张和优化等四个发展阶段，目前正处于“融合”第五个发展阶段初期	自20世纪80年代始，经历了萌芽、兴起、扩张等三个发展阶段，目前正处于“优化”第四个发展阶段初期
开发目的	城市更新，解决城市通勤需要	气候因素，解决城市通勤需要	城市更新，保护改善城市地面环境，城市再开发	城市更新，城市再开发，解决用地资源紧缺问题	气候因素，城市中心区更新，保护改善城市地面环境

续上表

项目	国家				
	美国	加拿大	法国	日本	中国
开发模式	公共开发、非公共开发、建设—经营—转让（Build-Operate-Transfer，BOT）、政府和社会资本合作（Public-Private Partnership，PPP）模式并存	公共开发、非公共开发、PPP模式	公共开发、BOT、PPP模式	公共开发、非公共开发、BOT、PPP模式并存	公共开发、非公共开发模式，少量采用BOT、PPP模式
开发形式	通过地下步行系统联系高层建筑的地下室扩展整合而成	通过地下步行系统联系高层建筑的地下室扩展整合而成	单体开发为主，建设规模较大，内容和层数较多	以单体开发为主，在重要地区与周围建筑地下室相连形成地下系统	单体开发和政府主导的大规模整体开发并存
发展特点	（1）从点状开发到分散组团至发成为地下城市系统； （2）规模庞大、综合开发、功能整合形成地下网络； （3）地上地下一体化； （4）注重功能和内部环境的人性化、整体化和特色化		（1）与解决城市问题直接相关； （2）地下空间的横向联系整合城市功能分区； （3）地上地下一体化	（1）多在城市道路、广场、公园地下； （2）地上地下一体化开发； （3）注重内部环境的人性化、整体化和特色化	（1）建筑功能日趋综合，开放度越来越大，但地下空间系统整体关联性差； （2）已开始关注人性化设计，但地下空间环境缺乏特色
拓扑结构	整体网络式	中心联结式	次聚焦点式	轴向滚动式	多种结构模式的发展趋势并存，但仍处于雏形建构阶段
典型案例	费城市场东街、洛克菲勒中心地下城市综合体、休斯顿地下步行系统	多伦多地下城、蒙特利尔地下城	巴黎卢浮宫扩建工程、巴黎市中心列·阿莱地区再开发、巴黎拉德方斯新城	东京八重洲地下街、名古层荣森地下街、大阪长堀地下街	北京中关村西区、上海南站、世博园区、深圳火车站地区、广州珠江新城花城广场地下城市综合体

6.1.2.3　地下空间网络化综合体类型

地下空间网络化综合体有多种分类方式，按规模分类有小型、中型、大型三种。小型地下综合体：面积在 3000m^2 以下，商店少于 50 个，多由车站地下层或大型商业建筑的地下室，通过地下联络通道相互连通而成；中型地下综合体：面积在 3000～10000m^2，商店 30～100 个，多为小型地下综合体的扩大，从地下室向外延伸，与更多地下室等相连通而成；大型地下综合体：面积大于 10000 m^2，商店多于 100 个。

按平面形状和地面街道形式分类有道路型、广场型和复合型三种，这三种地下综合体在总平面布置上，总是以人流的积聚点为核心，充分利用地下空间资源建设地下步行道将人流加以疏散，即其总体布局必须考虑人流的积聚点、人流的疏散方向以及可用地下空间资源分布，如日本东京站八重洲地下街、横滨站前广场地下街均明显表现出这一规律。

在此，为了便于进行横向对比研究，将各调研案例根据典型特色进行分析归纳。典型特色可以包括建设区位与规模、开发目的、开发特色、开发诱因等各案例中显示出的明显特点，按照地下综合体典型特征大致可以分为城市中心型、交通枢纽型、保护改建型和气候主导型。

1）城市中心型

城市中心型地下网络化综合体是最为常见的一种类型。城市中心地区是城市交通、商业、金融、办公、文娱、信息、服务等功能最完备的地区，设施最为完善，经济效益最高，也是各种空间矛盾最集中的地区。为了克服城市发展过程中的自发倾向和已经发生的各种城市矛盾，需要对原有城市不断进行更新和改造，这种更新和改造是城市中心型网络化地下综合体产生的直接动因。因此，我们将这种依托城市中心或者副中心更新改造而形成的地下综合体归纳为城市中心型地下网络综合体，如法国巴黎中心区列·阿莱（Les Halles）地下综合体、中国上海五角场地下综合体等。

（1）法国 Les Halles 地下综合体

列·阿莱（Les Halles）商业区位于巴黎市中心，西为卢浮宫，东为蓬皮杜文化艺术中心，原址为巴黎中央商场，经过多年设计方案研究，20 世纪 70 年代末期被改建成一个大型商业中心，最底层为地铁中转枢纽。该商业中心充分考虑了周围古建筑和老居住区、街道之间的关系，为保证城市街道立面和天际线不被破坏，建筑物向地下发展，并为地面留出更多的公共绿地，如图 6-13、图 6-14 所示。

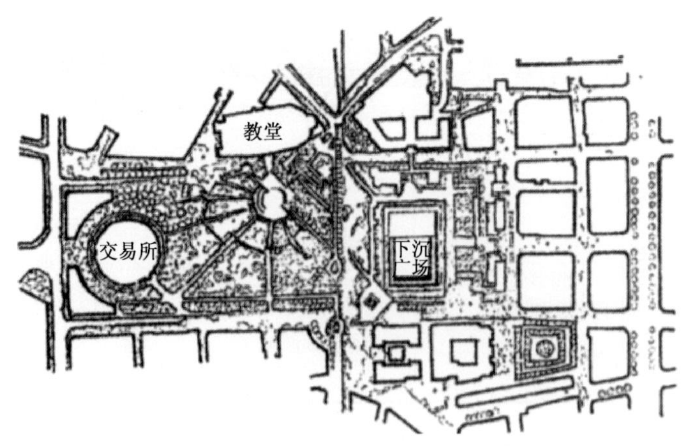

图 6-13　Les Halles 商业区规范示意图

Les Halles 广场的再开发，充分利用了地下空间，将交通、商业、文娱、体育等多种功能安排在广场的地下综合体中。地下共分 4 层，总建筑面积超过 20 万 m^2，共有 200 多家商店，每日吸引顾客 15 万人。Les Halles 地下综合体的建设，使通过市中心的多种交通系统都转入地下，并在地下综合体内实现换乘。

图 6-14　Les Halles 商业区鸟瞰图

Les Halles 地下综合体是目前世界上最大、也是最复杂的地下综合体之一，也是一个规模很大的地下商业城。其中地下步道面积达 2 万 m^2，在地下街的组成中，商店、公共步行通道、停车场的面积比保持在 1∶1∶2 左右。

该商业区所有车辆交通均组织在地下，并设有 8 万 m^2(3000 多个车位）的地下停车场。Les Halles 商业区同时是一个建在地铁线上的步行街区，不同方向的快、慢地铁线在这里交汇，形成巴黎最大的地铁中转站，商业中心的地下步道与其相通，通过自动扶梯上下联系。如图 6-15所示。

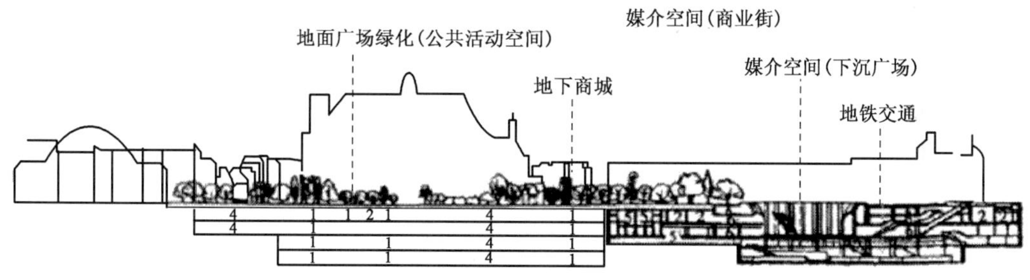

图 6-15　Les Halles 商业区剖面示意图

Les Halles 商业区的建筑特色鲜明而又统一。在广场东侧，设计了一个面积约 3000m^2、深 13.5m 的下沉广场，作为地下商业空间的主要入口。下沉广场周围是一圈高 4 层的钢结构玻璃罩拱廊，通过宽大的阶梯和自动扶梯，人们可以很方便地进入下沉广场和地下综合体。拱形肋骨成为极具标识性的元素，恰当地作为水平廊结构、建筑转角、柱表装饰等广泛加以运用，取得了良好的效果。

(2)中国上海五角场地下综合体

上海五角场地下综合体位于翔殷路、黄兴路、四平路、邯郸路和淞沪路五条干道汇集地，规划上称为“环岛地区”。该区主要服务城市东北地区，分担中央商务区的功能，在城市总体规划中功能定位以金融、信息、购物、文化、体育、休闲和商务办公综合功能为主，并具有科技服务和娱乐休闲的功能。

五角场环岛地区的前期规划与建设主要以改善和提升区域交通功能为主,刚建成的五角场立交工程保留了本市唯一的环岛交通方式,即在“五角”交叉枢纽处建设椭圆形下沉式广场(环岛)。建成后的五角场立交呈现人车分流的四层式立体交通方式(图6-16)。

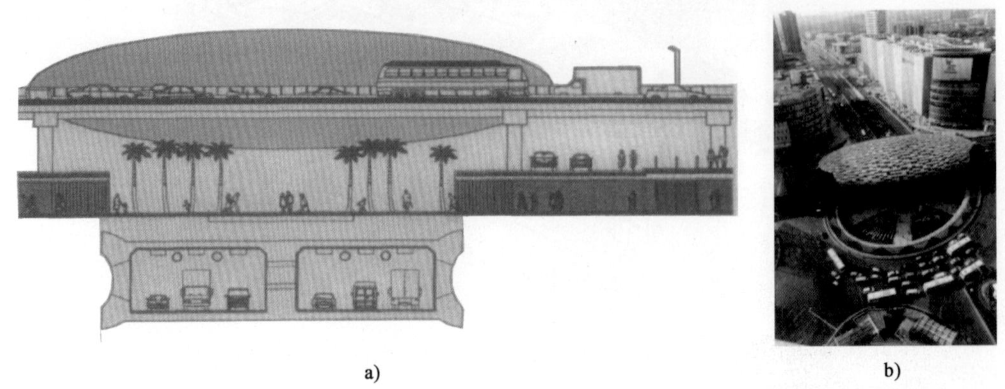

a) b)

图6-16 五角场交通枢纽剖面及鸟瞰图

①最底层为下穿下沉式广场,最深处达地下14m,为黄兴路至淞沪路车行地道,宽21m,双向4车道。

②次底层为深4m,100m×80m的椭圆形下沉式广场,集景观、绿化、休闲、交通于一体,彰显人与自然和谐一致的空间环境。

③第三层为环岛交通方式的地面道路,宽20m,设4条环行车道。

④最高层为西接邯郸路地下通道,东至翔殷路快速干道的高架道路,宽30.5m,设双向8车道。

地面人流经5处人行通道,通过路口双向自动扶梯和楼梯被导入下沉式广场,地面道路不再有行人穿越。为了方便残疾人通行,还设置多处供残疾人通行的坡道和升降电梯。

作为辐射杨浦区及周边区域、服务200多万人口的市级公共活动中心,五角场副中心充分结合资源优势,以智慧型、生态型和历史风貌为特色。地下空间作为城市的一个重要资源,必须坚持预先性和整体性规划开发。地上、地下空间必须形成相互协调的整体,加强城市服务功能的同时与各专业系统协调。结合现状应重视以下几个方面,以便进行大规模的后续开发,分别为:大型商业地下空间和地下通道两侧商业、休闲功能的统一规划及开发;与市政管线系统布置综合考虑,根据“平战结合”原则安排城市防灾功能地下空间;考虑中心区公共停车设施的服务便利性,分散布局,使其功能完美实现。

2)交通枢纽型

交通枢纽型地下网络化综合体通常依托城市交通枢纽,这种交通枢纽一般综合多种交通模式,如地铁、轻轨、地面交通等。虽然其他类型综合体也往往与地下轨道交通站点有或多或少的联系,但是交通枢纽型地下网络综合体对于多种交通换乘、交通疏散等功能的要求更高。典型案例如德国柏林波茨坦广场地下综合体、中国香港九龙站交通城等。

(1)德国柏林波茨坦广场地下综合体

波茨坦广场曾是欧洲的交通要塞,是柏林社会文化生活的中心,第二次世界大战的战火将其夷为平地。后来由于柏林墙将广场分成两个部分,柏林墙倒掉和复兴计划开始后,纷至沓来的开发商对波茨坦广场地区产生了浓厚的兴趣,这里立刻成为欧洲最大的工地。

1990年,柏林政府组织了关于波茨坦广场地区总体城市设计竞赛。德国建筑师希尔默与萨特勒合作的方案获得了一等奖。这一方案采取了整齐划一的传统街块形式,以方块建筑和街道发展传统建筑的紧凑结构,每个方块大小为50m×50m,这样可以合理分割,满足居住、商业、酒店、办公等多层次需求。同时方案不赞成高楼(除地块标志性建筑),将建筑物的限高定为古典柏林建筑相称的高度28m。如图6-17～图6-19所示为波茨坦广场实景。

图6-17　地下室内步行街

图6-18　索尼广场下的影视厅

图6-19　波茨坦广场车站

波茨坦广场地区作为柏林新的商贸中心,建筑规模是庞大的,人流量也是惊人的。同时,该地区地面为了保持柏林古典街道建筑的风格,道路狭窄,该地区的交通主要依靠地下空间来解决。波茨坦广场地区地下交通设施包括以下四个方面的内容。

①将广场东部穿越柏林城的区域铁路主干线引入中心区地下,即从柏林中央车站到波茨坦广场地区的铁路主干线放入地下。

②将广场西侧环内城的道路B96公路改线,并在中心区2.4km改为地下道路,把广场旁边原来被公路割裂的公园恢复,同时,地下道路穿越中心区时,由联络通道与各区块连通。

③新建 U3 、U5 轨道交通线,并在广场地区设车站,解决地区人流交通。

④建设现代化的"波茨坦广场"车站,该车站是区域快速铁路线、城市地铁和轻轨的三线换乘站,整座车站分为三层:底层是铁路干线站台层,中层是人流活动区域和换乘空间,上层是地铁和轻轨站台层。

(2)中国香港九龙站交通城

九龙站是机场铁路沿线规模最大的车站,连接香港的心脏地带和赤鱲角机场,是铁路和其他交通工具之间的交汇点,同时作为机场在市中心的延伸,它将是西九龙一座综合新市镇的核心枢纽。九龙站交通城融合了密集而复杂的基建设施和多次的交通系统,以及以城市作为一个巨型空间的构想,标志着亚洲最新的规划方法。

为适应未来的城市密度及交通系统规模,设计者从人行、公路、铁路交通系统,公共空间系统,建筑布局及其未来发展连接系统等方面,对九龙站进行三维立体化城市设计,如图 6-20 所示。

图 6-20　九龙站剖视图

其中交通层上架设第一、二层人行路网络,使人行与车行路线分开。在基地边缘,人行路通过天桥跨越主干道路,与覆盖西九龙的人行网络相连。地面及地下层为公共交通设施、道路系统以及停车场等。

①人行系统。各类建筑建在交通枢纽核心之上,分类布局。住宅、写字楼、酒店、社区服务设施等由同楼层的商业购物街、公共空间、平台公园、广场、汽车站以及人行步道系统连为一体。该人行步道系统由车站可延伸至整个西九龙地区。

②车行系统。汽车分三个主要公共楼层行驶,地面层为环绕基地和车站的公共交通系统,二层为通往建于车站平台之上的各个大厦的车道,三层是平台层,高 18m,作为第二个地面层为工程本身及未来周围建筑的开发建造提供交通网络。

③铁路系统。拥有三条铁路干线,分别为一条长途干线,一条设有检查设备的机场专线及一条新的地铁线。

香港九龙站交通城的立体化再开发和地下空间的整体建设,与城市发展相结合,在香港这样一个土地紧缺、建筑高度密集的城市,充分发挥地下空间在扩大空间容量、综合不同功能方面的积极作用。多种交通形式以三维层叠的方式解决了交通规划难题,通过建筑空间及其节点设计,使各种交通系统间的流线更直接,并为乘客提供清晰的线路指示。

3)保护改建型

保护改建型主要包括两个含义:一是指保护城市的自然环境;二是指保护城市的文化环境或称之为历史文脉环境。保护改建型的城市地下综合体一般与城市更新结合,增加商业设施、改善交通条件、扩大开放空间的同时不对地面城市面貌造成破坏。

在国内外许多城市中,为了解决保护城市面貌和拓展服务空间的矛盾,都进行了地下网络化综合体空间的开发。典型案例有法国巴黎卢浮宫地下综合体、上海静安寺地区地下综合体等。

静安寺地区位于上海中心城的西侧,是有很多有利条件,包括各种规划中的交通设施,如地铁2号线和6号线由东西和南北从中心穿过,延安路高架车道从南侧通过,而且在华山路口设有上下坡道,南京路北侧还有城市非机动车专用车道从愚园路通过;地区周围有很多商业服务设施,包括大量的星级宾馆。该地区主要矛盾是商业空间的不足和交通拥堵的问题。

为减少地下空间埋深,地下商场的底板与下沉广场高程一致,连成一片,9m高的二层商场顶板高出地面2m,利用这一高差,并在其上覆土2~3m,种植乔木,使公园形成高差达5m的山林地貌景观。下沉广场也在东侧结合踏步、商店顶部等做成台阶式花台,避免成为坚硬的凹坑,成为公园绿地的延伸。如图6-21、图6-22所示。

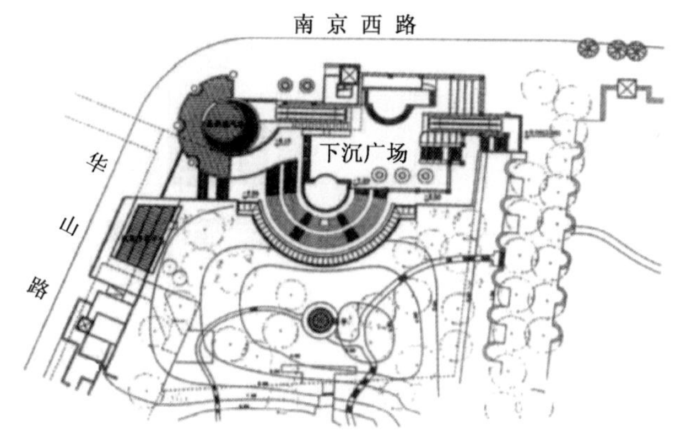

图6-21 静安寺总平面图

静安寺地区地下综合体完整的步行系统使购物者在商业中心内具有安全感和舒适感,并结合组织休息交往空间,使市民能在此流连忘返。城市设计建立了这个地区地下、地面和地上二层三个层次的步行系统。结合地铁站,在地下一层将核心区的地下空间连成一体,并跨越南京路、常德路和愚园路等;二层步行系统联系各街坊的商业空间,并有加盖天桥跨越部分街道以补充没有地下空间跨越道路的人行过街设施(图6-23)。静安寺下沉广场将交通集散、商业购物、文化观演和旅游观光等功能结合起来。在地铁出入口合理组织向南京西路、华山路以及穿越华山路地下通道的人流流线,并在自动扶梯和踏步两侧的台阶上布置半球状导向灯,以疏导夜间地铁的集中人流。

图 6-22 静安寺广场全貌

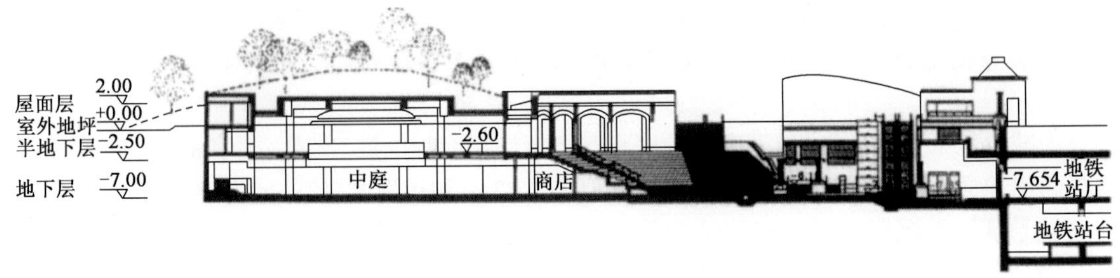

图 6-23 静安寺地下综合体剖面示意图(高程单位:m)

静安寺广场地下综合体设计针对大城市中心区用地紧张、生态环境欠佳等弊病,不盲目追求气派,而是努力创造绿色生态化、多功能高效化和地上地下一体化的特色,值得学习和借鉴的经验主要有以下几个方面。

(1)扩大城市中心区容量,保护地面历史建筑。

(2)将地下空间与地面绿化景观相结合,过渡自然。

(3)支撑地区交通,疏导步行人流。

(4)提供城市公共开放空间,环境设计做到"以人为本"。

4)气候主导型

气候与人们的关系十分密切。部分城市由于经常性或季节性的恶劣气候使地面公共空间难以使用,从而发展了地下综合体空间作为代替。典型案例有加拿大蒙特利尔和多伦多等。

蒙特利尔地下城规模宏大,全长约 30km,总建筑面积达 360 万 m^2,连接 10 个地铁站、2 个火车站和 2 个长途汽车站,并与 60 多座不同功能用途建筑的地下室连通,如图 6-24 所示。

1962 年对外开放营业的维尔·玛丽广场是蒙特利尔地下城的发展源,其地面是 47 层塔楼,横截面为十字形,坐落在地下大型购物中心之上,有两层地下停车库,这个巨大的房地产综合体建筑面积达 28.5 万 m^2,是当时世界上最大的建筑之一,而它一半的建筑面积位于地下。由于这一商业项目创造性的规划设计,适应蒙特利尔特定的气候条件,所以建成后立刻取得了巨大成功,并被竞相模仿建造,同时也为地下城的后续发展奠定了良好基础,如图 6-25 所示。

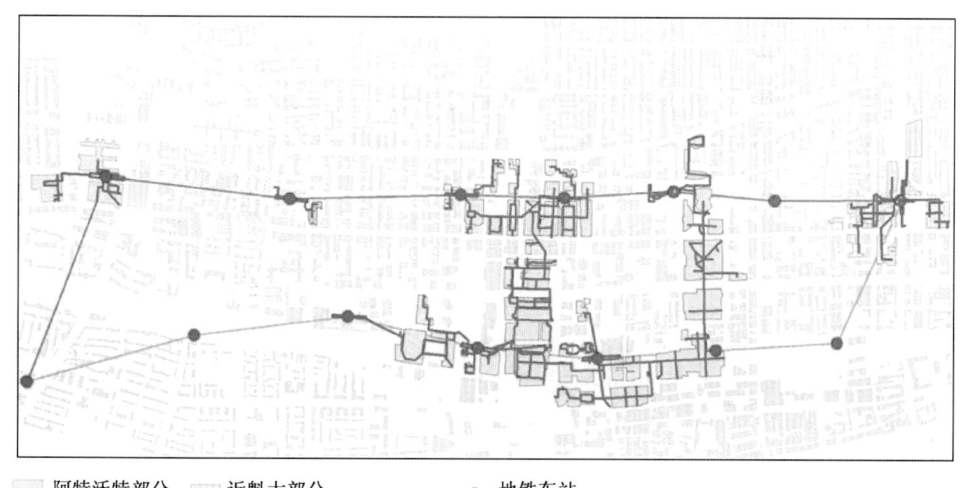

图6-24　蒙特利尔地下城结构与功能

a)

b)

图6-25　蒙特利尔地下城内景

尽管蒙特利尔地下城具有抵御寒冷气候的作用，但它真正的价值还在于由此带来的城市土地的集约利用、城市功能的多样化以及更深意义上的城市安全性和宜人性。总之，蒙特利尔地下空间的高效利用不仅大大节约了城市用地，实现了城市交通的快速、大运量和立体化，而且明显提高了城市的环境质量，从而为高人口密度城市实现三维发展提供了有益的启示。

6.1.2.4　地下综合体公共空间一体化设计

作为缓解城市矛盾应运而生的地下综合体，最突出的任务是增加城市空间容量，缓解城市交通压力以及提高城市环境质量。由于地下综合体所具有的上述城市公共特性，其内部公共空间也必将成为城市公共空间的延伸。因此，地下综合体内部公共空间的设计势必直接影响地下综合体的使用效果。如果地下综合体内部公共空间设计不当，组织杂乱无序，不仅不能缓解城市交通、环境等问题，反而会带来诸如犯罪高发、环境恶劣、降低城市形象等一系列新的问题。另外，由于地下空间的开发一旦形成，再次开发会非常困难，具有不可逆性，因此，必须做好前期统一规划,建立高效、有序一体化的地下综合体公共空间。

从功能上讲,地下综合体中的公共空间大致可分为营业空间、通行空间和休憩空间等。营业空间指地下综合体内部商业、餐饮、娱乐等盈利性公共设施的内部空间,如货物和商品的陈设空间、娱乐基础设施摆放空间、必要的通道空间、橱窗及门面布置等。营业空间有集中式大空间和分散式小空间。集中式大空间一般为大中型超市、连锁餐饮、集中式娱乐等设施;分散式小空间一般为沿街小型商铺,如图 6-26 所示。

通行空间一般是联系交通节点、停车库、营业空间等各功能点的公共通道、换乘空间、门厅出入口等非营利性空间,往往和营业空间及休憩空间结合设计。在地下综合体的公共通行空间中,建筑入口空间、室内步行商业街、中庭空间是最基本的空间要素,也是最能影响和塑造一个商业建筑的个性和特色的空间,是人们的交通和交流场所,是空间的骨架和精髓。

例如地下节点广场往往位于地下综合体主要流线上,成为放大的公共开放空间,地下节点广场结合商业服务功能和景观设施,成为地下综合体空间的亮点和人流聚集的焦点,如图 6-27所示。

图 6-26 某地下空间分散式营业空间

图 6-27 地下节点广场示意图

休憩空间对于提高地下综合体公共空间的舒适性和整体形象有着非常重要的作用。节点广场、中庭空间往往结合建筑小品和休闲设施等设计成为休憩空间。休憩空间的布局对打破地下空间封闭、沉闷的感觉有着非常积极的意义。

一体化公共空间要求其内部具有功能上的连续性、空间布局上的兼容性、空间体验上的舒适性以及文化意象上的协调性。

地下建筑不同于地面建筑,空间的封闭性导致人们无法利用外界环境的变化来确立方位感;空间布局的单一性使得人们无法利用建筑空间的变化建立环境区域感。因此,地下商业建筑的功能布局与空间组织应最大限度帮助人们认知建筑,使人们对置身的场所可以很清晰地在头脑中描述出来,这就要求地下商业建筑内部功能空间组织应具有可理解性。另一方面,由于地下综合体内各功能系统并存,彼此之间存在连接和过渡关系,因此对于一体化空间,需要在功能上满足连续性要求,从而为人们提供连续、便捷和高效的功能服务。

关于如何进一步提高地下空间吸引力,蒙特利尔大学 MICHEL BOISVERT 教授通过对蒙特利尔市地下城一个人员最多的地铁站及其地下设施反复研究，得出的结论是地下空间联系的道路网络化能使人行走的路线更加方便，从而使大家在地下空间中更加愉悦。

除了利用道路的网络化和空间设计来提供一个布局清晰可理解的地下空间外，还需要使用一套清晰的交通识别与导引体系来帮助人们在地下建筑中确定方位和辨认方向。交通识别与导引体系在地下综合体内的合理布置对客流疏散具有重要作用，并且也是公共空间一体化不可缺少的重要构成因素。另外，为了方便老、弱、病、残等弱势群体通行，在人流较多的地下通道还应适当设置自动扶梯、电梯等辅助设施，做到“以人为本”。

由于地下综合体内营业性功能空间的布置及风格主要由经营者自主决定，因此容易造成空间变化过分突兀。地下综合体各个功能设施整合成一体化空间，就是追求空间上的秩序性、流畅性，在空间比例尺度、序列控制上给人以舒适感。任何物体，无论形状如何，都必然存在三个方向长、宽、高的度量，比例即这三个方向度量的关系。和比例相联系的另一个范畴是尺度，尺度研究的是建筑整体或局部给人感觉上的大小印象和其真实大小之间的关系问题，如图6-28所示。

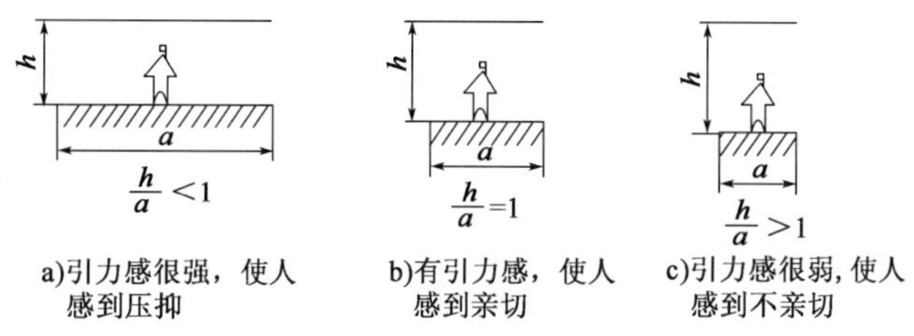

图6-28　空间比例尺度抽象示意图

空间的序列对于地下综合体而言非常重要，它包含了空间节奏变化、过渡衔接、节点处理等，对于丰富地下空间层次、增强地下空间趣味、消除地下空间单调沉闷有着非常重要的意义。空间序列一般沿着主要人流的流线系统展开。

例如日本大阪的虹之町地下街，该地下街为线型街道空间，长约800m，如果处理不当，会使人感到单调乏味；在虹之町地下街中，安排了大小5个休息空间：“爱之广场 ”“镜之广场”“光之广场”“水之广场”和“绿之广场”，这些节点广场不仅可以为地下街中活动的人流提供休息场所，而且成为人们在地下空间中辨识方位的参考点。

20世纪70年代末，挪威建筑理论家CHRISTIAN NORBERG-SCHULTZ认为“建筑首先是精神的蔽所，其次才是身躯的蔽所”。地下综合体内各种功能设施所对应的空间形态在文化意象上都有自身的天然属性，简单的组合可能会带给人无主题的感觉，无法形成地下综合体自身的个性。例如：上海五角场城市副中心的地下空间通道入口小品、下沉广场环境绿化、五角场中心交通景观小品“城市彩蛋”等设计基本元素均为不均匀条码状，形成统一的风格特征，具有统一的主题。

地下综合体各个功能设施在一体化空间内的布局需要因形而化，其兼容性是非常突出的问题。由于各个功能设施具有不同的形态结构和风格，合理的设计不仅可以降低开发成本，而且更能凸现地下综合体在空间上一体化的特点，如图6-29、图6-30所示。

图 6-29　英国伦敦某地下空间室内造型

图 6-30　法国巴黎卢浮宫地下空间采光景观

自然景观包括阳光、水、绿色植物和自然界声响等多种自然要素，在地下综合体建筑中适当引入自然绿化景观不仅具有景观意义，而且具有良好的生态含义。恰当的环境设置不仅可以提供方便舒适的设施，而且有助于活跃地下空间气氛，如大阪虹之町地下街“光之广场”“绿之广场”和“虹之广场”，不仅是地下空间的环境装饰，而且为行人提供了舒适的购物和游玩体验，如图 6-31 所示。

a)光之广场

b)绿之广场

c)虹之广场

图 6-31　虹之町地下街“光之广场”“绿之广场”“虹之广场”

地下综合体内部公共空间应该是有机统一的整体,各个方面相辅相成,清晰的功能布局是顺畅交通组织的前提,开放空间的组织与室内装修设计又相互影响,因此在具体的设计中应该综合考虑,地下综合体一体化的公共空间设计要追求在空间布局、尺度控制、流线处理、色彩修饰和方向导引等方面都给人以舒适感,力求创造出具有"功能上连续性、空间布局上兼容性、空间体验上舒适性、文化意象上协调性"的高效顺畅一体化公共空间,从而建立完整的地下空间秩序,优化城市整体空间环境。

6.1.2.5　地下空间网络城市化特征

"城市化"是地下城市网络化的本体属性,这也是地下城市综合体区别于地下多功能建筑的本质特征。通过对不同发展阶段地下空间网络化的纵向比较分析,可以发现地下城市网络具有以下五大"城市化"基本特征。

1)地下步行系统网络化

现代地下步行系统是地铁的衍生物,城市中心区的诸多建筑通过在地下与地铁站相连。随着地下城市综合体在城市中地位越来越显著,其内部公共空间越来越多地类似地面城市街道起到联结空间的作用,与周边地段城市公共建筑的地下部分和地下停车库直接连接,形成四通八达、高效整合、流动连续的区域性地下步行系统,成为城市公共空间系统的组成部分。随着地铁建设从单一走向复合系统,地下步行系统中的地下行人设施不再仅仅是单一要素(如地下过街通道、隧道等)的布置,而是要构成批次接续的线性关系,并与城市中的地下建筑、地面步行系统紧密结合,地下步行系统持续地扩展和延伸,将城市各区域进行连接与整合,进而逐步走向系统化、规模化、网络化。地下步行系统不仅将大量人流导入地下,减轻地面交通压力,还可为其内部功能提供更多商机,整合交通和商业功能以达到步行与商业活动均能够持续延续的目的。地下步行系统创造了多彩的地下空间,成为地下空间走向规模化和整合、扩展地下城市综合体的重要途径。如图6-32所示为国外部分发达城市地下步行街网络。

2)城市与建筑一体化

意大利文艺复兴时期的建筑师阿尔伯蒂曾说过:一座城市就是一座大的建筑,而一座建筑也宛如一座小的城市。荷兰建筑理论家雷姆·库哈斯也持同样观点,认为城市与建筑始终是密不可分的。土地的综合利用、城市的混乱状况及资本的力量决定了到达一定规模之后,一个建筑就成为功能复合、内容多样的"大建筑","大"是对抗整合现代都市片段化和混乱的主要方式之一,"大建筑"就是城市。

现代城市功能的集约化及由此带来的高效益和高效率促进了城市与建筑一体化,也改变了建筑和城市的时空观念,建筑与城市的综合联结已是一个时代的命题。城市与建筑一体化是现代城市与建筑在需求与限制的矛盾中双向互动发展的必然结果,也是当前地下城市综合体呈现的显著特征。它在职能上表现为城市功能与地下建筑功能的紧密联系、相互接纳和融合,在空间形态上表现为城市公共空间与地下建筑内部空间立体的交叉叠合和有机串接。城市与建筑一体化包含了"建筑空间城市化"与"城市空间建筑化"这一对互动过程。

a)加拿大多伦多地下步行系统

b)日本东京地下步行系统

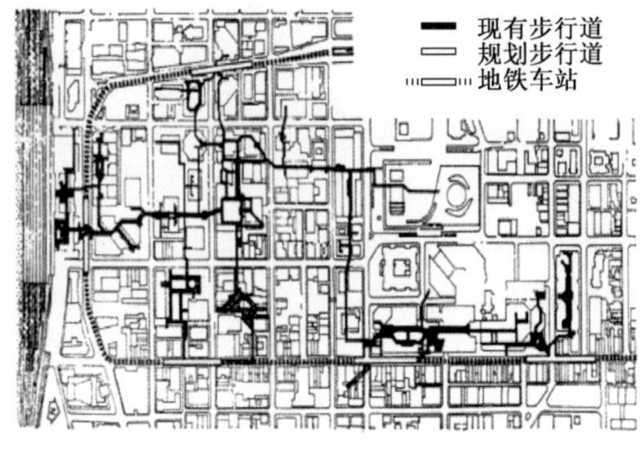

c)美国休斯敦地下步行系统

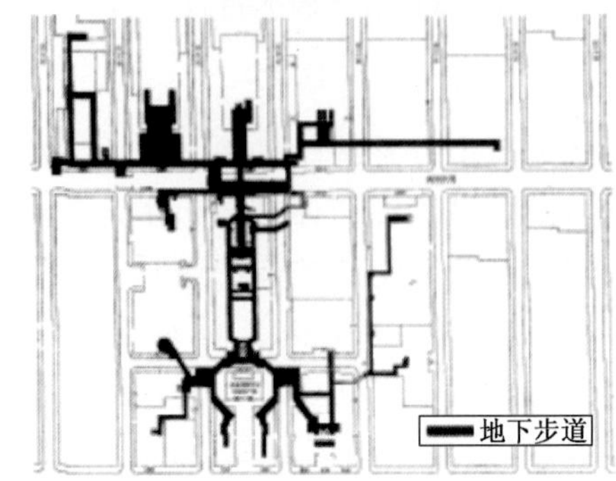

d)美国纽约洛克菲勒中心地下步行系统

图 6-32　国外部分发达城市地下步行街网络

建筑空间城市化是现代城市中心区城市形态与建筑形态相互影响、相互渗透的结果。其表现在两个方面:一是地下建筑空间与城市空间边界模糊。地下建筑与城市在功能与空间上相互融合和渗透,使得地下建筑单体和类型的概念日益被突破,地下空间越来越多地以群体方式与城市功能、空间复合显现,地下广场、地下中庭、地下商业街和下沉广场等作为地下城市综合体内外联系的媒介和过渡空间的作用进一步增强,地下建筑与城市两个环境层次之间的界限日趋模糊。二是地下建筑空间公共化。随着地下城市综合体的巨型化和社会化,其积极介入城市环境系统。例如,地下商业街扮演了类似地面城市街道的角色,地下中庭成为城市交通的集散枢纽,地下建筑空间日趋公共化并成为城市公共空间系统的有机组成部分,如图 6-33、图 6-34 所示。

城市空间建筑化则是城市与建筑一体化的另一个方面。由于地下空间不易受外界影响,全天候活动的"特性"能满足不同活动规律的城市功能共存需求,建筑结构、施工、消防等现代技术发展也为地下城市综合体建筑内部空间突破门槛、迎接城市准备了必要的技术手段,地下城市综合体突破建筑自身功能体系的范畴,越来越多地容纳原本只能在城市外部公共空间进行的活动,使地下城市综合体成为城市居民除地上生活圈外的另一个选择。尤其是在寒冷与高温、多雨与环境污染严重等自然环境条件不佳的地区,将易受气候干扰的展览、集会活动等城市外部功能移至地下,其作用效果会更为明显。

图6-33　广州"流行前线"地下商业街成为连接地铁站与建筑物的"城市街道"

图6-34　美国伊利诺伊州中心深入地下的中庭的内部交通集散枢纽

由于地下城市综合体多种功能使用的可能性以及城市与建筑一体化带来的空间模糊性,如何实现地下城市综合体内部及其与地上、地下外部城市要素在功能和城市空间上的整合,在地下城市综合体的设计和规划控制中显得特别关键。

3)地下空间管理系统化

网络化交通组织:通过对地下交通空间的合理开发,形成便捷的立体交通体系,协调地面与地下交通组织,疏解传统地面交通形成的交通压力,提高地下空间的利用效率和综合效益。

网络化空间连通:地下公共空间网络的营造,强调功能的复合利用与空间的横向连通,而横向连通对于网络的形成具有特殊的决定性作用。地下空间的水平连通将为近远期开发的时序衔接和空间整合提供有力保障。

网络化设施布局:城市重点区域是各类功能复合、人流交通密集的综合性城市功能空间。除了横向的功能联系,竖向的功能串联同样是该区域十分重要的关注因素。地下商业、地下公共活动空间、地下交通等各类功能设施的布局必须与步行交通系统紧密结合,通过便捷的步行联系与多样的景观空间,不仅能够缓解地下空间普遍存在的压抑感,同时也能明确地引导人流,提升交通效率。

在地下空间信息化网络布局管理的基础上,根据对影响地下空间开发可控要素的归纳和整合,形成控制引导内容,主要包括刚性控制与弹性控制,其中重点控制要素为功能控制、交通控制以及连通控制三个方面,如图6-35所示。

4)地下空间交通物联便利化

地下城市综合体庞大的规模和体量,为各种交通工具的集中换乘和交通一体化提供了空间上的可能性,而其巨大的人流、物流需要多种方式以及大运量的城市公共交通协同配合,其中地铁是地下城市综合体实现城市层面功能组织及其发展的重要媒介。可见,可达性高、对外联系便捷化是地下城市综合体发展的基本要求。因此,地下城市综合体开发建设通常选择城市CBD、繁华的商业中心区、城市副中心或规划中的城市未来发展新区等城市交通网络发达和城市功能相对集中的区域,周边有多条公交线路经过,并与地铁站、城市交通枢纽等直接连接,公共交通便利,可以通过多种交通方式经城市主要交通网络到达。这里所指的城市地下空间交通物联系统是除传统的公路、铁路、航空及水路运输之外的第五类运输和供应系统。

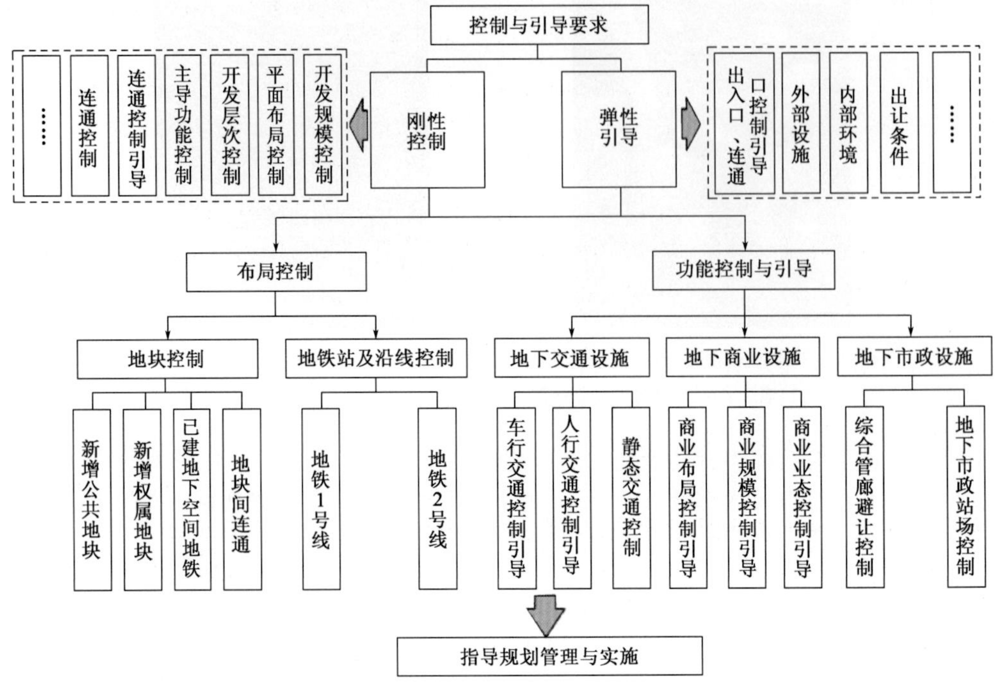

图 6-35　地下空间信息网络化管理运营图

以德国正在研究的地下管道运输和供应系统(Cargo Cap)为例,该系统采用的运输工具按照空气动力学原理进行设计,下面采用滚轮承受荷载,在侧面安装导向轮控制运行轨迹,所需的有关辅助装置直接安装于管道中。运输工具为传统的三相电机驱动,在无人驾驶条件下在直径约为2m的地下管道线路中运行,同时通过雷达监控系统对其进行监控。在系统中单个运输车的运行是自动的,通过计算机对其进行导向和控制;尽管运输车之间不通过任何机械方法进行连接,在运输任务较大时,也可以使他们之间的距离很小,进行编组运输,其最小间距可以通过雷达控制系统控制在2m左右。在这一控制系统中,运输车可以自由地出入每一个运输编组而不会导致运行速度的降低。

在正常情况下,通过这种系统可以实现36km/h的恒定运输速度。这种地下管道快捷物流系统,将和传统的地面交通和城市地下轨道交通共同组成未来城市立体化交通运输系统,其优越性在于:①可以实现污染物零排放,对环境无污染且没有噪声污染;②系统运行能耗低、成本低;③运输工具寿命长、不需要频繁维修;④可实现高效、智能化、无中断物流运输;⑤和其他地面交通互不影响;⑥运行速度快,准时、安全;⑦可以构建电子商务急需的现代快速物流系统;⑧不受气候和天气影响等。该系统的最终发展目标是形成一个连接城市各居民楼或生活小区的地下管道物流运输网络,并达到高度智能化,人们购买任何商品都只需点一下鼠标,所购商品就像自来水一样通过地下管道很快地“流入”家中。

5)建设主体多元化

地下城市综合体由于规模巨大、工程复杂,带来了涉及地面土地权属主体多、建设周期较长、资金需求量巨大等问题，通常难以由一个建设主体完成。地下城市综合体的出现使得地下空间开发利用规模剧增，地下空间越来越多地以群体方式显现，每个不同的建筑部分可由不同的建设主体完成，地下城市综合体开发呈现出建设主体多元化的鲜明特点。

以广州市体育西路地铁站点地下城市综合体为例，其由多个地下空间项目联网构成，地铁是由政府控股的广州市地下铁道总公司（现更名为广州地铁集团有限公司）建设、运营、维护和管理，地下过街通道是由广州市市政部门建设和管理，“天河又一城”地下商业街是以广州市民防办公室名义建设，由开发商广东海印永业（集团）股份有限公司（简称：海印集团）具体开发经营和管理，而其他的地下商业、休闲、娱乐、停车等部分又分属天河城百货商场、广百商厦中怡店、广州购书中心等不同的建设单位。

6.1.3　地下空间区域性连通网络化

6.1.3.1　地下空间区域性规划协调

我国城市地下空间规划制定目前尚处于探索阶段，存在规划组织编制主体不明确、规划体系不清晰、缺乏统一规范的规划编制要求等问题。一部分专家学者认为城市地下空间应独立于城市地上空间，以城市地下空间为主体，统一整体地编制地下空间规划，使地下空间整体、有序地建设；另一部分专家学者认为地下空间应附属于地上空间，地上地下空间应整体进行法定规划。没有法定控制规划保障城市地下空间互联互通开发的实施，是造成我国多数地下空间开发呈现随意性和孤立性开发的主要原因。

随着城市地下空间的大规模开发，地上和地下空间的开发与建设逐渐呈现一体化、网络化的发展态势，地下空间互联互通成为地下空间开发利用的必然趋势。孤立的地下空间形成网络体系，可以是要素流在地下空间网络中的随意流动，不仅有利于地下服务设施成网络聚集发展，还可以拓展城市公共空间，更有利于解决城市交通拥堵问题。

1）制订地下空间连通原则

城市地下空间开发利用逐渐呈现多样化、深度化和复杂化的发展趋势。在功能类型上，逐渐从民防工程拓展到交通、市政、商服、仓储等多种功能类型；在开发深度上，由浅层开发延伸到深层开发；在开发规模上，由小规模单一功能的地下工程发展为集商业、娱乐、休闲、交通、停车等功能于一体的大型地下城；在明晰地下空间功能性质的基础上，确定各类型地下空间的连通原则。

（1）安全性原则：地下空间的连通必须保障人的安全，需要考虑到可能存在的安全隐患，人流量大的地下空间除不宜与有危险的地下生产功能、市政功能相连通外，还必须与地下紧急避难场所相连通。

（2）便捷性原则：为使人的行为活动在地下空间中方便快捷，必须减少地上和地下的换行，相邻地下空间应以地下交通设施连接为基础，并向外扩展连接各功能类型地下空间。

（3）集聚性原则：应充分发挥地下空间网络化的最大效益，将地下功能类型相同或互补的空间连通起来，聚集商业气氛，相互联系产生集聚效应。

2）加强地下空间的控制性详细规划编制

我国大城市普遍编制或修编了地下空间开发利用总体规划或概念性规划，对城市未来地下空间开发的规模、布局、功能、开发深度、开发时序做出了安排，为城市地下空间的合理开发奠定了基础。但规划的范围较大，基本属于战略规划，缺少对具体地块地下空间开发的强制控制和弹性引导。城市在编制控制性详细规划时，应根据地下资源状况，相应增加地下空间的控制导则，统筹规划地面和地下空间内容，动态立体开发地上和地下空间。

在控制性详细规划中的地下空间部分中除了对地下空间的开发功能类型、空间使用兼容性、开发强度和层高等控制，还应着重对增加地下空间的连通要求、通道接口位置、通道接口高程和通道接口宽度进行强制控制，并对不同功能地下空间的出入口进行弹性引导，尽量使出入口位置设于公共空间。

3）协调城市设计的各个层面贯穿互联互通

城市设计应更多地从地下空间形态、景观要求、使用者心理感受等方面提出地下空间连接通道设计的内容和要求，在满足功能的基础上，进一步提升空间品质。因此，各方地下空间连接通道的共同设计，是保障地下空间连接通道整体适宜性的关键。可由政府成立专门的地下空间管理单位，在选取功能相近、功能互补的地下空间开发建设时，由管理单位协调各建设主体，统一进行通道设计。这样不仅能够满足地下空间城市意象的需要，还能满足功能自身发展的需要。例如：地下商业最大的面宽与进深为 6m×8m 或 4m×6m，各方尺度不合理，不仅影响自身商业的发展，还会影响各方地下空间的连通设计。

地下交通连通轴线宜清晰明了，具有较强的导向性。各方独自建设地下交通，缺乏通道设计的一致性，不仅不能实现对地下交通的共享，反而会影响地下交通网络的形成，如在非居住用地的地下二层或三层设有地下停车场，将地下停车场整体设计连通开发。图 6-36、图 6-37 所示分别为地下空间内环式连通和外环式连通示意图。

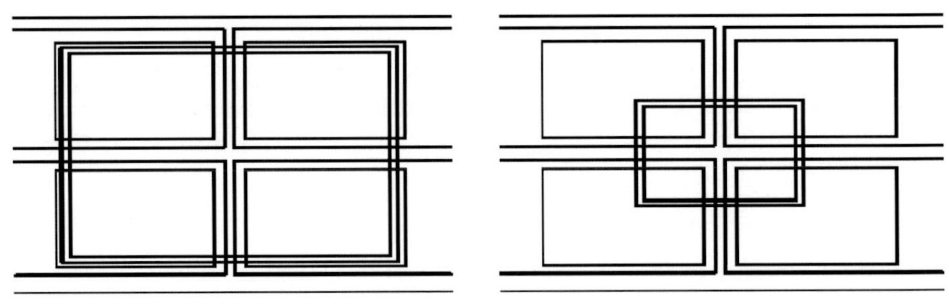

图 6-36　地下空间内环式连通示意图　　图 6-37　地下空间外环式连通示意图

4）加大对地下空间互联互通开发的政策倾斜

明确地下空间权属及空间管理是政府鼓励地下空间互联互通开发建设的前提，如普通宅地和商务性质用地的地下基础层归地上土地权属投资方。政府在出让土地时，将地上与地下基础层以下整体出让，有利于整体开发设计、整体使用。在公共用地（如广场）进行地下空间开发时，可由相邻地块的开发商进行开发，政府在地面的开发强度和土地出让金上给予减免；也可以单独出让地下空间，由投资建设商开发。政府通过制定政策积极引导和协调，出让地块的开发商按照规划来完成地下空间的建设，以及与公共用地地下空间连通通道的建设，顺利推进地下空间的整体开发。

6.1.3.2 地下空间之间的过渡

1)地下空间过渡的构成要素

(1)物质要素

空间的形态分为平面型和空间型两种,形状的不同则表现出功能也不同,给人留下的感受也会随之发生变化,例如通道式过渡空间一般表现出交通功能,广场式过渡空间除了具有交通功能外,还是市民公共活动的场所。所以,设计时应根据过渡空间功能侧重点的不同选择对应的空间形态。

空间尺度分为平面尺寸和竖向尺寸,尺寸的差异性会给人们留下不一样的空间感受。但是,空间尺度不仅是指空间尺寸,还包括这些尺寸之间的比例,不同的相对比例对人产生的影响也会随之改变。在设计时,要以人的感受为出发点,创造具有良好尺度感的空间环境。

空间的分隔有水平方向的和竖直方向,一是为了结构的需要,二是基于空间设计本身的需要。我们可以借助实隔、虚隔、空间过渡等不同的分隔方式,迎合人们的心理需求,打破平淡无奇的空间环境,营造层次丰富、意境深邃的过渡空间。空间界面即空间的墙面、地面和顶面,不同的界面组合构成形态各异的过渡空间,一方面界面的材质和色彩对人们的空间感受起着很重要的作用;另一方面这些界面可以加强空间秩序,提高空间品质。

(2)人的要素

由于过渡空间服务功能的最终对象都是人,所以空间环境的设计要重点考虑人流的特征。而轨道交通站点的客流具有短时间集聚、疏散方向一致的特点,这就要求过渡空间能够通过合理的空间布局,快速集散大量人流,完成流线转换的基本功能。

(3)城市文脉要素

城市独特的文化沉淀和历史背景成就了自身特定的空间环境。由于城市商业空间与轨道交通站点的过渡空间具有城市公共性,属于城市公共空间的一部分,其空间的设计需要与所处城市的特定环境相契合,并且要体现城市文脉,可以通过将城市历史文物古迹、社会文化活动等城市特色艺术化处理,即从空间设计的角度出发,通过过渡空间形态、空间元素和空间氛围营造来反映城市特色。与此同时,还要保持过渡空间自身的时代性,实现历史文化和现代文明的完美融合。

2)地下空间过渡的连接要素

(1)通道

连接商业空间与轨道交通站点的常见连接要素是通道,即两者通过地下通道或者地上过街平台相连接。此类连接方式能够快速实现人流的转换,并且目标性和方向感较强,在轨道交通建设早期得到了广泛应用。我国的地下通道多是单纯为解决交通问题而独立建造的,如过街地下通道,与周边建筑和轨道交通联系较少,以至于在某些情况下还有可能成为城市再开发的障碍。

比如加拿大多伦多建成的大规模地下通道网,在地下空间连接30座高层办公楼的地下室、20座停车库、2家电影院和2家百货公司,以及1000家左右的各类商店;此外还连接着市政府、火车站、证券交易所和5个地铁车站,如图6-38、图6-39所示。其庞大的规模、方便的交通、综合的服务设施和优美的环境，在世界上享有盛名。

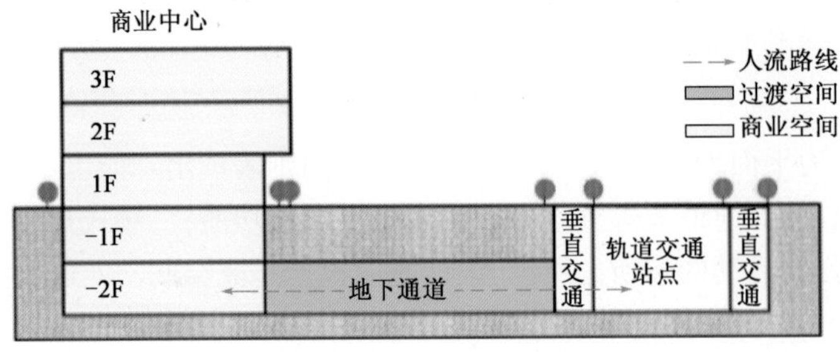

图 6-38　地下通道图

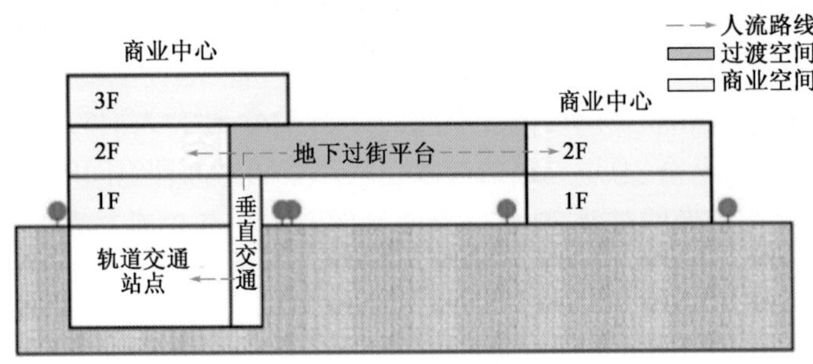

图 6-39　地上过街平台

(2)广场

城市广场通常是居民社会活动的中心，一般可组织交通集散、商业贸易或市民集会等活动。同时，广场也可以作为商业空间与轨道交通站点的过渡空间，经考察，国内外广场式过渡空间，大部分是下沉式广场，如图 6-40 所示。

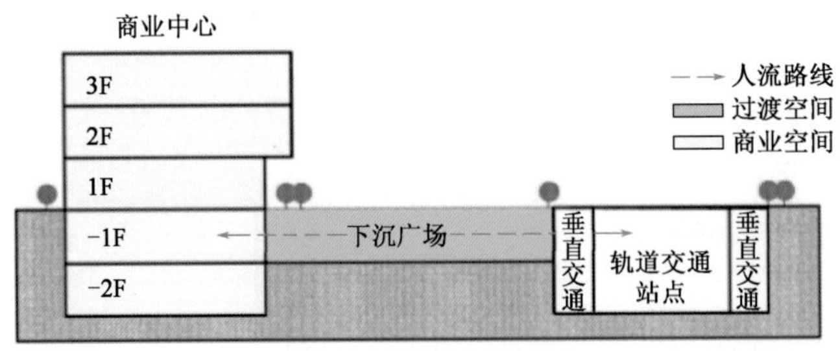

图 6-40　下沉式广场

下沉式广场通过降低广场自身的整体或局部，形成一个围合的开敞空间，商业和轨道交通站点的大量人流可以在此集散和换乘。由于广场的开放性和标志性，使出站客流具有很强的方向感，同时广场有别于地下封闭灰暗的空间环境，是不同功能空间换乘的最佳方式。下沉式广场通过充当商业空间和轨道交通站点之间人流转换的空间节点，给人们创造了相对连续的步行活动系统，而且下沉式广场可以作为城市景观和环境的优化措施，保证了城市景观的连续性和多样性。

瑞典斯德哥尔摩市的赛格尔广场就是一个典型例子。为了缓解地面交通拥堵和停车空间的匮乏，1963年赛格尔广场进行了交通立体化改造：在广场的地下，形成了三条地铁线路的换乘枢纽，发展地铁站域商业并开发地下停车场。广场东侧开辟一个下沉式广场，周围都是商店和地铁站出入口，人流可以在此完成功能转换或换乘，也可以通过楼梯和自动扶梯分散到广场上去，如图6-41所示。

a)

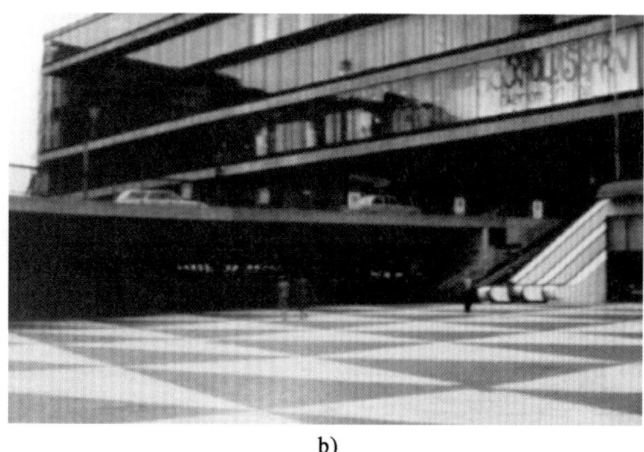

b)

图6-41 斯德哥尔摩市赛格尔广场

(3)中庭空间

自1967年波特曼在海特摄政旅馆应用中间加顶的庭院之后，这种被称作中庭的建筑空间开始获得人们的重视。随着建筑内部空间的公共化和城市化，建筑中庭空间逐渐演变成为城市中庭，它在垂直方向上贯穿多层建筑，隶属于城市公共空间的一部分，如图6-42所示。

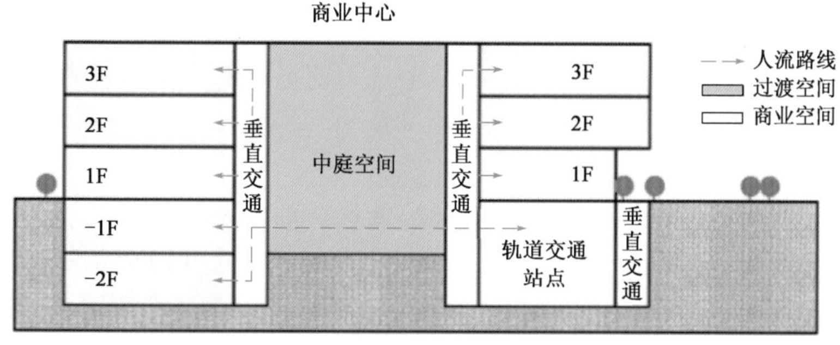

图6-42 中庭空间

中庭空间的出现，使得建筑在垂直方向和水平方向上竞相发展和融合，并且促进了建筑在两个方向上的空间开发，强化了三维空间特征。由于“创造了一种在大多数城市中能得到应用的这样一种类型的空间，一种全天候公众聚集的空间”，城市中庭空间在城市立体化系统中扮演了节点的角色，聚集城市活动、联系城市空间成为它的主要功能；人们在中庭空间中拥有较为开阔的视野和大尺度的空间感受，为商业赢得了更高的人气和利润，故备受推崇。

(4)商业步行街

商业步行街的主要功能是步行交通，除此之外还复合了商业、娱乐等附加功能。随着城市步行体系的一体化以及城市功能的相互融合，距离轨道交通站点较远的商业综合体一般借助商业步行街与站点取得连接。一方面,商业街空间环境较好,能够吸引站点客流;另一方面,商业街导向性较好,可以引导人们到达商业空间,增加商场客流量,并扩大其服务范围。商业步行街根据与地面的高差可以分为地上商业步行街和地下商业步行街,如图6-43所示。

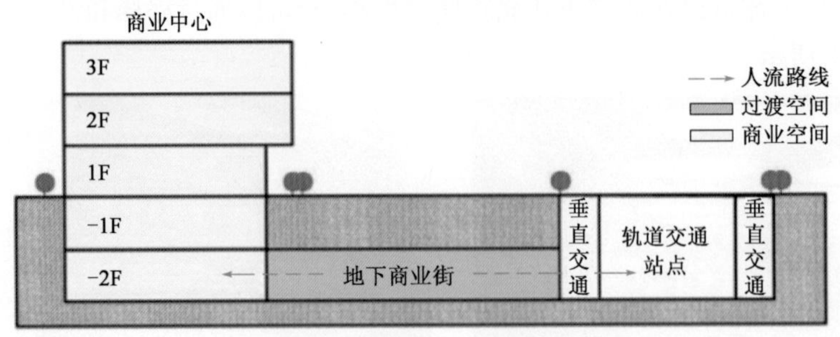

图6-43 地下商业步行街

3)地下空间过渡的空间形态

(1)点状空间

当商业空间与轨道交通站点距离较短,可以视作以"点"连接,此时过渡空间的表现形式就是点状空间。

此种连接形式分为三种情况:商业空间与轨道交通站厅层直接连接、商业空间与轨道交通借助垂直交通连接以及商业空间与轨道交通借助中庭取得联系。此时的过渡空间缩小为建筑的一部分,在平面上均表现为"点"状形态,实现了商业空间和轨道交通站点的无缝连接。此种连接形式,更有利于乘客的购物娱乐,避免了不必要的通勤时间,而且将城市商业空间最大化向地铁站展示,可以短暂快捷地吸引地铁客流,对于商业空间利益来说无疑是最好的。但有利必有弊,一方面,过渡空间越小,意味着人流的缓冲空间越小,所以在规划设计时,要充分考虑大量人流涌进商业空间的疏散问题;另一方面,大型商场取缔了便利店的位置,由于营业时间不同,在商场未开业或停止营业时,地铁站厅功能单一,不能满足部分乘客的购物需求。如图6-44所示为点式连接。

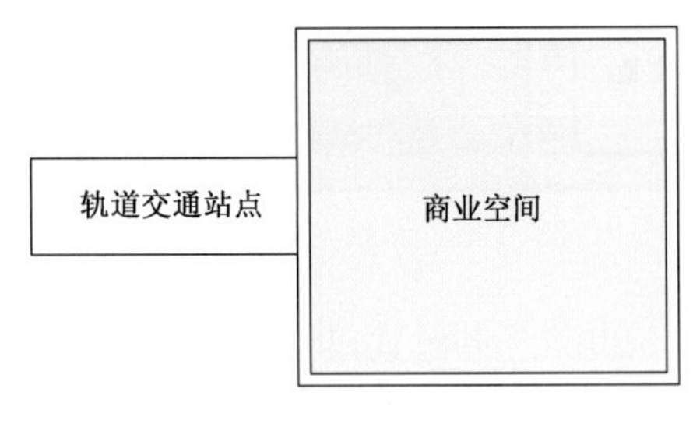

图6-44 点式连接

(2)线状空间

线状空间是指在长度特征上有别于其他空间,它将商业空间和轨道交通站点按照某种线形的轨迹串联在一起,其轨迹可以是规则的,也可以是不规则的。线式空间具有很强的导向性,所以其内部空间干扰较少,空间流线较好组织。但是随着社会发展,线式空间也出现了许多问题,比如内部空间单调、功能单一、缺乏空间环境设计,对于过渡空间的对比与变化、序列与节奏的处理手法不够丰富,不能满足人们的心理和精神需求,所以设计时要注意增加其趣味性和艺术性。

线状空间很早之前就在许多国家得以实施应用,如商业街、地下通道等。日本大阪长堀地下街是日本在20世纪90年代建造的少数地下街之一。地下商业街设置了若干广场,供顾客休憩和观赏,广场上设置导向板,通过自动扶梯和自动步行道与地铁车站连接,属于典型的线式连接方式，如图 6-45、图 6-46 所示。

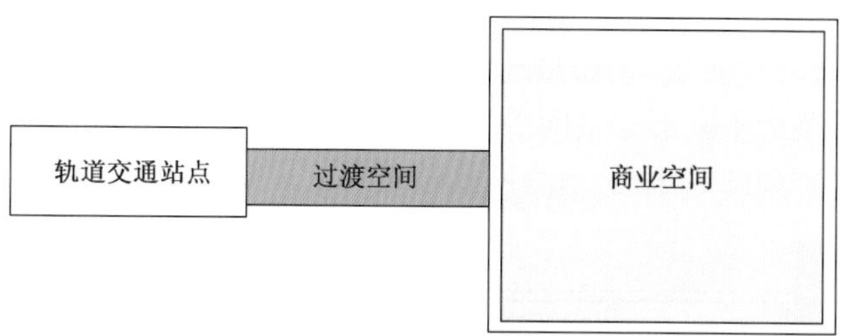

图 6-45　线式连接

a)地面景观

b)内部主通道

图 6-46　日本大阪长堀地下街

（3）面状空间

二维平面上将线式空间沿垂直方向延伸则形成面状空间。相对于线状空间，面状空间具有很强的整体感、区域感和聚集性，既可以很好地限定过渡空间，又能够与城市生活产生很好的互动交流，使面状过渡空间的交通功能得以拓展。在设计面状空间的过程中，要重点把握好空间宽度和比例的关系，如果面状空间过于开阔，则会使人感觉空洞和无方向感，过于窄小又会使人感觉拥挤，且也不利于流线组织。图 6-47 所示为面式连接。

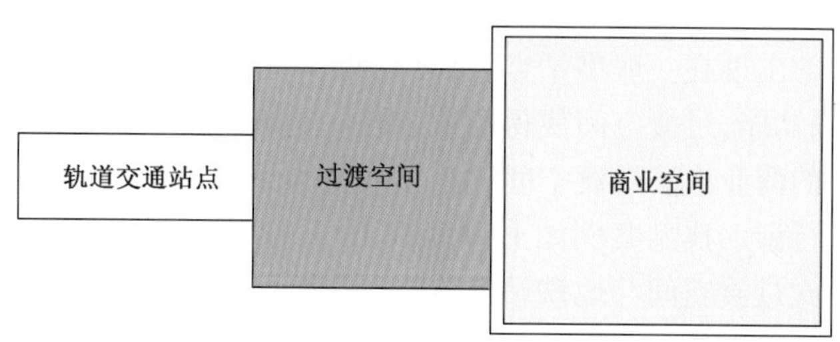

图 6-47　面式连接

下沉式广场是面状空间的典型代表，其建设往往与区域地下空间的综合性开发或者大型综合体的外部空间设计相结合，由于其开发建设具有不可逆性，所以空间功能和形态设计要和周边建筑相互协调。下沉式广场通过与地下商业空间、停车场以及轨道交通的连接，给人们营造了一个功能多样、交通便利、环境优美的公共活动场所。

(4)网状空间

如果选取点式空间、线式空间和面状空间的两个或者三个共同构成轨道交通站点和商业空间的过渡空间,经过开发前期周全的分析研究,使得各个空间相互连接呈网状,即为网状空间。网状空间发挥了各个不同形态空间的优点,有效弥补了单个空间形态存在的不足,成为过渡空间未来发展趋势。如图6-48所示为网式连接。

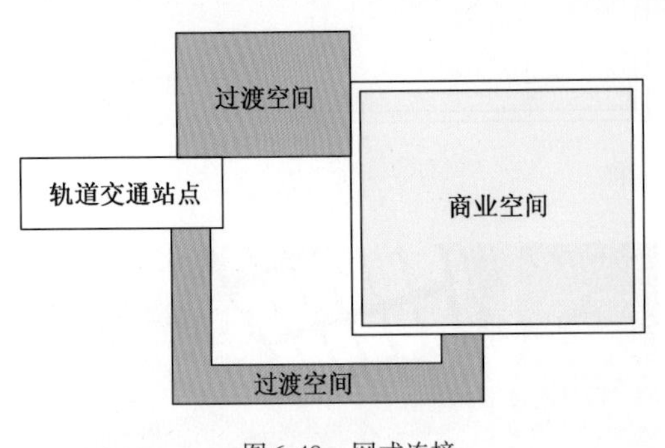

图6-48　网式连接

加拿大多伦多伊顿中心是比较典型的网状连接案例,其商业空间借助点式空间(建筑中庭)和线式空间(地下商业街)与轨道交通站点取得有效连接,可达性较好,且贯穿上下三层的中庭空间给商场提供了充足的自然采光,使伊顿中心发展成为区域影响力较大的商业中心。网状空间组合方式较多,比如德国慕尼黑市中心的立体化再开发就是线式空间和面状空间的完美结合(图6-49)。通过地面广场、地下商业街和下沉广场的相互配合,形成便捷的立体化交通网络,并且地下商场得益于轨道交通的集聚效应和较好的可达性,吸引较大范围内的市民来此购物,有效提高了区域的经济效益和社会影响力。

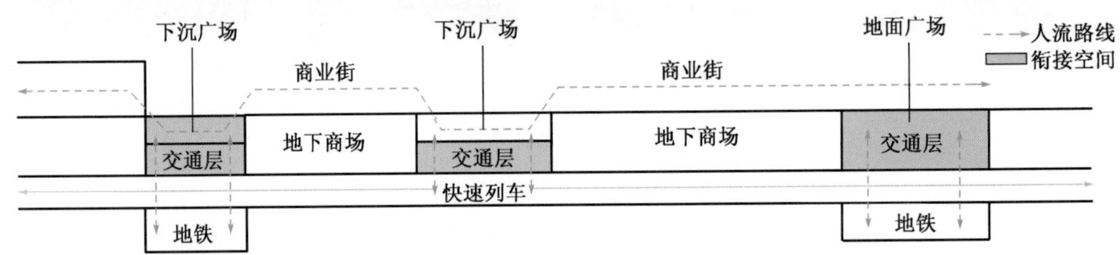

图6-49　慕尼黑市中心立体化开发剖面示意图

4)地下空间过渡的组合方式

(1)串联式

串联式是指通过过渡空间将多个商业综合体联系起来,形成一个资源相互利用、促进的整体空间环境。串联式常出现在一般型站点,过渡空间多表现为地下通道、商业步行街等线式空间,其主要作用是交通功能,过渡空间使得商业、娱乐、交通等多功能得以相互融合。这种组合方式可以使站点周边的商业由于过渡空间的连接发挥集聚效应,促进商业业态补充,最终形成步行网络化的地下步行街。典型案例如上海地铁10号线四川路站(图6-50),站点周边的商业建筑群借助地下街式过渡空间与地铁站点连接,形成区域"小城市"。

(2)并联式

相较于串联式,并联式空间组合方式保证了商业空间的相对独立性,并且过渡空间的存在也增加了商业之间的相互联系,能够较好地促进整个商业区的良性发展。

并联式组合方式一般出现在轨道交通枢纽和城市中心商业区重合处,中心区的多个商业建筑均围绕着地铁重点站或换乘站,地铁站点则通过多个出入口或者中心下沉广场与各个商业建筑体连接。并联式过渡空间一般出入口较多,消费人流可以很方便地到达各个商业建筑内部，换乘人流也可以借助过渡空间快速完成换乘。由于城市中心商业区和换乘站的人流交叉较多，快速疏导各种人流是过渡空间首先要考虑的问题，所以空间设计必须注重空间引导性和不同流线组织。

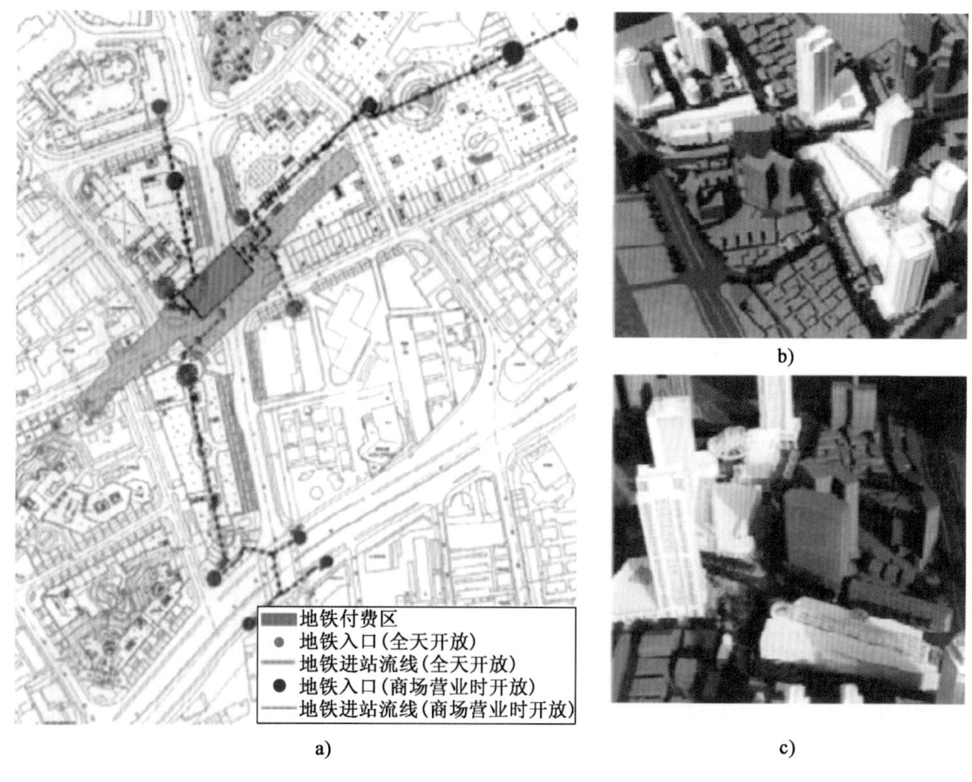

图6-50　上海地铁10号线四川路站流线组织及总体鸟瞰图

(3)层叠式

层叠式主要指商业空间与轨道交通空间在垂直方向上的叠置关系，层叠式组合方式是城市土地资源集约化利用的必然结果。轨道交通位于商业建筑的地下空间，一方面可以充分利用地下空间；另一方面，由于此种组合方式的连通线路较短，可以提高市民的购物热情，增加商场客流量。

此种情况下，过渡空间既是商业空间与轨道交通的连接空间，也是整个商业建筑主要的垂直交通空间和公共集散空间。例如美国伊利诺伊州中心，中庭空间垂直贯穿整幢建筑，地下一层与地铁站连接，地上二层连接莱克街轻轨，交通体系发达，商业空间具有较好的可达性，建筑内部空间的城市化使得伊利诺伊州中心成为市民聚会活动的重要场所(图6-51)。

6.1.3.3　地下空间连通开口

1)地下空间连通开口的需求

地下空间连通开口作为联系其他地下结构与地面空间之间的桥梁，不仅需要满足其交通的基本功能，作为城市空间中的实物，也需要满足城市形象的需求。除此之外，还应该发挥其自身优势，与城市其他功能结合，通过优势互补来达到效益最大化。

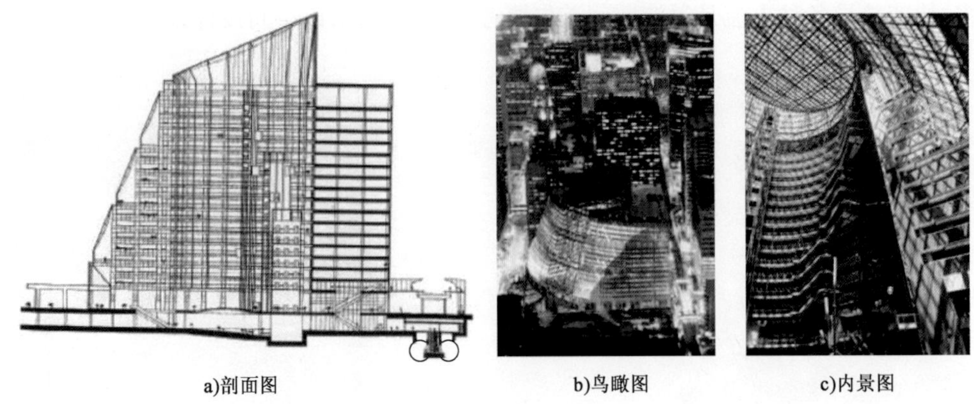

图6-51　美国伊利诺伊州中心

(1)满足交通功能的需求

地铁作为大运量的城市公共交通工具,地铁出入口的设置需要满足其自身作为交通设施的基本功能,即满足人们上下地铁与地面之间以及合理的引导人流疏散。

从我国目前开通地铁的一些城市的地铁站点高峰小时客流量可达上万人次,且随着地铁网络逐步形成,人们的出行会越来越倾向于地铁方式,客流量将会进一步增大。但地铁出行并不能达到点到点服务,通常还需要与其他交通工具换乘配合才能到达目的地,而在较近范围内则需通过非机动车换乘,这就要求在出入口处合理布设非机动车停车场。

因而地下空间出入口的位置能否方便到达,出入口与公交换乘站之间的廊道是否便捷,非机动车的停放车位能否满足需求等问题,都会成为人们选择地铁出行考虑的重要因素。

(2)满足城市形象的需求

地下空间出入口作为现代城市空间中的新增元素,应该在满足其交通功能需求的条件下,从开口形态、体量、色彩等方面与城市环境和谐统一,融入城市,从而使得城市空间保持整体统一且局部变化,形成有机的城市空间。

从宏观角度来讲,地下空间出入口的建筑形式应符合该城市的内涵,成为诠释、宣传城市的标志,如通过出入口表现城市的历史悠久文化、城市的时代发展、城市的地理环境等特征。从中观角度来讲,地下空间出入口作为城市地上空间与地下空间的连接环,是城市的中介空间,开口的设置应维持其周边空间的次序,协调与周边建筑的空间组合关系、和谐的色彩搭配等。从微观角度来讲,出入口也是一个小型公共建筑,应满足其作为公共设施所具有的艺术品位,来为城市公共空间增添亮色。

(3)满足城市其他功能的需求

地下空间出入口置身于城市空间中,或多或少会对城市其他功能产生一定的影响。其设置应协调好各功能间的关系,减少不利因素的影响,促进有利因素的利用。从而使城市功能和谐化、复合化,增加城市的运转效率,节约城市的建设成本。如地铁出入口设置于道路侧边时,大量人流出入会对道路交通产生阻碍作用,应合理设置开口方向引导人流疏散,设定合适的出入口宽度保持人行道的畅通。

2)地下空间连通开口的形式

根据地下空间出入口的需求,在对出入口设置中,根据其位置及方式主要采用了两种形式:独立式出入口和合建式出入口。这两种不同形式的出入口有其各自不同的表现特征。

(1)独立式出入口

独立设置且占用一定空间的地铁出入口称为独立式出入口。此种出入口布局可根据周边空间环境及主要人流方向来确定出入口的建筑形式、位置及开口方向等。因其体量较小又位于城市街道或广场的重要部位,设计师常常会把出入口建筑在满足交通功能的需求基础上当作城市小品来设计,点缀城市空间;有时也会将其放大与城市其他功能结合,成为具有建筑感的构筑物。因此,独立式出入口的设计比较自由,可塑性比较强。就其外观而言可以有以下三种形式。

①开敞式出入口:口部不设顶盖及围护墙体的出入口称为开敞式出入口。这种出入口在除出入口方向外的三个方向设置挡墙、花池或栏杆等,从而对视线不造成障碍,减少对景观环境的影响。但出入口处容易受风、沙、雨、雪等气候影响,应采取一些必要的安全保障措施,如要求口部排水及踏步防冻、防滑等。

②半封闭式出入口:口部设有顶盖、周围无封闭围护墙体的出入口称为半封闭式出入口。这种出入口既能够保持良好的通风又可遮阳避雨,一般在气候炎热、雨量较多的城市采用这种形式。

③全封闭式出入口:口部设有顶盖及封闭围护墙体的出入口称为全封闭式出入口。全封闭式出入口可以作为一个小型建筑单体,不受气候变化的影响,还能更好地维持车站内部的清洁环境。但要注重与周边环境的统一协调,如果协调不当会对城市空间景观造成不良影响。

(2)合建式出入口

合建式出入口一般与大型商场、交通建筑等人流量比较大的公共建筑物合建,但有时因为用地不足也会利用沿街小建筑设置。地铁出入口的交通功能与其他功能之间的互补能够使利益最大化。在功能集约化、复合化的现代城市设计思想中,合建式出入口是受到推崇的,从经济上来说,不仅可以节省单独建设出入口所需的建筑材料及基建投资,还可以为与之合建的商场带来大量人流,给商家带来更大的利益。从功能上来说,地铁出入口与交通枢纽、大型商场等人流集散的公共建筑结合,直接利用建筑内部的部分空间作为车站的集散系统,能够更好地疏散人流;从环境上来说,与地面建筑合建有利于建筑形式的统一,维持景观协调。

地铁出入口有时也会与城市开敞空间合建,如利用下沉式广场的地形变化来设置地铁出入口,这种出入口除了具有与建筑合建的优势外,还具有其自身的特色,如可直接与外部环境相连,从而改善车站内部环境。下沉式广场与地面形成一定的高差,与车站站厅处于同一标高,这样就可以从地面下降到下沉式广场后直接进入车站,下沉式广场也就成为一个过渡空间,使得各个层面的联系更加舒适顺畅。

6.1.4 地下空间与地上空间整合

6.1.4.1 地下空间功能组织的整合

城市地上、地下空间整合是基于城市发展的需要，通过对空间内各要素的内在关联性挖掘，利用各种功能的相互作用机制，积极改变和调整各要素之间的关系，从而克服城市地上与地下发展过程中形态构成要素之间相互分离的倾向，实现新的整合。

图 6-52 东京世界贸易中心大楼

东京世界贸易中心大楼(图 6-52)建于 1970 年，地上为 40 层大楼，地下有 3 层，总建筑面积 15.4 万 m^2，是以办公和业务活动为主要功能的高层建筑。其地下综合体的内容都是为此地面建筑功能服务的设施，是地面建筑功能的有益补充，做到了地下空间与地上建筑功能的整合，如停车场、管线、各种机电设备等，当然也都有面向社会的商业设施，一般也引入一些动态交通线路，设置车站等都是为地面建筑使用的。还有纽约罗切斯特大楼(图 6-53)的地面建筑是一个办公加旅馆的建筑综合体，底层为商业街，地下三层有停车库和商铺，另外还有一条供货运汽车通行的隧道，进一步整合了地上地下建筑的功能，方便使用。

图 6-53 纽约罗切斯特大楼

城市最初的起源就是有组织的集中，各种城市功能通过相互作用建立联系，建立了一定的社会结构，反映在物质形态上就形成了城市的整体结构。功能组织整合就是对行为活动模式的整合。我们通过功能整合，使地下空间与地上空间更加符合人的行为和活动模式。但是地下、地上空间的整合不仅仅建立在物质形态基础上，还要考虑物质形态和社会综合因素之间的关系，尤其要考虑经济因素与城市结构之间的关联性。所以说，地下、地上空间功能组织整合是城市地下空间与地上空间整合的基础。

6.1.4.2 地下空间历史文化空间整合

城市特色一般是由城市自己的文化生态确定的，城市在发展的同时，必须注意保护城市的文化生态,保存现有历史文化资源,同时营造富有特色的城市文化特征。城市历史文化生态延续的关键在于城市新开发空间与原有历史文化空间关系的处理上,从某种意义上说,地下空间的开发极大促进了城市生态文化的延续,在发展的基础上延续历史文化形态,保护历史文化,要把历史形态融入新的城市形态之中,尊重历史也并不意味着过多受到历史形态的束缚。

旧城更新一方面要通过改造为旧城带来新的活力,一方面又要保存旧城中重要的历史信息,要尊重已形成的场所,通过小规模渐进方式开发地下空间来取得社会空间结构的平稳发展。因为城市的形态包含着历史,城市的文脉在增加变化之中,通过对新与旧的整合形成新的城市文脉,在历史的积淀中发展城市的文化。城市形态在其漫长的演化过程中,形成了自己的特征,在每一位市民的心目中形成了对于城市形态的认同感。这也就是凯文·林奇所称之为的"城市意向"。

在历史文化街区与城市形态的整合过程中,一般对历史街区新建筑的大体量采取化整为零的方法,来达到尺度体量协调的整合,或者开发地下空间,尽量减少地上建筑的体量使其与历史建筑相协调,并通过化整为零达到空间上的丰富性。法国巴黎市中心的卢浮宫,是世界最著名的宫殿之一,建于 17 世纪,经过几百年的使用和发展,已经不能满足现代城市文化生活的需要。在既无发展用地,而原有的古典主义建筑又必须保持其传统风貌、无法增建和改建的情况下,贝聿铭先生巧妙地利用了由宫殿建筑围合成的广场,在广场地下扩建中容纳了全部扩建内容。为解决采光和出入口布置问题,在广场正中和侧面设置了三个大小不同的金字塔形玻璃天窗;金字塔的高度确定为卢浮宫主体的 1/3,使它们之间合乎古典比例,再加上金字塔古典纯净的体量,有效整合地下空间和卢浮宫之间的关系。玻璃金字塔的设计使古典精神在现代条件下得到了延续,是历史文化街区中地下空间与地面历史建筑整合的典范,如图 6-54 所示。

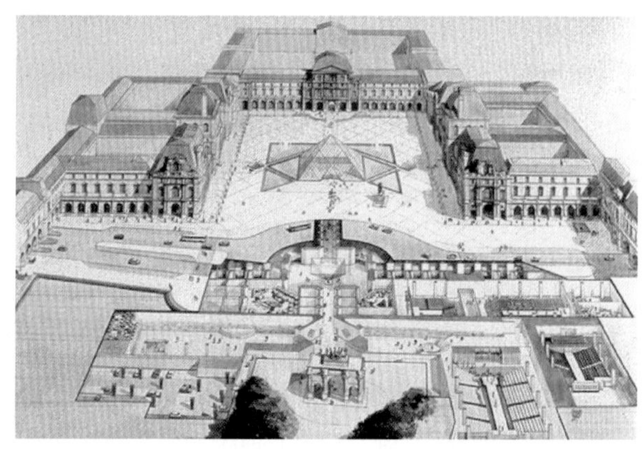

图 6-54　卢浮宫扩建工程示意图

坐落在西安的钟楼、鼓楼是古城的标志,晨钟暮鼓是古代城市管理与当地民间习俗的重要一环。鼓楼广场的建设考虑到了古城保护与更新中的诸多条件和因素,以钟鼓楼的建筑形象为主体,创造一个完整的、富有历史内涵而又面向未来的城市公共空间。通过对钟鼓楼的历史背景、区位环境以及今后市中心的现代化功能等诸多方面进行了细致的分析,用空间立体混合综合解决上述问题。可以说城市化的多功能选择了立体混合空间,又满足与丰富了城市多功能的配置。为塑造个性化的空间,为了通过景观让人们体会到某种场所感,从而吸引更多的人来享用这一城市公共空间,让不同的人都能找到适合自己的场所,创造了一系列具有个性特色的空间单元。图6-55所示为西安钟鼓楼平面示意图。

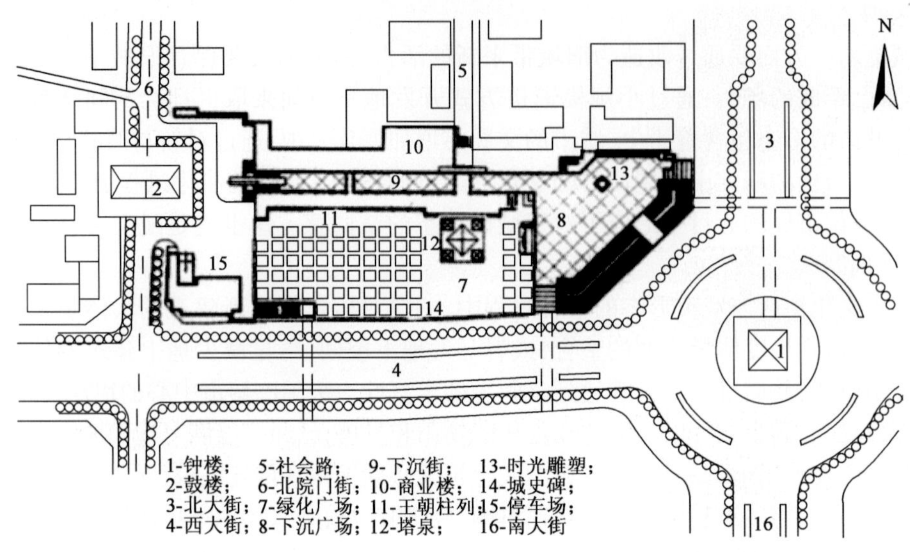

图6-55　西安钟鼓楼平面示意图

(1)绿化广场

钟鼓楼广场在地下建有两层商业空间,地下空间的顶板作为地面绿化广场,这是钟鼓楼广场上最大的空间领域,包含几个"场所":第一个是南向主入口至塔泉一带的硬质铺地,人们在此可以纵览整个广场,也可以进行健身和文艺活动;第二个是草坪区,均质的草坪更好地衬托古楼,不但市民可以走得进,坐得下,还赋予一定的历史文化内涵;第三个场所在绿化广场的北侧,在成列的王朝柱和栏杆之间设置较宽的休息平台。值得一提的是在绿化广场入口的南北轴线上设置方形水池,其造型与鼓楼坡顶有所呼应,它一方面是地下商业空间的采光棚,同时也是钟楼与鼓楼空间过渡的转换体,如此做到了地下空间与地面功能及景观的整合。

(2)下沉广场

位于世纪金花与钟楼之间的下沉广场是一个交通集散型广场,它在钟鼓楼地下空间与地上空间的整合中起到了重要作用。下沉广场是从钟楼盘道进入地下商城和下沉式商业街的必经之地,且东、南侧均有出入口分别与北大街和西大街过街地下通道相连,此外还和鼓楼地下通道相连,鼓楼地下通道又和东西、南北大街主干道的步行系统以及开元商城相接。形成了以钟楼为中心的、辐射钟鼓楼地区的步行系统,做到了地下、地上空间交通系统的整合,进一步加强了地下空间的开放性。下沉广场面向鼓楼一侧设计成通长大台阶,既可为市民提供席地而坐的条件,也可作为观赏下沉广场中举行群众文化活动的看台。由此,城市的文脉在增加变化之中,通过对地下空间的开发及原有历史建筑的整合,又形成了新的城市文脉,在历史积淀中发展着城市文化。

西安钟鼓楼及钟鼓楼广场地下空间示意如图6-56、图6-57所示。

a)从钟鼓楼广场远眺钟楼

b)从钟鼓楼广场下沉广场远眺钟楼

c)从钟鼓楼广场下沉商业街远眺钟楼

d)从钟鼓楼下沉广场远眺钟楼

e)钟鼓楼广场地下商场玻璃顶中庭

图6-56　西安钟鼓楼

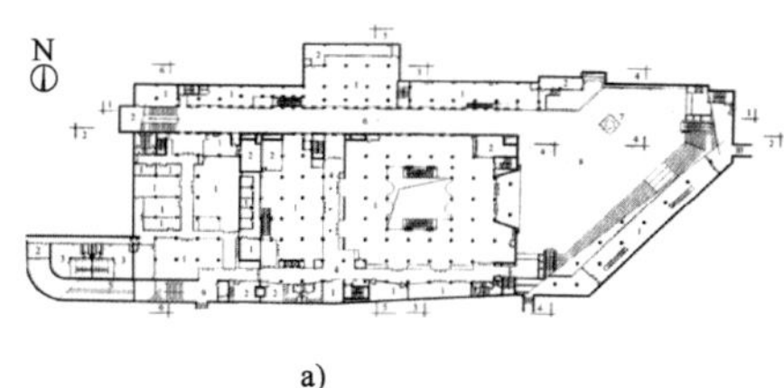

a)

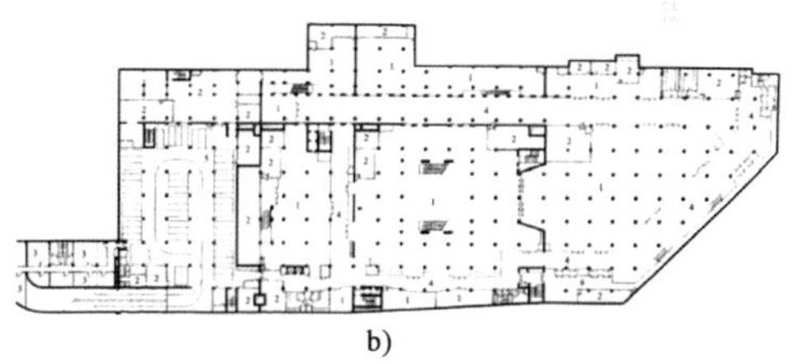

b)

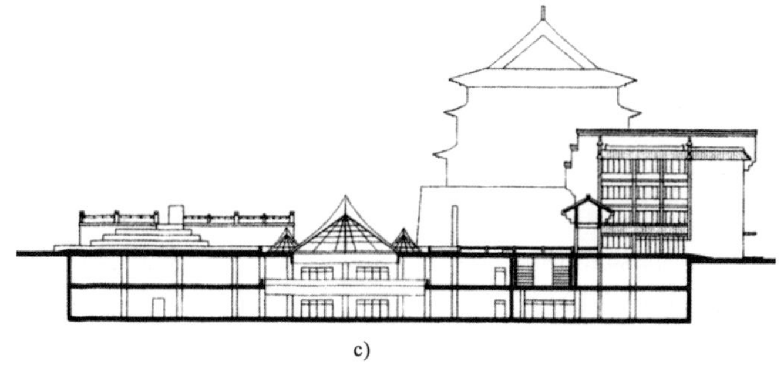

c)

图6-57　钟鼓楼广场地下一、二层平面及剖面图

6.1.4.3 地下空间与交通的整合

交通历来在城市发展史上都占据着重要地位。交通的最终目的是满足人与物质在城市里的流动,如同没有新材料和新技术就不可能出现新建筑一样,没有现代城市交通的发展,就不可能有现代城市形态的发展。现代城市与传统城市有着本质区别,现代城市建筑体量大、城市范围广,交通方式多元化,城市功能日趋复杂,城市生活形态和城市文化已发生了巨大改变,尤其是地下空间开发利用以来,城市交通方式发生了巨大变化,这对传统城市形态产生了巨大影响,我们要解决好两者的矛盾,使地上和地下一体化,就要做到地下空间与交通的整合。

地下空间与交通整合的首要目标是为了提高交通的运转效率,同时还要考虑满足人的要求,给人们的生活提供最大限度的方便。地下空间与交通整合要以人为中心,处处考虑人,提供适合步行的环境。

1)地下空间与地面步行空间

行人流通是城市经济的一项重要来源,城市中心区正是因为人流大而具有吸引力,同时具有商业活力。城市地下空间步行系统的设置目标应该是改善该地区的地面交通,给人创造一个便捷、舒适、安全的步行环境,提高地下空间的商业价值,但不降低该地区原有的商业活力。

地下空间出入口设置对地上空间的商业设施及人流量会产生很大影响,尤其是某些入口吸引了大量人流,商业设施因此获益。在这样的街道上不仅有很大的人流,相应的商业营业额也会增大,所以商业街上店铺的租金很高。使用地下通道的人,根据不同的人流量会有不一样的选择,但相对比地面要多。地面与地下空间之间的关系非常密切,如东京地下城将地下步行街和地上交通网络联系在一起,通过地下通道直接穿越了市中心街面上的重重障碍而直达目的地。

地下步行系统与地面、高架步行系统分工合作共同构成城市步行系统。它们之间不是相互排斥、相互取代、非此即彼的关系,而是各具特色、相互配合,共同服务于行人。地面步行系统是基本的步行系统,不可能完全被取代,但也不可能是无车流干扰的完全连续,当气候不良时也不能有效使用。高架步行系统虽然造价较低,但具有影响城市景观、抗震性能低以及倒塌以后易形成地面疏散障碍等缺点。地下步行系统具有防灾性能强、增加城市公共活动空间等优点,但存在缺乏自然景观、造价较高等缺点。因此在组织步行系统时,要根据不同的场合和不同的分工,灵活布置这三种步行系统。地下空间分工类型见表6-3。

地下空间分工类型 表6-3

分工关系	特点	代表地区
时间分工	地面、地下等按时间不同而互为主次,在冬季和上班时间以地下步行为主,而气候良好的时候仍鼓励利用地面步行	加拿大蒙特利尔多伦多
空间分工	当地区人流量过大时,与地上步行空间共同分担人流	日本八重洲东京车站
特色分工	地面、地上均有较好的步行空间,地面步行空间以绿化等自然环境为主,地下空间以满足商业活动为主	法国巴黎拉德芳斯

在地上和地下一体化设计中,应该采取什么样的地下通道体系把人流合理地组织起来,这是一个非常重要的问题。一般来说行人的行为在地下的速度要比地面慢,这是设计地下步行系统和商业设施时应该引起重视的因素。首先,地下步行系统的设计要考虑人流方向,设计时

应尽量考虑将来有多重选择和多种可能性，行人有权利在所规划设计的通道中自由选择行走路线；其次，地下空间人流的行为和地面商业设施中人流的行为有很大区别，在特殊通道中的行人以及他们所选择的路线是和特殊环境联系在一起的。

2）地铁与地上空间交通

随着城市化水平的进一步提高，地铁的高效性和便捷性得到了极大认可，与此同时，地铁与地上空间的整合也变得越来越重要。地铁与地上空间的整合建设是指：将地铁纳入城市规划与城市建设的有机系统中来，使地铁建设能与城市发展相协调，并与各种交通工具之间有序衔接、协调发展。

地铁建设与城市发展之间存在着相互制约、相互作用的辩证发展关系，城市发展到一定规模，就必须以地铁作为一种基本的交通支撑条件来保证其可持续发展。我国城市中第一条地铁线路的建设就是为了解决城市发展所带来的巨大交通压力而建造的，随着地铁网络的逐步形成和完善，城市中心区的交通可达性逐渐呈等强分布。

城市地上空间与地铁的整合建设，主要以地铁建设与城市形态演变之间的相互作用机理为基础，通过地铁建设来引导城市形态的有序演变和发展，以此形成一种合理有序并能持续发展的城市形态。我国香港地铁系统中的机场快线、沿线居住区、大型商业区开发总面积超过了350m^2，其主要是利用了地铁在城市中的发展轴作用，这种地铁与城市发展整合建设的成功应用将对香港未来20年的城市形态和居住环境带来巨大变化。地上空间公交线路与地铁等大容量快速轨道交通的整合是一种动态调节的过程，随着地铁网络不断完善，公交线路也不断完善，使整个城市的综合交通体系能始终保持一种合理的树状结构，并使各种交通工具之间密切配合。

在我国地下空间规划编制的过程中，对于构筑现代化综合交通体系，提高地铁建设综合效益为目标的整合建设，已被规划与地铁建设工作者们所接受，并被贯彻于地铁规划建设实践中，如广州、上海、深圳的地铁建设均有此种整合建设的实例。对于为了降低工程造价、增加建设技术的合理性与可行性为目标的空间结构整合而言，由于各方面因素制约往往很难实现，但通过国内外地铁建设实践证明，基于此两种目的的整合建设，在地铁建设过程中同等重要。如我国台湾的相关建筑技术规程将各种地下公共管线设施埋深控制在地表3m范围以内，而地铁等后续路网规划中，总结前期建设的经验，对地铁站点与各种管线的整合做了明确规定，将地表以下4.5m范围内的地下空间用于共同沟建设，而地铁车站顶板埋深大多为4.5m，进而通过对地下空间的合理规划，有效控制了车站埋深，同时降低了地铁造价。

3）地下停车场与地上空间的整合

随着社会经济的飞速发展，都市化进程不断加快，城市汽车保有量迅速增加，从总体上看，城市停车问题主要表现在停车需求与停车空间不足的矛盾及停车空间扩展与城市用地不足的矛盾。人们不愿使用地下停车库设施的主要原因可以归纳为两点：首先，地下停车收费较高，在一些城市，地下停车场的停车费用比地面停车收费要高许多，例如经过对北京30余处停车场的收费调查，结果发现地上、地下停车场收费相差较为悬殊；其次，地下停车设施不方便，有调查显示地下停车的“高代价”涉及地下停车场的综合效益和投资政策等问题。

地下停车场使用不便的问题，可以通过停车设施系统的综合规划加以有效解决，其中最根本的是要改变把停车设施孤立起来，仅仅满足局部地区停车需要而进行规划设计，要把静态交通看成是城市大交通的一个子系统,在城市化的进程中与动态交通系统相协调。

为了保证车库与停车目的地之间的步行畅通,应该在地下车库服务半径以内地区建立良好的地下步行系统,跨越主要城市机动车道,连接地下车库与大型公共建筑。地下车库与地下步行系统的联系较为紧密,也较容易实现。地下车库的人员出入通道可与地下步行道路相连通,从而借用其出入口,跨越主要机动车道,方便了车库与停车目的地之间的人流组织。此外地下公共停车场与地下商业街、地铁站点的整合建设已成为当今地下空间综合开发的主流,三者资源共享,同时跨越带动地面商业的蓬勃发展,在城市某一地区发挥了较好的综合效益。常见实例是负一层设地下商业,负二层作为停车使用,利用公共道路下的隧道或延伸的月台连接附近地铁站,或者地铁站点与地下街结合建设,再与地下公共停车场的步行系统相连接。如日本名古屋中央公园的地下公共车库,与地下街和通过地下街道与周围街区之间许多地下步道和出入口相连,体现了地下公共空间的中介作用。

总之,地下停车场与地上空间的整合,应避免使城市交通量在中心城区过分集中,但又不能因为限制停车而影响地上空间的繁荣,这就需要从城市结构的调整到路网的总体布局来保证这一规划原则的实现。地下停车设施的布局如能适应这个原则,才有可能较好地解决城市静态交通问题,并与城市动态交通形成一个有机整体。同时,通过停车设施的调节作用,还可以控制个人交通量,使之与公共交通保持合理的动态平衡。

6.1.4.4 地下空间与自然的整合

对于生活在大自然中的人类来说,自然景观是城市形态的重要组成部分,城市自然环境以其软性的特质和生机盎然的特点赋予城市以生机和活力。对于身处地下空间的人来说,如果可以接触到大自然那将是非常美好的事情。所以地下空间与大自然的整合是非常重要的。

城市从广义上来说可以认为是一个大的、复杂的生态系统,而这个系统是在生物与生命环境之间的一个互动系统,生物通过和环境的互动保持自身平衡。城市要成为良性循环的生态系统,就必须在人、人工环境、自然的多元性生物之间建立多层次和相互依存的联系,让这些因素在城市这个系统中发挥作用。地下空间和自然环境之间的相互依存是城市生态系统中的重要一环,有利于城市空间形态的丰富和地下空间的利用。在实践中人们逐渐认识到,自然环境和地下空间的发展保护是一种和谐共生的机制,绿色系统和地下建筑环境的关系是城市形态的一个重要方面,它们之间是互动的,地下空间的发展要和自然环境相适应。

在相互矛盾而又统一的发展过程中,使城市形态逐渐发展到更高阶段。地面建筑可以依靠自然来调节,如自然采光、自然通风等,来保持良好的建筑环境,这样做既节省能源,又可获得高质量的光线和空气;而地下建筑,包括地面上无窗建筑的封闭环境,更多的要依靠人工来控制。长期以来,就形成了一种“地下空间环境不如地面建筑环境”的社会心理。应当说,这也是客观现实的反映,因为这两种环境质量确实在不同程度上存在差距。在消除这一差距的过程中,目前已经取得了很大的进步,例如日本的地下街、俄罗斯的地铁等,在环境上都已经得到了较高的评价。但必须看到,在地下空间环境这一新学科中,还存在着许多待开发、待研究的领域,要想取得比较完备的结果还需做出巨大努力。

一般来说要把地下空间与自然环境有机地联系起来进行整合，首先应当在建筑布置上打破地下建筑传统的布置方式，最大限度减少封闭部分，增加开敞部分，尽量把自然界中的新鲜空气、水分、乃至景色引入地下，使地下空间与地面环境在一定程度上实现流通。地下空间与地面自然环境空间之间的渗透是非常重要的，因为这样会在很大程度上降低人们在地下空间环境中的隔绝感，尤其是在一些地下公共空间如地下商场、商业街、门厅、过厅等。图6-58所示为美国对于地下空间得到自然采光的三种方式。

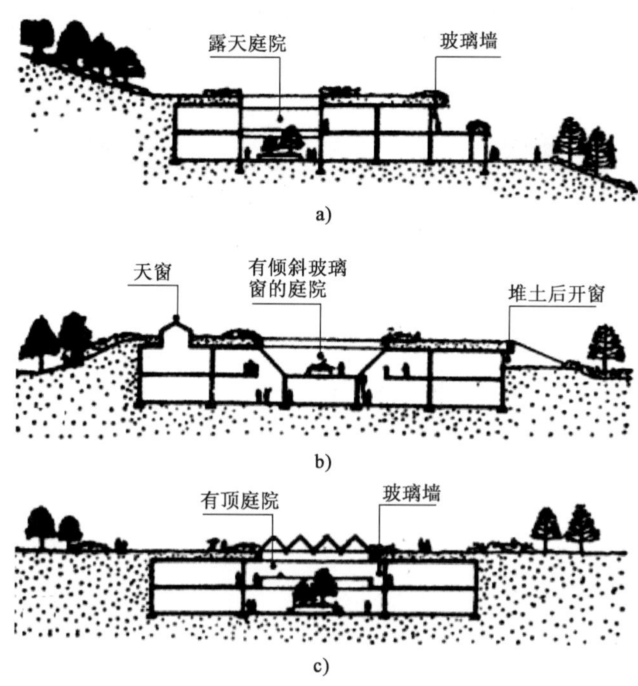

图6-58　将自然光线引入地下的三种方式

图6-58所示的案例中，中部为装有倾斜玻璃窗的下沉式庭院，院内引入自然景观，四周开窗，采用45°斜窗进一步扩大窗的受光面积。在内部大厅上部做玻璃屋顶，侧面做玻璃隔墙，使两层地下空间中的主要部分在不同程度上获得自然光线。此外，改变地下空间传统的出入方式也是地下空间与自然环境整合行之有效的手法。水平进入地下的几种方式如图6-60所示。

图6-59a)所示地下空间利用方式较理想，出入口置于侧面，同时兼顾采光，地下空间与地面的高差可以通过踏步来消除。

图6-59b)所示的接入方式是一种较好的地下空间利用方式，只是侧面采光受到一定影响，同样地下空间与地面的高差可以用踏步来解决，但需要向外部空间做出一定的延伸。

图6-59c)所示的接入方式是通过门厅来完成的，半地下的门厅对从地面空间进入地下空间环境起到一定的缓和作用。

图6-59d)所示的接入方式与地面建筑进出习惯相似，门厅有自然光线，因此形成了一个比较自然的地下空间环境与地上自然环境的整合。

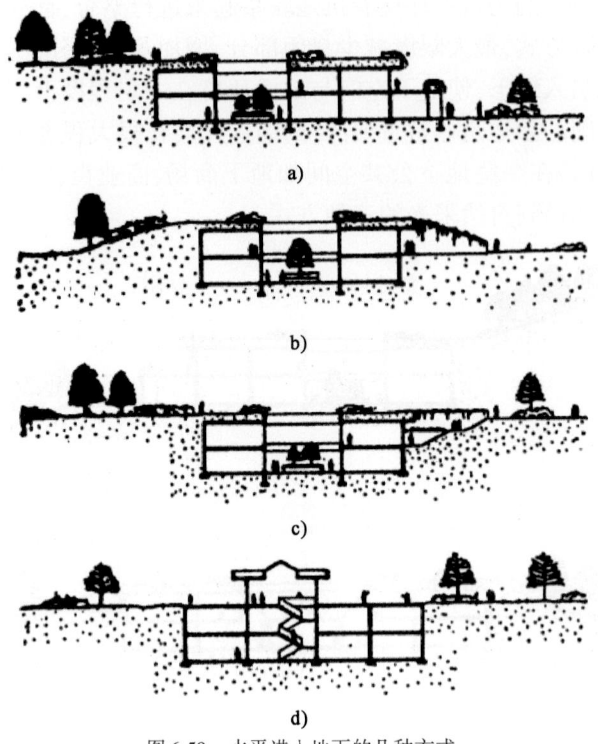

图 6-59　水平进入地下的几种方式

6.2 网络化地下城市实现途径

6.2.1　网络化地下城市规划

自 1997 年建设部颁布《城市地下空间开发利用管理规定》后，城市地下空间规划首次在我国法律条文中被正式纳入城市规划体系，成为城市政府对地下空间开发进行公共干预最重要的手段之一。

《中国城市地下空间规划编制导则》把地下空间编制层次分成总体规划和详细规划两个阶段进行编制。同时要求"城市中心、副中心、CBD、交通枢纽等重点规划建设地区，应当编制地下空间详细规划"，从技术上解释了规划的具体编制技术层次。从地下空间规划编制层次要求上看，城市地下空间规划需要基于城市整体规划体系来进行编制，其目的是使地下空间与城市地上空间规划形成有序和匹配，将复杂多样的城市地下空间环境以一种容易被人们感知和识别的形态和秩序进行组织，为下阶段即重要地区的地下空间规划与地下空间设计提供依据（图 6-60）。

基于以上我国城市地下空间开发利用尚且存在的系列问题，可见开展科学规划是地下空间合理开发利用的关键所在。因此，开展未来城市地下空间规划应着力做好以下工作：

①要立法保障，从法律层面确保规划的强制性。

②要辩证思维，具体问题具体分析。城市发展总体规划是总纲，空间布局规划是重点，各

项专业规划是支撑。既要纲举目张,一切服从总体规划要求,又要充分结合各专业的特殊性。

③要有超前意识。时空和认知局限等制约了规划与时俱进,因此要及时依法修编规划,以保证其前瞻性,同时还要充分考虑规划留白。

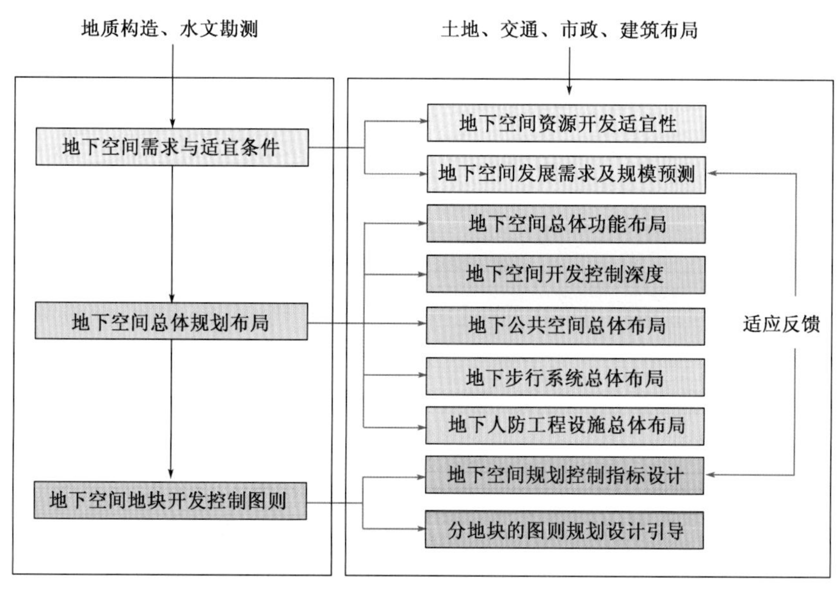

图 6-60　地下空间规划编制层次与内容框架

6.2.1.1　网络化地下城市典型多维布局与空间句法优化分析模型

1)网络化地下城市多维布局形态

(1)城市网络化地下空间布局

城市网络化地下空间开发,是协调地上空间布局的一种结构形式,实现地上地下以及地下各个基本要素的协调。一般而言,城市网络化地下空间是由公共地下连通空间以及专用地下建筑空间两者构成。其中,前者包括地铁线路、机动车道、人行道等连通通道;后者则是具备特定功能的空间。就构成要素而言,它的主要构成为点(单个地下建设空间)、线(机动车道、轨道线路、地下过街段等)、地表空间(各种公共通用地)等多个要素组成的集合体。就中观层面而言,能够概括成3 种常见的基本模式:枝状生长、环状联结和脊轴带动。

(2)网络化地下空间竖向布局

地下空间的竖向分层开发研究需要在充分了解不同城市地下空间资源的基础上,综合分析地下空间资源质量情况,根据不同发展时期对地下空间设计的不同需求统筹协调、合理布局。为确保地下空间发展的充分性和科学性,地下空间竖向布局设计的重点控制解决城市发展各个不同阶段、不同建设时期、各类原有设施与新建设施的避让和统一。根据地下空间开发的层次性和时序性,按照竖向深度不同,可以把地下空间在竖向上划分为四个层次:

①浅层地下空间:地表相对高程 -15 ~0m,即位于地表 -15m 以上。是地下空间使用者行为活动最为频繁的地下空间。轨道站点作为地面和地下联系的出口,从安全及经济角度出发应尽量布置在该层;同时结合安排停车、商业服务、公共步行通道、交通集散等地下步行交通

为主的功能，在各重点地区道路下的浅层空间还需考虑安排市政管线和综合管廊等功能。由于该层为首层地下空间，因此在进行地下空间竖向设计时应尽可能预留一定的覆土深度，尽量减少对地面景观生态的破坏。其中市政管线的布置应尽量处于人行道或非机动车道下方，地下综合管廊可以布设在车行道下方。

②次浅层地下空间：地表相对高程 -30 ~ -15m。相对而言，次浅层地下空间对于使用者的可达性稍差，在表层空间被步行空间占用的情况下，地下铁道的隧道类空间应尽量安排在这一层，同时兼顾地下停车场、地下快速路等，另外也可根据实际情况布置地下垃圾收集系统等较为深层要求的市政公用设施功能。

③次深层地下空间：地表相对高程 -50 ~ -30m。在浅层空间发展趋于饱和的情况下，主要以发展轨道枢纽换乘站的站厅、深层轨道线路、地下变电站、地下污水处理、地下物流系统等埋深要求较深的地下设施。这一层次也是当前地下岩土技术和人的心理可以普遍接受的最深层次，比如深圳福田中心 CBD 以及成都的某些地下空间，已经将地下深层轨道线路开发至地下 -38m。

④深层地下空间：为地表相对高程 -50m 以下空间。这一层次并不是现今地下空间开发所涉及的主要层面，其作用主要为未来技术成熟时深层地下空间的开发做远景预留，为远期地下空间资源规划和城市设计留有余地。

因此，依据中国大部分城市现阶段的经济社会发展水平以及地下空间开发利用的时序和阶段，短期内应该主要以发展浅层、次浅层及次深层地下空间资源（即地表相对高程 -50m 以上）为主。由于技术及对于地下空间利用群体意识的欠缺，目前深层地下空间资源尚很少被重视。但是，深层岩土技术、施工方法和挖掘设备的逐步革新将会把人们的心理空间逐步引入更深层的地下，城市地下空间设计也势必逐步向更深层发展，这就使得对深层地下空间资源的研究和实践成为未来城市立体化建设的主要课题。

2）网络化地下城市多维布局空间句法分析方法

（1）空间句法的简化方法

空间构型指的是能够被各种关系决定的一组互动关系，所有的空间关系都能够对这种互动关系产生决定性作用。所以如果对系统的构型进行调整，就会对很多元素产生影响，甚至可能会对其他元素的本质以及系统的构型产生影响。

构型的概念是空间句法研究最主要和最基本的概念，空间构型调整会影响大量其他元素，进而使整个系统的构型发生改变。为表达复杂构型关系，可运用所谓的关系图解，简称“J 图”（图 6-61）。网络地下空间中的节点简化为“圈”，连接节点间的通道及路径简化为“连接线”。

通过对具体的空间关系进行拓扑学意义上的抽象转化，可以很明确地计算出单个空间的数学特征。抽象转化后的 J 图是辅助我们认识空间关系的基础，而在面对具体的分析案例时，会根据分析对象的不同将空间抽象为不同的分析模型，如轴线模型、视线分割模型等。计算得到整合度、连接度及深度等空间分析指标。

空间句法模型分析流程（图 6-62）主要是：准备相关资料，在此基础上建立模型，然后借助模型进行运算，之后查看数据并对空间进行分析。具体而言，在空间句法轴线图模型中，需要先对原始底图进行确定，在此基础上完成相应轴线地图的绘制，然后借助软件计算相关数据，并进一步分析其中的特征。

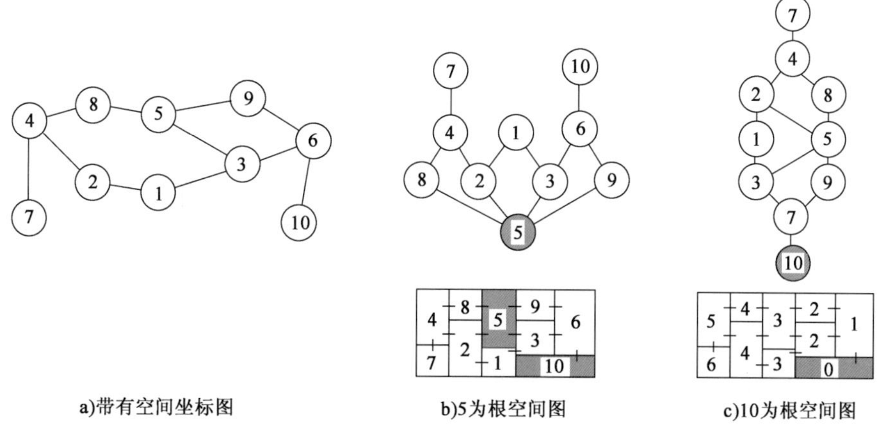

图 6-61　关系图解与空间位置对应关系

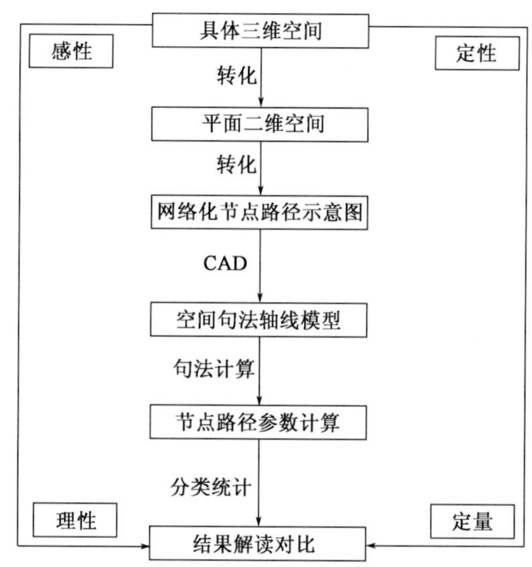

图 6-62　空间句法量化分析流程

在第一阶段需要准备空间资料，具体包括：对研究对象进行明确，同时需要得到相应的空间地图，要求底图中有精确的边界。

由于构建空间句法模型时，需要对比空间信息与句法模型构建结果，在此基础上综合进行修正。因此，第二阶段主要是构建空间句法模型，也可理解为绘制轴线地图，一般需要先确定分析区域的范围和大小。

第三阶段是调整轴线模型并借助模型进行运算，在第二阶段得到轴线地图的基础上，需要将其以 DXF 格式进行存储，结合地下道路以及地下通道等实地情况，对轴线图进行细节性的调整。在完成上述调整之后，可以设定轴线图半径，在此基础上进行计算处理。计算处理可以是整体性的，也可以是局部性的，通过处理之后能够得到相应的轴线模型计算结果。一般在处理和计算之后，这些轴线就会变成各种颜色，比如蓝色、黄色和红色等。其中，集成度最高的颜色就是红色，红色意味着存在最高人流运动的潜力，相反蓝色意味着集成度最低。

最后,第四阶段是分析模型特征。经过运算轴线图之后,在模型里的每1条线均会有与之相对应的指标参数,并且这些指标信息均会被储存到一定的文件库内。通过投射这些色彩,可以使原本枯燥乏味、纷繁琐杂的数据信息以更加鲜明的方式表达。

(2)基于轴线法地上地下融合分析

轴线法是利用人的行动路线来预估空间的可达性,所对应的空间使用者是动态的。因此,其可在一定程度上模拟实际人流的运动路线和流量大小。

轴线指的是人的运动方式,可以形成的最大延伸程度。具体可理解为车或者人在运动的过程中,当道路不受阻碍或视线没有出现任何遮挡物时产生的一种最大延伸。在空间句法中,轴线表示在空间中个体的视线可以达到的空间及最远处的距离,这种距离形成的路径就是轴线,其中还包括沿着轴线继续保持运动的路径。因此轴线有两个含义,分别是运动状态和视觉感知。一般在对密集并且复杂性比较强的系统进行分析时,会借助轴线法对其进行描述和量化分析。轴线法简化路网示例如图6-63所示。

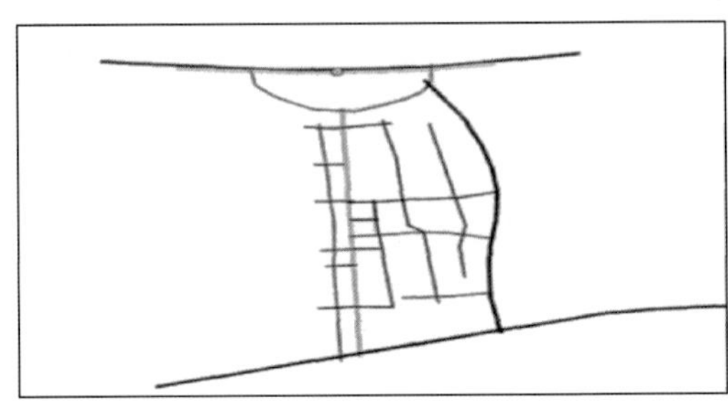

a)北京前门大街

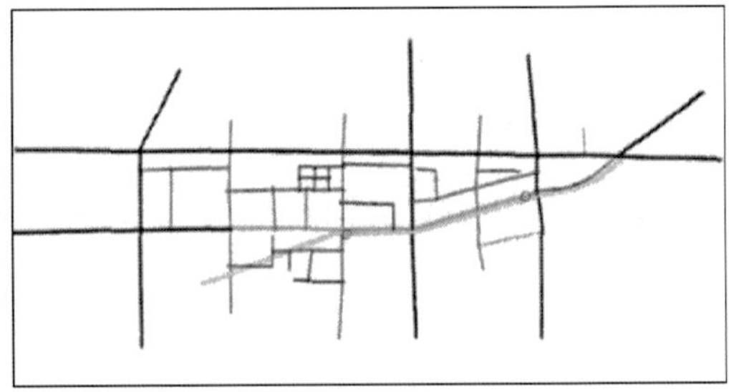

b)沈阳中街

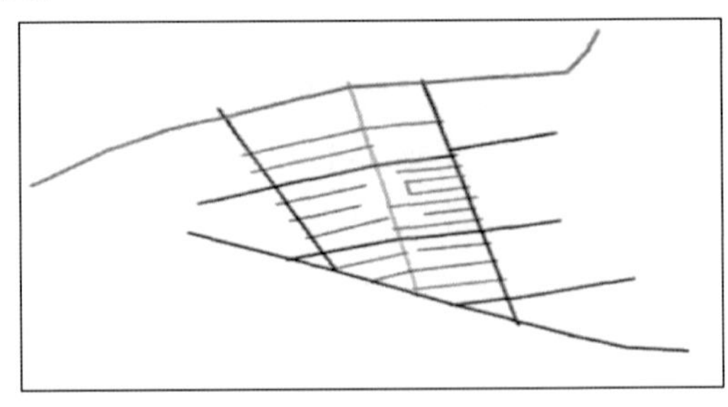

c)哈尔滨中央大街

图6-63　轴线法简化路网示例

由于空间句法在城市空间中的应用是平面分析,而地下空间虽然也是平面,但通常需要考虑地上与地下协调规划,因此考虑将地面道路也投影到地下空间同一平面,并将地上和地下空间连接点定义为边界节点。

通过对空间句法的改进,使得通过句法计算的地下空间客体参数更加客观和科学。地下空间出入口定义为边界节点,内部空间扶梯、直梯、交叉口具有较大的人流量,定义为内部节点。同理路径分为外部衔接路径和内部路径,根据重要性程度不同,在指标评价体系结合层次分析法的指标权重,可以对不同类型的节点和路径赋予不同的权重系数,完善空间句法无法区别节点重要性的缺点,满足客观评价在地下空间中的应用。

3)城市网络化地下空间句法功能评价指标

空间句法量化指标,是空间句法理论和分析方法中重要的组成部分。它是在关系图解的基础之上,发展出的一系列基于拓扑计算的形态变量,以定量地描述构形。在对空间句法基本量化指标进行理解的基础上,对连接值、控制值、深度值、整合度值、可理解度值5项基本量化指标进行释义,见表6-4,旨在基于研究对象设计需求和原则的基础上选择出量化分析指标。

句法量化指标含义　　表6-4

序号	指标名称	空间属性	含　义
1	连接值	渗透性	系统中与某一个节点直接相连的节点个数为该节点的连接值。某个空间的连接值越高,则说明此空间与周围空间联系密切,对周围空间的影响力越强,空间渗透性越好
2	控制值	易达性	假设系统中每个节点的权重都是1,那么 a 节点从相邻 b 节点分配到权重为1/(b 的连接值),即与 a 相连的节点的连接值倒数的和就是 a 节点的控制值;反映空间与空间之间的相互控制关系
3	深度值	便捷性	句法中规定两个相邻节点之间的拓扑距离为一步;任意两个节点之间的最短拓扑距离,即空间转换的次数表示为两个节点之间的深度值;深度值表达的是节点在拓扑意义上的可达性,而不是指实际距离,即节点在空间系统中的便捷程度
4	整合度	可达性	句法中使用整合度作为整体便捷程度;当整合度的值越大,表示该节点在系统中便捷程度越高,公共性越强,可达性越好,越容易积聚人流
5	可理解度	识别性	描述局部集成度与整体集成度之间相关度的变量,衡量局部空间结构是否有助于建立对整个空间系统理解的程度,即局部空间与整体空间是否关联、统一

由于节点是城市网络化地下空间系统的中介性空间,所以这种功能定位意味着节点空间的渗透性必须比较强,这样才可以使空间的序列感得到保证。此外基于空间的可达性对于人流抵达特定节点有直接的影响,所以对于空间活力也会产生直接影响。多个节点空间构成空间序列的清晰度会对人流的寻路顺畅度产生直接影响,间接对人流的安全感以及心理的舒适度产生影响。

4)城市网络地下空间句法分析流程

城市网络地下空间句法分析流程如图6-64所示。

(1)通过地下空间实地调研,将具体的地上地下分层三维空间通过地图数据和实地调研资料转化为平面二维空间图。

(2)选定网络地下空间的节点与路径,节点主要分为内部节点和出入口边界节点,当内部节点连接度大、可达性高,可判定为标志性节点;路径主要分为内部路径和外部衔接路径。根据选定好的节点与路径分类,绘制网络化地下空间节点路径示意图。

(3)通过网络化地下空间节点路径转化为空间句法的轴线分析模型。

(4)依据句法计算原理和公式,计算出节点和路径的客体参数,并根据节点和路径分类分别进行统计。

(5)空间句法结果展示分为图表和数据,多个案例可从客体视角进行对比分析。

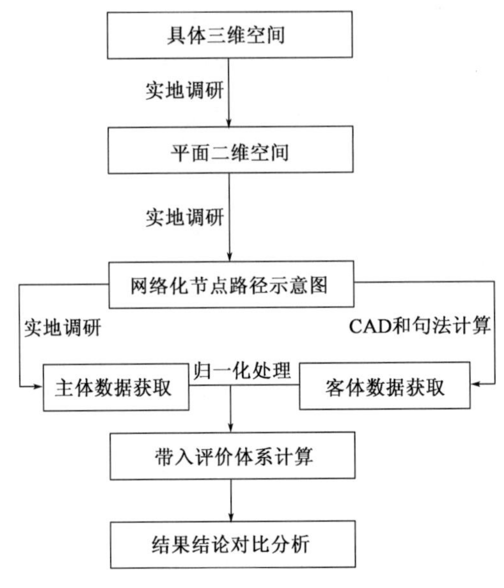

图6-64　空间句法分析流程图

6.2.1.2　城市网络化地下空间安全前置规划设计条件与评价方法

1)城市网络化地下空间安全前置规划条件

通过深入剖析网络化地下空间形态及功能特征,针对网络化地下空间规划层次及体系、规划区域、功能组成、系统连通、空间形态、流线组织、出入口连接功能、竖向分层、防空防灾、权属管控及分期衔接等多方面,提出了基于安全前置的规划条件。

(1)规划层次和体系

网络化地下空间规划可结合地区地下空间规划的层次,分为总体规划层面和详细规划层面的网络化规划。

总体规划层面的网络化地下空间规划,主要内容体系应包括:网络化地下空间规划需求、规划区域、网络化地下空间功能系统组成、网络化地下空间总体连通布局、网络化地下空间竖向分层、网络化地下空间防灾减灾、网络化地下空间分期衔接以及总体控制要求。

①网络化地下空间需求规划区域。

总体分析区域区位、气候条件、用地功能、用地强度、交通发生源与吸引源、交通流量、地下空间开发程度,明确网络化地下空间建设的需求性区域,总体层面上确定应控制进行网络化地下空间开发的规划边界。

②网络化地下空间的功能系统组成。

在划定的网络化地下空间规划边界内,明确网络化地下空间系统需要实现的主导功能和连接的功能设施或空间。

③网络化地下空间总体连通布局。

在网络化地下空间功能规划基础上,确定网络化地下空间系统的总体空间结构和平面连通布局。功能系统的平面连通应结合区域总体交通规划,补充与完善地面交通系统,构建分流地面交通、符合客流需求、连接高效、环境舒适的地下网络状步行系统与公共空间体系。

④网络化地下空间竖向分层。

确定网络化地下空间建设的竖向层次、竖向连接以及与其他地下空间设施的竖向协调。

⑤网络化地下空间防灾减灾。

明确网络化地下空间平战、平灾结合使用要求,并结合周边地上、地下防灾避难设施,规划网络化地下空间防灾疏散网络系统。

⑥网络化地下空间分期衔接。

根据区域城市规划及地下空间总体规划,合理确定网络化地下空间分期建设范围和接口预留。

⑦总体控制要求。

总体层面的网络化地下空间规划应重点控制连通规划范围、公共性使用的功能要求、必须连接的交通枢纽或公共空间、竖向分层、防灾与兼顾民防要求、分期接口预留以及实现效益控制要求,包括地面交通分担率、交通效率综合提升率(时间、距离、交通成本)、总体使用率及空间环境要求。

详细规划层面的网络化地下空间规划主要内容体系应包括:网络化地下空间详细功能布局规划、交通组织与系统连接规划、出入口及节点规划、防灾减灾规划以及详细控制要求。

①详细功能布局。

明确网络化地下空间需要实现的各类功能并对公共步行交通功能、商业及公共服务功能、防灾功能的规模和分布空间进行详细布局规划。

②交通组织与系统连接。

对规划范围进行中观与微观交通分析,预测交通流量需求,确定交通发生源与吸引源,结合地面步行系统优选分析地上、地下统筹的连接路径,进行不同的交通流线组织。

③出入口及节点规划。

根据交通分析与流线组织,在符合相关规范与标准的基础上,确定网络化地下空间系统的出入口位置与数量,并对地下广场、下沉广场、地下交通集散点等节点空间进行详细规划。

④防灾减灾规划。

对地下网络系统的防灾避难与疏散路径进行规划,确定地下网络系统中的防灾避难场所和节点,确定逃生出入口位置并明确平战、平灾结合与转换要求。

⑤详细控制要求。

详细层面的网络化地下空间规划应重点控制必须连接的功能与空间、主要交通发生源与吸引源的连通控制范围、交通性步行主流线组织、主要交通通道宽度与净高、地下广场规模与位置、出入口及下沉广场疏散规模与位置、防灾疏散路径与防灾广场、逃生口以及实现的效益控制要求,主要包括对使用地下网络系统后的出行时间、出行距离和成本节省的交通效率综合提升率。

(2)规划区域

网络化地下空间应结合区位、用地功能、交通与公共活动需求、气候条件、地质条件、社会经济基础及地区地下空间开发程度等因素,综合确定规划选址区域。具体要求如下:

①在城市地面标志性节点区域,宜规划地上、地下一体化网络空间,发挥标志性节点区域的意向性,提升网络化地下空间导向性。

②地区存在大型交通枢纽、公共活动中心、历史文化区、大型商业商务区和轨道交通换乘站等大量人行交通集散区域,应积极建设形成立体人行交通系统,鼓励建设形成空中、地面和地下相结合的步行网络系统。

③城市区域容积率大于 4 的区域,宜规划网络化步行通道,连接区域内主要商业商务区、轨道交通站点和居民区。

④不得建设在地质灾害影响严重、生态环境敏感性高或其建设对生态环境产生较大不利影响的区域。

⑤地区地面步行系统服务水平较差或不能满足交通需求、地面气候条件对步行适宜性较差,此时宜建设形成地下步行网络系统。地区具有较高人车交通分流需求,且对形成连续的人行环境具有较高要求时,宜建设形成地下步行网络系统。地区主要的人行交通发生源或吸引源为地下轨道交通或其他地下交通设施,密集分布公共性地下空间设施时,应建设形成地下步行网络系统。

(3)功能组成

网络地下空间应与地面、地上交通网络相结合,共同实现城市交通空间与公共活动空间的互连互通,以满足地下交通连接与换乘功能为基础,同时兼顾休闲文娱类公共活动功能。

网络地下空间应高效连接主要交通发生源与吸引源,同时促进不同交通方式的无缝换乘。应构建连接地下轨道交通车站、商业与商务类公共建筑地下空间、地下停车场、城市公共绿地与广场的地下联系通道,同时构建通向公交系统的地下换乘通道。相互连接范围应符合适宜的步行尺度,交通性地下通道的合理步行时间或步行尺度不宜超过 15min 或 0.8km,兼顾商业功能的地下通道合理步行尺度不宜超过 2.0km。

(4)系统连通

在层次结构上,网络化地下空间可按不同功能需求,分为交通型空间和复合型功能空间。

①交通型空间主要位于地下交通设施与建筑地下空间、其他交通场站设施、城市公共空间之间,以交通连接和交通换乘为主导功能。

②复合型功能空间以地下交通、商业、公共服务设施为主导功能,满足休闲文娱需求,宜与相近功能的地下空间相连通,并与交通型步行系统相连接。

(5)空间形态

网络化地下空间形态可分为辐射型、连脊型和网络型。

①辐射型。

以轨道交通车站、下沉广场或地下综合体为核心,通过地下通道与周边地下空间衔接,形成辐射状的连通形态,带动周边地块地下空间综合开发。

②连脊型。

以主要的线性地下空间为轴线，通过分支连接通道与双侧地下空间相衔接，形成带状连片的地下连通形态。

③网络型。

以若干地下交通发生源或吸引源作为核心，将轨道交通车站等地下交通设施与建筑地下公共空间、地下停车场、公交车站和城市公共空间进行连接，使区域内设施与功能有机复合，形成网络状地下连通形态。

(6)流线组织

网络化地下空间连通流线组织应满足高效、便捷、连续和安全的步行需求，并与地面步行流线组织相衔接。

①流线路径组织应与地下客流交通分布相协调，主线通道应作为大型地下客流发生与吸引源之间的联系廊道，实现人流高效到达与转换；支线通道作为主线通道与次级发生吸引源之间的联系通道，通道疏散能力应满足客流规模需求。

②流线路径组织应有利于人行交通与车行交通的分离、交通型人行交通与休闲型人行交通的分流，减少流线间交叉干扰。

③流线组织应简洁顺直、视线通畅可达，具有良好的标识导向系统、特色可辨识性，增强行人的方位感、便捷度与心理安全感。主流线宜与地面主干路网方向一致。

④主要交通流线须保障连续性，连通范围内的主要交通发生源、吸引源。地下公共空间之间须设置接口，同时应设置通向公交系统及地面公共空间的连接通道或设置出入口。地下轨道交通车站周边500m核心辐射范围内新建大型商业、办公建筑地下空间须设置与公共地下步行网络的连接口。

⑤流线组织应在流线交汇处设置交通中转节点，包括水平交通节点和垂直交通节点，形式可为地下广场、地下中庭、下沉广场等。中转节点应具有一定密度，保障流线环通度与连续性。

⑥地下步行流线应与地面步行流线组织无缝衔接。

(7)出入口连接功能

网络化地下空间出入口设置位置应符合客流分布特征，并与地面步行系统衔接，在周边地面主要人流集散的交叉口、公交车站、城市公共绿地、广场等公共空间的合理衔接范围内或无法直接在地下连接的目的地公共建筑，均应设置出入口。同时基本遵循如下原则：

①网络化地下空间线性步行通道应每间隔100m设置2处直通地面的出入口，保障通行安全及应急疏散需求。出入口个数及位置同时应满足消防及疏散安全要求，条件允许时应鼓励设置更多的出入口。

②网络化地下空间出入口应与地面交通情况和地面环境相协调，出入口不应直接设置于地面交通集散点或地面步行系统的阻断处。不得因出入口设置而影响地面步行通行或影响地面环境。

③网络化地下空间出入口应结合具体条件，采用独立出入口、下沉广场出入口或结合公共建筑出入口三种形式。

(8)竖向分层

网络化地下空间系统应紧密结合人行活动特征，尽可能靠近地面设施，便于地面与地下人行的衔接,同时保障安全性与疏散救援的可行性。竖向适宜建设深度一般应控制在地表以下20m 范围内,不宜建设于地下二层空间以下。

地下步行系统建设于城市道路下方时,应重视道路地下空间资源的集约和节约利用,积极采用与其他道路地下设施整合建设的方式。

当与其他地下空间设施在竖向建设层面上产生冲突时,要合理有序进行避让或协调。在可以统筹规划建设的情况下,宜按照自地表下市政管网、地下人行交通、地下车行交通的顺序进行竖向布置;在无法统筹规划建设的情况下,宜遵循"新建避让现有、小型避让大型"的原则进行协调。

(9)防空防灾

网络地下空间应兼顾防空需求,合理确定兼顾比例及划定民防分区并配套建设防空附属设施。利用地下广场、单建地下公共空间或建筑内公共使用的地下空间设置公共性防空掩蔽工程;与轨道交通车站或地面疏散干道相衔接的地下干线通道应作为防空疏散通道。

网络地下空间系统外的公共建筑防空地下室、单建民防掩蔽工程和民防专项设施工程,应设置与系统内兼顾民防区域的连接通道,整合资源形成防空疏散掩蔽系统。

网络地下空间系统的公共性节点如位于城市绿地和广场所属避难场所下,应结合地面避难场所要求形成地下物资储备及人员掩蔽场所。

(10)权属管控

网络化地下空间权属应与地面用地权属相对应。公共性地下步行网络主通道应设置于城市道路、公共绿地广场或其他公共权属用地下方,以便于权属界定、日常使用和运营管理。

在城市公共权属用地不具备地下空间建设条件,或者建设可供地块内部使用的不完全权属性质的地下人行通道时,可将地下公共步行通道设置于非公共权属的地块内并做好规划管控协调,以保障公私权益。

(11)分期衔接

网络化地下空间应综合结合城市建设计划和经济技术合理性,确定建设分期范围和分期连接形式。按照统筹规划布局要求,对不同分期实施的地下空间之间预留接口,以利于地下空间的分期和可持续性发展。

网络化地下空间应结合连接建筑或空间特点,因地制宜预留通道式接口、墙式接口、下沉广场式接口及结合建设式接口。

2)城市网络化地下空间品质评价指标体系及评价方法

为满足人民群众对城市地下空间舒适度等品质化需求,提升地下空间经济和社会效益,弥补国内外城市地下空间品质评价技术空白,明确城市地下空间优劣;拟从使用者及城市发展需求出发,以构建高品质地下空间为目标,从人为感知出发,围绕人对"安全、高效、舒适、绿色"四个方面的体验,构建"以人为本"的地下空间品质评价指标体系,如图 6-65 所示。

(1)城市网络化地下空间品质评价指标

①"以人为本"的城市网络化地下空间品质评价指标。

城市网络化地下空间规划设计宜采用定性与定量相结合的方式,遵循系统性、综合性、层次性和可操作性的原则,从空间形态网络化、交通组织系统化、内外环境安全性、舒适性、高效性以及节能和环保几方面建立指标体系。

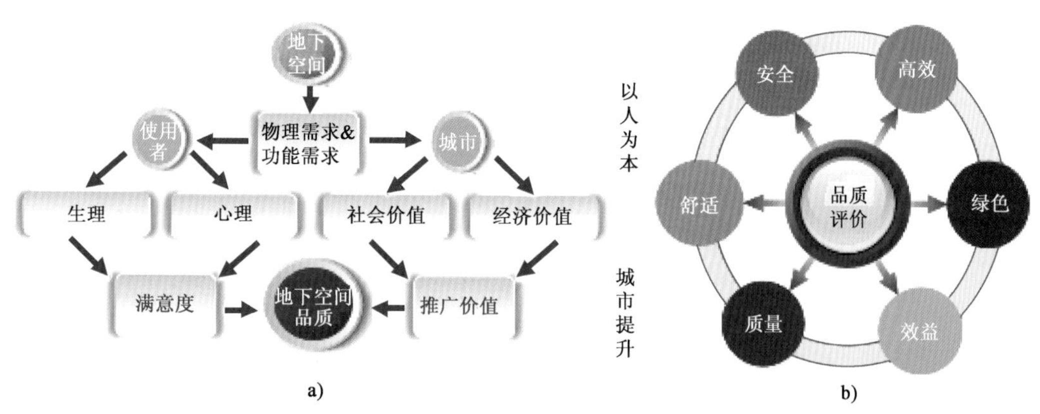

图6-65　品质评价需求及指标体系

a. 安全性指标。

城市地下空间的安全贯穿其规划、设计、建造及运维各个阶段，应从全寿命视角出发，考虑空间可能存在的安全问题及隐患，对规划选址、形态设计、建设施工和运营维护阶段的风险进行预判和前置，保障地下空间的预期使用效能，减少后期改造成本和不良社会影响。其主要评价指标见表6-5。

城市网络化地下空间安全性评价指标　　表6-5

一级指标	二级指标	三级指标	
		三级指标项	三级指标评分项及说明
安全性指标	场地及结构体系安全	构造及稳定性	场址地质构造、稳定性及工程应对措施
		水文条件	场址水文条件及工程应对措施
		地质条件	场址不良地质条件及工程应对措施
		周边环境安全	对既有及规划地下空间设施的间距要求
		结构体系合理性	结构设计与现行标准关系及新体系应用
	空间布局与疏散组织	空间通畅度	依据人流密度及平均速度的相对关系
		防灾空间布局	地下广场设置；通道楼梯及出入口设置；防灾功能分区设置；安全区设置
		疏散能力	疏散至安全区时间；平均疏散密度；平均疏散速度
		疏散指示及标识	疏散标识设计
	防灾设施设备	消防设施设备	消防分区；设备设施布置；疏散通道设置；广播；灭火与防排烟设施；灾害监测与预警设施
		防淹设计	空间排水设施；防水材料的设置；口部防淹设施
		监测与监控	重要的电气设备、烟气、湿度、变形及抗震预警监测
	救援及应急保障	消防救援保障	安全区及救援通道设置
		突发公共事件保障	防恐、防疫安全避难场地设置；个性化保障方案

b. 舒适性指标。

提高地下空间舒适性，应从规划设计源头上缓解“幽闭空间恐惧症”，其根本是从人体感知出发，从人体对空间复杂度和丰富度，空间意向性及可识别性，生理舒适性等方面入手，降低使用者对地下空间未知的恐惧，提高人为体验。其主要评价指标见表 6-6。

城市网络化地下空间舒适性评价指标 表 6-6

一级指标	二级指标	舒适性三级指标及说明	
		三级指标项	评分项
舒适性指标	空间舒适性	开放空间设计	个性化及融合化设计；空间连通性；空间活力
		过渡空间设计	标识性；空间过渡；人性化；视线可达性
		主体空间设计	高宽比；层高
		通道设计	通道宽度及长度设计合理性
	空间丰富性	功能丰富性	空间形态组织；空间衔接变化；空间层次划分
		空间环境丰富性	各功能空间使用面积；商用功能分区面积设置
		休憩空间	休憩空间设置比例
	生理环境舒适性	声环境舒适性	背景声场控制；混响时间
		光环境舒适性	眩光控制；设计光照及照度设计的均匀性；人工光谱设置
		热湿环境舒适性	温度场控制；湿度控制；气流组织设计。
		空气质量控制	挥发性有机物污染浓度；PM10、PM2.5、CO_2、CO 浓度；吸烟控制
	设施服务性	设施服务性	休憩设施与服务设施
			无障碍设施
	环境艺术性及识别性	环境识别性	标志性设计；公共私密空间划分；标识设计；个性化设计
		环境艺术性	文化特色挖掘；规划设计的统一及延续性

c. 高效性指标。

城市地下空间复杂空间网络形态如何实现人流高效流转及整体品质的提升，其关键在于提升使用者在内部的通行及功能运转的效率，因此以路径及主要节点的通畅性、可达性出发，构建的高效性指标体系见表 6-7。

城市网络化地下空间高效性评价指标 表 6-7

一级指标	二级指标	三级指标	
		三级指标项	三级指标评分项及说明
高效性指标	系统外部连通性	路径协调性	基于空间句法计算的可理解度指标
		外部连通布局	与其他公共设施的连通布局及流线设计
		出入口设计	出入口位置；外部联系；出入口类型；出入口数量；出入口宽度
	系统内部连通性	连通类型及方式	通道连通、共墙连通、下沉广场及中庭过渡连通、垂直连通及一体化连通
		连通协调性	与外部交通系统连通的协调性
		内部可达性	通过句法确定平均度、网络直径及平均长度、平均聚类系数、介数及节点紧密度

续上表

一级指标	二级指标	三级指标	
		三级指标项	三级指标评分项及说明
高效性指标	步行道设计	通道连通方式	形成空中、地面、地下的连通
		步行通道	通道转角设置及通道的视线畅通感
		步行通道宽度	步行通道宽度
		步行通道长度	步行通道时间及长度
	监测及组织管理	导视系统	实际行走时间与基准导视时间的关系
		智能智慧化辅助设施	交通疏解及组织的辅助功效
		简化进出流程	进出流程的便捷性

d. 绿色评价指标。

绿色是建筑品质评价的核心要素，也是城市网络化地下空间品质提升的重要目标，涵盖与使用者相关的环境协调性，使用功能保障所需的资源综合循环利用、绿色建材及设备更新、智能化控制等指标，具体见表6-8。

城市网络化地下空间绿色评价指标 表6-8

一级指标	二级指标	三级指标	
		三级指标项	三级指标评分项及说明
绿色指标	环境协调性	场地设计	场地生态系统的保护和修复；景观水体、风貌设计
		空间协调性	不同建设时期的地下空间设施在平面及竖向层次之间协调程度
	资源综合利用	自然光利用及均衡化控制	第一层地下空间自然光利用比例；与人工光均衡化控制
		节水及再利用	雨水再利用率；杂排水利用率；节水装置及水再利用设备的使用情况
		可再生能源利用	可提供的生活用热水比例、环境制冷制热设备替换率、提供的电量比例
	绿色建材及设备更新	节材及循环利用	可循环材料、可再利用材料、利废建材及绿色建材的利用率
		设施设备可更新性	更换无损性，备用设备及空间的设置
	智能化及系统化控制	环境、能源智能控制	智能控制系统应用
		常用设备利用效率	常用设备故障率
		全寿命一体化控制	地下空间全寿命智能化运用

②质量及效益评价指标研究。

a. 质量指标。

质量是确保工程安全的重要指标。品质评估将结合质量验收结果对工程质量及过程管控进行衡量，具体见表6-9。

b. 效益指标。

城市网络化地下空间在空间体系上包含大量的公共空间，并提供大量的公共服务，其经济社会价值是衡量工程品质的重要指标，具体见表6-10。

城市网络化地下空间质量评价指标　　表 6-9

一级指标	二级指标	舒适性三级指标及说明	
		三级指标项	评分项
质量指标	工程质量	防水质量	地下工程缝/槽渗漏水
		表观质量	装饰及景观布置质量
		安装质量	水、电等管线等安装质量
		本体质量	结构强度及建筑质量
	过程质量管控	重大安全事故	项目建设期人员伤亡等重大安全事故个数
		工程隐患数量	过程中单位面积工程隐患数量

城市网络化地下空间效益评价指标　　表 6-10

一级指标	二级指标	舒适性三级指标及说明	
		三级指标项	评分项
效益指标	经济效益	本体商业价值	静态投资回收期年限，单位面积商业额
		区域地价提升价值	周边 1km 直径区域地下提升率
		停车收益	单位建筑面积停车收益
	社会环境效益	历史文化区保留价值	地下空间建设对历史文化区保存和发展价值
		区域融合发展	地上地下融合设计及城市地标的创立
		近远期规划协调性	长期规划及短期规划的协调程度
		用地规模	实际容积率、建设密度等变化
		人流增长率	单位客流增长率
		区域交通缓解	区域道路拥堵、延时指数变化
		降噪及污染物排放	与同等建筑面积地上建筑节能减排的比值
	防灾减灾效益	医疗服务	相对于地面建筑突发公共医疗等服务的效益
		地震减灾	相对于同等地面建筑面积地震降损率
		地质灾害损失	相对于同等地面建筑面积滑坡等降损率
		战损降低	相对于同等地面建筑面积，民防及军民融合等实施战时降损率

(2)城市网络化地下空间品质评价方法

①层次分析法

层次分析法(Analytic Hierarchy Process，AHP)是一种将定性和定量相结合的多准则、多层次的决策(评价)方法，它由美国运筹学家萨迪在20世纪70年代提出。这是一种综合人们主观判断的客观方法，它把复杂问题的决策分解为多个决定因素，将这些因素按一定的关系分组和分层，形成有序的递阶层次结构，通过两两比较判断的方式，确定每一层次中因素的相对重要性，然后在递阶层次结构内进行合成，得到多个决定因素相对于目标重要性的总顺序。

层次分析法非常适合解决复杂的需要定量和定性相结合的非结构化问题。它能够将决策者的思维过程和客观判断数学化，计算相对简单，可以帮助决策者保持其思维过程和决策原则的一致性。因此,层次分析法已经被广泛运用于复杂的战略决策和指标评价中。

因此,运用层次分析法为构建出的地下空间舒适性指标评价体系赋权,使其能够被真正应用是有必要且有效的。层次分析法流程如图 6-66 所示。

②城市地下空间视觉舒适度智能可测度评价方法

对比传统及智能评价技术,传统的空间视觉舒适度研究主要关注空间光舒适度,而忽略其他要素的影响;同时,由于人员选取及数量限制,视觉舒适度评价片面性和主观性较强。而诸如基于机器学习的街景图片评测,关于人员数量限制和评价片面性的问题得到了很大改善。麻省理工学院(Massachusetts Institute of Technology,MIT)的放置脉冲实现了通过大范围评分图像的多种特征来进行安全感和美观性等指标二分类评价,即判定好与坏的问题。由此,从"以人为本"理念出发,给出了视觉舒适度各分项评价指标,并以视觉舒适度评测入手,建立了视觉舒适度图片多分类智能排序方法。综合地下空间色彩特征分割及智能识别方法,通过对比不同机器学习算法的适宜性,并以五角场为例,开展地下空间视觉舒适度多分类可测度智能评价方法的研究与应用,为开展地下空间舒适度定量化及精细化可测度评价提供技术支持。

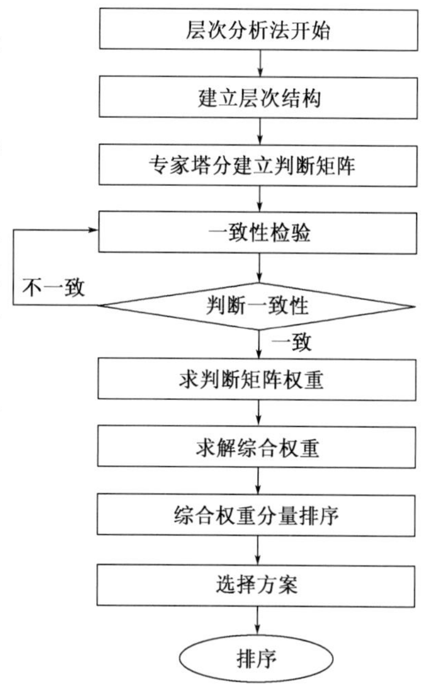

图 6-66　层次分析法流程图

在目前的研究认知中,空间光舒适度相对影响最大,在缺乏自然光照的地下空间中,光照的重要性就更加明显;而空间色彩分布是影响人视觉舒适度的另一大要素,在以往的色彩研究中,都认为色彩对于人的感知具有很大影响,甚至能影响人的生理行为;而空间尺度也是较为重要的方面,人对于地下空间的印象是狭小和封闭的,而开阔且宽敞的空间能给人良好的心理感受。同时空间形态对于人的感知也具有一定影响,空间中艺术性的造型可以赋予人更好的心理感受。

为开展地下空间色彩舒适度合理评价,对比了支持向量机(SVM)、极端梯度上升(XGBoost)、随机森林(RF)等算法的适宜性研究。在此基础上,为测试所训练出来的空间色彩舒适度模型的实际效果,对五角场地铁站及五角场周围商场地下一层进行评价。

为保证训练过程中训练集样的充足,对现场拍摄的 815 张图片中部分 2 类图片进行翻转处理,并选取网上部分符合拍摄基本原则的地下空间图片,形成共 979 张图片的训练集,并分别采取现场拍摄的 108 张图片作为验证集和训练集。随机森林(RF)算法在环形分割法及矩形分割中表现都比较出色,在不同的区域分割情况下都要优于 XGBoost 和 SVM,所以选取随机森林算法作为空间色彩评价算法更为合适。其算法流程如图 6-67 所示。

拍摄方向沿着人流前进方向,不包括场景内部其他小型通道。五角场地铁站的色彩搭配属于低舒适度,其中存在两处中等色彩舒适度区域,由相应区域图片可以看出,五角场地铁站中等色彩舒适度区域存在显示屏光照影响,造成模型的识别错误。在五角场地铁站旁边的苏宁生活广场存在大部分 0 类,苏宁广场有两处存在识别错误的情况,其原因是目前数据集的数据量相对较少,对于美食类广场的场景判别存在一定偏差。另外一处存在较大偏差的区域就是悠迈生活广场,即五角场地铁站右边的区域,该区域大部分被识别为0类,存在一定差错,经过相关图片查看,该区域部分图片宜在1类左右波动,造成较大差错的原因是周围商品的干扰,悠迈生活广场所售卖的鞋及生活用品摆放较多都在店铺外部,在拍摄过程中,颜色错乱且无美感的商品被拍入图片中,这也造成了较大干扰。

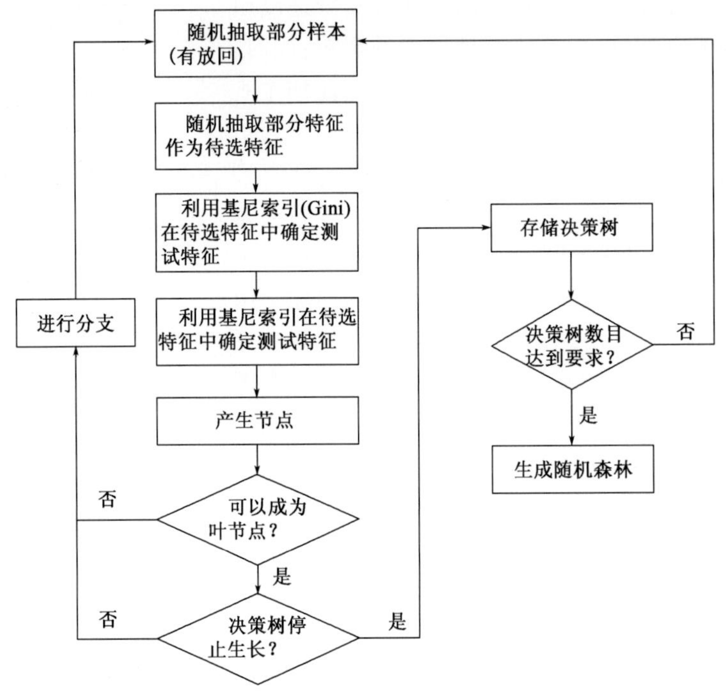

图6-67 随机森林方法智能评价流程图

如图6-68所示,万达广场、百联、合生汇的场景评价结果相对较好,基本属于高色彩舒适度区域,但也存在评价错误的现象,3个区域中存在部分中等色彩舒适度及以上的区域被判定为低等级别,经过分析认为是目前的数据量还偏少,本次地下商场类相关图片主要取自于上海陆家嘴及静安寺等地区,存有一定的片面性,对于各种特殊情况的囊括还不够,需要后续进一步扩充数据集并寻找更加能反映感知的特征。

6.2.2 网络化地下城市设计

从目前我国城市地下空间利用现状看,随着城市建设步伐的加快,在打造现代化宜居城市的过程中,城市地下空间得到了进一步开发与利用,在基于网络化地下城市这一规划建设目标下,立足于城市发展的视角,实现对网络化地下城市的完善设计,以充分发挥网络化地下城市对促进城市化建设发展步伐的奠基作用,塑造充满现代化气息的城市新风貌。网络化地下城市主要设计思路主要有以下三点。

1)以科学规划工作的落实为基础

为实现对城市地下空间资源的充分开发与合理利用,在设计过程中首先就需要以科学规划工作的开展为基础,确保在完善地下城市综合体功能的同时,为促进城市可持续发展奠定基础。在实际践行过程中,基于可持续发展和以人为本的原则下,要以分级设计思想为引导,基于城市地下空间总体规划设计来实现详细规划设计,最终形成地下城市建筑综合体的完善设计。

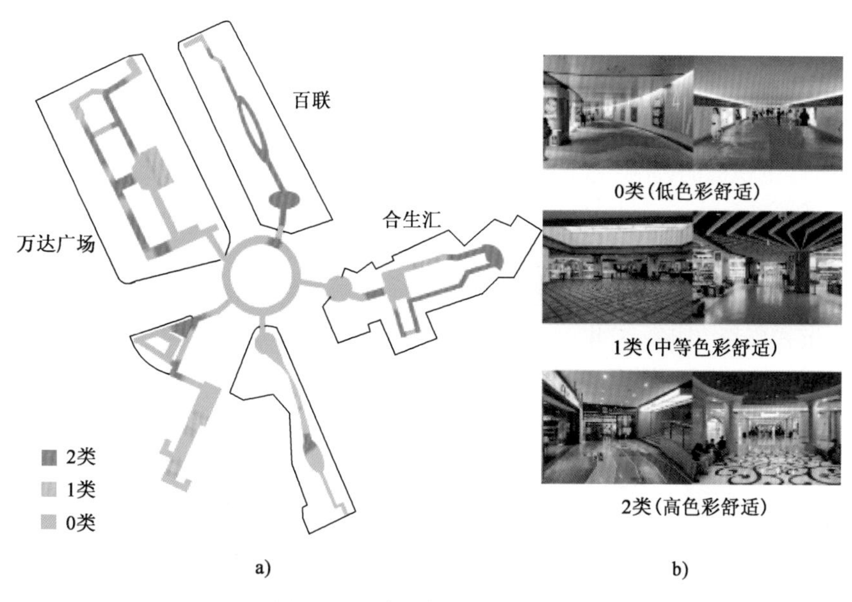

图6-68 五角场色彩舒适度分布图

2)打造出一体化空间格局

在设计过程中,确保城市地上空间与地下空间紧密相连且和谐统一,通过一体化设计确保二者间的相互作用关系能够得到充分发挥。在践行过程中,要将道路、广场以及绿地设计进行整合,并实现景观环境的整合,在二者相连接处进行地标设计。同时,要针对多功能地下综合体进行整合,通过统一经营管理来实现地下综合体的规范有序发展。在进行地上与地下空间接口设计过程中,可借助下沉广场以及商业街等形式的融入来确保二者间能够紧密相连,进而相辅相成、相互促进。

3)充分彰显环境特色

为改变传统地下建筑空间给人们留下的阴暗潮湿等不良形象,在设计过程中,需要以环境特色设计理念的融入来提高地下城市综合体的品质,满足人们的审美与体验之需。在践行过程中,要强化对地下与地上相连部位出口的明显设计,通过环境标志物的融入提高识别度,促使人们在进入地下综合体前有着良好印象。同时,要确保地下城市综合体空间设计与城市自身形象相呼应,丰富地下空间结构元素,体现地下空间环境的特色,进而提升地下城市综合体的品质。

6.2.2.1 地下建筑设计

尽管地下空间具有绿色建筑潜力,能够优化地面景观环境,但地下空间的某些特性也会对地下建筑设计带来不小的挑战,这就是地下建筑的二元属性。一方面,地下空间被土壤和岩石包围所形成的封闭空间在建筑耗能方面具有天然优势,可以保持地下建筑物温度恒定和舒适,减少供热供冷耗能；另一方面，封闭空间也会对地下建筑物内部环境质量产生负面影响进而影响人的感官和心理体验，特别是在照明、通风、除湿和导向定位等方面。如果不能很好地解决这些问题，地下业态将无法长期良性运行，许多早期民防工程商业设施也是因此而倒闭。通过上海虹桥 CBD 一期的具体案例，对地下建筑设计中的多个方面进行探讨。

1）光环境

建筑物光环境直接影响用户的生理和心理健康。自然光不仅符合人的心理需求，还会对人的身体健康产生积极的影响，尤其在严重缺乏自然光的地下建筑中，更应该注重自然光环境的营造。

地下建筑物中营造自然光环境的方式可分为主动式和被动式。主动式通过光纤管或镜面反射等方法将自然光引入地下建筑；被动式需要在地下建筑物中设置一定的建筑空间以捕捉阳光，例如下沉式广场、中庭、天井、天窗和侧窗等。被动式具有较高的经济可行性并可以大大改善地下空间的体验感、舒适度、可识别性和防灾疏散效果，因此在上海虹桥 CBD 一期中被较多采用，并取得了较好的效果，如图 6-69 所示。

a)天井

b)天窗

c)下沉广场

图 6-69　上海虹桥 CBD 一期自然光环境营造

2）通风

由于与地面的连接通道有限，封闭地下空间不利于地下建筑物的通风。通风不畅会导致污染物积聚，潮湿度增加，进一步损害人们的生理健康。解决这一问题的通常做法是通过机械方式增强地下建筑物的通风，但机械通风无法满足日常活动的新鲜空气需求。鉴于此，上海虹桥 CBD 一期采用的下沉式广场和天井等自然通风方式大大改善了地下建筑物的空气质量，而远离下沉式广场和天井的地下空间空气质量明显变差，该地块地下空间甚至出现了部分停车和商业混合的现象，致使空气中掺杂着大量汽车尾气，给地下空间的使用带来了更大的负面影响，最直接的表现就是该处地下商业设施的人气不旺。

3）空间宽敞性

空间局促是人们对地下空间的一般感受。除了下沉式广场这样的开敞空间外，地下建筑的尺度对空间宽敞性有着决定性作用。在上海虹桥 CBD 一期不同地块的建筑设计方案中，地下一层采用 6m 和 5m 层高所产生的空间宽敞性截然不同（图 6-70），这也直接影响顾客的购物体验。就施工成本而言，1m 的空间超挖并不会产生太大的影响，但对经营收益和顾客体验将会产生较大的影响。同样，地下商业设施和地下连接通道也应为顾客留出充足的步行空间，上海虹桥 CBD 一期地下连接通道和地块内通道宽度均不小于 6m，重要地块不小于 8m（图 6-71）。

a)D11地块(层高6m)

b)D19地层(层高5m)

图 6-70　层高 6m 与 5m 的空间宽敞性对比

a)D11-D19连通通道

b)D116-D17连通通道

图 6-71　地下连接通道实景图

4) 开放空间

下沉式广场可以实现地上与地下统一协调和自然过渡,是重要的城市开放空间。除了以上提到的引入自然光和通风作用,下沉式广场还为上海虹桥CBD 一期各地块提供了标志性的公共开放空间。这些下沉式广场是整个地下空间网络化的重要节点,可以说是上海虹桥 CBD 一期地下空间项目的“地标”。

6.2.2.2　地下结构设计

1) 网络化地下空间结构形式

网络化地下空间结构基本形式与一般地下空间结构类似,常用结构断面形式如图 6-72 所示。

拓建结构断面形式
拱形结构
管状(多管状)结构
框架结构
拱(桁)架结构
井状结构
箱形结构
折板结构
组合结构

图 6-72　城市地下空间结构断面形式

拱形结构包括常见的马蹄形结构、直墙拱形结构、落地拱结构和连拱等。

组合结构指拱形、管状、箱形、折板等一种或多种组合的结构,形成大跨、多跨等复杂地下空间,常见拱形 + 梁柱框架组合结构、预制管状+梁柱组合结构、管状+折板组合结构等。随着型钢混凝土、高强度混凝土及其他新型材料和预制构件的推广使用，组合结构的跨度不断加大，结构形式也越来越灵活多样。

2）网络化地下空间结构安全设计方法及风险控制措施

网络化地下空间结构安全设计方法及风险控制措施见表6-11。

网络化地下空间结构安全设计方法及风险控制措施　　表6-11

网络化拓建方式	结构形式	设计方法	基于安全设计的风险控制措施				
			施工方法	支护结构体系	既有结构加固	地基基础加固	地下水控制
近接搭建	拱形结构； 框架结构； 井状结构； 箱形结构； 组合结构	地层—结构法； 标准设计及工程类比法； 解析设计法	台阶法/中隔壁法； 交叉中隔壁法； 双侧壁导坑法； 洞桩法； 明/盖挖法	钢筋混凝土排桩；灌注桩排桩围护墙；型钢水泥土搅拌墙；钢板桩围护墙；高压旋喷桩；地下连续墙； 喷锚/锚杆支护	增大截面加固； 钢丝（钢绞线）网片聚合物砂浆加固； 纤维混凝土加固	微型压浆桩、钢管桩、钢管纤维桩、树根桩、锚杆静压桩、旋喷桩、全方位高压喷射桩/组合生态桩、沉管灌注桩、水泥土桩、水泥粉煤灰桩、基础加大、墩式托换、桩式托换、地基加固托换、水泥搅拌桩、排水固结、袖阀管、高压旋喷桩、深孔注浆、全方位高压喷射桩/大直径高压旋喷桩、冻结法、超前管幕、超前小导管注浆预加固	明挖截水降水； 集水明排回灌； 暗挖防水
连通接驳	拱形结构； 框架结构； 箱形结构； 组合结构	地层—结构法； 标准设计及工程类比法； 解析设计法	全断面法/台阶法； 中隔壁法； 交叉中隔壁； 双侧壁导法； 盖挖法	高压旋喷桩； 地下连续墙； 喷锚/锚杆支护	增大截面加固； 钢丝（钢绞线）网片聚合物砂浆加固； 纤维混凝土加固	微型压浆桩、钢管桩、钢管纤维桩、锚杆静压桩、旋喷桩、全方位高压喷射桩/组合生态桩、沉管灌注桩、水泥粉煤灰桩、基础加大、墩式托换、桩式托换、地基加固托换、水泥搅拌桩、排水固结、袖阀管、高压旋喷桩、深孔注浆、全方位高压喷射桩/大直径高压旋喷桩、冻结法、超前管幕、超前小导管注浆预加固	明挖截水降水； 集水明排回灌； 暗挖防水

续上表

网络化拓建方式	结构形式	设计方法	基于安全设计的风险控制措施				
			施工方法	支护结构体系	既有结构加固	地基基础加固	地下水控制
竖向增层	拱形结构；框架结构；拱（桁）架结构；箱形结构；组合结构	载荷—结构法；地层—结构法；标准设计及工程类比法；解析设计法	台阶法；中隔壁法；交叉中隔壁法；双侧壁导坑法；洞桩法；盖挖法	钢筋混凝土排桩；灌注桩排桩围护墙；型钢水泥土搅拌墙；钢板桩围护墙；高压旋喷桩；地下连续墙	增大截面加固；钢丝（钢绞线）网片聚合物砂浆加固；纤维混凝土加固	微型压降桩、钢管桩、钢管纤维桩、树根桩、锚杆静压桩、坑式静压桩、旋喷桩、全方位高压喷射桩/组合生态桩、沉管灌注桩、水泥粉煤灰桩、基础加大、墩式托换、桩式托换、地基加固托换、水泥搅拌桩、排水固结、袖阀管、高压旋喷桩、深孔注浆、全方位高压喷射桩/大直径高压旋喷桩、冻结法、超前管幕、超前小导管注浆预加固	明挖截水降水；集水明排回灌；暗挖防水
以小扩大	拱形结构；管状（多管状）结构；框架结构；箱形结构；组合结构	地层—结构法；标准设计及工程类比法；解析设计法	全断面法；台阶法；中隔壁法；交叉中隔壁法；双侧壁导坑法；洞桩法/盖挖法	高压旋喷桩；地下连续墙；喷锚/锚杆支护；内支撑系统（混凝土/钢）	增大截面加固；钢丝（钢绞线）网片聚合物砂浆加固；纤维混凝土加固	微型压降桩、钢管桩、钢管纤维桩、锚杆静压桩、旋喷桩、全方位高压喷射桩/组合生态桩、沉管灌注桩、水泥粉煤灰桩、基础加大、墩式托换、桩式托换、地基加固托换、水泥搅拌桩、排水固结、袖阀管、高压旋喷桩、深孔注浆、全方位高压喷射桩/大直径高压旋喷桩、冻结法、超前管幕、超前小导管注浆预加固	明挖截水降水；集水明排回灌；暗挖防水

续上表

网络化拓建方式	结构形式	设计方法	基于安全设计的风险控制措施				
			施工方法	支护结构体系	既有结构加固	地基基础加固	地下水控制
多维拓展	拱形结构； 管状结构； 框架结构； 拱(桁)架结构； 井状结构； 箱形结构； 组合结构	荷载—结构法； 地层—结构法； 标准设计及工程类比法； 收敛—约束法； 解析设计法	全断面法； 台阶法； 中隔壁法； 双侧壁导坑法； 洞桩法； 明挖法； 盾构法； 盖挖法	型钢水泥土搅拌墙； 钢板桩围护墙； 高压旋喷桩； 排桩/地下连续墙； 喷锚/锚杆支护； 内支撑系统	增大截面加固钢丝(钢绞线)； 网片聚合物砂浆加固； 纤维混凝土加固	微型压降桩、钢管桩、钢管纤维桩、树根桩、锚杆静压桩、坑式静压桩、旋喷桩、全方位高压喷射桩/组合生态桩、沉管灌注桩、钻孔灌注桩、水泥土桩、水泥粉煤灰桩、基础加大、墩式托换、桩式托换、地基加固托换、水泥搅拌桩、排水固结、袖阀管、高压旋喷桩、深孔注浆、全方位高压喷射桩/大直径高压旋喷桩、冻结法、超前管幕、超前小导管注浆预加固	明挖截水降水； 集水明排回灌； 暗挖防水

6.2.3 网络化地下城市建造

6.2.3.1 网络化地下城市施工方法

施工方法的选择涉及地层条件、水文地质条件、周边地面建(构)筑物环境、地下建(构)筑物环境、地面交通及场地条件、既有工程结构形式及状态、拓建结构规模、拓建结构用途、拓建结构位置关系、拓建年代及施工技术水平、拓建施工装备、环境影响、工程造价、工期要求及社会稳定性等很多因素，最终方法应通过安全、经济、质量及环境等众多因素经综合比选确定。

结合经济与管理风险、工程环境风险、工程安全风险、技术风险和质量风险等，更科学地选择和评价城市复杂环境下地下空间拓建工程施工技术，保证施工过程中和后期运营期间的安全，是地下空间网络化安全拓建需要解决的重要问题。

施工工法除了与施工方法紧密关联外，往往还与拓建工程的实施环境(地质环境、周边环境)和个性化特征(如结构规模与形式、埋置深度、位置关系等)关联密切，选择合理的施工工法可以在很大程度上降低施工风险。

受上述众多因素影响，城市地下空间拓建施工方法及施工工法越来越多，且随着新材料、新设备、新工艺的不断发展和辅助工程措施的不断研发，施工工法日益改进完善。常见的城市地下空间拓建施工方法分类，如图 6-73 所示。

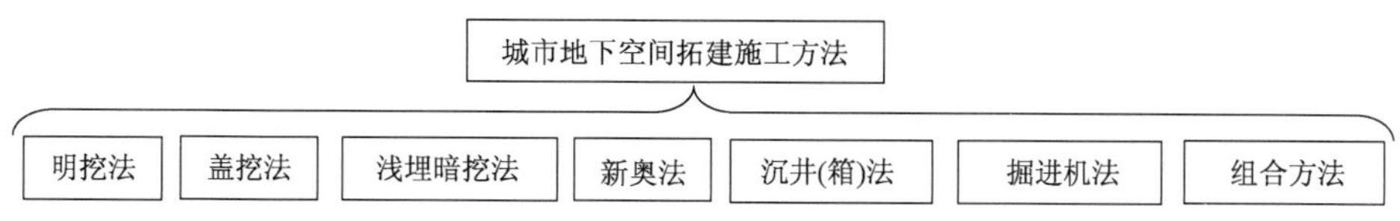

图 6-73 城市地下空间拓建施工方法分类

目前,我国城市地下空间部分开挖断面面积较大,且采用暗挖法施工时,受埋深浅、地层条件一般较差、周围环境控制要求高等因素影响,为降低施工风险,大多采用多导洞或分块、分部施工方式,工序交错,相互干扰,施工工效低,人工投入高,大型机械设备的利用率很低,不利于地下空间实施的机械化和信息化推进。

6.2.3.2 网络化地下城市拓建施工辅助措施

城市地下空间拓建施工因与既有地下结构紧密相关,且大多在城市建成区域实施,不可避免影响到周边建(构)筑物和既有结构的正常使用和安全,受地层条件、地下水、周边环境条件、沉降变形控制、地面场地条件等多种因素控制,要求拓建施工时采取一系列辅助工程措施,一方面增强施工安全性,另一方面也会影响到施工方法和施工工法选择;另外既有地下结构拓建后,既有结构受力状态发生变化,需要补充必要的加固或改造措施。总体而言,地下工程拓建涉及的辅助措施主要包括:基础加固及托换、超前支护及地层加固、地下水处理、既有结构改造和加固以及相关联的地下建(构)筑物防护和保护、监测措施等。具体措施如图 6-74 所示。

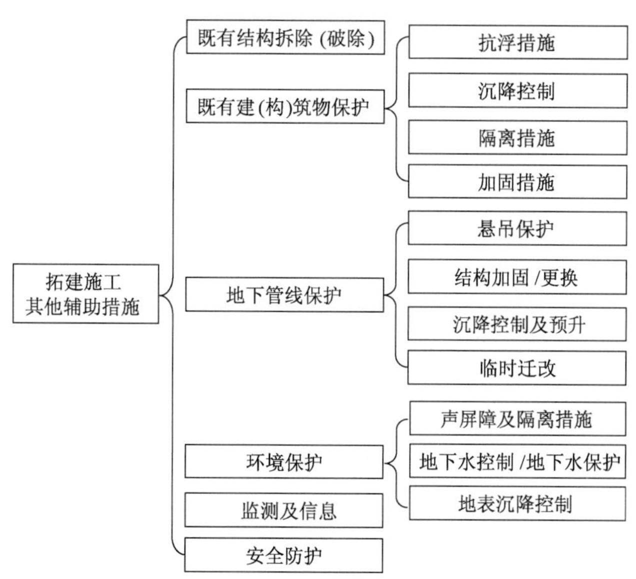

图 6-74 其他辅助措施

除此以外,既有结构拆除(破除)必须限制对原结构的影响,目前常用水钻、链条锯、静力爆破和人工凿除等方式。对运营中的地下空间而言,接驳施工时根据运营条件和功能不同,需采用防尘、防水、控制噪声以及密闭等措施防止有害物质扩散等。

6.2.4 网络化地下城市运营

在国内地下商业开发与运营方面存在如下一些经验和教训。

1)重视运营收益

由于地下空间的部分开发主体在实际开发过程中缺乏长远眼光,只是将视野集中于开发建设上,导致地下空间变成了简单的土地一级开发,而忽略了运营收益。地下空间相对地上空间具有一定的劣势,在开发收益上,往往不能和地上空间的土地开发相提并论,因此运营阶段才是其收益的核心。

企业凭借初期投资眼光独到,获得了较为明显的开发收益,但随着这一优势逐渐减弱,仅仅依靠开发而不及时转型并不能保持竞争优势。因此,需要由开发商向经营者转变,提升地下空间开发的附加值,真正实现价值创造。

2)控制开发成本、效益及风险

在进行城市地下空间开发利用时,必须对开发经营过程中的各项成本、收益以及风险充分衡量。由于项目不同,需要对比成本与效益,充分考虑可能发生的风险并做出应对。在运作过程中,要根据项目自身情况不断调整开发运营思路和策略,且要防范投资项目未达预期、融资成本超出预期及运营带来的风险,只有全面规避各类风险,才能取得最佳综合效益。

3)预测地下空间规模需求

地下空间开发利用的浪潮正在继续,前景较为光明。即使如此,在开发前仍要遵循谨慎原则,进行地下空间规模需求预测。地下空间开发利用的规模需求主要取决于城市发展规模、空间布局、社会经济发展水平、自然地理条件、人们的活动方式和信息等科学技术水平,以及法律、法规和政策等多种因素。确定合理的开发规模是成功实现企业效益的基础。

6.2.4.1 构建地下城市运营综合管理体制

构建合理、有效的管理体制是我国城市地下空间开发利用健康有序发展的关键所在。为保证我国城市地下空间资源的可持续发展,亟须对城市地下空间管理体制进行改革和完善。为解决管理体制与地下空间开发特性的矛盾,国内外部分学者将综合管理的概念引入地下空间管理领域。城市地下空间综合管理是指以城市地下空间为客体,从系统角度,采用法律、行政、技术和经济等手段,统一管理与专业管理相结合,对规划、建设、使用、信息等能动地进行决策、协调和控制,发挥城市地下空间开发利用整体效益的过程。

1)国外地下空间综合管理的经验和启示

从地下空间开发利用发展趋势来看,针对城市地下空间系统性管理的需求,实行综合管理是改革和完善城市地下空间开发利用管理体制行之有效的方法。国外一些发达国家地下空间开发起步较早,目前已基本形成了一套较完整的地下空间开发利用综合管理体制。

日本通过国会设立了“大深度地下使用协议会”,中央政府委托国土交通省负责全国地下空间开发利用的组织协调与管理工作,地方政府由都道府县知事负责辖区内地下空间开发利用领导工作，并设立了以规划主管部门为主体的地方政府地下空间开发利用专门职能机构——城市地下空间综合利用基本规划策定委员会，负责统一协调规划编制工作。日本的这种体制由国会和政府全面参与，由政府相关部门全面负责，同时借助专家委员会力量进行咨询，综合性强、专业性高、分工明确、决策透明，可以说日本地下空间开发利用能够取得今天的成就，在一定程度上应归功于这种综合管理体制。再如法国，是由作为第三方的混合经济事业体负责协调推进都市地下空间利用开发。该事业体是一个集体意愿决定的机制，它的行政官员是由各政党的议员所组成，其下面的职员全部是具有各种专业领域强大实力的专家，是一种综合管理和专业管理相结合的城市地下空间开发利用管理体制。

国外经验显示，要解决现行城市地下空间开发利用管理体制存在的诸多问题，客观上需要设立一个强有力的机构承担起地下空间开发利用领导协调管理职能。虽然我国幅员辽阔，设立国家层面的地下空间综合管理机构效果未必很理想，但在城市层面设立综合管理机构十分必要，而且日本、法国充分发挥规划自身的先导作用，借助专家力量将技术决策融入行政决策的做法也值得我们吸收和借鉴。

2）构建城市地下空间开发利用综合管理体制的建议

为打破我国现行地下空间各专业系统各自为政、缺乏整合的局面，有效解决存在的诸多问题，构建城市地下空间开发利用综合管理体制，首要的核心在于设立一个具有较高权威性及科学、高效决策机制的管理协调机构。结合我国实际情况，本着提高工作效能与充分考虑机构设置现状相结合，发挥职能部门主动性，以及立足现有法律法规和衔接未来法律法规相结合的两项原则，选择由城市规划委员会承担此职责相对较为合适。原因是：目前我国几乎所有省会级城市及部分地级市已经成立了城市规划委员会（以下简称“规委会”），虽然规委会在不同城市中定位和承担职能存在差异，但普遍具有组织层次高、地位显著、统筹协调解决问题能力强、有专门人力、物力、财力安排等优势，而且规委会依托规划部门安排，统筹协调相关事务，能充分发挥规划的龙头作用，促进地下空间开发建设科学、有序、健康地发展。为充分发挥规委会的地下空间综合管理职能，建议进一步完善以下工作：

（1）提升管理层次，优化管理架构。结合现行规划管理和地下空间管理体制，对规委会实行分层管理（图6-75）：在市政府下设规委会，由市长亲自担任规委会主任，主持召开会议审议全市重大规划事项决策；在规委会下增设地下空间委员会，由主管城建的副市长担任主任，规划局局长担任副主任，相关部门负责人担任委员，在市级层面上协调解决地下空间开发利用的重大问题，审议全市层面与城市地下空间开发利用相关的政策、法规、研究课题和地下空间规划，以及城市重要地段大型地下综合体建设方案等；设立决策管理，日常办事机构为规委会办公室，将其设在规划部门，承担实施各项决策的组织协调和监督服务等职能；设立专家咨询组，网罗各路专业人才为地下空间建设献计献策。通过优化规委会管理机构配置，充分发挥规委会领导和决策平台作用。

（2）充实调整组成成员，实现统筹兼顾。本着“法定咨询决策机构＋专家咨询＋公众参与＝权威性＋科学性＋民主性”的议事理念，吸纳民防、规划、建设等职能部门公务员、行业专家、社会公众等各界代表人士共同组成地下空间委员会，并明确非官方人员的比例应超过二分之一。其中行业专家应尽可能涵盖规划、建筑、交通、工程、管理、安全、信息、经济和法律等与地下空间管理密切相关的各方面人士,为决策提供专业意见。对于规委会办公室人员,应赋予行政编制,为其履行组织协调和监督服务职能提供组织保障。

(3)完善议事规则,决策公开透明。进一步规范规委会审议程序,明确将规委会审议作为地下空间规划审批的必要环节,要求城市重要地段大型地下综合体项目,必须经规委会审议通过后方可规划审批。会议由地下空间委员会根据需要不定期召开,由主任委员(或委托副主任委员)主持,对审议议题通过无记名投票表决形式决策,超过与会委员人数三分之二同意方可通过该议题。会议原则上采取公开形式,可邀请相关部门、规划编制单位和市民旁听,保证机构运行的透明度和管理工作的科学性。

(4)先行先试,分步推进。针对我国经济发展不平衡、影响因素复杂、地区差异大的实际情况,可考虑在经济实力强、地下空间开发利用起步早、已设立规委会的大城市开展先行试点,总结积累经验,完善城市地下空间综合管理制度体系,并逐步推广至其他城市。在验证了该构想的可行性和必要性基础上,通过国家或地方政府层面的立法程序,将城市地下空间开发利用的管理体制、机构、权限和程序法制化,使城市地下空间管理有法可依。

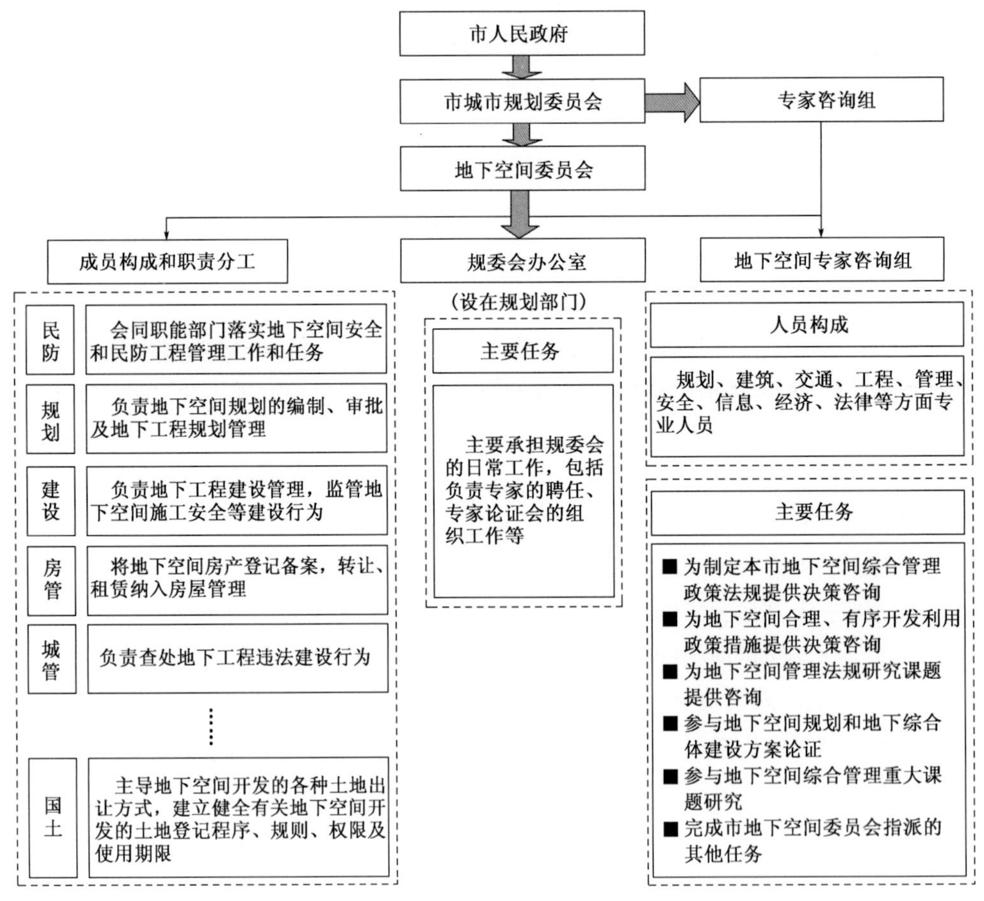

图6-75　我国城市地下空间开发利用综合管理体制构想

6.2.4.2 完善城市地下空间开发利用法律法规体系

1)日本的经验借鉴和启示

日本地下空间开发利用通过在民事基本法律、专项立法及综合立法和配套立法等方面加以规范,形成了较为完备的地下空间开发利用法律法规体系。

(1)民事基本法将地下空间纳入了法律的调整范围,为地下空间开发利用提供了民事权利基础。如《日本民法典》第207条规定:“土地所有权于法令限制的范围内,及于土地的上下”,后第269条之二追加规定了“空间权”制度;《不动产登记法》第111条第2项特别规定了设定区分地上权的登记程序,作为区分地上权设定的生效要件。

(2)先专项立法,后综合立法,形成专项立法和综合立法相结合的法律体系。从19世纪开始,随着《水道条例》(1890)、《有关修建共同沟的特别措施法》(1964)等专业法规的颁布实施,预示着地下空间利用专项管理的成熟。自20世纪80年代末期开始,在专项管理的基础上,开展了综合性立法道路的探索,从《综合土地利用纲要》(1988)年到《地下空间公共利用基本规划编制方针》(1991)再到《临时大深度地下利用调查研究会设置法》(1995),综合性立法的思路逐渐得到确认和强化。至2000年《大深度地下公共使用特别措施法》和《日本大深度地下公共使用特别措施法施行令》的相继颁布实施,标志着日本完成了地下空间由单一管理向综合管理的转变,形成了综合管理与专项管理相结合的管理模式。

(3)配套立法比较完善。相关法律包括:《道路整备紧急措施法》《交通安全设施事业紧急措置法》《符合交通空间整备事业制度要纲》《促进共同停车场整备事业制度要纲》《道路开发资金贷付要纲》《推进民间都市开发特别措置法》《有关民间事业者能力活用临时措置法》以及《地方自治法》《地方财政法》等。这些法律主要规定了地下空间开发利用的建设费用辅助、融资制度和助成制度,涉及投资、融资、税收、财政等多方面内容。

从日本的立法历程和经验可见,地下空间立法是一个系统工程,要完善我国地下空间开发利用法律法规体系,需在明确地下空间权属关系的基础上,根据“急用先立”的原则,对当前缺失的国家层面的地下空间开发利用立法,对基础的民事法律进行规范,推动全国人大立法或对相关法律进行修订,而且可以及时总结专项立法的经验,配合综合管理体制的构建完成综合立法,使城市地下空间开发利用有法可依。

2)完善城市地下空间开发利用法律法规体系的建议

地下空间权在法律上为上述三个法律法规体系在地下空间开发利用管理上建立起有机联系提供了平台,这个有机联系将促使地下空间开发利用管理法律法规体系的形成。为建立相互的联系,必须解决目前法律法规不健全的问题,将各个相关法规纳入法律法规体系中形成一个有机的整体,其内容包括完善城市规划法律法规体系,完善土地管理法律法规体系,完善城市建设管理法律法规体系和建立地下空间开发利用管理法规体系。

(1)完善城市规划法律法规体系

城市地下空间规划是合理有效开发利用城市地下空间的前提,因此最为关键的是确定各层次城市地下空间规划的法律地位。建议具备开发利用城市地下空间条件的城市尽快编制城市地下空间总体规划,通过法定的城市地下空间控制性详细规划,赋予规划相应的法律地位,作为规划部门对城市地下空间实施规划控制的操作依据；补充完善《城乡规划法》中关于地下空间规划和管理的相关规定，使城市地下空间开发和规划管理有法可依。

(2)完善土地管理法律法规体系

在现有土地管理的法律法规中增设对地下部分的管理控制，解决地下空间开发利用中最基本的问题：①对地下空间所有权、使用权以及征用、划拨、分层开发等做出规定；②对地下空间资源的利用和保护提出具体要求；③规定相关的法律责任等。可以沿用地面管理的主要做法，如通过产权登记，控制政府能掌握的地下空间资源及城市范围内的地下公共空间，明确没有进行产权确认的地下空间属于国家资源。对于地下空间用地范围的确定，可采用三维空间坐标定位系统界定用地范围，相应未出让土地的地下空间使用权为国家所有。

(3)完善城市建设管理法律法规体系

完善的城市规划和明确的地下空间界定都将是城市地下空间建设管理的依据。在此基础上，完善"一书两证"规划审批制度，主要通过提出选址意见书和建设用地规划许可证进行建设用地界定，明确地下空间建设范围。

(4)建立地下空间开发利用管理法规体系

在完善上述国家基本法律基础上，提出城市地下空间开发利用管理法规体系框架，如图6-76所示。该法规体系包括规划管理法规、投资市场管理法规、建设管理法规和使用管理法规等，涉及规划、投资、建设、经营和维护等多个方面，涉及与政府相关的多个部门领域(包括规划、民防、建设、交通等)。

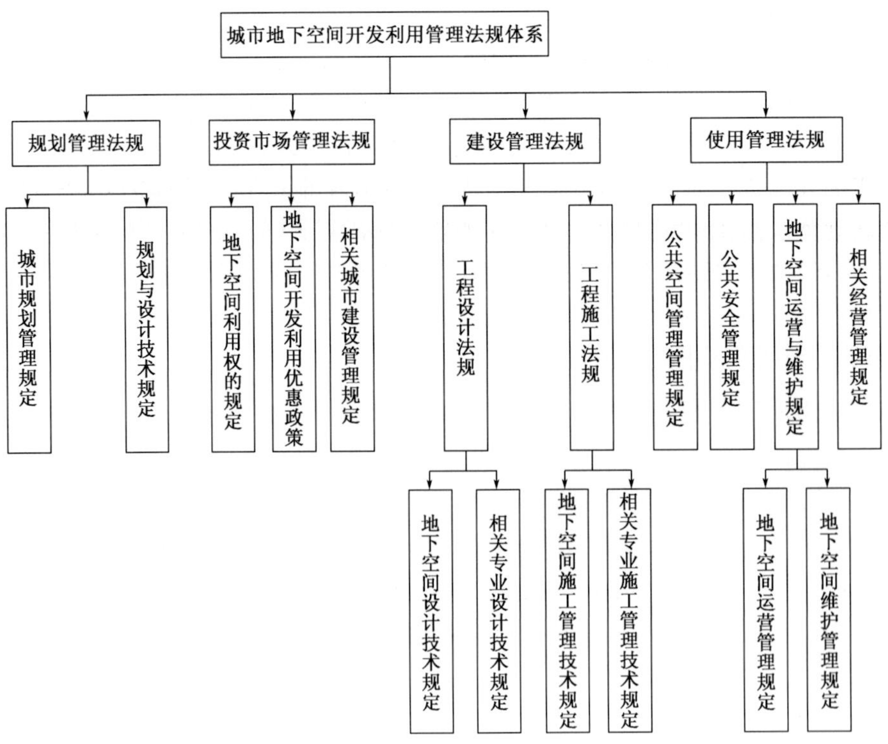

图6-76 城市地下空间开发利用管理法规体系框架

①规划管理法规。

规划管理法规的作用主要是强调地下空间的重要性，对地上、地下进行综合开发利用，处理规划部门与民防部门的关系，科学合理地对城市地下空间进行规划。规划管理法规应明确规划部门在城市地下空间开发利用中的地位及相关责任；对现有地下工程结合工程状况和工程特点进行分类规定；对待开发的城市地下空间进行相关规定（包括可持续发展、平战结合、立体规划等方面），使规划更加科学合理，地下空间得以有效利用。此外，还要完善与城市地下空间相关的规划与设计技术规定。

②投资市场管理法规。

投资市场管理法规的主要作用是明确地下空间权，处理政府、地下空间主管部门及投资者三方之间的关系。主要内容是对地下空间权进行界定，明确与城市地下空间使用权相关的规定，制定出台城市地下空间开发利用优惠政策。

③建设管理法规。

建设管理法规的主要作用包括使工程设计达到民防工程平战结合的要求，确保平战转换功能的实现，使城市地下空间在平时发挥经济作用，在灾时发挥防护作用；保证地下工程顺利实施，有效实现地下工程建筑产品的功能。主要内容包括完善城市地下空间开发利用的设计和施工管理法规。

④使用管理法规。

使用管理法规的主要作用包括满足广大人民群众的需求，营造良好的社会环境，提高城市地下空间开发利用的社会效益；保持空间持续利用，有效开发城市地下空间，提高城市地下空间的经济效益；保证地下空间在灾时的防护作用，提高城市地下空间防灾效益。主要内容包括建立地下公共空间管理规定、地下公共安全管理规定和补充地下空间运营与维护规定。

综上所述，构建城市地下空间法律法规体系首先要强调地下空间权，在地下空间权确立的基础上建立一整套法规体系。另外，在法律法规体系的构建中要始终贯彻平战结合和可持续发展思想，明确界定城市地下空间开发利用中各相关行使主体的责、权、利，从而为有效解决城市交通、市政设施、土地紧缺、城市防灾和人民防空等问题提供法律上的支持。

6.3 网络化地下城市典型案例

6.3.1 加拿大蒙特利尔地下城市

蒙特利尔以其对城市地下空间的成功利用而著称于世，号称拥有全球规模最大的地下城。从地铁站点延伸出的无数通道将地铁、郊区铁路、公共汽车线路、地下步行道与大量的混合型开发区域连结为一个庞大的网络。据统计，被连接起来的 60 多个建筑群的总建筑面积达到 360 万 m^2。近 2000 家店铺和娱乐场所也通过这种方式连为一体，其中包括小商店、大型百货商店、餐馆、电影院、剧院、展览厅等。

蒙特利尔寒冷的气候条件使地下空间开发利用具有了潜在的动力，事实上正是因为开发利用了地下空间资源，并逐步发展成为地下城，使商业区在气候条件上已经扩展为“全天候”

商业区,一年12个月无论白天夜晚都充满了人群,城市充满活力,大多数商业街都是活跃的、热闹的,相对也是很安全的。10个地铁站点、两条地铁线和30 km的地下通道,将室内公共广场、大型商业中心、城市快速轨道交通相互连接成为一个整体,构成了另外一个全天候的蒙特利尔,避免了地面的恶劣天气。每天有50万人次进入到相互连接的60座大厦中,也就是进入到超过360万 m^2 的地下空间中。

6.3.1.1 地铁建设

地铁是蒙特利尔地下城形成的基础,蒙特利尔地下3.0~4.5m的地基范围主要是岩石,所以整体地铁系统大部分位于这一围岩介质内。良好的围岩介质为地铁建设带来了一定的便利,地铁区间隧道可以在岩石中以较小的代价掘进,车站可以采用明挖法进行,且可以通过较小的经济代价把地铁车站与站域地区公共建筑物的地下室相互连通,成为一个整体。同时良好的地质条件还可以在地铁站台之上建造巨大的夹层,这些夹层连接周围建筑物的地下室,使行人可以轻易进入车站站台。街道上的行人可以通过任意一幢大楼的地下室进入地铁车站。如果某些待开发地段没有可以进入车站的入口,那么规划中也要求拟建建筑物的地下室必须设置入口,这样就消除了乘客在寒冷天气中通过地面人行道上的入口进入车站所带来的烦恼。在管理上,公共建筑物的地下室与地铁车站相互独立,穿越邻近建筑物的地下层到达地铁车站站厅,然后就可以进入车站,给乘客带来了极大的便利。

1964年,蒙特利尔地铁车站建设完成,并成功地为1967年世界博览会提供了高效便捷的服务。1966年地铁迎接了第一批乘客。1967年世界博览会之前,10座建筑已和商业区车站直接相连,形成了第二代的地下城。蒙特利尔轨道交通网络如图6-77所示。

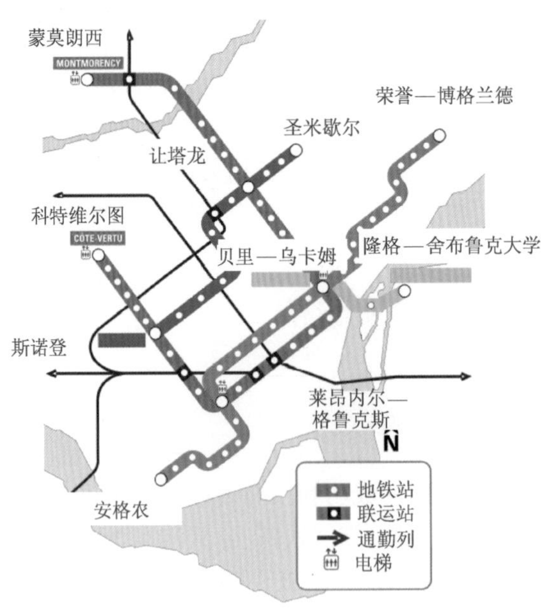

图6-77 蒙特利尔轨道交通网络图

6.3.1.2 地下城的发展

蒙特利尔地下城是加拿大第二大城市蒙特利尔威尔玛丽区的一个地下商业街,长达

17km,总面积达400万m^2,步行街全长30km。蒙特利尔地下城连接10个地铁车站、2000个商店、200家饭店、40家银行、34家电影院、2所大学、2个火车站和一个长途汽车站。蒙特利尔地下城的简况如图6-78所示。从图上看,地下城连接程度相当高,大致存在3条轴线,即西轴、东轴和北轴。由于历史原因,蒙特利尔市东部为法语区,西部为英语区,地下城的西轴、东轴也大体上反映出这一特征。

图6-78 蒙特利尔地下城简况图

沿东轴分布的四大建筑群建成时间早晚不一,前后位差近20年。它们本被街道分隔开来,一条南北向地下通道将它们彼此贯穿,且该通道正好位于地铁1号线与地铁2号线之间。在这片地下城区,还在高架平台上建成了“两大一小”三个广场,从而与Desjardins综合体和盖伊·法夫罗综合体的室内大厅在视觉上成功连为一体。就功能而言,东轴串联起一个文化中心、一片办公楼区、一片机关区和一个会展中心。总体来说,主导功能较为明确,但各构成部分内部也存在着发挥二级功能的设施,如住宅、旅店、体育设施等。此外,还存在少量潜在性设施,包括小商店、餐馆、咖啡馆和电影院等。

蒙特利尔地下城西轴为英语区,功能不如东轴明确,北轴为蒙特利尔市中心最重要的带状室内购物场所,它将建于20世纪上半叶、本是互相独立的3座大型百货商店以及4片新近开发的多用途建筑群连为一体。该片地下城地下通道总长为640m,相形之下,多伦多北部的地下网络长度为660m,两者十分接近。在多伦多,地下城北部以伊顿中心为主体,其体量与同样位于蒙特利尔地下城北轴的伊顿中心完全一样。这一室内购物广场的存在几乎将多伦多市北部的一切商业活动都吸引到了地下,致使地面街道功能在一定程度上受到了影响。蒙特利尔也存在类似现象,所不同的是,蒙特利尔地下城通过多个出口,始终与地面路网保持相交的关系。具体而言,共有116个这样的出入口,它们保证了城市中心内任何一个目的地距离它最近的出口都不超过步行所允许的范围，这使蒙特利尔市能够采取积极措施防止地面活动的衰落。

蒙特利尔地下城市与地上部分之间相互联系相对更强，这也与整个地下网络距地面的距离相对更近有关。这归功于两点，一是当地的地理条件较为有利；二是该市地铁车厢采用的全是橡胶车轮。这样，地铁轨道可离地面相对更近，地铁站点得以在铁轨上方实施垂直布局方案，其高度与一般的夹层楼层相当，它们与地上建筑底层的联系也大为加强。

与上述特征相伴随，产生了蒙特利尔地下城的另一个特征，那就是各构成部分之间的相互联系性极强，这一点为其他城市类似开发所无法企及。在不少特定城区，如巴黎拉德芳斯、巴黎大堂、纽约洛克菲勒中心、大中心车站、世界贸易中心以及东京的山手线周围地下城均显示出节点式开发的特征。在蒙特利尔，类似情况却仅见于贝里—魁北克大学(Berri-UQAM)地铁站和阿特沃特(Atwater)地铁站这两个节点上。整体状况是CBD地下城四通八达，各个部分的重要性难分伯仲。据此，也有人认为“缺乏一个明确的中心”是蒙特利尔地下城的显著缺点，但从该地下系统与地面城市活动的相互结合来看，这所谓的“缺点”又转变成了它的“优点”。

6.3.2 日本地下城市

日本国土面积狭小、人口众多且分布不均衡，全国近一半的人口集中在以东京、大阪和名古屋为核心的三大都市圈内。日本对地下空间的探索经历了90余年历史，围绕着建设地下商业街展开，从设置简单商业设施的地下通道开始，发展成为建设规模逐步扩大、功能逐步完善、系统性和开放性更强的地下空间系统。

日本是最早进行地下街开发建设的国家，以1930年建成的东京上野火车站地下街为开端，拉开了日本大规模发展地下空间的序幕。最初建设地下街的目的是为解决地面交通问题，收容地面无序营业的摊贩。第二次世界大战期间，日本对地下空间的探索基本停留在地下室和地下防空洞工程的建造上，战后的日本经济发展迅速，在城市更新、改造和再开发的宏观背景下，地下空间建设得到了迅速发展。

自20世纪90年代至今，日本进入深度综合利用阶段，已经形成了由地铁、地下城市综合体、共同沟以及纵深立体化开发的大深度地下空间等组成的地下空间开发模式，结合地下空间规划设计形成的立体城市形象已经取得了十分优异的成绩。

6.3.2.1 作为地面空间附属和补充的地下街

20世纪50年代到20世纪60年代，日本地下空间发展初期主要结合地铁站点开发，形成集地下停车场、通道和商业于一体的地下街，开发的意义在于置换地面部分功能，优化地面空间环境。到了后期，随着地铁发展带来了巨大人潮，地下街的商业优势开始显现，为活跃地区商圈发挥了重要作用，东京八重洲地下街就是其中的代表之一，如图6-79所示。

八重洲地下街位于东京站前广场地下，向下开挖三层，将地下商业街与车站建筑、停车场和城市基础设施整合于一体，成为以商业功能为主，同时承接地面车站附属设施的地下综合体。八重洲地下街建成时间较早，在室内装修和装饰等方面相比之下稍显不足，但整体空间较为宽敞，各种功能设施齐备，直到现在仍运转良好。

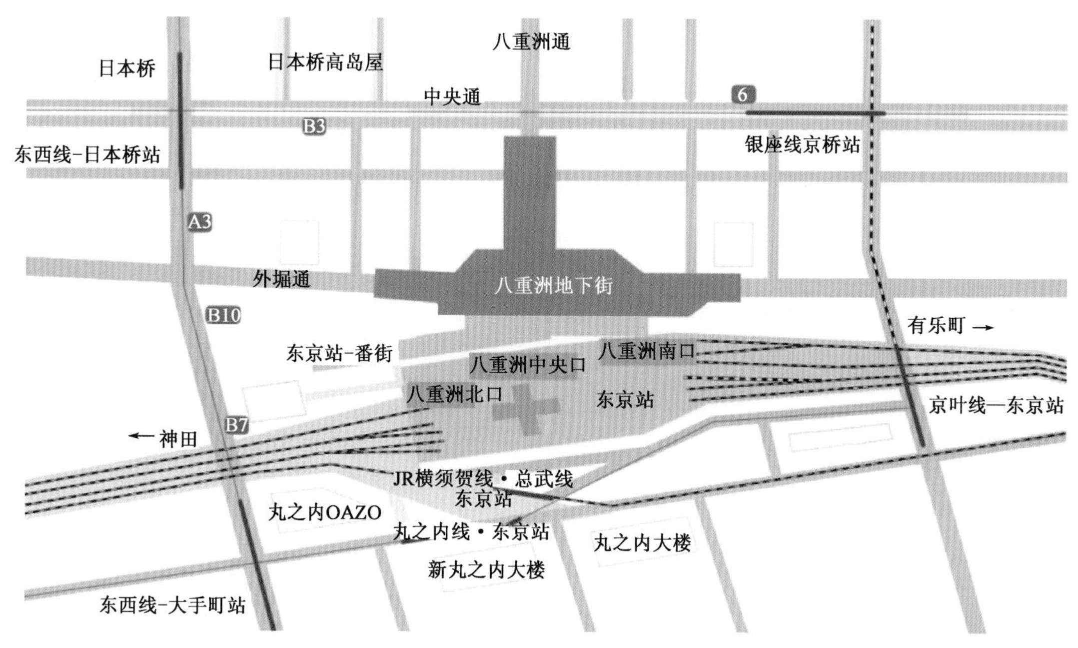

图6-79 东京八重洲地下街平面图

6.3.2.2 与城市空间连通融合的地下城市综合体

20世纪70年代到20世纪90年代，随着人地矛盾的不断激化，城市公共空间的发展不断向地下延伸，地下空间的开发建设使得区域范围内的空间形态和功能结构均发生巨大变化。地下空间开发形式也由地下街演变成为与城市公共空间有机融合的地下城市综合体，如大阪长堀地下街。

长堀地下街位于大阪市中心，1963年为解决城市中心地面的停车问题，修建了两层地下停车库，由于城市发展需要，于1992年不得不将其改建，成为今天集地铁、商业、通道和停车场于一体、拥有大规模公共空间的城市地下综合体。长堀在空间上通过下沉广场和天窗与地面自然空间有机联系，将地域文化融入8个节点广场的设计，形成以“水”和“时间”为主题的广场景观序列。

6.3.2.3 城市“新”空间逐步形成地下城

从21世纪开始，随着建造技术的进步和运营管理方法的成熟，地下空间结构向着更为系统有序的网络化方向发展，地下空间与地面空间的关系已由附属和补充转变为相互依存，直至和谐共生。

六本木之丘，也称“六本木新城”，是在东京城市核心区11.6万m^2的坡地上，汇集了酒店、住宅、影城、电视台、艺术中心、住宅广场、公园、商业和文化等大量建筑和景观设施的城市综合体。除了满足工作、居住和交通等城市基本功能之外，还融入了文化、休闲以及娱乐元素；在空间上结合地形，通过楼梯、坡道、平台、连廊、庭院、屋顶花园等设施与地下空间、地面空间和上部空间整合成为多层基面的立体公共空间。此外，通过将景观小品、休憩座椅等环境设施与公共艺术相结合，提升了整体环境的文化品位，被称为“城中城”“立体城”

和“艺术城”。

总之,随着人类城市规划设计方法和理念以及各类建设技术与管理运营手段的不断进步,高品质人类活动“新空间”——地下城市正在逐步形成。日本主要地下空间建设发展概况见表6-12。

日本主要地下空间建设发展概况(部分)　　表6-12

名　称	位置	运营时间(年)	规模(m^3)	说　明
八重洲地下街	地下街	1966	64000(3层)	地下空间与东京车站和周边16个大型公共建筑连通,建设之初空间环境较差,公共区域的装饰方面稍显落后,但在随后的整修中得到了很大的提升
天神地下街	福冈市	1976	22000(左右)	道路型地下街,5个休闲广场,地下街与两个地铁站相联系,与周边数十座公共建筑地下空间连通,形成复杂的地下空间网络,室内装饰统一为欧洲古典风格
中央公园地下街	名古屋	1978	56000	在公园地下,通过下沉广场与公园和周边设施巧妙联系,将20多条公交站点设置在地下一层。大通公园和地下街共同成为名古屋城市立体发展轴
梅田地下街	大阪市北区	1995	40500(2层)	在地下1层,形成地铁车站或大楼与地下人行道相接的人行网络,在地下2层形成以公共地下停车场与大楼附带停车场相连接的机动车网络
长堀地下街	大阪市中心	1997	81800(地下4层)	人车立体分流、地下街有4条地铁线穿过,与3个车站便捷联系,拥有大规模的公共空间与下沉广场。采用天窗采光,空间内部开始关注地区文化
横滨未来港21世纪站	东京	1997	496000	现代的集交通枢纽、商场、写字楼、公寓、酒店为一体的城市综合体。采用天窗和反射光采光,其设计处处体现着实用性和人性化的特点
“荣”综合交通枢纽站	名古屋	2002	地下3层、地上3层	集交通、休闲娱乐、购物、信息等多元功能复合的交通枢纽站,与周边大型公共建筑和地下商业网点连通,人行系统完善,注重节能环保
六本木之丘	东京	2003	76000(地上最高54层,地下6层)	集住宅、办公、酒店、商业、文化于一体,整合城市公园、地铁、公路、人行通道成为多层立体的城市公共空间基面系统

6.3.3 法国巴黎地下城市

巴黎地下空间开发的起因是1832年的一场霍乱瘟疫,之后巴黎人利用城市地势,设计了一个了不起的城市排水系统,将脏水排出巴黎。自1833年开始,地下排水系统、地下管线共同沟和地下铁道的分期建设共同构建了纷繁的地下城市网络。1970年和2010年,两次改造的市中心综合体(Les Halls)和1950年建设、至今仍在不断完善的拉德芳斯(La Défense)新城综合体,将巴黎地下空间的历史与现代完美拼贴。

6.3.3.1　世界地下管线共同沟里程碑

巴黎拥有世界上最早和最完善的地下管线共同沟，纷繁复杂的管道像人的血管，支撑着这座大都市的运行。这项工程可追溯到1854年的巴黎下水道系统改造，设计者创造性的在以排水为主的廊道中布置了一些供水管、煤气管和通信电缆、光缆等，形成了世界上最早的共同沟，极大提高了地下空间的利用效能和集约化程度。发展至近代，巴黎逐步增加了消防、电气、电力、集成配管和监控、通风、照明等设备，形成标杆式的综合管廊系统（图6-80），它既是一项完美的工程，也是巴黎的一个旅游景点。它是世界上第一个可供参观的大型综合管廊系统，目前每年有10多万人来此体验这座魅力之都的地下传奇。在这里，人们可以领略到一个完全不同、却又代表巴黎独特文化和艺术的混合体。

a)

b)

图6-80　巴黎下水道和地下博物馆（展板下即地下水面）

6.3.3.2　Les Halls—地下空间激活城市中心

Les Halls自古就是巴黎的市中心，1854年建成的中央商场成为欧洲独一无二的大型城市中央菜市场。1970年，在内生动力和地下铁道建设双重因素作用下，为激活并延续其中心功能，政府对Les Halls进行第一次改造——拆除中央菜市场，结合两条地下交汇的地铁线路进行地下交通和商业空间的立体开发，将地面以公园形式还给城市。此轮改造后公园和街道自成一体，但地下空间与城市环境之间的互动还尚未真正实现。

2010年，Les Halls进行了第二次改造。此次改造强调地下与地上城市要素之间的连通。设计师David Mangin以一块巨大的透明玻璃天棚“Ramblas”统一区域内所有城市要素，在这里，除了商业中心，还有音乐学院、图书馆和文化中心，这些要素构建了一个上下连通的大型城市中心。经过两次改造，这座元老级的城市中心，从单纯的菜市场到地下功能赋予，再到地下空间与城市功能的融合，逐渐演变为巴黎最著名的商业文化中心、地铁枢纽以及最具活力的城市社会空间载体（图6-81）。

6.3.3.3　拉德芳斯——立体交通构筑立体城市

拉德芳斯是世界上第一个实现人车分层的大型城市综合体项目，这种做法在当时是绝无仅有的。地面上的公共建筑与居住建筑以一个巨大的广场相连，地下则是由道路、地铁和停车场等形成的综合交通网络。这种一次性到位的规划理念与规划执行力被许多欧洲国家称为真正的“百年大计”。

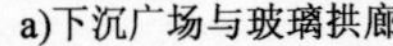
a)下沉广场与玻璃拱廊

b)列·阿莱广场

图 6-81 Les Halls 商业综合体

拉德芳斯自 1958 年开始建设，在规划初期即确定了超前的交通设计理念，即完全的人车分流。这种分流并非传统的各行其道，而是立体空间上实现。人行交通通过地上 67 万 m^2 的巨型城市平台到达各个建筑，车行路网包括地下四层 RER-A 站台、地下三层 M1 站台层、地下二层售票与换乘大厅、车行道路、有轨电车 T2 和郊区铁路站台、部分商业设施等和地下一层公交车站与停车库，通过地下四层的立体交通网络换乘联系。规划到 2023 年，还将新增 RER-E 线、有轨电车 T1 和自动化快铁，轨道交通将增加到 6 条。地下交通网络减少了噪声和环境污染，同时美化了城市外观。据统计，约 85% 的人群选择公共交通进出拉德芳斯，完全没有巴黎的交通拥堵。而依据节点集中布置的公共停车场，采用错峰停车策略，在新区两侧看不到沿路停放的车辆，与巴黎市区车满为患的现象形成鲜明对比。

拉德芳斯的建设缓解了巴黎老城区的人口和交通压力并保护了巴黎中心城区的古典风貌，较好地体现了巴黎一次性规划理念，将交通完全放入地下，也成为当前地下立体交通系统的成功尝试，16 年的分阶段建设使其成为全球立体城市的典范之一(图 6-82)。

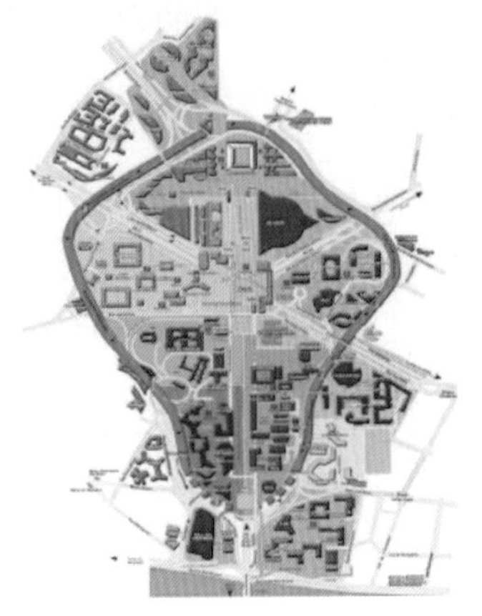
a)地区总平面图

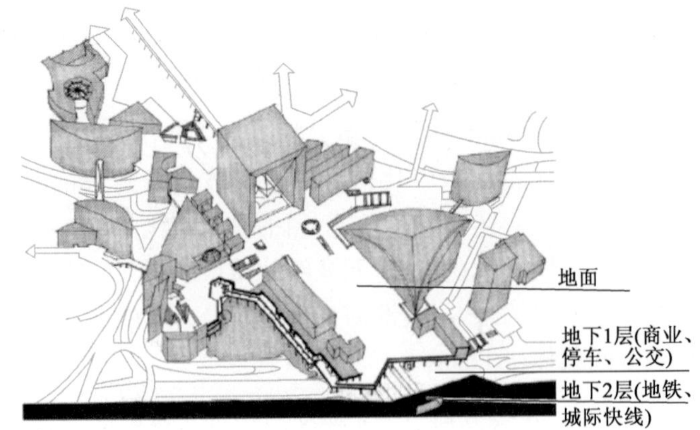

b)地下城市综合体剖视图

图 6-82 巴黎拉德芳斯地区地下城市

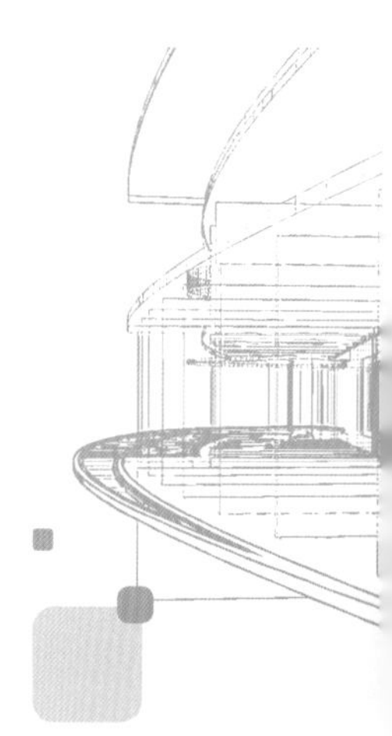

第7章 工程综合案例剖析与借鉴思考

7.1 东京六本木新城

7.1.1 项目概况

7.1.1.1 开发背景及目的

日本东京六本木新城，在日文中称为“六本木ヒルズ”(Roppongi Hills)，又称六本木之丘，由森大厦株式会社主导开发，筹划达17年，投资近170亿元人民币，是日本规模最大的都市更新计划项目之一。这一世界级都市中心综合体竣工于2003年，占地近12万m^2，集中了时尚名店、五星级酒店、豪华影院、朝日电视台、美术馆、住宅公寓等丰富设施，能承担居住、办公、娱乐、购物、学习和创造等多项社会服务功能，约有2万人在此工作、生活，平均每天出入人数达10万人次。其建设符合城市建筑一体化及绿色城市规划设计理念，呈现出代表日本目前最高的城市更新水平，被誉为“未来城市建设的一个典范”。

六本木新城更新计划是基于“城市更新新政策”的项目实施背景。当时东京缺乏一些国际功能性大型公共空间及迎合居民新增长需求的综合设施，对此业主方提出，针对东京城市魅力日益衰减的颓势，亟须通过重新构建现有土地所有体系和推进高层建筑建造两大途径，着力将东京建成为一个功能高度聚集、环境友好的新型城市综合体。

六本木新城更新计划以打造“城市中的城市”为目标，以展现其艺术、景观和生活独特的吸引力为发展重点，通过城市综合性区域开发为城市居民提供更加充足的城市空间和私人时间，组织更丰富的城市生活(图7-1)。实现方式包括：“让城市立起来”，将都市的生活流动线由横向改为竖向，并引入景观设计，将大体量的高层建筑与宽阔的人行道、大量的露天空间交织在一起,形成“立体洄游的森林”;通过城市空间立体化整合,在城市中心将居住区、办公区和必要的配套设施进行有机组合。

图 7-1　日本东京六本木新城实景图

图片来源:https://www.gotokyo.org/cn/spot/81/index.html。

7.1.1.2　地理位置

六本木新城地处东京港区六本木山地区,总体位于东京日谷比沿线,赤坂以南,麻布以北。在区位上,六本木新城比邻新桥和虎门商务街,霞关的政府机关街道,以及麻布、广尾的高档住宅区等,地理位置优越。六本木新城是东京的“地标性建筑”,也是日本新都市主义居住空间的范本,基于规划者充分考虑了合乎未来的生活方式和消费理念,提前对未来城市消费需求和方向做出的智慧判断和想象,在满足大量城市生活的同时,反映了社会发展的目标,呼应了时代的需求。

7.1.1.3　建设历程及规划

1)六本木新城建设历程

六本木新城诞生前,朝日电视台周边街道极为狭窄,以致消防车也难以通行,旧式木造房密集排列。在此背景下,六本木地区更新项目自 1986 年开始启动,由森大厦株式会社主导,并由捷得建筑事务所(the Jerde Partnership)等多家美国大型设计事务所主持设计,历时 17 年完成这一典型的组群式城市商业综合体建设。在这 17 年间,六本木新城从 2000 年 6 月动工至 2003 年 4 月竣工,建设期不足 3 年,前期经历了漫长的开发、规划、设计及与原住居民拆迁谈判工作。六本木新城面貌变革如图 7-2 所示。

a)1996年

b)2000年

c)2003年

图 7-2　六本木新城面貌变革

2）六本木新城规划运作机制

首先，为推进六本木新城科学规划，由国家与地方政府官员、学术和商业界人士共同组成了一个专业委员会，详细制定了城市更新设计方案，例如委员会根据六本木地区不同区块的特性，明确划分这些区块的定位，包括保存现状区块、修复型城市更新促进区块、多功能型超高层规划区块。其次，设计方案对人均住宅面积和办公面积均做出了相应指导，并根据各个区块的不同特征和功能，设定了每个区域居住与工作人口的规划比例，同时还在区域内建设了一个集工作、居住和娱乐于一体的综合公共场所。最后，建立了一个高效的行政和法律开发管理支持系统，政府行政机构对经多数人同意的决定予以支持。

3）六本木新城规划设计原则及功能分区

六本木新城规划设计方案，力图构建交通体系精明、生态环境怡人、建筑结构安全、建筑功能多元、建筑文化融合的城市综合体项目，其规划设计原则可归纳为5点。

（1）采用垂向动线设计，打造“垂直”都市。整合地铁交通系统与都市公共交通系统，以人流垂直流动线指引城市空间立体化拓展，从而打造集约化的“垂直花园城市”（图7-3）。

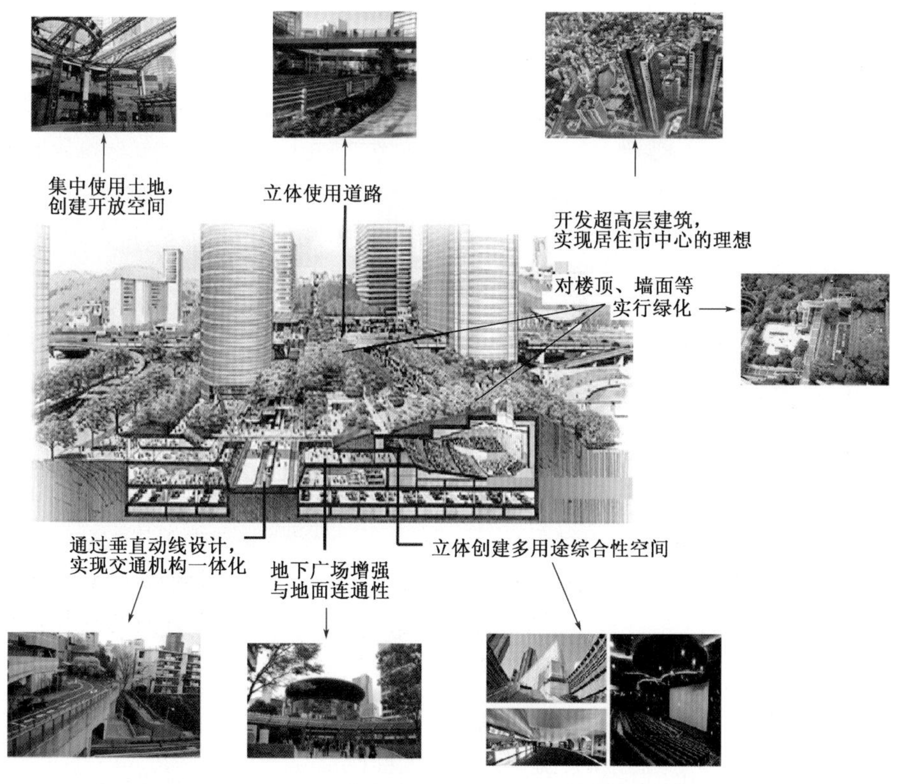

图7-3　六本木垂直花园城市构建示意图

（2）充分利用垂直空间，增加绿地和生态空间。如增加大楼高度设计错层的、有绿植装饰的露台，以及在剧院的屋顶打造了水稻种植基地等。

（3）建筑结构设计追求安全舒适性。运用高层及超高层建筑结构的减震控制技术体系来提高建筑的耐震性能，降低中小型地震和强风所产生的晃动，以提高使用上的安全性及舒适性。

(4)通过开发超高层塔楼和地下空间,有机整合城市功能。整合周边公园和广场空间,将规划区内一半以上的区域作为户外开放空间,加强地区与都市之间的融合与协调,且通过都市公共交通系统接驳,规划云集住宅、文化、餐饮、购物、娱乐、社交、艺术展馆、豪华影院与屋顶花园等多种功能。

(5)迎合城市整体文脉,打造艺术文化城市。六本木新城在追求感性的生活形态构想下,以艺术文化与休憩设施来表现造街概念:一方面,在森大厦49~54楼中集中规划美术馆、观景台、会员俱乐部等艺术空间;另一方面,在区内人行道和公共场所的各个角落设置大量的公共艺术作品和装饰艺术街道家具,通过公共艺术设施配合整体开放空间的景观系统规划,营造六本木新城街道景观。

在上述原则指导下,六本木新城的规划,围绕着"住宅、商业、文化、设计"四大元素,以人本精神为导向,将居住、旅游观光、商业、交通等多元功能要素相结合,整个业态组合考虑使用者的多种需求。总体上,六本木新城空间组成大致可分为五个区域,分别为地带大厦、北塔(North Tower)、地铁明冠(Metro Hat)与好莱坞美容美发世界(Holly Wood Beauty Plaza)、山边(Hill Side)、西步行道(West Walk)与榉树坂(Keyakizaka)区。六本木新城业态规划如图7-4所示,主要建筑概况见表7-1。

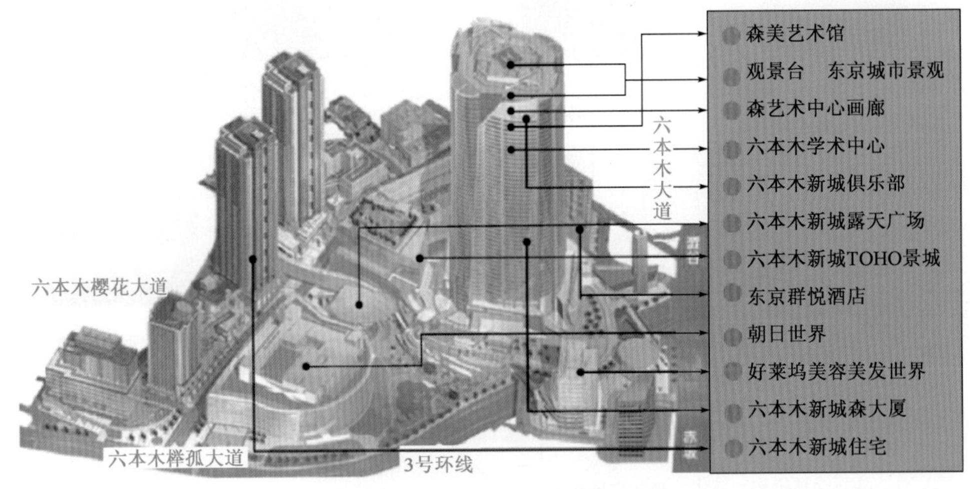

图7-4　六本木新城业态规划图

六本木新城主要建筑概况一览表　　表7-1

建筑名称	建筑概况
好莱坞美容美发世界	地上12层,地下3层,建筑面积24800m^2
六本木新城森大厦	地上54层,地下6层,建筑面积379500m^2
六本木新城入口大厦	地上15层,地下2层,建筑面积30800m^2
东京君悦大酒店	地上21层,地下2层,建筑面积69000m^2
榉木坂	地上7层,地下3层,建筑面积23700m^2
榉树坂天台大厦	地上6层,地下1层,建筑面积6900m^2

续上表

建筑名称	建筑概况
朝日电视台	地上 8 层，地下 3 层，建筑面积 73700m^2
A 栋、B 栋、C 栋、D 栋住宅楼	A 栋地上 6 层，B、C 栋地上 43 层，D 栋地上 18 层，每栋住宅楼地下为 2 层，总建筑面积 149800m^2，837 个住户
停车位	2762 个

7.1.1.4　项目代表意义

六本木新城是迄今为止日本最大的由民间投资的旧城区更新项目。它属于产业开发创新的典型案例，这一案例为都市中心区更新及重新激发都市中心的活力和魅力提供了可供借鉴的模式，包括：

(1)旧城更新与新城开发相结合模式。目前世界上许多大城市的规模已经趋于稳定，并且内部空间也趋于饱和，想要进一步取得城市的发展需要对旧城区进行更新，并结合当地经济和文化特点，创造出独特的新型发展模式。

(2)产业的整体性开发模式。其主要是产业的一体化开发，避免单一产业的发展过快而导致地区产业配比不均衡。应通过配置完整的产业结构，实现各产业间的相互配合与相互促进。六本木新城与轨道交通良好结合，借助轨道交通的便利性与集聚性，促进产业整体发展。

(3)开放式空间与竖向空间的利用使得建筑与景观融为一体，增加空间的流畅性，为人们营造了舒适和愉悦的氛围。同时，街区化的设计也使空间划分更为合理，功能分布更为明确，营造了大而有序的空间形态。

7.1.2　地下空间规划设计布局

从日本六本木新城项目出发，对国外地下空间规划设计的目标、定位、功能和业态等进行进一步的探索。

7.1.2.1　设计目标与依据

1)地下空间利用的目的及意义

日本地下空间利用的目的是通过地上、地下空间一体化利用，促进地区都市机能增长，具有以下领域的重要作用：①活用地下空间，扩充原来的基础设施，推进沿街地区的高度集约化利用，确保立体接续及交通流动线顺畅；②地下步行通道的整备和调整，步行者交通安全化、顺畅化、网络化，都市活动的活性化；③规划地下停车场以减少地面及道路停车，提高并行交通的结构机能；④地下停车场网络整备及减缓地上交通拥堵，减少车库出入口，提高到达地面空间的效率；⑤面状街区的设置及规划，地下设施整备一体化，扩充及促进都市空间的有效利用；⑥地下设施整备及一体化，以及各种供给处理、通信设施的整备，推进设施扩展事业及相关地区的高度顺畅化，适应设施(停车场、仓库、变电所等)的地下化及地上空间的解放，增加足够的开放空间；⑦地下空间的有效利用，如共同沟、雨水调蓄池等的设置，强化治水等，以提高都市综合防灾机能、市政设施(配电线，电柱及各种供给与管道处理规划设施等)的地下化，以提高都市环境;⑧交通和物流体系地下空间设施的网络化,缓和道路交通,为步行者提供更多的开放空间,促进都市中心街区的发展。

对照上述地下空间利用的目的,结合案例实际效果,归纳出六本木新城地下空间设计重点在于:进行垂向交通组织,实现人车分流;减少碳排放量,保护城市生态环境;完美展现复合型功能,给人们提供安全舒适的生活;加强文化景观设计,累积城市文化底蕴。

2)地下空间利用的基本方针

日本地下空间利用的基本方针是使将来的城市发展与现在的都市活动相对应,对于地上空间不足而进行的地下空间利用。利用地铁站点面状更新及地下设施整备的契机,使地上和地下空间一体化规划设计成为可能。促进未来都市空间集聚,提高都市机能,推进都市空间高度集聚利用及地下空间利用。

3)地下空间建设模式

公共交通导向开发(TOD)是以公共交通为导向的发展模式,由新城市主义代表人物彼得·卡尔索尔普提出,具体是指以公共交通站点为中心,5~10min步行路程为半径,形成一个区域中心,以满足工作、商业、居住和休闲等多种城市人居功能。

TOD规划原则为地下空间开发利用提供了新的维度,在此背景下日本形成了以轨道交通枢纽与地下空间整合开发的代表性建设模式。六本木新城的一丁目地铁站(Roppingiichome Station)就是其中的典型代表。该交通枢纽综合体中,四个站点通过电梯、扶梯层间转移进入地下商业层,交通、商业与景观的巧妙融合,营造多维体验空间,比地铁上盖商业建筑更流线、组织更顺畅,能有效将人流转化为消费客流。

7.1.2.2 地下空间功能分析

六本木新城的地下空间,按功能可以分为地下交通设施、地下公共服务设施和地下其他设施三种业态。

1)地下交通设施

(1)地铁

六本木一丁目地铁站是典型的区域型轨道站点综合体。为实现与地铁、公共汽车、私人小汽车等方便接驳,地铁站直接连通六本木新城地下一层。地铁站月台层位于地下四层,地铁站东出口连接泉水花园大楼,通过一个阶梯式下沉广场以及城市走廊将泉水花园大楼、泉庭别邸以及泉屋博古馆分馆串联起来(图7-5)。该地铁站设计为水晶岛的形式,其外观具有强烈的视觉标识作用。

(2)停车场

六本木新城总计有12个停车场,2762个停车位。停车场设置为普通停车场和自动立体化停车场两种类型,采用方便顾客就近停车的方式,即顾客可以通过下行通道将私家车直接停在不同层的停车场。另外设有50辆摩托车与332辆自行车停车位置,同时设置出租车乘车处与出租车服务处,为顾客提供了多元化的出行方式。停车场的设计十分人性化,整个办公区和消费区的地下空间相连,白天办公区停车位不够时可以向消费区的停车场靠拢,晚上停车紧张的消费区可以往办公区分流。

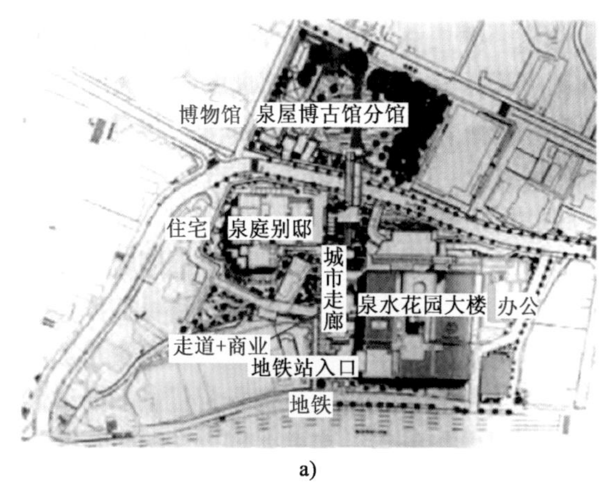

a)

b)

图7-5　六本木一丁目地铁站连通性设计

(3)地下步行系统

泉水花园(Izumi Garden)更新项目是在城市更新的宏观背景下,结合东京六本木地铁站建设,融合办公楼、美术馆、住宅楼、地铁站和城市地下空间为一体,是地上地下联合开发的成功案例。泉水花园塔楼地下2层,停车位546个,塔楼地下1层直接与南北线六本木一丁目地铁站连接,通过自动扶梯进入城市走廊(图7-6)。

a)

b)

图7-6　泉水花园地下一楼

城市走廊为一个三层退台式中庭,在平台内侧为健身俱乐部,使人们能驻足停留。城市走廊通过自动扶梯+台阶步行系统,将地铁、地下街、泉水花园塔楼、庭院与城市空间整合为新的城市开放空间。步行系统空间设计充分利用了起伏多变的地形,将自然光引入地铁站,实现人车分流,使得人流可以很容易并且也很愿意从地铁站或者商业办公区出发散步到高处的庭院美术馆区。在TOD一体化设计思路下,这个区域被打造成为一个既具备热闹都市功能又充满自然文化气息的宜居街区。

2)地下公共服务设施

六本木新城具备完善的商业设施及服务功能,其地下空间公共服务设施详见表7-2。

六本木新城地下空间公共服务设施一览表　　表7-2

标识	名称	地点	服务内容
	六本木新城问询中心	地铁明冠地下一层(B1)	暂时看管迷路儿童; 备有各种小册子; 受理遗失物品
	投币存物箱	①好莱坞美容美发世界(B1F) ②榉树坂六本木综合楼地下二层(B2)	为带行李顾客提供投币存物箱
	休憩区	庭园侧步行区地下二层(B2)(只设置椅子)	设有可供休憩地点,在室外进午餐或疲劳时使用
BANK ATM	银行、自动取款机(ATM)	①民生银行地铁明冠/好莱坞美容美发世界地下一层(B1) ②北方大厦地下一层(B1) 家乐福店内	设有银行及 ATM
	哺乳室	榉树坂六本木综合楼地下一层(B1)	供哺乳使用
	多功能卫生间	地下停车场地下二层(B2)	可供坐轮椅的人或带婴儿的人使用

3)地下综合设施

此外,六本木地区拥有日本首个城市重建地下工作室。该建筑共6层楼高,地面以上2层暴露在山坡上,剩余4层在地下。地下室有三个工作室,确保现场节目基本在不受地面噪声和振动影响的环境中制作和播放。

7.1.2.3　地下空间业态分析

六本木新城地下空间商业属性浓厚，目标客户群为区域内中层到中高层收入家庭、游客、写字楼白领、地铁乘客和专业人士等，各业态主要分布于以下4处。

①北塔楼（North Tower）

北塔楼主题为休闲美食空间，与地铁日比谷线六本木站邻接。地下2层、地下1层设有餐厅、商店和便利店等，是速食餐厅的集中地，主要是为了服务六本木新城周边的上班族。

②地铁明冠/好莱坞世界

地铁明冠/好莱坞世界是集美容、饮食、健康为一体的主题区域，拥有简洁的外观、不断变化的内外灯光和顶部超大的电视荧幕，给人以不同的时空变换之感。地铁明冠连接地铁站与六本木新城的入口，地下有三层。与地铁明冠相连接的好莱坞美容美发世界内，有水疗、健康美容、时尚名品等零售商店或服务商店，目标群体是拥有知性价值观的成年人，倡导了一种新颖的休闲美丽消费式样。

③森大厦（Roppongi Hills Mori Tower）

大厦地下设有6层，均为地下停车场。大厦地上、地下空间功能竖向分层剖面如图7-7所示。

④庭院侧步行区（Hill Side）

该步行街主题为充实的娱乐、艺术和生活空间，设有影院的榉树坂六本木综合楼以及面对毛利庭园的半开放街面区域，有多家东亚风格的店铺。利用倾斜的连接坡道所形成的高差来营造空间变化感与趣味性（图7-8），并且巧妙地结合了公共区域、开放空间、森大厦的入口与各式商店。

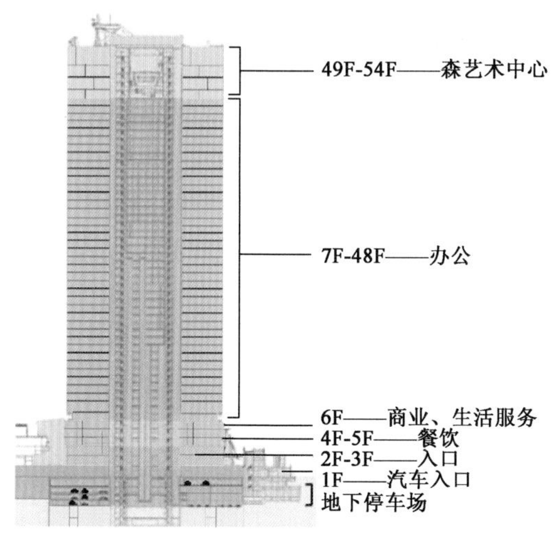

图7-7　森大厦功能竖向分层剖面图

图7-8　庭院侧步行区高差设计

7.1.3　项目借鉴价值及指导意义

东京六本木新城作为日本东京的地标性商圈，其本身虽不能覆盖日本城市地下空间的所有业态，但其所反映的多项设计与应用理念值得城市地下空间从业人员借鉴。

7.1.3.1 绿色地下空间开发借鉴

六本木新城项目最大限度绿化地面,并绿化建筑的屋顶,通过绿化设计将多种多样的广场、街道、绿地整合形成了“立体洄游”森林,开发后的绿地面积约为开发前的1.5倍,创建出约占开发面积20%以上的绿地。例如,设计师佐佐木叶二先生运用绿色广场和园林庭院将各个不同高程的室外地坪、建筑屋顶组合起来,环绕超高层建筑塔楼,通过毛利庭园、连廊、大台阶等与城市街道相连,并结合墙面的绿化、中心表演广场形成丰富的城市公园景观。

7.1.3.2 人本地下空间开发借鉴

六本木新城在人本地下空间开发上有以下做法值得借鉴:①景观设计凸显人性化内涵,例如一丁目地铁站外观设计为水晶岛形式,其外观既美观又具有强烈的视觉标识作用,利用下沉广场、中庭等引入自然光。②设施配备更加人性化。通过趣味性的座椅设置,既有雕塑感、艺术感,同时也给市民提供一种轻松愉悦的场所,通过造型、色彩和材质等来吸引人的眼球及满足人们的心理需求。③六本木新城地上、地下设有一整套完整的导视系统,清晰具体。包括结合不同建筑特点设置适应环境的导引牌,如通过材料和颜色来统一风格。

综上所述,在地下商业街设计方面可获得以下两点经验:

(1)丰富地下商业街的趣味性

为了缓解人们在地下空间中的负面心理影响,地下商业街设计中对空间形态的多样化和街道空间的趣味性往往有更高的要求。设计中可以通过改善街道剖面的形式和高宽比的变化来塑造多样的空间感受,形成富有动感和收放有序的空间序列。同时要注重对线性空间段落的划分、高差的变化、趣味小品的加入、地面铺装的转换以及休息座椅的设置等可以做出对空间的暗示,营造多样化的空间形态,给步行者提供丰富的空间感受。

(2)塑造节点空间的主题意蕴

随着人们参与地下空间的活动越来越频繁,在地下空间的环境塑造中,应更加注重人文关怀,引入城市文化和记忆。尤其是地下综合体的节点空间,通常作为路径的交汇点或者使用者观赏休憩的场所,通过营造充满文化气息的节点空间环境,塑造令人印象深刻的主题意境,同时在空间组织上形成开合收放的序列结构,通过中心开放空间节点来引导视线的方向性,强化空间的主题意境。

7.1.3.3 智慧地下空间开发借鉴

1)地下综合管廊

六本木新城位于日比谷沿线,其地下的日比谷综合管廊是东京最重要的地下管廊系统之一。采用盾构法施工的日比谷地下管廊,范围从虎门一丁目至有乐町一丁目,建于地表以下超过30m深处,全长约1550m,直径约7.5m,如同一条双车道的地下高速公路。由于日本许多政府部门集中于日比谷地区,须时刻确保电力、通信、给排水等公共服务,因此日比谷地下综合管廊的现代化程度非常高,它承担了该地区电力、通信、供排水以及燃气等几乎所有的市政公共服务功能。

地下综合管廊系统不仅解决了日本城市交通拥堵的问题,还极大方便了电力、通信、燃气、供排水等市政设施的维护和检修。此外,该系统还具有一定的防震减灾作用。1995年日本阪神大地震期间，神户市内大量房屋倒塌、道路被毁，但当地的地下综合管廊却大多完好无损，这大大减轻了震后救灾和重建工作的难度。

2）自行车停车场

为解决市区自行车乱停乱放的现象、保护周边景观、保证救护及消防通道的顺畅，日本技研制作所（Gikken Seisakusho）以“地上文化，地下机能”的设计理念，开发了一款全自动化自行车存放系统——环保型耐震地下自行车停车场（ECO Cycle）。旨在通过将停车场建在紧邻目的地的地方，鼓励人们更加频繁地使用自行车，通过紧凑的空间利用缓解大城市中心区的用地紧张，同时消除人行道的乱停车现象，释放地面空间，将这些空间用于休闲、娱乐及文化活动。

ECO Cycle 通常修建在街道地下，地下长 12.4m、宽 7.71m。该系统在地面占地仅为一辆机动车的面积，却可同时容纳 204 辆自行车停放，而存放相同数量自行车的地面停车场占地约 360m^2。

7.1.3.4 韧性城市地下空间开发借鉴

韧性城市的内涵为：地下空间能够凭自身的能力抵御灾害，减轻灾害损失，并合理调配资源，以便于城市从灾害中快速恢复过来。其三大本质特征包括：①自控制—在城市系统遭受重创和改变的情形下，依然能在一定时期内维持基本功能的运转；②自组织—城市是由人类集聚产生的复杂系统，具备自组织能力是系统韧性的重要特征；③自适应—韧性城市具备从经验中学习、总结，增强自适应能力的特征。

六本木新城地下韧性空间主要涉及防御空间和避难救援空间，其中防御空间分为生命线防护空间和数据灾备空间；避难救援空间分为避难空间、疏散救援通道、排涝调蓄空间、仓储空间。如前所述的东京六本木商圈的城市重建地下工作室，设计人员在设计时便配备了应急电梯、无线通信辅助设备、应急中心等防灾设施，并对走道、楼梯（疏散救援通道）等进行了针对性布局，以期提高人员疏散效率；同时由于六本木新城的地下街主要由人行通道、商店组成，为防止火势蔓延，各商店明显分离；在地下街防灾减灾设计方面，专门将厕所作为避难空间，并准备了充足的储备蓄水，这一设计能有效提供人员在火灾、地震等自然灾害中的生存率。

六本木新城地下韧性空间设计，可参考借鉴规划经验包括 3 点：第一，从规划立法看，韧性城市规划需要在上层设计阶段，及时出台相应的法律法规和政策文件；第二，从规划组织看，借此统一的目标诉求，加强原有规划及其职能部门之间的相互协调；第三，从规划内容和对实施效果的指导价值看，要重视行动方案的组合和优先顺序配置，即在某种城市功能失效的情境下，需要调动何种资源，采取何种对应手段来解决问题，对于城市地上、地下空间一体化规划具有非常强的实践指导意义。

7.2 武汉光谷广场地下综合体

7.2.1 案例概况

武汉光谷广场综合体工程位于武汉东湖高新区，工程包含 3 条地铁线的车站和区间工程（2 号线南延线、9 号线、11 号线）、2 条市政隧道工程（珞喻路、鲁磨路市政下穿隧道）、1 条地下非机动车环道以及综合利用隧道上部空间设计的地下公共空间工程(图 7-9)。是集轨道交通工程、市政工程和地下公共空间于一体的综合性项目,工程总建筑面积约 16 万 m^3,是建成时全球最大最复杂的地下综合交通枢纽之一。其中地铁 2 号线南延线呈东西走向敷设于虎泉街 ~ 珞喻东路道路下方,9 号线呈南北走向敷设于鲁磨路 ~ 民族大道道路下方,11 号线呈西北至东南方向敷设于珞喻路 ~ 光谷街道路下方;市政隧道有 2 条,其中珞喻路隧道沿东西方向从地下穿越,鲁磨路隧道沿南北方向从地下穿越。

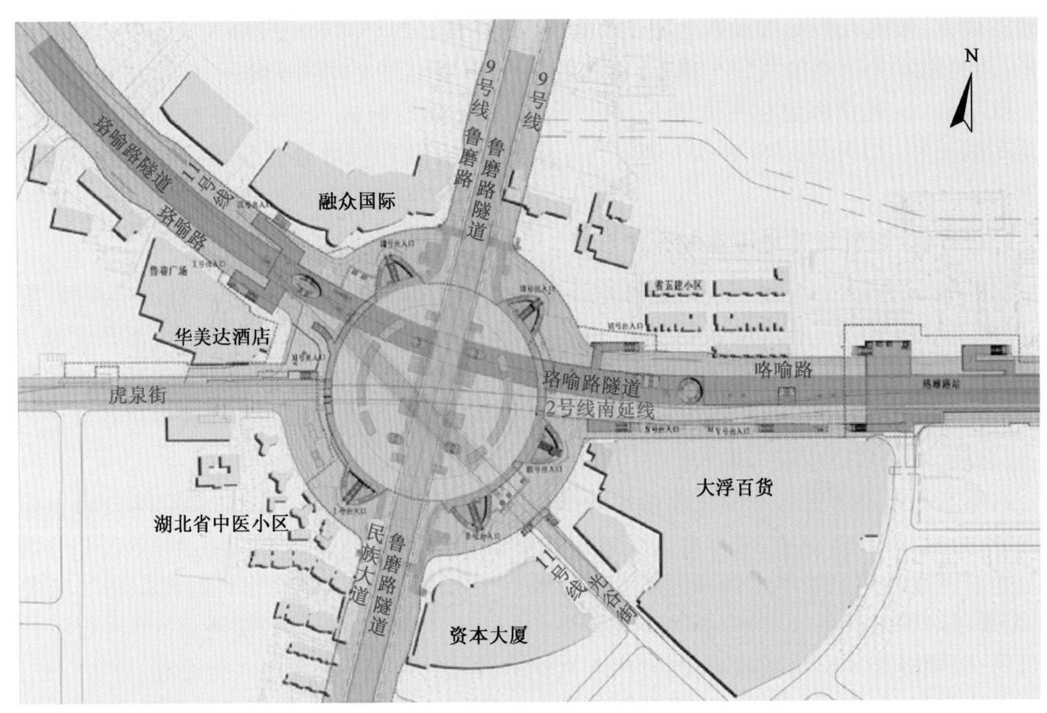

图 7-9　武汉光谷广场地下综合体总平面图

光谷广场综合体原状地面是一个转盘型地面交通环岛,地面汇集 6 条道路的各类型交通,交织车辆多,交织段落短,机动车占用非机动车道现象严重,高峰日车流量可达 15 万辆,人流量可达 80 万人,交通异常繁忙。因此,急需对光谷广场特别是其地下空间进行综合改造。

从 2011 年开始,已考虑将光谷转盘处的地下空间打开,引入商业和停车功能,成为整个转盘区域新的商业中心点。

2013 年,经过多方论证和研究,摒弃了将光谷转盘区域打造成商业中心的原有思路,代之以解决基本交通功能的节点规划。具体是将连接两个新城区的两条十字形干道由地面环岛形式改为地下立体穿越的隧道贯穿方式,起到将直行车辆快速通过疏解的功效。并根据新的城市轨道交通建设规划,引入 3 条地铁线路在此交通节点交汇。2014 年项目主体工程开工建设。2017 年 9 月车站主体土建完工,2019 年 12 月,光谷转盘地下空间完工,地面交通恢复。2020 年 1 月,光谷广场人行地下通道开放。

7.2.2 项目特点及代表意义

光谷广场综合体的规模和复杂程度在国内地铁枢纽中首屈一指,国际罕见,工程建设对于改善光谷周边居民出行条件、缓解节点交通压力、提升光谷地标品质均具有重要作用。

光谷广场综合体工程设计建设范围包括直径200m的圆形地铁换乘车站、各条道路下方的地铁区间隧道、市政隧道以及地下空间开发。工程主体主要采用多跨框架结构,最大跨度26m,最大净高10.5m。工程运用BIM技术进行设计建造,获得中国勘察设计协会第八届“创新杯”建筑信息模型(BIM)应用大赛最佳交通枢纽BIM应用奖,BIM模型如图7-10所示。

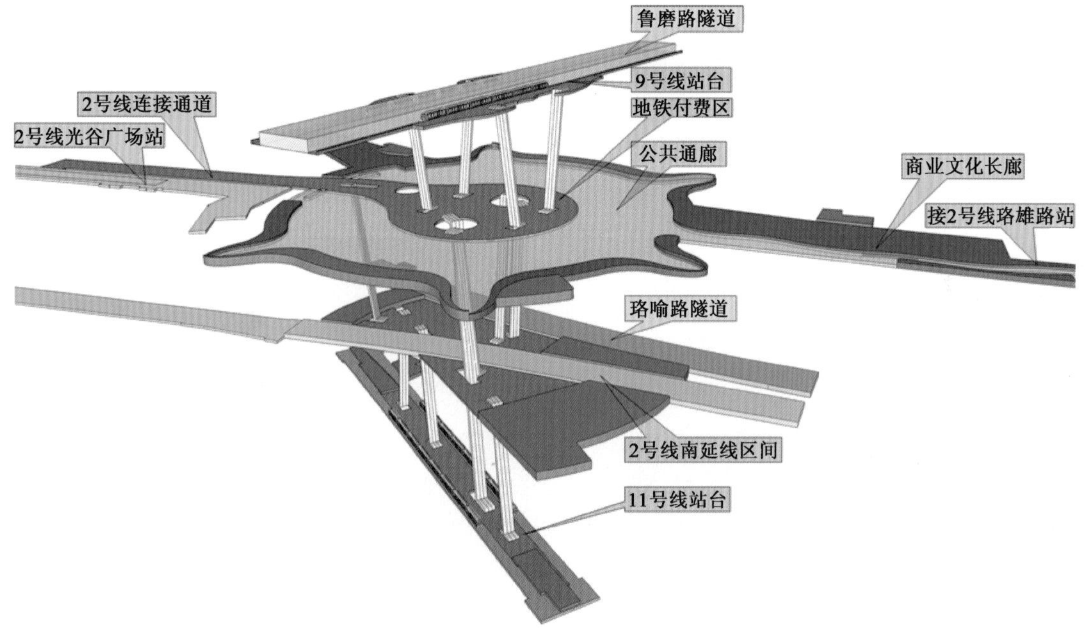

图7-10 光谷广场综合体工程BIM模型

光谷广场综合体解决了三大技术难题:在多路汇集的城市中心节点有限空间内实现了各类型交通一体化;在城市中心节点实现了特大型复杂地下交通枢纽的安全快速建造;在超大客流条件下保障了工程畅通、安全、智慧、绿色运行。

7.2.3 地下空间规划设计布局特点

(1)工程从实现最优交通功能出发,将地铁9号线、11号线站台集中布置在环岛中心地下,将贯通的地下一层作为地铁换乘层和交通层,简单便捷实现逃生疏散和消防防灾,同时解决地下空间与周边商业的连通。

(2)通过采取同向线路同层归并、设置贯通换乘大厅的空间处理方法,将9号线站台与鲁磨路隧道设置于地下一层换乘大厅夹层,巧妙地在三层空间内解决了五线交汇问题。

(3)工程设计致力于打造全球最美的地铁车站,建筑设计中采用了诸多手法,极大提升了内部空间效果,如在顶板设置自然采光天窗,将自然光引入综合体内部,最大程度将内外空间融为一体,同时节省了照明用电量;在满足结构及管线空间的基础上,适当抬升地下一层大厅净高,减少地下空间压抑感;在地下一层大厅结合扶梯设置交通中庭,增加空间通透感,提升空间品质。

(4)工程主体为直径200m的圆形,基于五线交汇,为体现空间通透感采用了大净空、大跨度结合地下中庭、下沉广场等空间形式,车站主体采用连续15m+最大26m跨度结构。

7.2.4 项目借鉴价值及指导意义剖析

7.2.4.1 绿色地下空间开发借鉴思考

光谷广场综合体结合项目特点,针对绿色建筑中采光节能进行了考虑。圆形转盘下的地下一层内部空间面积巨大,尚且不能通过外窗或玻璃幕墙进行足够的自然采光。为改善室内光环境,降低照明能耗,在地下一层大厅顶部设有采光带。同时根据采光带的有利位置,将其作为自然排烟的排烟窗,以满足消防要求。这样既能满足平时室内自然采光要求,又能兼顾消防排烟。自然排烟是利用火灾烟气热浮力和外部风力经建筑物上部开口将烟气排至室外的排烟方式,构造简单、经济,运行及维修费用低,排烟口可以兼做平时通风换气孔使用,能有效避免设备闲置,如图7-11所示。

a)

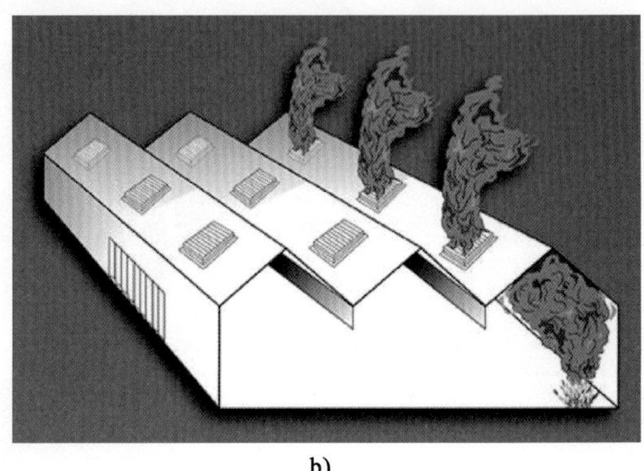

b)

图7-11　自然采光

7.2.4.2 人本地下空间开发借鉴思考

(1)通过系列创新,创造了优美的城市环境,打造了超大跨度、超高净空和优美舒适的现代化地下公共空间。

引入大型下沉广场、中庭、采光天窗,形成内外交融、绿色阳光、舒适宜人的现代地下公共空间,创造了内外交融的高品质地下环境,实现了功能与环境的高度融合;因地制宜首创五行传统文化主题景观,运用五行色标实现清晰的地上地下一体化导向系统(图7-12),创造优美的城市环境。

(2)利用数值模拟优化室内空气品质方案。

随着人本建筑理念和实践的推行,生态建筑思想已进入了大空间建筑的领域中。由于大空间公共建筑规模大、能耗高,其节能潜力也较大,因此大空间气流组织是否合理,不仅影响建筑的能耗量,也直接影响空调的使用效果,以及对人体感觉产生影响。光谷广场综合体工程体量大、层高较高(大部分区域层高在8m以上),其气流组织也是一大难题。由于无法采用传统的设计方法,故利用数值模拟对室内温度场和速度场进行预测(7-13),对既有设计方案的合理性进行验证。通过优化设计方案,使大空间内空气的温度、湿度、速度和洁净度可以更好地满足工艺及人员舒适感要求,提升光谷广场综合体的室内环境品质。

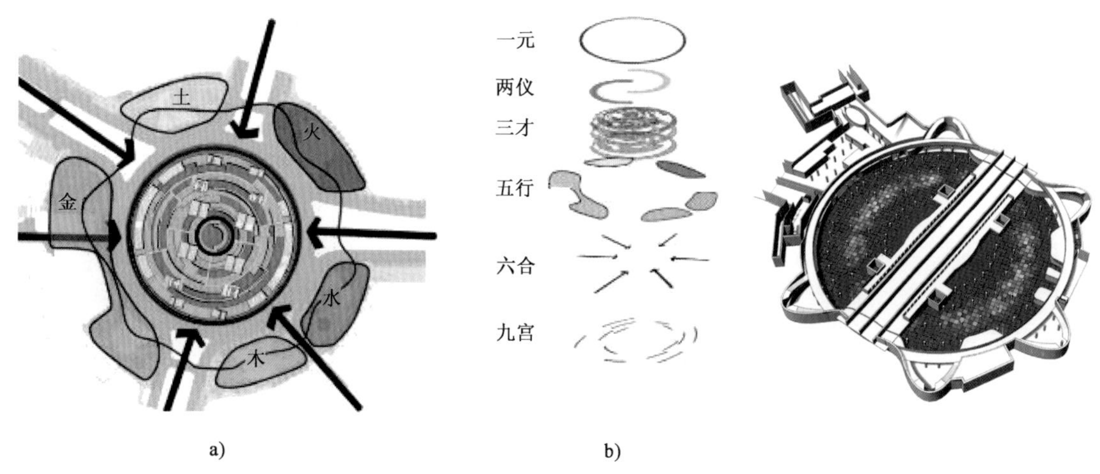

图7-12　五行传统文化主题景观

图7-13　室内空气品质模拟

7.2.4.3　智慧地下空间开发借鉴思考

1)智慧设计

研制了全过程、多要素、全专业协同 BIM 设计系统,针对全交通形式、多线路、全专业的功能需求进行系统模拟验证和研究优化,解决了常规手段难以应对的设计难题,全面保证了功能最优化。

光谷广场综合体线路交织,工程规模大,内部人行流线极为复杂,为更好地实现项目理念,基于客流数据对综合体内部流线进行客流仿真模拟。通过仿真模拟,对整个光谷广场综合体地下公共空间的行人数量和分布提供直观展示,通过计算和仿真对运营设施的布局进行评估比较,对地下空间紧急疏散情况进行模拟评估(7-14),并结合仿真结果进行设计优化。

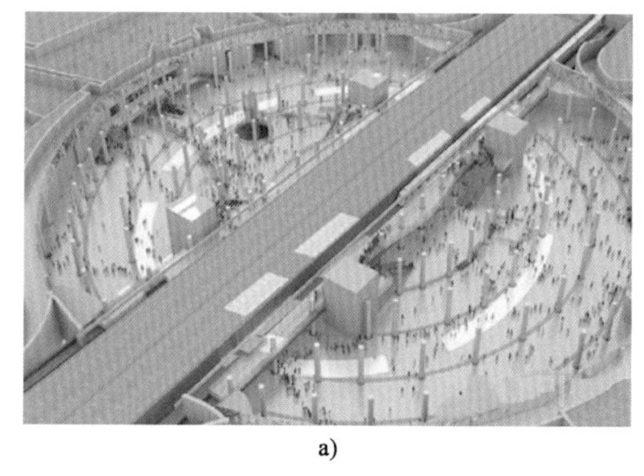

a)

b)

图7-14　光谷广场综合体客流模拟

2)智慧建造

研发了地下大空间 BIM 可视化建造技术,基于 BIM 中心模型,将现场施工的每个子单位工程、每道工序衔接通过 BIM 技术逐一推演，提前模拟工程的分区和分期工筹、围护结构施工、土方开挖运输等工序，进行全过程可视化施工组织模拟和优化，直观、合理地指导现场施工（图 7-15）。

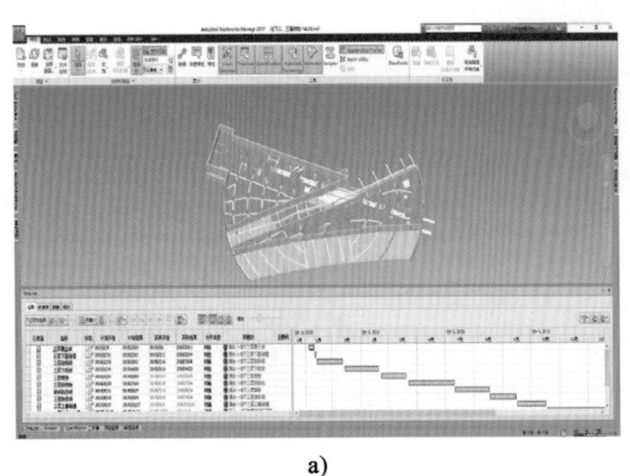

a)

b)

图 7-15　BIM 智慧建造技术

通过采用 BIM 数字化信息技术，实现了复杂异形结构精准施工、超大体量复杂综合管线布设等常规车站很少遇到的技术难题，有效节约了建筑材料和自然资源，实践了智慧建造，节省了施工成本和工期。

7.2.4.4　韧性地下空间开发借鉴思考

在建设前期，既考虑了民防工程，又考虑了公共安全灾害发生时的应对措施（图 7-16）。

图 7-16　民防工程及公共安全应对措施

7.2.4.5　网络化地下空间开发借鉴思考

武汉光谷广场综合体由核心转盘与周边地块连接沟通，惠及光谷区域 180 万居民的交通出行，彻底解决了光谷交通咽喉的拥堵问题，有效利用了城市土地资源，通过地下公共空间连通了周边百万平方米的高品质商业，带动了城市可持续发展，提升和完善了城市中心节点功能，创造了优美的城市环境，获得社会各界广泛赞誉，如图 7-17 所示。

图 7-17　武汉光谷鸟瞰效果图

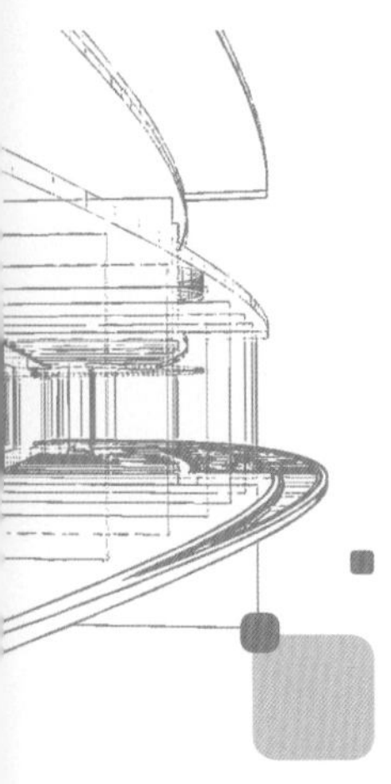

参考文献

REFERENCES

[1] 宋迎昌. 治理“大城市病”需要新思维[J]. 中国党政干部论坛,2016(7):76-78.

[2] 王桂新. 中国“大城市病”预防及其治理[J]. 南京社会科学,2011(12):55-60.

[3] 王桂新. 我国大城市病及大城市人口规模控制的治本之道——兼谈北京市的人口规模控制[J]. 探索与争鸣,2011(7): 50-53.

[4] 谢和平,高明忠,张茹,等. 地下生态城市与深地生态圈战略构想及其关键技术展望[J]. 岩石力学与工程学报,2013,36(6):1301-1313.

[5] 蔡之兵. 雄安新区的战略意图、历史意义与成败关键[J]. 中国发展观察,2017(8): 9-13.

[6] 常纪文. 雄安新区的科学定位与绿色发展路径[J]. 党政研究,2017(3):22-24.

[7] 林枫,杨林德. 新世纪初的城市民防工程建设(一)——历史、现状与展望[J]. 地下空间与工程学报,2005,1(2):161-166,170.

[8] 王健航. 从深圳地图档案解读城市的变迁[J]. 兰台世界,2012(增4):152.

[9] 纪昀瑛. 北京房价的思考研究与总结[J]. 全国流通经济,2017(8):63-64.

[10] 彭保发,石忆邵,王贺封,等. 城市热岛效应的影响机理及其作用规律——以上海市为例[J]. 地理学报,2013,68(11):1461-1471.

[11] 张艳,鲍文杰,余琦,等. 超大城市热岛效应的季节变化特征及其年际差异[J]. 地球物理学报,2012,55(4):1121-1128.

[12] SHEN H,HUANG L,ZHANG L,et al. Long-term and fine-scale satellite monitoring of the urban heat island effect by the fusion of multi-temporal and multi-sensor remote sensed data:A 26-year case study of the city of Wuhan in China[J]. Remote Sensing of Environment,2016,172:109-125.

[13] 钱七虎,陈晓强. 国内外地下综合管线廊道发展的现状、问题及对策[J]. 地下空间与工程学报,2007,3(2):191-194.

[14] ADMIRAAL. H, CORNARO. A. Why underground space should be included in urban planning policy-And how this will enhance an urban underground future[J]. Tunnelling and Underground Space Technology, 2016(55): 214-220.
[15] 邵继中. 城市地下空间设计[M]. 南京:东南大学出版社,2016.
[16] 谭卓英. 地下空间规划与设计[M]. 北京:科学出版社,2015.
[17] 束昱,路姗,阮叶菁. 城市地下空间规划与设计[M]. 上海:同济大学出版社,2015.
[18] 杉江功. 日本综合管廊的建设状况及其特征[J]. 中国市政工程,2016(增1):87-90,120.
[19] 何智龙. 城市民防工程项目与地下空间开发利用相结合的研究[D]. 长沙:湖南大学,2009.
[20] 乔永康,张明洋,刘洋,等. 古都型历史文化名城地下空间总体规划策略研究[J]. 地下空间与工程学报,2017,13(4):859-867.
[21] 钱七虎. 建设城市地下综合管廊,转变城市发展方式[J]. 隧道建设,2017,37(6):647-654.
[22] 陈志龙,刘宏. 2015 中国城市地下空间发展蓝皮书[M]. 上海:同济大学出版社,2016.
[23] 林坚,黄菲,赵星烁. 加快地下空间利用立法,提高城市可持续发展能力[J]. 城市规划,2015,39(3):24-28.
[24] 刘春彦,束昱,李艳杰. 台湾地区地下空间开发利用管理体制、机制和法制研究[J]. 辽宁行政学院学报,2006,8(3):9-11.
[25] 万汉斌. 城市高密度地区地下空间开发策略研究[D]. 天津:天津大学,2013.
[26] 李晓军,刘雨芃,汪宇. 城市地下空间数据标准化现状与发展趋势[J]. 地下空间与工程学报,2017,13(2):287-294.
[27] 陈家运,陈志龙,朱星平. 基于期望的地下步行空间寻路初探[J]. 地下空间与工程学报,2016,12(5):1145-1149,1156.
[28] 陈志龙. 城市地下空间规划[M]. 南京:东南大学出版社,2004.
[29] 陈志龙,黄欧龙. 城市中心区地下空间规划研究[C]//2005 城市规划年会论文集:空间研究. 2005.
[30] 程光华,王睿,赵牧华,等. 国内城市地下空间开发利用现状与发展趋势[J]. 地学前缘,2019(03):39-47.
[31] 梁朋朋. 城市轨道站点地区地上空间与地下空间的功能耦合研究[D]. 成都:西南交通大学,2018.
[32] 姚远杭,尹莹,陈梦竺. 城市重点区域网络化地下空间开发研究[J]. 江苏建材,2017(05):47-50.
[33] 宗俊宏. 轨道交通综合体节点空间优化策略[D]. 重庆:重庆大学,2016.
[34] 刘旭旸. 基于地下空间的城市形态优化[D]. 西宁:青海大学,2016.
[35] 郭亭亭. 城市商业空间与轨道交通站点过渡空间的研究[D]. 西安:长安大学,2015.
[36] 刘炜. 地铁与商业连接空间的设计探讨[D]. 天津:天津大学,2014.
[37] 孙艳丽. 城市轨道交通地下车站与周边地下空间连通方式分类[J]. 城市轨道交通研究,2014,17(02):54-60+66.

[38] 彭晓丽,陈志龙,孙远,等.城市综合防灾背景下的地下空间防护体系建设[J].地下空间与工程学报,2013,9(S2):1806-1810.
[39] 王峤.高密度环境下的城市中心区防灾规划研究[D].天津:天津大学,2013.
[40] 吴铮.城市中心区交通节点地上地下一体化设计研究[D].北京:北京工业大学,2013.
[41] 杜莉莉.重庆市主城区地下空间开发利用研究[D].重庆:重庆大学,2013.
[42] 麻永锋.杭州市地下空间开发利用研究[D].杭州:浙江大学,2012.
[43] 郑怀德.基于城市视角的地下城市综合体设计研究[D].广州:华南理工大学,2012.
[44] 卢济威,陈泳.地下与地上一体化设计——地下空间有效发展的策略[J].上海交通大学学报,2012,46(01):1-6.
[45] 宋冰晶.地铁车站和广场及商业一体化立体开发模式[J].都市快轨交通,2011,24(06):50-55.
[46] 费中华.城市轨道交通站区空间系统地上地下协同关系研究[D].武汉:华中科技大学,2011.
[47] 章谊.地铁车站与周边大型综合体的结构连接及防水施工技术[J].建筑施工,2010,32(09):926-927+932.
[48] 陈志龙.城市地上地下空间一体化规划的思考[J].江苏城市规划,2010(01):18-20+39.
[49] 范文莉.当代城市地下空间发展趋势——从附属使用到城市地下、地上空间一体化[J].国际城市规划,2007(06):53-57.
[50] 胡春晖.新城地下空间节点开发研究[D].北京:北京工业大学,2007.
[51] 崔阳.地下综合体功能空间整合设计研究[D].上海:同济大学,2007.
[52] 王海阔,吴涛,尹峰,等.城市地下连通工程建设模式与效益分析[J].地下空间与工程学报,2006(S1):1231-1235.
[53] 马保松,汤凤林,曾聪.发展城市地下管道快捷物流系统的初步构想[J].地下空间,2004(01):94-97+126-141.
[54] 王兆雄.城市核心区地下空间一体化设计策略与方法研究[D].北京:北京建筑大学,2013.
[55] 薛刚.地上与地下空间的整合[D].西安:西安建筑科技大学,2007.
[56] 刘皆谊,杨陈婷.运用空间叙事营造场景的地下空间研究[J].地下空间与工程学报,2020,16(03):647-655.
[57] 宋丽峰,林涛.轨道交通站域公共空间功能研究——以上海人民广场站为例[J].上海:上海师范大学学报(自然科学版),2009,38(05):522-529.
[58] 徐永健,阎小培.城市地下空间利用的成功实例——加拿大蒙特利尔市地下城的规划与建设[J].城市问题,2000(06):56-58.
[59] 李春红,阮如舫.从“地下街”到“地下城”:日本地下空间发展演变及启示[J].江苏城市规划,2013(07):19-22.
[60] 赵毅,葛大永,李伟,等.地下空间铸就都市传奇——发达国家城市地下空间开发利用杂谈[J].江苏城市规划,2016(06):12-18.
[61] 彭芳乐,乔永康,李佳川.上海虹桥商务区地下空间规划与建筑设计的思考[J].时代建

筑,2019(05):34-37.

[62] 雷升祥,申艳军,肖清华,等.城市地下空间开发利用现状及未来发展理念[J].地下空间与工程学报,2019,15(04):965-979.

[63] 李亚萌,于鑫.城市视角下的地下城市综合体设计分析[J].住宅与房地产,2016(24):226.

[64] 雷社平,王璐芸,程晓玲.关于中国地下商业开发与运营的思考[J].地下空间与工程学报,2017,13(S2):497-502.

[65] 中国铁建股份有限公司,雷升祥.未来城市地下空间开发与利用[M].北京:人民交通出版社股份有限公司,2020.